KB071602

R을 활용한 양적연구방법과 통계분석

QUANTITATIVE RESEARCH METHODS AND STATISTICAL ANALYSIS USING R

유진은 저

학지사

머리말

『한 학기에 끝내는 양적연구방법과 통계분석』(이하 통계분석)을 2015년 1월에 출간한 후 2022년 2월에 개정증보판까지 출판하였다. 통계분석 책에서는 SPSS라는 통계 프로그램으로 예시를 제시하였다. SPSS는 메뉴를 클릭하기만 하면 분석이 가능하기 때문에 사용하기 편리하나, 상업용 프로그램이기 때문에 접근성 문제가 발생하는 경우가 있었다. 또한 최신 분석 기법을 바로바로 업데이트하지 못하기 때문에 불편한 점도 있다.

무료 프로그램이면서 최신 분석 기법을 실시할 수 있는 Python과 R을 활용한 예시를 통계분석 책에 추가해 달라는 요청으로 인하여 이 책을 집필하게 되었다. Python과 R은 전통적인 통계분석뿐만 아니라 빅데이터 및 기계학습 연구에서도 쓰이는 분석 프로그램이다. 특히 R은 RStudio라는 윈도우 기반 프로그램으로 사용자 편의성을 높이고 있다. 명령어 입력 및 실행 결과를 자세하게 설명하며 R(RStudio) 전반에 대한 사용설명서까지 제시하다 보니 Python과 R을 한 권의 책에 담기에는 너무 분량이 늘어나서 별권으로 진행하게 되었다. R 책을 먼저 출판하게 되었는데, Python 책 또한 조만간 출판될 예정이다.

이 책에서는 양적연구 및 통계분석의 기초에서부터 t-검정, 회귀분석, ANOVA, ANCOVA, repeated-measures ANOVA, 범주형 자료 분석, 비모수 검정까지 다루며 R(RStudio) 분석 예시를 자세하게 제시한다. 데이터 파일은 학지사 홈페이지에 탑재되어 있다. 이 책을 집필하며 박사과정 김형관 선생이 예시 작성을 도왔고, 노민정 박사와 석사과정 김영진 선생이 교차 검토를 실시하였다.

2015년 1월에 통계분석 책을 출판한 이후 2019년 9월 교육평가, 2021년 6월 기계학습, 2023년 1월 연구방법 책에 이어 학지사에서 벌써 다섯 번째 책을 출판하게 되었다. 김진환 사장님, 한승희 부장님, 그리고 박나리 편집자에게 감사의 뜻을 전한다.

차례

제6장 회귀분석 I: 단순회귀분석 223

제7장 회귀분석 II: 다중회귀분석 259

제8장 ANOVA I: 일원분산분석(one-way ANOVA) 291

제9장 ANOVA II: 이원분산분석(two-way ANOVA) 333

제11장 rANOVA(반복측정 분산분석) 403

제12장 범주형 자료 분석(카이제곱 검정) 437

서장

R 기초

필수 용어

R 패키지, 디렉토리(directory), R 자료 유형(수치형, 문자형, 논리형 등), R 객체(스칼라, 벡터, 행렬, 데이터프레임 등), 인덱싱(indexing)

학습목표

1. R 패키지의 종류 및 특징을 알고 실제 분석에서 활용할 수 있다.
2. RStudio의 네 가지 창의 기능 및 특징을 알고 실제 분석에서 활용할 수 있다.
3. RStudio 디렉토리를 지정하는 방법을 알고 실제 분석에서 적용할 수 있다.
4. R 자료 유형(수치형, 문자형, 논리형 등) 및 특징을 이해하고 실제 분석에서 적용할 수 있다.
5. R 객체(스칼라, 벡터, 행렬, 데이터프레임 등)의 특징을 이해하고, 실제 분석에서 R 객체를 생성 · 저장할 수 있다.
6. 자료 분석 시 필요에 따라 인덱싱을 실시할 수 있다.

R은 1991년부터 S를 기반으로 개발되기 시작하여 2000년 2월 29일에 R 1.0.0 공식 베타버전이 출시되었고, 2023년 10월 기준 R 4.3.1 버전까지 업데이트되었다. R은 다양한 장점이 있다. 첫째, 무료다. SAS, SPSS, STATA, Matlab, Excel과 같은 상용 소프트웨어는 무료가 아니라서 불편한 점이 발생한다. 저자가 대학원을 다닐 때 SAS라는 통계분석 프로그램을 통계학과 수업에서 배우면서 잘 쓰고 있었는데, 졸업 이후 갑자기 쓸 수 없게 되었다. 학교가 체결한 SAS 라이선스는 졸업생에게는 해당되지 않았기 때문이다. SAS에 익숙하기도 하고 다시 새로운 프로그램을 배우는 데 걸리는 시간이 아깝기도 하여 개인적으로 SAS를 구매하려고 시도하였으나, 높은 비용으로 인하여 포기했던 경험이 있다. 이후 몇 가지 소프트웨어를 전전하다가 R로 방향을 바꿀 수밖에 없었는데, 처음부터 R을 배웠더라면 시행착오를 줄일 수 있었을 것이다.

둘째, R은 오픈 소스 소프트웨어(Open Source Software: OSS)로 소스 코드가 공개되므로 사용자가 필요에 의해 수정하거나 개발하기 좋다. 이 책을 읽는 지금 이 순간에도 지구 어디에선가 누군가는 새로운 R 함수와 패키지를 만들고 배포하고 있다. 방대한 R 커뮤니티에는 관련 자료가 풍부하며, 특히 통계 및 프로그래밍에 능숙한 사람이 많다. R에 대해 질문이 있는데 책에서는 답을 찾기가 어렵다면 R 커뮤니티에 질문을 올려 보자. 친절한 사용자들이 답을 줄 것이다. 그리고 질문을 올리기 전에 먼저 검색해 볼 것을 권한다. 비슷한 질문뿐만 아니라 그에 대한 상세한 답이 이미 커뮤니티에 있을 확률이 높다.

셋째, R은 통계학자가 개발한 언어이므로 통계학에 대해 기본 지식이 있는 사용자가 직관적으로 이해하기 좋다. 특히 통계학 분야에서는 최신 통계분석 기법에 대한 이론을 논문으로 출판할 때 그 기법을 수행하는 R 코드(또는 패키지)도 함께 제시하는 것이 이미 관례가 되었다. 즉, SAS, SPSS, STATA, Matlab, Excel과 같은 기존 상용 소프트웨어에서 아직 추가되지 않은 최신 기법도 R에서는 가능한 경우가 많다.[1] 따라서 상대적으로 발전 속도가 빠른 데이터 사이언스, 빅데이터 분석, 기계학습 등의 분야에서 R은 주된 분석 프로그래밍 언어로 인정받고 있다.

그 외 R의 다른 장점도 많다. 이를테면, R은 Python, C, C++, JAVA 등의 다른 프로그래밍 언어와도 통합하여 활용할 수 있다. 또한 그래픽 기능으로 유명한 상용 소프트웨어인 S와 S-Plus를 그 전신으로 하기 때문에 자료 분석뿐만 아니라 그래픽 기능도 우수하며, RMarkdown 등을 활용할 경우 R만으로도 근사하게 편집된 문서를 생성할 수 있다. 특히 SPSS와 같이 pull-down menu에서 기법을 선택하는 소프트웨어와 비교할 때 R의 장점은 확연하다. SPSS의 경우 메뉴에서 제공하는 분석 방법 또는 절차를 따라야 하며 그 세부 과정을 확인하기가 어려운 반면, R은 사용자가 원하는 대로 절차를 밟고 그 세부 과정을 확인해 가며 분석을 실시할 수 있다.

이러한 다양한 장점으로 인하여 R의 사용자가 가파르게 증가하는 추세다. 그러나 R은 사용자가 직접 스크립트(script)를 작성하고 실행해야 하는 프로그래밍 언어이기 때문에 SPSS와 같은 메뉴 선택에 익숙한 초보자에게는 진입장벽이 높은 편이다. 또한 명령 입력 창 하나만 제시되기 때문에 사용자 입장에서 불편할 수 있다. 이때 R의 IDE (Integrated Development Environment: 통합 개발 환경)인 RStudio를 활용하면 R을 보다 편리하게 사용할 수 있다.

RStudio는 GUI(Graphical User Interface: 그래픽 사용자 인터페이스)로서 사용자 친화적인 인터페이스를 제공한다. 이를테면 명령 입력 창 하나만 있는 R과 달리, RStudio에서는 모니터 화면을 분할하여 사용자가 여러 개의 창(windows)을 동시에 확인할 수 있어서 편리하다. 보통 네 가지 창(스크립트 작성 창, 명령 입력 창, 환경 창, 그리고 파일/도표/패키지 창)을 활용하는데, 사용자는 창의 개수, 순서, 크기 등을 자유롭게 설정할 수 있다. 특히 RStudio의 패키지 창을 활용하여 패키지를 설치할 경우, 해당 패키지 실행 시 필요한 패키지들이 자동으로 함께 설치되는 것도 장점이다. RStudio는 유료 버전도 있으나, 연구 목적으로 활용할 경우 무료 버전만으로도 충분하다.

정리하면, R은 무료 공개 프로그래밍 언어로 최신 데이터 분석 및 그래픽 기능을 구현하는 소프트웨어이며, R의 IDE인 RStudio는 R 스크립트 작성 및 실행, 패키지 관리 등을

---

1) 반대로 특정 학문 분야에 특화된 상용 프로그램에서 쉽게 구현되는 기법이 R에서는 잘 되지 않는 경우도 있다.

쉽고 편리하게 활용하도록 도와주는 사용자 친화적인 소프트웨어라 하겠다. 따라서 이 책에서는 RStudio를 활용한 통계분석 예시를 제시하겠다. 서장에서는 R 패키지 설명 및 RStudio 설치부터 시작하여 디렉토리 지정, R 자료 유형 및 특징, R 객체 생성 및 저장, 그리고 데이터프레임의 특징과 인덱싱 등을 자세하게 다룰 것이다.

이 장은 유진은(2021)의 『AI 시대 빅데이터 분석과 기계학습』 제2장(R 객체와 데이터프레임)을 바탕으로 작성하였다. 같은 책의 제4장과 제5장에서 자료 병합 및 결측치 대체 기법, 그리고 더미코딩, 중복변수 탐색 및 삭제, 자료 변환 등의 자료 전처리 방법에 대하여 자세하게 설명하니 관심 있는 독자는 참고하면 좋겠다.

1 RStudio의 구조

1) R 패키지

R 패키지는 R 객체(objects)로 구성되며, 설치 및 활성화에 따라 기본(base), 추천(recommended), 그리고 contributed 패키지로 나뉜다. 기본 패키지는 R과 함께 설치되는 패키지로, 별도의 절차 없이 바로 쓸 수 있다. base, stats, graphics 등의 패키지가 바로 기본 패키지다. 참고로 기초통계에서 자주 쓰는 cor(), lm() 등의 함수는 기본 패키지 중 하나인 stats 패키지에 포함되어 있다. 이 책에서 패키지에 대한 언급이 없으면 기본 패키지를 활용한다고 보면 된다.

추천 패키지는 기본 패키지와 함께 자동으로 설치되나, 사용자가 library() 함수로 활성화해야 한다. library()로 활성화하지 않을 경우 error 메시지가 발생한다. 통계분석 시 많이 쓰이는 추천 패키지로는 MASS, boot, nlme 등이 있다.

contributed 패키지는 install.packages() 함수를 이용하여 사용자가 설치한 후 library() 함수로 활성화하는 과정을 거쳐서 쓴다. car, tidyr, psych과 같은 패키지가 여기에 속한다. 또는 특정 패키지에서 하나의 함수만 가져와 쓸 때는 library()로 전체 패키지를 불러오지 않고, '패키지 이름::함수 이름'으로 간단하게 필요한 함수만 가져와 쓸 수 있다. 예를 들어 car 패키지의 leveneTest() 함수만 활용할 경우, library(car) 코드를 실행하지 않고 car::leveneTest() 형태로 바로 쓸 수 있다.

마지막으로 패키지를 삭제하고 싶은 경우 remove.packages() 함수를 쓰면 된다. 또는 RStudio의 Packages 창에서 'x' 표시 아이콘을 눌러도 된다.

2) RStudio의 네 가지 창

R과 RStudio 설치 이후 RStudio를 실행하면 Source 창, Console 창, Environment 창, Files/Plots/Packages 창으로 구성되는 네 개의 창(windows)을 확인할 수 있다([그림 0.1]). 각각에 대하여 설명하겠다.

[그림 0.1] RStudio 실행 화면

(1) Source 창

[그림 0.1]의 좌상단은 Source(소스) 창으로, 이 창에서 R 스크립트(script)를 생성 · 수정 및 관리한다. 즉, 스크립트 작성 창이라 하겠다. RStudio 실행과 더불어 자동으로 나

타나는 스크립트는 파일명이 없는데(untitled1), 새로운 파일명으로 저장하는 것이 좋다. 컴퓨터가 갑자기 꺼지는 등의 문제가 생길 때 저장하지 않은 스크립트는 사라지기 때문이다. R 스크립트는 '.R' 확장자로 저장되지만, 메모장과 같은 텍스트 파일이라고 보면 된다. 따라서 스크립트는 Source 창에서 바로 입력해도 되고 '.txt' 등으로 저장된 스크립트를 이 창에 복사해서 붙여 넣어도 된다(copy & paste).

RStudio는 Source 창에 붙여 넣은 스크립트를 자동으로 평가하여 색을 다르게 표시한다. 이를테면 library, 자료로 입력된 수치 등은 파란색으로, 그리고 사용자가 '#'로 처리한 주석(comments)는 녹색으로 표시하여 사용자가 스크립트를 쉽게 확인하도록 도와준다. 이 창에서 스크립트를 선택한 후 'Run'을 누르면 스크립트가 실행되며, 그 결과를 좌하단의 Console(콘솔) 창에서 확인할 수 있다.

(2) Console 창

좌하단의 Console 창은 명령 입력 창이다. 앞서 여러 창으로 구성되는 RStudio와 달리 R에서 창을 하나만 제시한다고 하였는데, 그 창이 바로 Console 창이다. 즉, 다른 창은 사용자 편의를 목적으로 하는, 있으면 좋은 창인 반면, Console 창은 필수 창이라는 것을 알 수 있다. Source 창에서 실행한 명령문을 Console 창에서 확인할 수 있고, 또는 Console 창에서 바로 명령문을 입력하고 그 결과를 확인할 수도 있다. 그러나 명령문이 제대로 돌아가지 않아서 디버깅(de-bugging)하는 경우 또는 스크립트에 저장할 필요가 없는 함수를 실행하는 경우 등을 제외하고는 되도록 Source 창을 이용하는 것이 좋다. Console 창에서 입력한 명령문은 저장되지 않으므로 Environment 창의 History 탭을 확인하지 않는 한, 나중에 어떤 명령문을 입력하였는지 알기 어렵기 때문이다.

(3) Environment 창

우상단은 Environment(환경) 창이다. 작업공간(workspace)의 상태를 보여 주는 창으로, 이 창에서 자료 객체(벡터, 행렬, 데이터프레임)의 이름, 변수 및 사례 수 등을 바로 확인할 수 있어서 편리하다. 그 외에도 History, Connections, Tutorial 등의 다른 탭(tab)이 있으나, 그다지 활용 빈도는 높지 않다. History 탭에서는 Console 창에서 실행한 코드를 확인할 수 있다.

(4) Files/Plots/Packages 창

우하단은 파일/도표/패키지 등의 탭으로 구성된다. 파일(Files) 탭에서 사용자의 하드 드라이브에 위치한 파일 디렉토리에 접근하여 파일을 확인하고 삭제하거나 파일명을 바꿀 수 있다. 또한 자료 분석을 위해 디렉토리를 지정하는 작업도 파일 탭을 활용하여 쉽게 진행할 수 있다(다음 절에서 자세하게 설명하였다). 도표(Plots) 탭에서는 R 분석으로 얻은 모든 도표를 확인하고, 이미지 또는 pdf 파일로 저장하여 다른 문서에서 활용할 수 있다. [그림 0.2]의 상단을 참고하면 된다. [그림 0.2]의 하단은 패키지(Packages) 탭이다. 앞서 패키지의 종류를 설명하며 추천 패키지는 활성화해야 한다고 설명하였다. 이 탭을 이용하면 사용자의 하드 드라이브에 어떤 패키지가 설치되어 있는지 쉽게 파악하고 활성화(또는 비활성화)할 수 있다. 즉, 패키지 이름 왼쪽의 상자에 체크 표시가 되어 있으면 해당 패키지는 활성화된 것이다. [그림 0.2]에서 car와 carData 패키지가 활성화되었는데, 마우스 왼쪽 버튼을 활용하여 체크 표시를 없애면 비활성화할 수 있다.

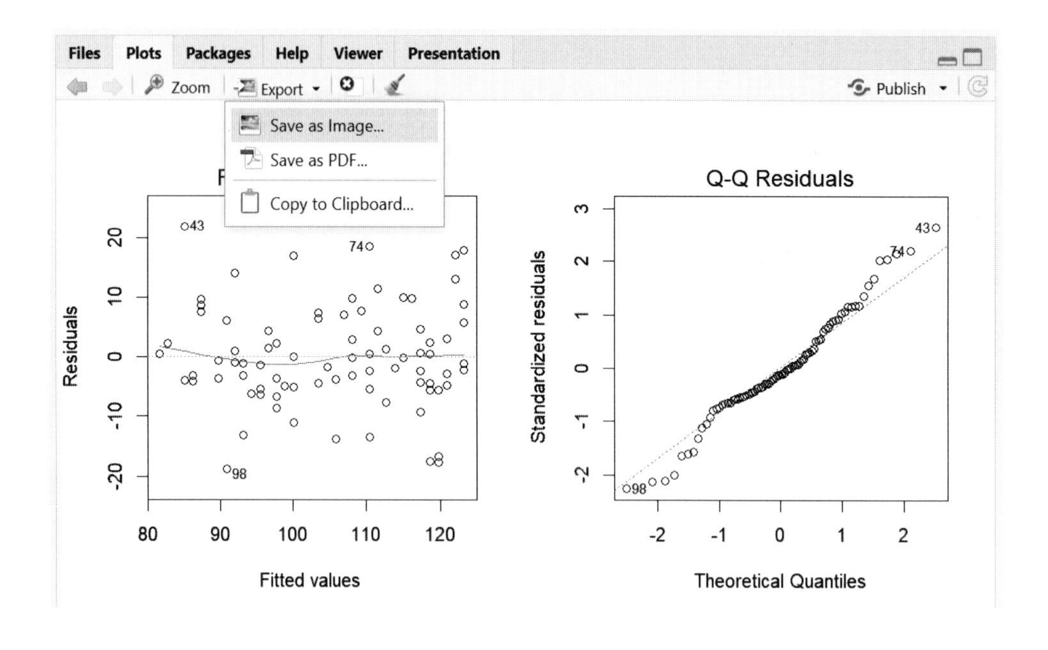

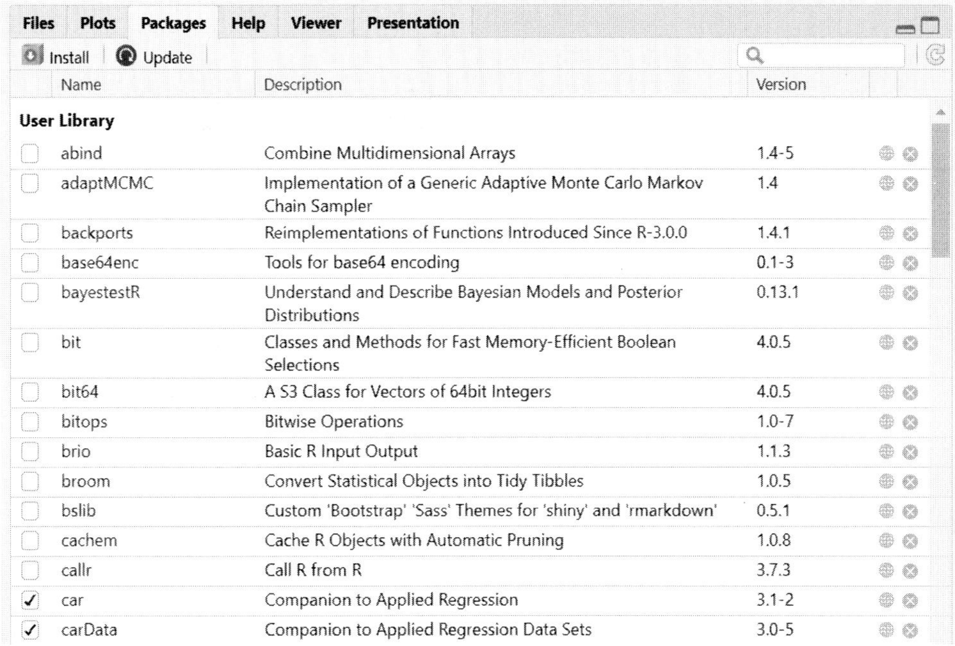

Files Plots Packages Help Viewer Presentation

Install Update

	Name	Description	Version
User Library			
☐	abind	Combine Multidimensional Arrays	1.4-5
☐	adaptMCMC	Implementation of a Generic Adaptive Monte Carlo Markov Chain Sampler	1.4
☐	backports	Reimplementations of Functions Introduced Since R-3.0.0	1.4.1
☐	base64enc	Tools for base64 encoding	0.1-3
☐	bayestestR	Understand and Describe Bayesian Models and Posterior Distributions	0.13.1
☐	bit	Classes and Methods for Fast Memory-Efficient Boolean Selections	4.0.5
☐	bit64	A S3 Class for Vectors of 64bit Integers	4.0.5
☐	bitops	Bitwise Operations	1.0-7
☐	brio	Basic R Input Output	1.1.3
☐	broom	Convert Statistical Objects into Tidy Tibbles	1.0.5
☐	bslib	Custom 'Bootstrap' 'Sass' Themes for 'shiny' and 'rmarkdown'	0.5.1
☐	cachem	Cache R Objects with Automatic Pruning	1.0.8
☐	callr	Call R from R	3.7.3
✓	car	Companion to Applied Regression	3.1-2
✓	carData	Companion to Applied Regression Data Sets	3.0-5

[그림 0.2] Plots와 Packages 탭

2 RStudio 기본 I

1) R 및 RStudio 설치와 업데이트

R은 RStudio 없이도 구동 가능한 반면, RStudio는 R이 함께 설치되어야 쓸 수 있다. 컴퓨터의 운영체제(Window, Mac 등)에 맞는 R을 다운로드하여야 하며, 자신의 운영체제의 프로세서 처리 방식이 32-bit 인지 64-bit인지에 따라서 설치 과정에서 하나를 선택하여 설치하면 된다. [그림 0.3]은 R과 RStudio 설치 화면이다.

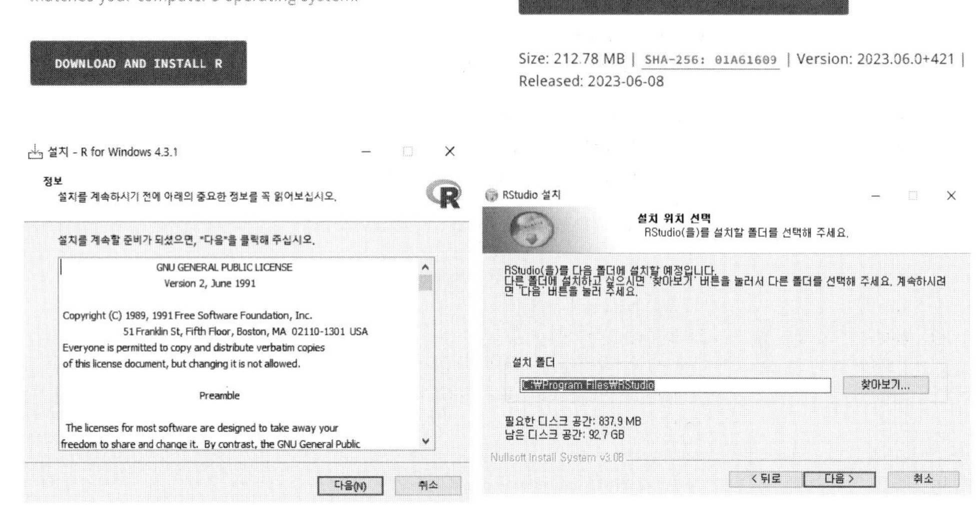

[그림 0.3] R과 RStudio 설치

[그림 0.4]에서 'Hello, world!'라는 문장을 출력하는 예시를 보여 준다. Source 창에 print("Hello, world!")라는 명령문(코드)을 쓰고 실행한 결과가 Console 창에 "Hello, world!"라는 문장 출력으로 나타난 것을 확인할 수 있다. Rstudio에서는 ctrl+Enter 또는 Source 창 우상단의 Run을 눌러 스크립트의 키보드 커서(깜빡이는 I 모양)가 위치한 행에 있는 명령을 실행한다. 명령 실행 결과는 Console 창에서 확인할 수 있다. Console 창에서 ' > ' 다음 부분은 사용자가 입력한 명령문을 나타내며 [1]과 같은 '[숫자]' 이후에 명령을 실행한 결과를 확인할 수 있다.

[그림 0.4] 코드 실행 예시

다음은 Rstudio 내부에서 R 버전을 업데이트하는 방법이다. 명령어를 통해 업데이트하려면, installr 패키지의 install.R() 함수를 실행해야 한다. installr은 contributed 패키지이므로 설치 후에 library() 함수로 불러와야 한다. 업데이트 필요 여부를 확인하기 위하여 installr 패키지의 check.for.updates.R() 함수만 활용할 경우, library(installr)를 실행하지 않고 installr::check.for.updates.R() 형태로 바로 쓸 수 있다. [R 0.1]에서 R 버전 업데이트용 코드를 제시하였다. check.for.updates.R() 함수 실행 결과, 'No need to update.'라는 알림창이 뜨면 install.R() 함수를 실행할 필요가 없다.

참고로 '#' 기호는 주석(comments)을 나타낸다. # 기호 뒤의 문장은 R이 명령문으로 인식하지 않기 때문에 # 기호를 활용하여 명령문에 설명이나 메모를 덧붙일 수 있다. 이 책에서는 〈R 코드〉에 명령문을, 그리고 〈R 결과〉에 그 실행 결과를 정리하였다.

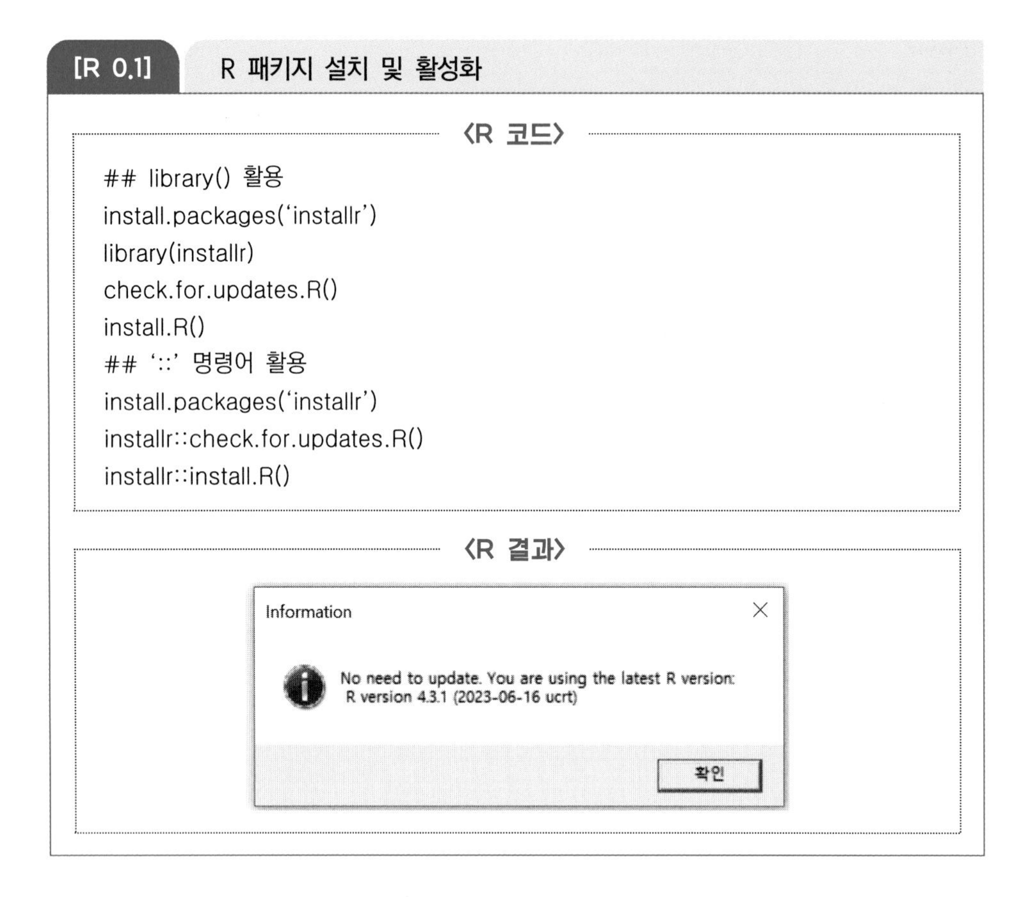

[R 0.1] R 패키지 설치 및 활성화

〈R 코드〉

```
## library() 활용
install.packages('installr')
library(installr)
check.for.updates.R()
install.R()
## '::' 명령어 활용
install.packages('installr')
installr::check.for.updates.R()
installr::install.R()
```

〈R 결과〉

2) 작업 디렉토리 지정하기

R에서는 분석에 활용할 파일이 저장된 폴더를 작업 디렉토리(working directory)로 지정하는 작업이 선행된다. 경로를 직접 지정하여 로컬 PC나 온라인에 있는 데이터 파일을 불러올 수 있다. 그러나 매번 위치를 지정하는 것이 번거롭기 때문에 작업 전에 작업 디렉토리를 지정해 놓는 것이 좋다. 작업 디렉토리를 지정해 놓으면 작업공간에 있는 파일을 파일명만으로 쉽게 불러올 수 있다. 또한 분석 후 객체를 저장할 때도 저장할 위치를 따로 지정하지 않을 경우 설정해 놓은 작업공간에 저장된다. 디렉토리를 지정하는 다양한 방법이 있는데, 그중 가장 많이 쓰는 방법 몇 가지를 설명하겠다.

첫째, Rstudio의 상단 메뉴에서 'Session'–'Set Working Directory'–'Choose Directory'를 클릭하는 방법이다([그림 0.5]). 그러면 'Choose Working Directory'라는 창이 뜨는데, 여기에서 분석할 데이터가 위치한 폴더를 찾아서 더블클릭하면 된다. 그 결과는 Console 창에서 바로 확인 가능하다. 이 예시에서 Google Drive의 'data' 폴더에 분석할 자료가 저장되어 있는 것을 파악할 수 있다.

[그림 0.5] 디렉토리 지정하기 1

둘째, RStudio 우하단 창의 파일 탭을 활용하는 방법도 있다([그림 0.6]). 파일 탭에서 분석하고자 하는 파일이 들어 있는 폴더를 찾아 'More'를 누른 후 'Set As Working Directory'를 선택하면 디렉토리가 지정된다.

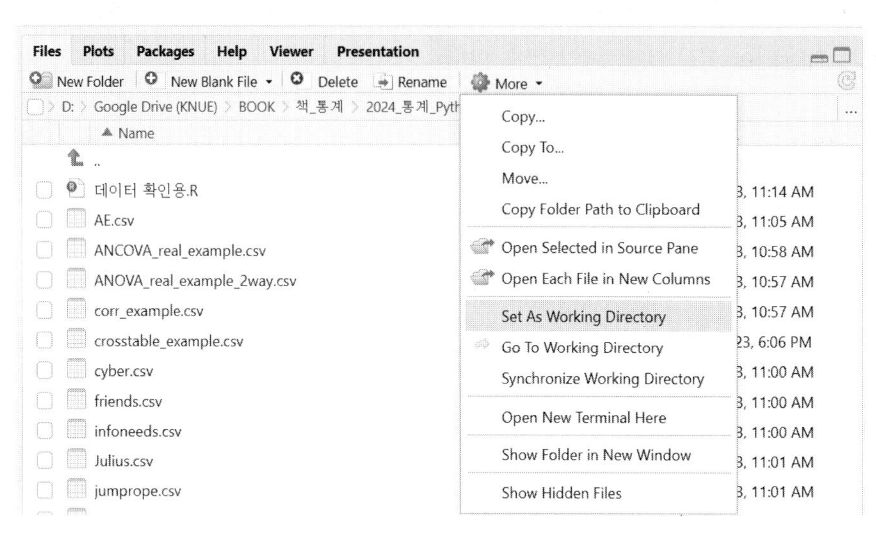

[그림 0.6] 디렉토리 지정하기 2

셋째, setwd() 함수를 활용하여 디렉토리를 직접 명시하는 것이다. 단, 컴퓨터 사양 및 셋업에 따라 경로명이 다를 수 있으므로, 정확한 경로명을 알고 있을 때 setwd() 함수를 활용해야 한다. [R 0.2] 코드는 예시이며, 큰따옴표 안의 경로는 사용자의 작업 환경에 따라 변경해야 한다.

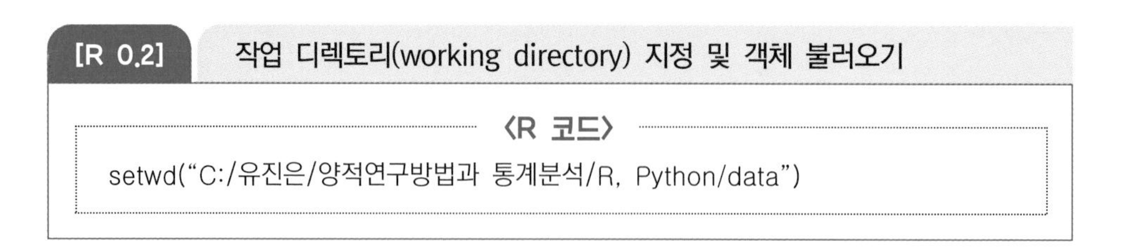
[R 0.2] 작업 디렉토리(working directory) 지정 및 객체 불러오기

〈R 코드〉

```
setwd("C:/유진은/양적연구방법과 통계분석/R, Python/data")
```

3) R 자료 유형 및 특징

R에서 수치를 출력하거나 연산을 수행할 수 있다. 연산 수행 시 기본적인 연산 기호를 활용하면 된다. [R 0.3]에서 수치 출력 및 사칙연산 예시를 보여 준다.

[R 0.3] 수치의 출력과 사칙연산

〈R 코드〉

```
1
34
3+4
2-5
3*5
3/2
2^3
```

〈R 결과〉

```
> 1
[1] 1
> 34
[1] 34
> 3+4
[1] 7
> 2-5
[1] -3
> 3*5
[1] 15
> 3/2
[1] 1.5
> 2^3
[1] 8
```

또한 함수를 활용하여 여러 수학 연산을 수행할 수 있다([R 0.4]).

[R 0.4] 함수를 활용한 수학 연산

〈R 코드〉

```
abs(-10) # 절대값
sqrt(2) # 제곱근
log2(2)
log10(10)
log(2) # 로그
round(3.14) # 반올림
```

〈R 결과〉

```
> abs(-10) # 절대값
[1] 10
> sqrt(2) # 제곱근
[1] 1.414214
> log2(2)
[1] 1
> log10(10)
[1] 1
> log(2) # 로그
[1] 0.6931472
> round(3.14) # 반올림
[1] 3
```

수치가 아닌 문자를 출력하려면 쌍따옴표(" ")를 활용한다([R 0.5]). 비교연산자인 '==', '!=', '<' 등으로 수치를 비교할 경우 논리형 자료인 TRUE(참), FALSE(거짓) 둘 중 하나가 출력된다. 함수가 취급하지 않는 값을 함수에 입력할 경우 수학적으로 정의되지 않는 값을 나타내는 'NaN'이 출력된다. 또한 NaN은 특수 자료 유형을 뜻한다.

[R 0.5] 문자형 및 논리형, 특수형 자료 출력

〈R 코드〉

```
"Education"
1<2
1==2
1!=2
log(-1)
```

〈R 결과〉

```
> "Education"
[1] "Education"
> 1<2
[1] TRUE
> 1==2
[1] FALSE
> 1!=2
[1] TRUE
> log(-1)
[1] NaN
경고메시지(들):
In log(-1) : NaN이 생성되었습니다
```

R은 수치와 문자를 포함해 여섯 가지로 자료를 구분한다. 양적자료 분석 시 수치형, 문자형, 논리형 자료가 주로 활용된다. 〈표 0.1〉에 R 자료 유형 및 특징을 정리하였다.

〈표 0.1〉 R 자료 유형 및 특징

자료 유형	세부 유형	표현 형태	특징 및 설명
수치형(numeric)	정수(integer)	1, 2, 3	연산이 가능
	실수(double)	1, 2, 3.14, 9.22	
문자형(character)		"Education", "ABC"	문자, 문자열
논리형(logical)		TRUE, FALSE	참, 거짓을 나타냄
복소수형(complex)		1+0i, 2−3i	복소수를 표현
특수 자료 유형		NULL, NA 등	비어 있는 값, 결측치 등을 표현하기 위함

3 RStudio 기본 II

1) R 객체 생성 및 저장

(1) 스칼라 객체 생성 및 저장

R에서는 수치나 문자를 자료 객체(data object)로 저장해 원하는 경우 불러올 수 있다. '<-' 기호[2)]를 활용하여 '객체명 <- 저장할 값' 순서로 객체를 생성 및 저장한다. 이때 객체명은 숫자로 시작할 수 없으며, '–'가 들어가면 안 된다는 점을 주의할 필요가 있다. 또한 객체 생성 및 저장 시 객체명을 다르게 하여 기존 객체와 구분하는 것이 좋다. 같은 객체명으로 저장할 경우 기존 객체를 덮어쓰기 때문이다.

앞서 설명한 바와 같이 RStudio의 Environment 탭에서 저장된 객체 목록을 확인할 수 있다. 수치가 저장된 객체를 활용하면 연산도 가능하다. [R 0.6]에서 저장한 스칼라 값으로 [R 0.7]에서 사칙연산을 실시하였다.

(2) 벡터 객체 생성 및 저장

여러 값을 하나의 객체에 저장하여 한 번에 출력할 수 있다. 여러 값을 벡터(vector) 형태로 저장하기 위하여 함수 c()를 쓴다. 벡터는 선형대수의 벡터처럼 수치나 문자를 한 줄로 나열하는 객체이다. [R 0.6]에서 저장한 객체도 값이 하나인 벡터 객체로 볼 수 있으나 보통 [R 0.8]의 예시와 같이 여러 수치 또는 문자를 하나의 객체로 저장한다. 벡터로 저장된 수치 간 다양한 연산 또한 가능하다([R 0.9]).

---

2) Source/Console 창에 '<-'를 직접 입력해도 되고, 키보드의 Alt와 하이픈(–) 기호를 동시에 클릭하여 입력할 수도 있다.

[R 0.6] 객체의 생성 및 저장

〈R 코드〉

```
a <- 1 # a에 1이라는 값을 저장한다.
b <- 10 # b에 10이라는 값을 저장한다.
c <- "School" # c에 School이라는 문자를 저장한다.
a
b
c # a, b, c에 저장된 값을 불러온다.
```

〈R 결과〉

```
> a <- 1 # a에 1이라는 값을 저장한다.
> b <- 10 # b에 10이라는 값을 저장한다.
> c <- "School" # c에 School이라는 문자를 저장한다.
> a
[1] 1
> b
[1] 10
> c # a, b, c에 저장된 값을 불러온다.
[1] "School"
```

[R 0.7] 객체 간 연산

〈R 코드〉

```
a+b
a-b
a*b
```

〈R 결과〉

```
> a+b
[1] 11
> a-b
[1] -9
> a*b
[1] 10
```

[R 0.8] 벡터 객체의 생성 및 저장

〈R 코드〉

```
c(1,2,3,4)
prime <- c(2,3,5,7) # prime에 2,3,5,7을 벡터로 저장한다.
prime
c("dog","cat","rabbit")
city <- c("서울","대전","부산")
city
```

〈R 결과〉

```
> c(1,2,3,4)
[1] 1 2 3 4
> prime <- c(2,3,5,7) # prime에 2,3,5,7을 벡터로 저장한다.
> prime
[1] 2 3 5 7
> c("dog","cat","rabbit")
[1] "dog"    "cat"    "rabbit"
> city <- c("서울","대전","부산")
> city
[1] "서울" "대전" "부산"
```

[R 0.9] 벡터 객체 간 연산

〈R 코드〉

```
prime*2 # 벡터의 각 원소에 2를 곱해 준다.
prime-1 # 벡터의 각 원소에서 1을 뺀다.
nines <- c(9,9,9,9)
nines+prime # 벡터의 같은 자리 원소끼리 더한다.
nines*prime # 벡터의 같은 자리 원소끼리 곱한다.
```

〈R 결과〉

```
> prime*2 # 벡터의 각 원소에 2를 곱해 준다.
[1] 4 6 10 14
> prime-1 # 벡터의 각 원소에서 1을 뺀다.
[1] 1 2 4 6
> nines <- c(9,9,9,9)
> nines+prime # 벡터의 같은 자리 원소끼리 더한다.
[1] 11 12 14 16
> nines*prime # 벡터의 같은 자리 원소끼리 곱한다.
[1] 18 27 45 63
```

(3) 행렬 객체 생성 및 저장

행렬은 수치나 문자를 행과 열로 나열하는 객체이다. 행렬을 구성하려면 matrix() 함수를 활용하여 나열할 값, 행의 수, 열의 수를 함수에 입력해야 한다. 이때 나열할 값은 벡터로 입력하며, nrow는 행의 수를, ncol은 열의 수를 나타낸다. [R 0.10]은 2*2 행렬을 구성하는 예시다.

[R 0.10] 행렬 객체의 생성 및 저장

〈R 코드〉

```
matrix(c(1,2,3,4), nrow = 2, ncol = 2) # 2*2 행렬
mat1 <- matrix(c(1,2,3,4), nrow = 2, ncol = 2)
mat2 <- matrix(c(5,6,7,8), nrow = 2, ncol = 2)
```

〈R 결과〉

```
> matrix(c(1,2,3,4), nrow = 2, ncol = 2) # 2*2 행렬
     [,1] [,2]
[1,]    1    3
[2,]    2    4
> mat1 <- matrix(c(1,2,3,4), nrow = 2, ncol = 2)
> mat2 <- matrix(c(5,6,7,8), nrow = 2, ncol = 2)
> mat1
     [,1] [,2]
[1,]    1    3
[2,]    2    4
> mat2
     [,1] [,2]
[1,]    5    7
[2,]    6    8
```

행렬로 저장된 수치 간 다양한 연산이 가능하다. [R 0.11]의 행렬곱은 수학에서의 행렬 곱과 같다.

[R 0.11] 행렬 객체의 연산

〈R 코드〉

```
mat1*2 # 행렬의 각 원소에 2를 곱해 준다.
mat1-2 # 행렬의 각 원소에서 2를 빼 준다.
mat1+mat2 # 행렬의 같은 자리 원소끼리 더한다.
mat1*mat2 # 행렬의 같은 자리 원소끼리 곱한다.
mat1%*%mat2 # 행렬곱을 수행한다.
```

〈R 결과〉

```
> mat1*2 # 행렬의 각 원소에 2를 곱해 준다.
     [,1] [,2]
[1,]    2    6
[2,]    4    8
> mat1-2 # 행렬의 각 원소에서 2를 빼 준다.
     [,1] [,2]
[1,]   -1    1
[2,]    0    2
> mat1+mat2 # 행렬의 같은 자리 원소끼리 더한다.
     [,1] [,2]
[1,]    6   10
[2,]    8   12
> mat1*mat2 # 행렬의 같은 자리 원소끼리 곱한다.
     [,1] [,2]
[1,]    5   21
[2,]   12   32
> mat1%*%mat2 # 행렬곱을 수행한다.
     [,1] [,2]
[1,]   23   31
[2,]   34   46
```

rbind() 또는 cbind() 함수를 활용하여 벡터 또는 행렬을 이어 붙여 새로운 행렬을 구성할 수 있다. rbind()는 입력된 객체를 행으로 이어 붙여 행렬을 구성하며, cbind()는 입력된 객체를 열로 이어 붙여 행렬을 구성한다. [R 0.12]에서 저장된 벡터 객체인 nines와 prime을 행 또는 열로 이어 붙여 행렬을 구성하였다. 벡터뿐만 아니라 행렬도 rbind()와 cbind()로 이어 붙여 또 다른 행렬을 생성할 수 있다.

[R 0.12] rbind()와 cbind()로 행렬 구성하기

〈R 코드〉

```
rbind(nines, prime) # rbind()는 입력된 객체를 행으로 이어 붙여 행렬을 구성한다.
cbind(nines, prime) # cbind()는 입력된 객체를 열로 이어 붙여 행렬을 구성한다.
rbind(mat1, mat2) # 행렬을 입력할 수도 있다.
cbind(mat1, mat2)
```

〈R 결과〉

```
> rbind(nines, prime) # rbind()는 입력된 객체를 행으로 이어 붙여 행렬을 구성한다.
      [,1] [,2] [,3] [,4]
nines    9    9    9    9
prime    2    3    5    7
> cbind(nines, prime) # cbind()는 입력된 객체를 열로 이어 붙여 행렬을 구성한다.
     nines prime
[1,]     9     2
[2,]     9     3
[3,]     9     5
[4,]     9     7
> rbind(mat1, mat2) # 행렬을 입력할 수도 있다.
     [,1] [,2]
[1,]    1    3
[2,]    2    4
[3,]    5    7
[4,]    6    8
> cbind(mat1, mat2)
     [,1] [,2] [,3] [,4]
[1,]    1    3    5    7
[2,]    2    4    6    8
```

벡터와 행렬은 서로 다른 데이터 유형(예: 수치, 문자 등)을 취급할 수 없다는 점을 주의할 필요가 있다. 즉, 수치와 문자를 동시에 벡터와 행렬의 원소로 입력할 수 없다. [R 0.13]에서 수치 24가 "24"라는 문자 유형으로 강제 변경된 것을 확인할 수 있다. 행렬에서도 마찬가지다. rbind() 함수로 행렬을 구성할 때, 수치 1, 2, 3이 문자 "1", "2", "3"으로 강제 변경되었다.

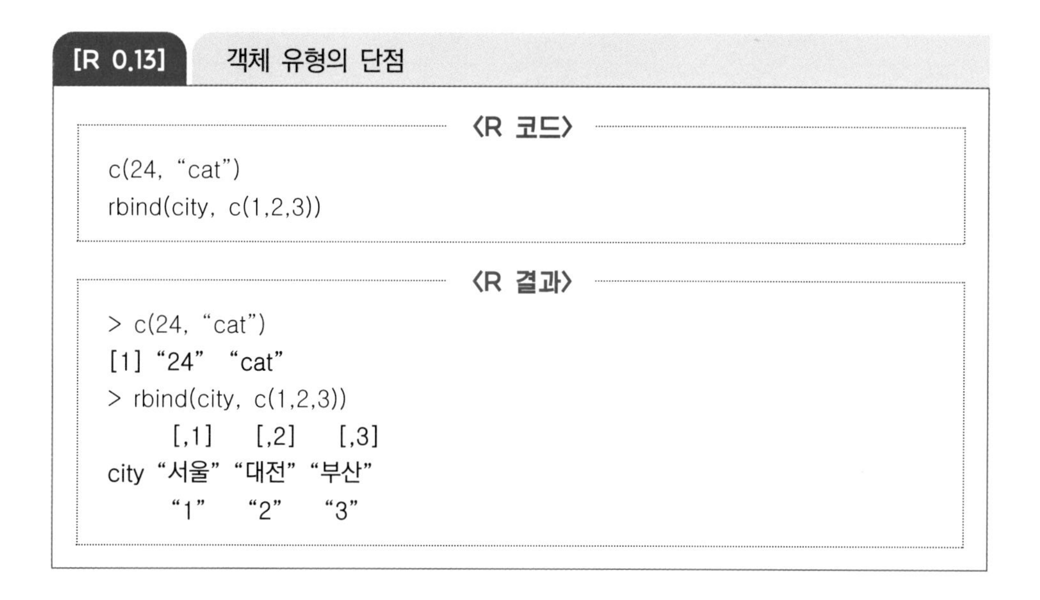

[R 0.13] 객체 유형의 단점

〈R 코드〉

```
c(24, "cat")
rbind(city, c(1,2,3))
```

〈R 결과〉

```
> c(24, "cat")
[1] "24"  "cat"
> rbind(city, c(1,2,3))
       [,1]   [,2]   [,3]
city "서울" "대전" "부산"
       "1"    "2"    "3"
```

2) 데이터프레임

(1) 특징

앞서 벡터와 행렬은 서로 다른 데이터 유형을 취급할 수 없다고 하였다. 그런데 수치와 문자로 구성된 자료를 분석해야 하는 경우가 빈번하다. 이때 데이터프레임(data frame)을 쓰면 된다. 데이터프레임은 수치와 문자를 동시에 원소로 포함할 수 있는 자료 객체로, 행렬과 마찬가지로 행과 열의 두 차원을 갖는다. data.frame() 함수로 데이터프레임을 구성할 수 있다.

정리하면, R에서 벡터, 행렬, 데이터프레임과 같은 다양한 형태의 객체를 생성할 수 있다. [R 0.14]에서 name과 gender는 문자 데이터, age는 수치 데이터를 원소로 하는 객체이며, name, gender, age를 포괄하는 데이터프레임 객체 student는 문자와 수치를 모두 원소로 포함한다. 〈표 0.2〉에서 R의 객체(object) 유형 및 특징을 정리하였다.

[R 0.14] 데이터프레임(data frame)

〈R 코드〉

```
name <- c("철수","영희","민수","한별","주영","기철")
age <- c(11, 12, 11, 13, 12, 11)
gender <- c("남","여","남","여","여","남")
student <- data.frame(name, age, gender)
student
```

〈R 결과〉

```
> name <- c("철수","영희","민수","한별","주영","기철")
> age <- c(11, 12, 11, 13, 12, 11)
> gender <- c("남","여","남","여","여","남")
> student <- data.frame(name, age, gender)
> student
  name age gender
1 철수  11    남
2 영희  12    여
3 민수  11    남
4 한별  13    여
5 주영  12    여
6 기철  11    남
```

〈표 0.2〉 R의 객체(object) 유형 정리

객체 유형	최대 차원	포함가능 자료 유형				복수의 자료 유형 포함 가능 여부
		수치	문자	논리	복소수	
벡터(vector)	1	○	○	○	○	×
행렬(matrix)	2	○	○	○	○	×
데이터프레임 (data frame)	2	○	○	○	○	○
요인(factor)	1	○	○	×	×	×
배열(array)	3 이상	○	○	○	○	×
리스트(list)	3 이상	○	○	○	○	○
시계열(time series)	1	○	○	○	○	×

class() 함수로 객체 유형을, 그리고 str() 함수로 데이터프레임의 구조를 살펴볼 수 있다. [R 0.15]에서 class() 함수로 student 객체 유형이 데이터프레임이라는 것을 파악하였다. 이후 str() 함수로 student 데이터프레임이 6개의 관측치와 3개의 변수를 포함한다는 것을 확인하였다. w/6, w/2는 각 범주형 변수 수준의 개수를 의미한다. 예를 들어 성별 변수는 '남'과 '여'의 두 수준뿐이므로 w/2로 표기되었다.

[R 0.15] 데이터프레임의 구조

〈R 코드〉

```
class(student)
str(student)
```

〈R 결과〉

```
> class(student)
[1] "data.frame"
> str(student)
'data.frame':      6 obs. of  3 variables:
 $ name   : Factor w/ 6 levels "기철","민수",..: 5 3 2 6 4 1
 $ age    : num  11 12 11 13 12 11
 $ gender : Factor w/ 2 levels "남","여": 1 2 1 2 2 1
```

(2) csv 파일 읽고 변수 호출하기

RStudio에서 흔히 쓰는 데이터 파일은 csv 파일이다. csv는 'comma separated values'의 약자로, 입력값을 'comma(,)'로 구분하여 저장한다. 따라서 csv 파일은 'comma-delimited' 파일로 불리기도 한다. csv 파일은 언뜻 보기에 Excel 파일과 비슷하게 보인다. 같은 자료를 Excel의 xls(또는 xlsx)로도 저장할 수 있기 때문에 csv와 xls의 차이점을 궁금해하는 경우가 많다. csv와 xls의 차이점을 〈심화 0.1〉에서 간략하게 설명하였다.

[R 0.16]에서 read.csv() 함수를 활용하여 csv 파일을 불러와 mydata라는 이름의 데이터프레임으로 저장하였다. 그리고 str() 함수로 mydata가 48개 관측치와 4개 변수로 구성된 데이터프레임이라는 것을 확인하였다. 데이터프레임의 열(column)은 SPSS에서의 변수와 같다. 데이터프레임 열, 즉 변수를 불러오려면 $ 기호를 활용하여 '데이터프레임

$변수명'의 형태로 입력하면 된다. 예를 들어 mydata$posttest와 mydata$group은 각각 사후검사(posttest)와 집단(group)을 호출한다.

[R 0.16] csv 파일 읽고 변수 호출하기

〈R 코드〉

```
mydata <- read.csv('ANCOVA_real_example.csv')
str(mydata)
mydata$posttest # 사후검사 변수(posttest) 호출
mydata$group   # 집단 변수(group) 호출
```

〈R 결과〉

```
> mydata <- read.csv('ANCOVA_real_example.csv')
> str(mydata)
'data.frame':	48 obs. of  4 variables:
 $ id      : int  56 73 98 91 59 68 96 71 64 97 ...
 $ pretest : int  41 43 34 41 35 36 32 37 41 37 ...
 $ posttest: int  37 40 31 36 36 37 31 38 41 35 ...
 $ group   : int  1 1 0 0 1 1 0 1 1 0 ...
>
> mydata$posttest # 사후검사 변수(posttest) 호출
 [1] 37 40 31 36 36 37 31 38 41 35 40 42 35 34 34 36 37 37 33 38 43
37 39 35 40 39 37 42 38 37 37 40 37 44 39
[36] 37 45 50 48 45 50 37 46 36 43 42 43 48
> mydata$group   # 집단 변수(group) 호출
 [1] 1 1 0 0 1 1 0 1 1 0 0 1 1 0 0 1 0 0 0 1 1 0 1 1 1 0 0 1 0 0 1 0
1 0 1 1 0 1 1 1 1 0 1 1 0 0 0 1
```

심화 0.1 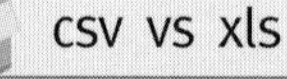 **csv vs xls**

csv는 'plain text format'으로 기본적인 입력 내용만 포함한다. 반면, xls(또는 xlsx)는 해당 xls 파일에 저장된 모든 sheet에 입력된 내용뿐만 아니라 포맷, 수식, 매크로, 그래프 등에 대한 정보를 포괄하므로 csv보다 훨씬 용량이 크고 메모리를 많이 차지한다. 또한 csv는 text editor 종류에 관계없이 쓸 수 있는 반면, xls는 Excel에서만 읽힌다는 차이점이 있다. 따라서 자료 분석 목적으로는 xls보다 csv 파일이 선호되는 편이다.

(3) 인덱싱

자료 구조 및 R 함수에 따라 분석 시 인덱싱(indexing, 색인)이 필요한 경우가 있다. 인덱싱은 자료의 일부분을 선택(또는 제외)하는 작업으로, 객체명 뒤에 대괄호([ ])를 붙이면 된다. R은 벡터(vector), 행렬(matrix), 배열(array), 리스트(list), 데이터프레임(data frame) 등에 인덱싱을 적용한다.

원소를 선택할 경우 자료 뒤에 원소의 [위치]를 입력하고, 원소를 제외할 경우 자료 뒤에 [−위치]를 입력하면 된다. 다수의 원소를 불러오려면 c()와 같은 벡터를 출력하는 함수를 이용하여 여러 위치를 입력하면 된다. 행렬의 경우, 각 원소가 행과 열이라는 두 종류의 위치를 지니므로 [행 위치, 열 위치]의 형태로 위치를 입력한다([R 0.17]).

[R 0.17] 인덱싱 1

〈R 코드〉

```
prime[1] # prime 객체의 첫 번째 원소를 불러온다.
prime[3] # prime 객체의 세 번째 원소를 불러온다.
prime[-3] # prime 객체의 세 번째 원소를 제외한 모든 원소를 불러온다.
prime[c(1,2)] # prime 객체의 첫 번째, 두 번째 원소를 동시에 불러온다.
mat1[1,1] # 행렬의 원소는 행과 열이라는 두 종류의 위치를 갖고 있으므로 보통 [행
위치,열 위치]를 입력한다.
```

〈R 결과〉

```
> prime[1] # prime 객체의 첫 번째 원소를 불러온다.
[1] 2
> prime[3] # prime 객체의 세 번째 원소를 불러온다.
[1] 5
> prime[-3] # prime 객체의 세 번째 원소를 제외한 모든 원소를 불러온다.
[1] 2 3 7
> prime[c(1,2)] # prime 객체의 첫 번째, 두 번째 원소를 동시에 불러온다.
[1] 2 3
> mat1[1,1] # 행렬의 원소는 행과 열이라는 두 종류의 위치를 갖고 있으므로 보통
[행 위치,열 위치]를 입력한다.
[1] 1
```

데이터프레임에 인덱싱을 적용하는 예를 들겠다([R 0.18]). 대괄호는 데이터프레임 바로 뒤에 붙이며, ','를 기준으로 왼쪽은 행(row)을, 오른쪽은 열(column)을 뜻한다. 예를 들어 mydata[1,2]는 mydata라는 데이터프레임의 첫 번째 행의 두 번째 열의 값을 지정한다. mydata[, 2]일 경우 모든 행의 두 번째 열(변수)을 뜻한다.

첫 번째와 두 번째 관측치를 분석에서 제외하려면 mydata[−c(1,2),]로 쓰면 된다. 이 자료를 mydata2로 저장하였다. 첫 번째와 두 번째 변수를 분석에서 제외할 경우, mydata[, −c(1,2)]라고 쓴다. 입력 순서대로 1번과 2번에 해당하는 변수를 분석에서 제외(−)하라는 뜻이다. 이 자료는 mydata3으로 저장하였다. 원래 59개 관측치와 16개 변수로 이루어진 mydata가 관측치 삭제 후 57개와 16개 변수 자료(mydata2), 그리고 변수 삭제 후 59개와 14개 변수 자료(mydata3)로 바뀐 것을 Environment 탭에서 확인할 수 있다. 제5장에서 역코딩 전 문항을 삭제하기 위하여 이러한 인덱싱을 활용하였다.

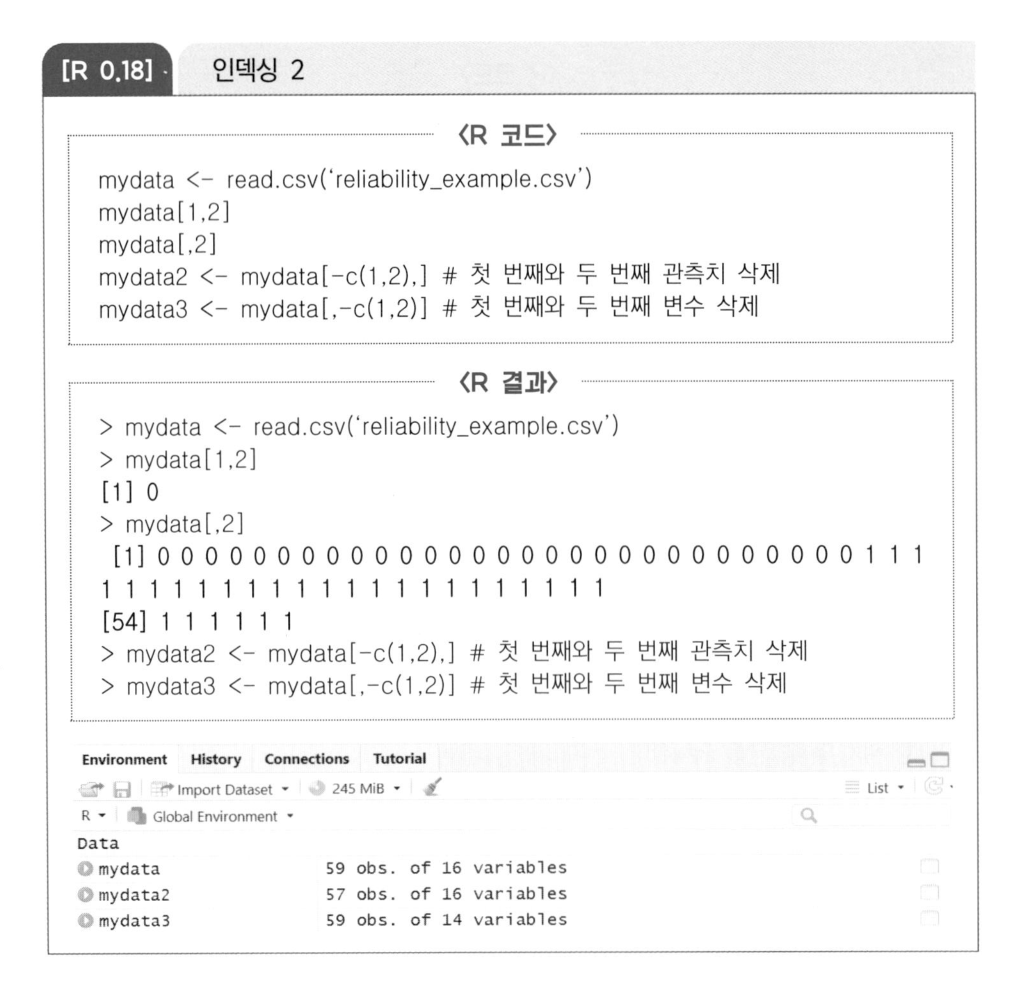

[R 0.18] 인덱싱 2

〈R 코드〉

```
mydata <- read.csv('reliability_example.csv')
mydata[1,2]
mydata[,2]
mydata2 <- mydata[-c(1,2),] # 첫 번째와 두 번째 관측치 삭제
mydata3 <- mydata[,-c(1,2)] # 첫 번째와 두 번째 변수 삭제
```

〈R 결과〉

```
> mydata <- read.csv('reliability_example.csv')
> mydata[1,2]
[1] 0
> mydata[,2]
 [1] 0 0 0 0 0 0 0 0 0 0 0 0 0 0 0 0 0 0 0 0 0 0 0 0 0 0 0 0 0 0 1 1 1
1 1 1 1 1 1 1 1 1 1 1 1 1 1 1 1 1 1 1 1
[54] 1 1 1 1 1 1
> mydata2 <- mydata[-c(1,2),] # 첫 번째와 두 번째 관측치 삭제
> mydata3 <- mydata[,-c(1,2)] # 첫 번째와 두 번째 변수 삭제
```

[R 0.19]의 mydata는 통제집단과 실험집단이 각각 0과 1로 코딩된 데이터프레임이다. 통제집단과 실험집단을 각각 contr, trt 데이터프레임으로 구분하여 저장하기 위하여 인덱싱을 수행하였다. 먼저, 집단(통제집단과 실험집단)을 호출하기 위하여 mydata$group을 활용하였다([R 0.16] 참고). 다음으로 [ ]를 활용하여 통제집단(mydata$group == 0)과 실험집단(mydata$group == 1) 데이터프레임을 만들고, 각각 contr과 trt로 저장하였다. 이렇게 수치를 직접 입력하지 않고, 논리값을 이용하여 인덱싱할 수 있다. 참고로 제4장에서 집단별 사후검사(posttest) 표준편차(sd)를 구할 때 같은 인덱싱을 활용하였다.

R에서는 다양한 방법으로 같은 결과를 얻을 수 있다. subset() 함수를 활용하여 집단을 구분해도 된다. subset()으로 얻은 contr2와 trt2 데이터프레임이 각각 contr, trt 데이터프레임과 같다는 것을 Environment 창에서 확인할 수 있다.

[R 0.19] 인덱싱 3

〈R 코드〉

```
mydata <- read.csv('ANCOVA_real_example.csv')
contr <- mydata[mydata$group == 0,] # 통제집단
trt <- mydata[mydata$group == 1,] # 실험집단

contr2 <- subset(mydata, mydata$group == 0)
trt2 <- subset(mydata, mydata$group == 1)
```

〈R 결과〉

```
> mydata <- read.csv('ANCOVA_real_example.csv')
> contr <- mydata[mydata$group == 0,] # 통제집단
> trt <- mydata[mydata$group == 1,] # 실험집단
>
> contr2 <- subset(mydata, mydata$group == 0)
> trt2 <- subset(mydata, mydata$group == 1)
```

3) 기타

(1) RStudio에서 외부 데이터 불러오기

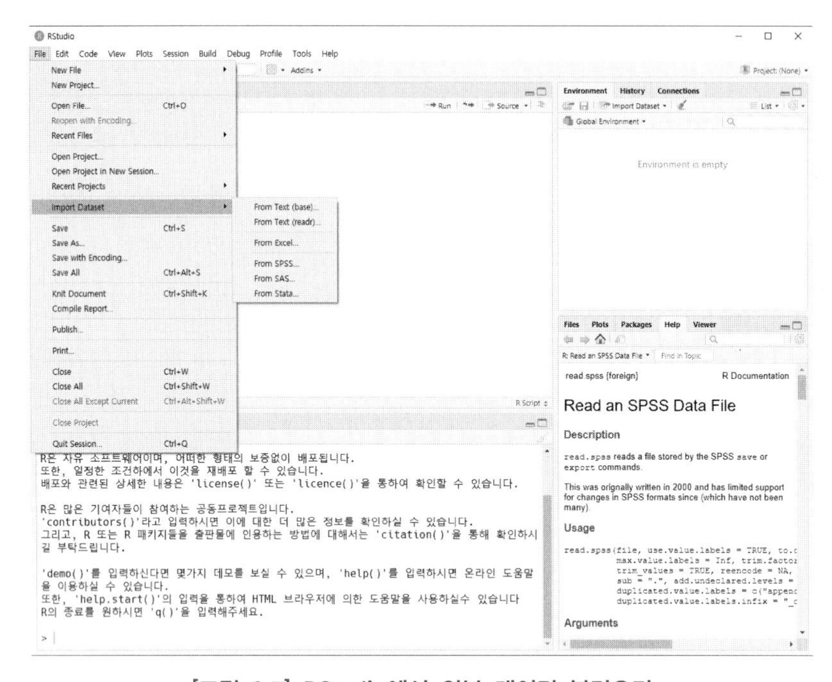

[그림 0.7] RStudio에서 외부 데이터 불러오기

Excel, SPSS, SAS 등에서 저장된 데이터 파일을 R의 데이터프레임으로 불러올 수 있다. [그림 0.7]은 SPSS 데이터 파일을 불러오는 창을 보여 준다. 외부 확장자 파일을 불러오는 다양한 함수가 있으나, RStudio의 'File'–'Import Dataset'을 활용하면 더 간단하다. 'Import Dataset'의 'From Excel'을 선택해 Excel 데이터로 저장된 cyber.xlsx을 불러와 보자. cyber.xlsx는 사이버비행 경험과 친구관계 및 공격성에 관한 조사 자료다.

〈변수 설명: 사이버비행 경험〉

연구자가 어느 지역 중학교 1학년 학생 300명을 대상으로 사이버비행 경험을 조사하였다. 종속변수인 사이버비행 경험과 독립변수인 성별, 친구관계, 공격성을 측정하기 위해 2018년 한국아동·청소년 패널조사(KCYPS2018) 문항 일부를 활용하였다. 문항의 내용과 조사항목은 다음과 같다.

변수명	변수 설명
ID	학생 아이디
CYDLQ	사이버비행 경험(6점 Likert식 척도로 구성된 15개 문항들의 평균) 1: 전혀 없다, 2: 1년에 1~2번, 3: 한 달에 1번, 4: 한 달에 2~3번, 5: 일주일에 1번, 6: 1주일에 여러 번
GENDER	학생의 성별 0: 남학생, 1: 여학생
AGRESS	정서문제-공격성(4점 Likert식 척도로 구성된 6개 문항들의 평균) 1: 전혀 그렇지 않다~4: 매우 그렇다
FRIENDS	친구관계(4점 Likert식 척도로 구성된 13개 문항들의 평균, 마지막 5개 문항은 역코딩됨) 1: 전혀 그렇지 않다~4: 매우 그렇다

[data file: cyber.xlsx]

RStudio의 'Import Dataset' 메뉴는 외부 데이터를 불러오는 함수를 자동으로 실행해 준다. 'File'-'Import Dataset'-'From Excel'에서 Browse 버튼을 눌러 cyber.xlsx 파일을 선택하면 나타나는 오른쪽 하단 Code Preview에 나타나는 명령문이 실제로 실행되는 내용이다([그림 0.8]).

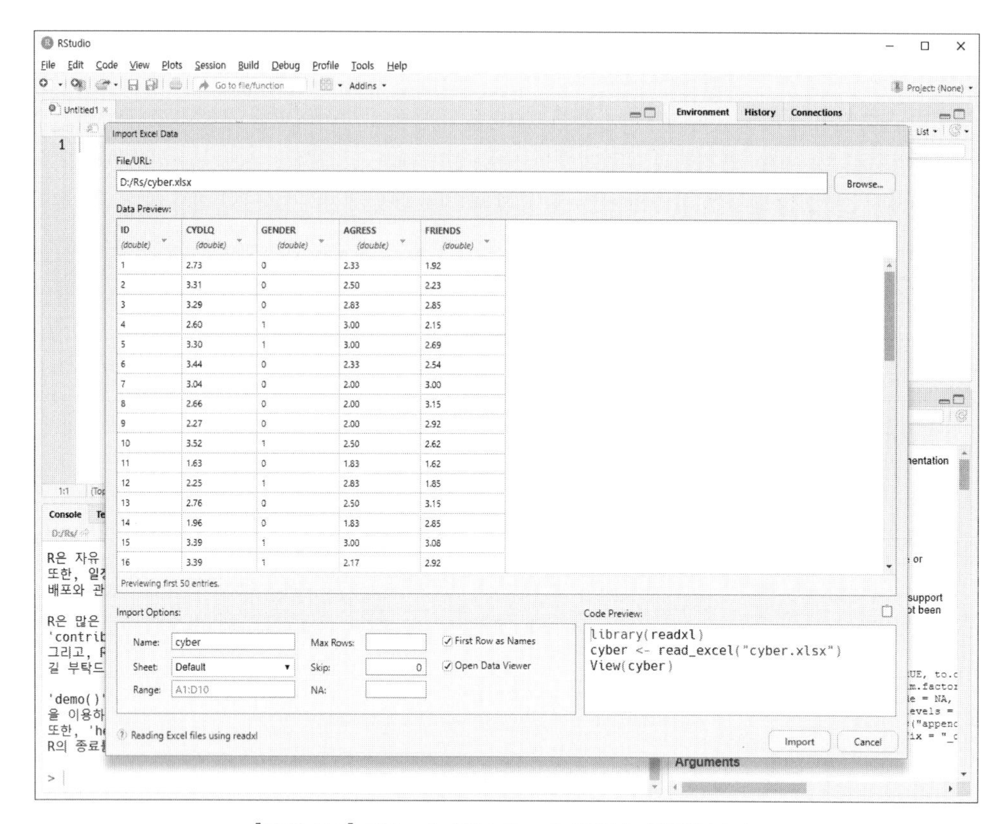

[그림 0.8] RStudio에서 Excel 데이터 불러오기 1

'Import' 버튼을 누르면 [그림 0.9]에서와 같이 불러온 데이터를 보여 준다. 외부 데이터를 불러온 결과, 우상단의 Environment 창에 cyber 객체가 생성된 것을 확인할 수 있다.

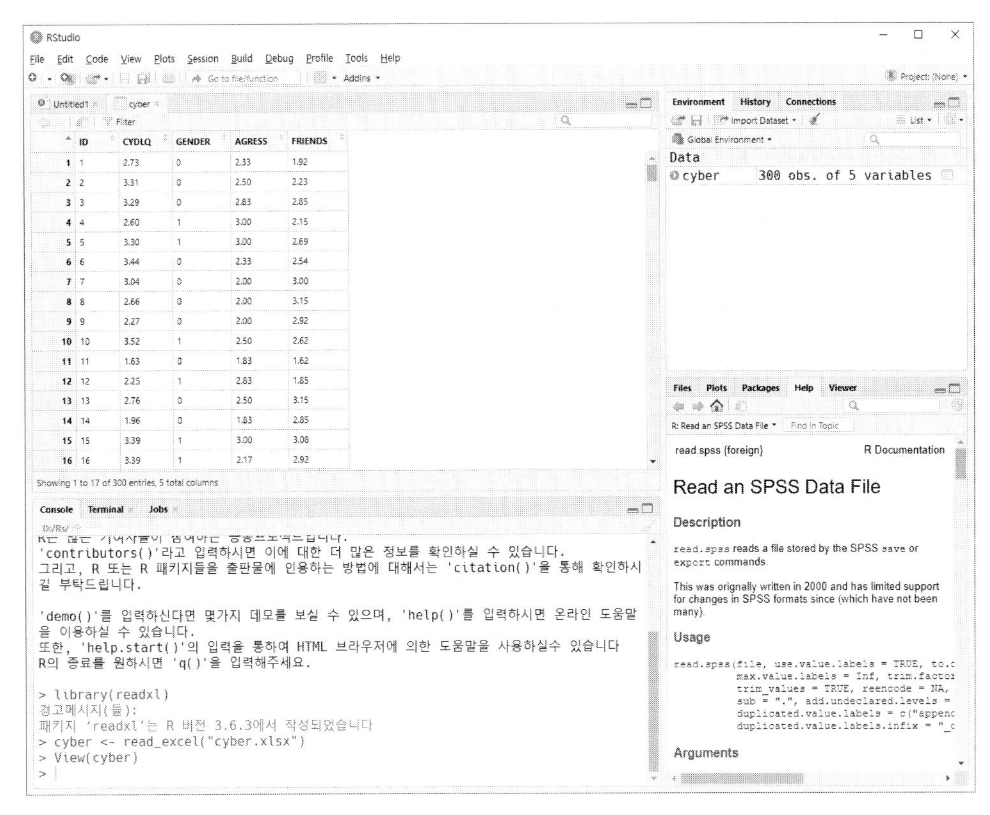

[그림 0.9] RStudio에서 Excel 데이터 불러오기 2

코드를 입력하여 Excel 데이터를 불러올 수도 있다([R 0.20]). [그림 0.8]의 메뉴 실행과 [R 0.20]의 코드 실행 결과는 동일하나, 코드를 실행할 경우 readxl 패키지가 필요하다. readxl 패키지가 설치되어 있지 않다면 install.packages() 함수로 설치 후, library() 함수를 활용하여 불러오는 과정이 필요하다.

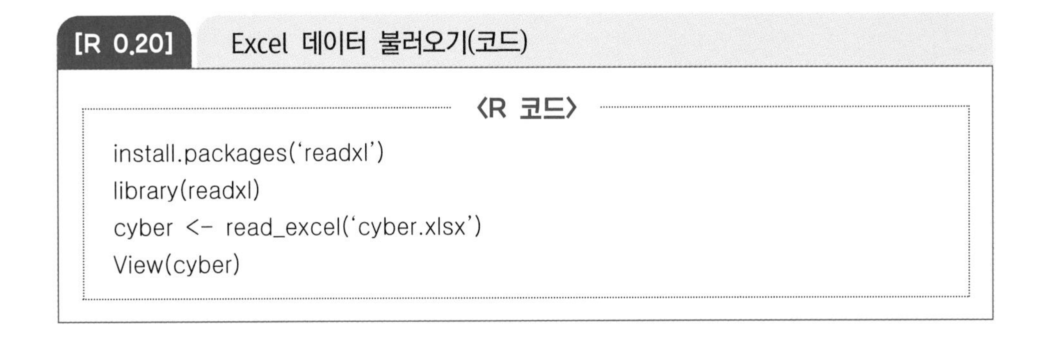

[R 0.20] Excel 데이터 불러오기(코드)

〈R 코드〉

```
install.packages('readxl')
library(readxl)
cyber <- read_excel('cyber.xlsx')
View(cyber)
```

(2) 인코딩 변경

자료에 한글이 포함되어 있거나 운영체제(windows, mac 등)의 인코딩(encoding)이 맞지 않을 경우 오류가 발생할 수 있다. 이러한 문제는 Rstudio 내에서 인코딩 변경을 통해 대부분 해결된다. [그림 0.10] 상단에서 인코딩 변경법을 설명하였다. 먼저, Rstudio 메뉴에서 'Tools' 버튼을 클릭한 후, 'Global Options'를 선택하면, [그림 0.10] 상단과 같은 화면이 뜬다. 좌측 'Code' 탭, 우측 상단의 'Saving' 순서로 클릭하고, 그 결과로 나타나는 'Default text encoding'에서 'Change'를 클릭하여 '[Ask]'를 'UTF-8'로 변경하고 저장하면 된다.

이렇게 인코딩을 변경한 이후에도 한글이 깨진다거나 파일을 불러오는 데 문제가 생길 경우, 'UTF-8' 인코딩 설정을 'EUC-KR'로 변경하여 문제를 해결할 수 있다. EUC-KR은 'Show all encodings'를 체크하면 나타난다. [그림 0.10] 하단에서 이를 설명하였다.

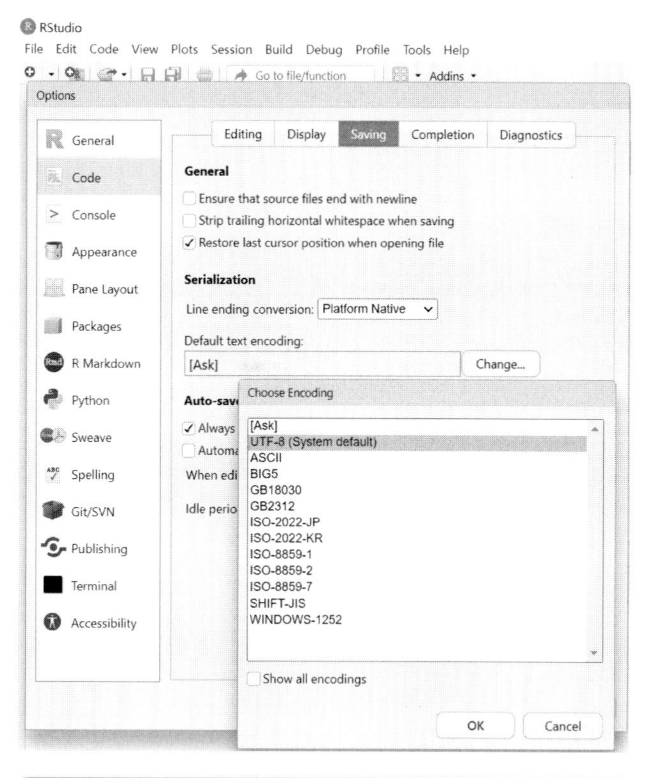
RStudio
File Edit Code View Plots Session Build Debug Profile Tools Help
Go to file/function
Addins
Options
General
Code
Console
Appearance
Pane Layout
Packages
R Markdown
Python
Sweave
Spelling
Git/SVN
Publishing
Terminal
Accessibility
Editing Display Saving Completion Diagnostics
General
Ensure that source files end with newline
Strip trailing horizontal whitespace when saving
Restore last cursor position when opening file
Serialization
Line ending conversion: Platform Native
Default text encoding:
[Ask]
Change...
Choose Encoding
[Ask]
UTF-8 (System default)
ASCII
BIG5
GB18030
GB2312
ISO-2022-JP
ISO-2022-KR
ISO-8859-1
ISO-8859-2
ISO-8859-7
SHIFT-JIS
WINDOWS-1252
Show all encodings
OK
Cancel

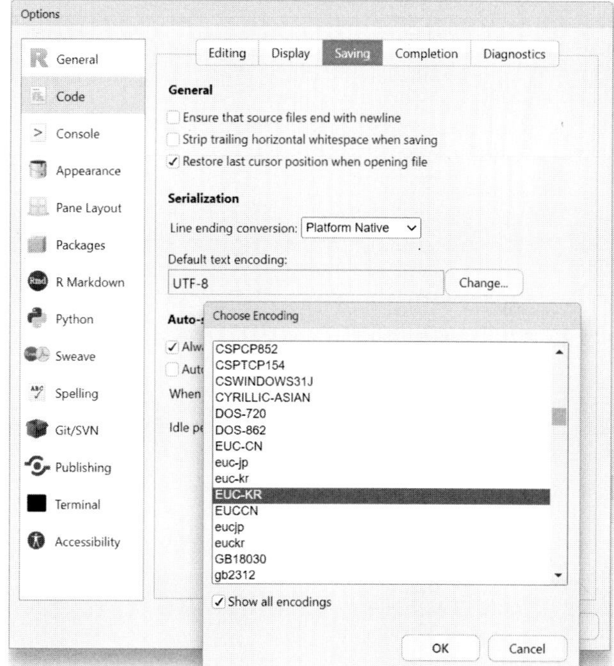
Options
General
Code
Console
Appearance
Pane Layout
Packages
R Markdown
Python
Sweave
Spelling
Git/SVN
Publishing
Terminal
Accessibility
Editing Display Saving Completion Diagnostics
General
Ensure that source files end with newline
Strip trailing horizontal whitespace when saving
Restore last cursor position when opening file
Serialization
Line ending conversion: Platform Native
Default text encoding:
UTF-8
Change...
Choose Encoding
CSPCP852
CSPTCP154
CSWINDOWS31J
CYRILLIC-ASIAN
DOS-720
DOS-862
EUC-CN
euc-jp
euc-kr
EUC-KR
EUCCN
eucjp
euckr
GB18030
gb2312
Show all encodings
OK
Cancel

[그림 0.10] 인코딩 변경

그 외 자료의 변수명 첫 글자가 숫자로 지정되거나 변수명에 '-'가 사용되는 등 R이 변수명으로 인식하지 못하여 발생하는 오류도 가능하다. 그렇다면 불편하더라도 변수명을 변경한 후 R에서 자료를 불러와야 한다.

(3) R(RStudio) 관련 자료

R에 대해 더 공부하고 싶다면 다음과 같은 R Foundation, R Manual, CRAN(The Comprehensive R Archive Network) 등의 공식 웹사이트를 참고하면 좋다. CRAN은 R의 표준 저장소(standard repository)로, 다양한 R 패키지가 보관되어 있다. 특히 contributed 패키지의 경우 대부분 CRAN으로부터 설치할 수 있는데, 일부 패키지는 개발자가 지정한 웹사이트에서 설치해야 하는 경우도 있다.

The R Foundation
https://www.r-project.org/foundation/

[Home]

Download

CRAN

R Project

About R
Logo
Contributors
What's New?
Reporting Bugs
Conferences
Search
Get Involved: Mailing Lists
Get Involved: Contributing
Developer Pages
R Blog

R Foundation

The R Foundation

The R Foundation is a not for profit organization working in the public interest. It has been founded by the members of the R Development Core Team in order to

- Provide support for the R project and other innovations in statistical computing. We believe that R has become a mature and valuable tool and we would like to ensure its continued development and the development of future innovations in software for statistical and computational research.
- Provide a reference point for individuals, instititutions or commercial enterprises that want to support or interact with the R development community.
- Hold and administer the copyright of R software and documentation.

R is an official part of the Free Software Foundation's GNU project, and the R Foundation has similar goals to other open source software foundations like the Apache Foundation or the GNOME Foundation.

Among the goals of the R Foundation are the support of continued development of R, the exploration of new methodology, teaching and training of statistical computing and the organization of meetings and conferences with a statistical computing orientation. We hope to attract sufficient funding to make these goals realities.

The **R Foundation Statutes** can be downloaded as PDF file in English or German.

The R Manuals
https://cran.r-project.org/manuals.html

The R Manuals

edited by the R Development Core Team.

The following manuals for R were created on Debian Linux and may differ from the manuals for Mac or Windows on platform-specific page: manuals for each platform are part of the respective R installations. The manuals change with R, hence we provide versions for the most rec version (R-patched) and finally a version for the forthcoming R version that is still in development (R-devel).

Here they can be downloaded as PDF files, EPUB files, or directly browsed as HTML:

Manual	R-release	R-patched	R-devel
An Introduction to R is based on the former "Notes on R", gives an introduction to the language and how to use R for doing statistical analysis and graphics.	HTML | PDF | EPUB	HTML | PDF | EPUB	HTML | PDF | EPUB
R Data Import/Export describes the import and export facilities available either in R itself or via packages which are available from CRAN.	HTML | PDF | EPUB	HTML | PDF | EPUB	HTML | PDF | EPUB
R Installation and Administration	HTML | PDF | EPUB	HTML | PDF | EPUB	HTML | PDF | EPUB
Writing R Extensions covers how to create your own packages, write R help files, and the foreign language (C, C++, Fortran, ...) interfaces.	HTML | PDF | EPUB	HTML | PDF | EPUB	HTML | PDF | EPUB
A draft of **The R language definition** documents the language *per se*. That is, the objects that it works on, and the details of the expression evaluation process, which are useful to know when programming R functions.	HTML | PDF | EPUB	HTML | PDF | EPUB	HTML | PDF | EPUB
R Internals: a guide to the internal structures of R and coding standards for the core team working on R itself.	HTML | PDF | EPUB	HTML | PDF | EPUB	HTML | PDF | EPUB
The R Reference Index: contains all help files of the R standard and recommended packages in printable form. (9MB, approx. 3500 pages)	PDF	PDF	PDF

CRAN(The Comprehensive R Archive Network)
https://cran.r-project.org/

The Comprehensive R Archive Network

Download and Install R

Precompiled binary distributions of the base system and contributed packages, **Windows and Mac** users most likely want one of these versions of R:

- Download R for Linux (Debian, Fedora/Redhat, Ubuntu)
- Download R for macOS
- Download R for Windows

R is part of many Linux distributions, you should check with your Linux package management system in addition to the link above.

Source Code for all Platforms

Windows and Mac users most likely want to download the precompiled binaries listed in the upper box, not the source code. The sources have to be compiled before you can use them. If you do not know what this means, you probably do not want to do it!

- The latest release (2023-06-16, Beagle Scouts) R-4.3.1.tar.gz, read what's new in the latest version.
- Sources of R alpha and beta releases (daily snapshots, created only in time periods before a planned release).
- Daily snapshots of current patched and development versions are available here. Please read about new features and bug fixes before filing corresponding feature requests or bug reports.
- Source code of older versions of R is available here.
- Contributed extension packages

Questions About R

- If you have questions about R like how to download and install the software, or what the license terms are, please read our answers to frequently asked questions before you send an email.

또한 R을 진지하게 배우고 싶은 학습자에게 현대 R의 표준이라고 할 수 있는 tidyverse 패키지를 추천한다(〈R 심화 8.3〉 참고). 이때 tidyverse 패키지의 저자인 Hadley Wickham과 Garrett Grolemund의 저서 *R for Data Science: Import, Tidy, Transform, Visualize, and Model Data*(2017)가 좋은 길잡이가 될 수 있을 것이다. 우리말로는 『R을 활용한 데이터 과학』(2019)으로 공식 번역되었으며, 웹북 형태로 공개되어 편리함을 더하였다. 2023년 7월에 2판이 영어로 출판된 바 있다.

제1장

양적연구의 기본

필수 용어

독립변수/종속변수/혼재변수, 척도, 표본, 확률적 표집, 비확률적 표집, 기술통계/추리통계, 중심경향값, 산포도

학습목표

1. 변수의 종류와 특징, 척도의 종류와 특징을 이해할 수 있다.
2. 양적연구에서 표집의 중요성을 모집단과 표본의 관계를 이용하여 설명할 수 있다.
3. 확률적 표집법과 비확률적 표집법을 구분하고, 대표적인 확률적 표집법과 비확률적 표집법의 특징을 설명할 수 있다.
4. 기술통계와 추리통계의 특징을 설명하고 비교할 수 있다.
5. 중심경향값과 산포도의 종류를 나열하고 그 특징을 설명할 수 있다.
6. R을 이용하여 중심경향값, 산포도, 표준점수 등을 구할 수 있다.

교육학을 비롯한 사회과학 분야에서는 사회 현상을 이해하고 해석하기 위하여 연구(research)를 수행한다. 연구자는 자신이 알고 싶은 현상에 대하여 연구문제를 설정한다. 예를 들어 영어 유치원에 다녔던 학생이 일반 유치원에 다녔던 학생보다 영어 성취도가 높은지 알고 싶다고 생각해 보자. 연구자는 '영어 성취도'를 조작적으로 정의하고, 그 조작적 정의에 따라 영어 성취도 검사를 직접 만들 수 있고, 또는 다른 연구자가 만들어 놓은 검사를 선택할 수도 있다. 학교를 선정한 후, 그 학교에서 영어 유치원에 다녔던 학생과 일반 유치원에 다녔던 학생을 각각 뽑는다. 뽑힌 학생들을 대상으로 검사를 시행하여 영어 성취도를 측정한 후, 영어 유치원 경험 유무에 따라 학생의 영어 성취도 점수에 차이가 있는지를 통계적으로 검정한다. 양적연구(quantitative research)에서는 이렇게 통계적 검정(statistical testing)이 주가 된다.

또는 학교 부적응 학생이 양산되는 이유와 배경이 무엇인지 알고 싶다고 생각해 보자. 연구자는 학교 부적응 학생이 있는 학교를 직접 방문하여 학생, 담임 교사, 학생 부장 교사, 학교장 등을 면담(interview)하고, 부적응 학생의 학교 생활을 관찰(observation)할 수 있다. 연구 범위와 제반 여건 등에 따라 가능하다면, 부적응 학생의 가정을 방문하여 주 양육자를 면담할 수도 있다. 이렇게 면담, 관찰 등을 통하여 부적응 학생이 일반 학생과 어떻게 어떤 면에서 다른지, 그 이유와 배경이 무엇인지를 파악해 내는 것은 질적연구(qualitative research)를 이용한 예시다.

간단히 말하면, 양적연구는 어떤 사회 현상을 숫자로 환산하여 분석하는 통계적 방법을 쓰는 것이고, 질적연구는 면담, 관찰 등을 통하여 언어로써 사회 현상을 분석하는 것이다. 초보 연구자의 경우 양적연구방법을 쓸지 질적연구방법을 쓸지 혼란스러울 수 있는데, 연구문제에 따라 연구방법을 결정하는 것이 일반적이다. 이를테면 앞서 언급된 '부적응 학생이 양산되는 이유'에 대한 연구는 양적연구보다는 질적연구가 연구자가 원하는 결과, 즉 부적응 학생이 양산되는 이유와 배경이 무엇인지를 파악하기 더 좋다. 물론, 설문조사를 실시하여 그 결과를 통계로 분석해도 왜 부적응 학생이 되었는지 그 이유와 배경을 알아볼 수는 있다. 그러나 불특정 다수의 학생에게 설문을 배포한 후 부적응 학생이 되는 이유와 배경을 물어본다는 것이 그리 합리적인 선택이 아닌 것을 조금만 생각해 보면 알 수 있을 것이다. 부적응 학생만을 선별하여 설문지를 배포한다고 하더라도, 설문 문항에서 '이유와 배경이 무엇이라고 생각합니까?'와 같이 물어본다고 하여 부적응 학생이 제대로 답을 할 것인지는 회의적이다.

질적연구는 현상학적 연구, 내러티브 탐구, 근거이론, 사례연구, 문화기술지 등으로 종류가 다양하다. 이 책은 양적연구에 초점을 맞추고 있으므로, 질적연구에 대하여 공부하고 싶다면 다른 책을 참고하는 것이 좋겠다. 또한 사회과학 연구방법에는 양적연구와 질적연구를 모두 활용하는 혼합방법 연구도 있다. 유진은, 노민정(2023)의 『초보 연구자를 위한 연구방법의 모든 것: 양적, 질적, 혼합방법 연구』 책에서 다양한 연구방법 및 예시를 자세하게 설명하였다. 연구자가 실제 논문 작성 시 바로 참고할 수 있도록 연구계획서 및 APA 인용양식 또한 다루었다.

1 변수와 척도

1) 변수의 종류

(1) 독립변수, 종속변수, 혼재변수

'변수(variable)'는 양적 · 질적연구에 관계없이 쓰이는 가장 핵심적인 개념 중 하나다. 우선, 영향을 주는지 받는지에 따라서 구분한다면 변수는 독립변수(independent variable) 또는 설명변수(explanatory variable), 그리고 종속변수(dependent variable) 또는 반응변수(response variable)로 나뉜다. 독립변수는 실험설계 맥락에서 연구자가 조작 · 통제할 수 있는 변수이고, 종속변수는 독립변수에 종속되는, 즉 영향을 받는 변수를 말한다. 영어 유치원에 다녔던 학생이 일반 유치원에 다녔던 학생보다 영어 성취도가 높은지 알고자 한다면, 독립변수는 '영어 유치원 경험 유무'가 되고, 종속변수는 '학생의 영어

성취도'가 된다. 이때 '영어 유치원에 다녔다'와 '영어 유치원에 안 다녔다'가 각각 독립변수가 되는 것이 아니라, '영어 유치원 경험 유무'라는 한 독립변수의 두 개 수준(level)[1]이라는 것을 주의해야 한다.

그런데 독립변수 외에 종속변수에 영향을 주는 변수가 가능하다. 예를 들어 '부모의 사회경제적 지위(Social Economic Status: SES)'는 연구자의 관심 변수가 아니며, 실험설계 상황에서 연구자가 조작할 수도 없는 변수다. 다시 말하면, SES는 연구자가 마음대로 바꿀 수 없는 변수로 연구자의 관심 변수가 아닌데도 학생의 영어 성취도에는 영향을 미칠 수 있다. 이러한 변수를 혼재변수(confounding variable)라고 부를 수 있다.[2]

심화 1.1 혼재변수 통제하기

① 설계(design) 단계
② 분석(analysis) 단계

[Tip] 설계 단계에서부터 통제하는 것이 더 낫다.

연구에서 혼재변수를 통제한 후, 독립변수가 종속변수에 미치는 영향만을 분석해야 한다. 크게 실험설계(experimental design)에서부터 통제하는 방법과 분석(analysis)에서 통제하는 방법으로 나뉜다. 혼재변수가 존재한다는 것을 처음부터 알고 있다면, 연구 설계에서부터 고려하는 것이 좋다. 예를 들어 SES를 측정하여 상, 중, 하로 나눈 다음 실험집단과 통제집단에 상/중/하 집단이 골고루 들어가도록 설계하거나, 무선구획설계(randomized block design)를 이용할 수도 있다. 만일 설계에서 통제하지 못했다면, 분석 시 혼재변수의 영향을 통계적으로 제거할 수 있다. 공분산분석(analysis of covariance), 구조방정식모형(structural equation modeling) 등이 바로 그러한 방법들이다. 공분산분석과 구획설계는 각각 이 책의 제10장과 제11장에서 설명하였다.

1) 이 예시에서는 '다녔다' 또는 '안 다녔다'의 두 가지 수준으로 구성된다.
2) 교락/중첩/혼선/오염 변수라고도 불린다. 비슷한 용어로 가외변수(extraneous variable), 간섭변수(intervening variable), 잡음변수(nuisance variable) 등이 있다.

(2) 양적변수와 질적변수

양적변수(quantitative variable)는 변수의 속성이 수량으로 표시되는 변수로, 연속변수(continuous variable, 연속형 변수)와 비연속변수(discrete variable)로 나뉜다. 양적변수의 예로는 키, 체중, 학점, 지능지수 등을 들 수 있다. 질적변수(qualitative variable)는 속성을 수량화할 수 없는 변수로, 범주형 변수(categorical variable)로 불리기도 한다. 성별, 종교, 직업 등이 질적변수의 예가 될 수 있다.

'키'라는 양적변수의 경우 '175cm가 165cm보다 크다', '150cm는 170cm보다 작다' 등으로 175, 165, 150, 170 등과 같은 숫자의 의미가 명확하다. 그런데 '종교'라는 질적변수의 경우 숫자로 속성을 수량화할 수 없다. '종교'의 하위 범주를 '개신교', '천주교', '불교', '기타'라고 한다면, 각각의 하위 범주를 의미 있는 숫자로 표시할 수가 없다는 것이다. '개신교'를 '1'로, '천주교'를 '2'로, '불교'를 '3'으로, '기타'를 '4'로 바꿔 자료에 코딩할 수는 있으나, 그렇다고 하여 천주교가 개신교보다 1만큼 크다고 할 수 없다. 즉, 질적변수의 경우 그 하위 범주를 숫자로 변환하여 자료 정리를 할 수는 있지만, 이때의 숫자는 '크다, 작다'의 양적 의미를 지니지 않는다. 질적변수는 더미코딩(dummy coding)을 통하여 통계적 분석을 할 수 있다. 더미코딩은 제7장 회귀분석에서 자세하게 설명할 것이다.

2) 척도의 종류

양적변수, 질적변수와 관련된 중요한 측정학적 개념으로 '척도'가 있다. 크게 명명척도(nominal scale, 명목척도), 서열척도(ordinal scale), 동간척도(interval scale, 등간척도), 비율척도(ratio scale)로 나뉜다. 명명척도와 서열척도로 측정된 변수는 질적변수, 동간척도와 비율척도로 측정된 변수는 양적변수다. 양적연구에서 척도가 매우 중요한 위치를 차지하므로, 각 척도의 특징을 구분하고 어떤 통계적 방법을 쓸 수 있는지 파악해야 한다.

(1) 명명척도

명명척도(nominal scale)는 말 그대로 측정 대상에 이름을 부여하는 것이다. 성별, 종교와 같은 질적변수의 경우 명명척도를 쓴다고 볼 수 있다. 즉, 명명척도에서는 '크다, 작다'는 알 수 없다. 단지 분류의 의미만 있을 뿐, 범주를 나열하는 순서는 의미가 없다. 명명척도로 된 변수의 대표값으로 최빈값(mode)이 적절하다.

명명척도로 측정된 독립/종속변수의 분석 기법

명명척도로 측정된 변수를 독립변수로 쓸 경우 선형 회귀분석, ANOVA 등을 활용할 수 있다. 명명척도로 측정한 변수를 종속변수로 활용할 경우 이항/다항 로지스틱 회귀분석 등을 쓸 수 있다. 회귀분석과 ANOVA는 제6장부터 제9장, 로지스틱 회귀모형은 제12장에서 R 예시와 함께 설명하였다.

(2) 서열척도

서열척도(ordinal scale)는 측정 대상에게 상대적 서열을 부여한다. 예를 들어 '다음 다섯 가지 교사의 특징을 현재 일선 초등학교에서 가장 필요로 하는 순서대로 나열하시오.'와 같은 문항([그림 1.1])에 대하여 어떤 교사가 만일 ③-④-②-①-⑤로 답했다면, 이것은 이 교사가 생각하는 상대적인 중요도를 순서대로 보여 준다. 즉, 이 교사는 '교과 전문지식이 높은 교사'가 '교수 · 학습 방법을 잘 이용하는 교사'보다 초등학교에서 더 필요하다고 생각하며, '학교 운영에 적극적으로 협력하는 교사'가 가장 필요하지 않다고 생각한다. 그러나 이때 상대적 서열만 알 수 있을 뿐, 얼마나 더 그렇게 생각하는지는 알 수 없다. 즉, '교과 전문지식이 높은 교사'를 10만큼 중요하게 생각하고, '교수 · 학습 방법을 잘 이용하는 교사'를 4만큼 중요하게 생각하며, '학교 운영에 적극적으로 협력하는 교사'를 1만큼 중요하게 생각할 수도 있고, 아니면 8, 7, 2의 크기로 중요하게 생각할 수도 있다. 서열척도를 쓸 경우 이러한 것까지는 알 수 없다.

문항 1. 다음 다섯 가지 교사의 특징을 현재 일선 초등학교에서 가장 필요로 하는 순서대로 나열하시오.

① 학생을 잘 이해하는 교사 ② 학급 운영을 잘하는 교사
③ 교과 전문지식이 높은 교사 ④ 교수 · 학습 방법을 잘 이용하는 교사
⑤ 학교 운영에 적극적으로 협력하는 교사

[그림 1.1] 서열척도 예시

설문(questionnaire)에서 흔히 쓰는 리커트(Likert) 척도의 경우에도 '전혀 동의하지 않는다'와 '약간 동의하지 않는다', '보통이다', '약간 동의한다', '매우 동의한다'가 간격이 같지 않으므로 서열척도라 할 수 있다. 서열척도를 쓰는 변수는 최빈값 또는 중앙값이 대

표값으로 적절하다. 서열척도는 '크다', '작다'는 알 수 있지만 얼마나 크고 작은지를 명시적으로 알 수 없기 때문에 임의로 값을 부여하여 분석하는 경우가 있는데, 〈심화 1.3〉을 참고하여 분석 기법을 숙고할 필요가 있다.

심화 1.3 종속변수가 서열척도일 때의 분석 기법

서열척도는 명명척도처럼 취급하여 독립변수로 쓸 수 있으나, 서열척도가 가지는 '서열'에 대한 정보를 쓰지 못한다는 단점이 있다. 서열척도로 측정된 변수가 종속변수일 때 비모수 통계(nonparametric statistics) 또는 비례오즈모형(proportional odds model) 등을 활용하는 것이 좋다. 비모수 통계는 이 책의 제13장에서 다루었다. 비례오즈모형의 경우 Agresti(2002) 등을 참고하면 된다.

참고로 리커트 척도와 같은 서열척도로 측정된 문항들로 이루어진 검사의 경우 검사 신뢰도가 높다면 문항 평균 또는 문항 합을 구하여 다음에 설명할 동간척도처럼 취급하기도 한다. 예를 들어 '나는 수학을 공부하는 것이 즐겁다', '나는 수학 과목에서 흥미로운 것을 많이 배운다', '나는 수학을 좋아한다', '수학을 잘하는 것은 중요하다'의 네 가지 문항으로 수학 흥미도를 측정하기 위하여 리커트 척도를 사용했다고 하자. 이때 문항들의 신뢰도가 이를테면 0.8 이상으로 높은 경우, 문항 평균을 '수학 흥미도'라고 보고 분석에서 활용할 수 있다. 신뢰도에 대해서는 이 책의 제5장에서 자세하게 설명하였다.

(3) 동간척도

동간척도(interval scale)는 말 그대로 '같은 간격'(equal interval)에 대한 정보를 부가적으로 부여한다. 즉, 동간척도로 측정된 변수는 서열척도의 '크다', '작다' 정보뿐만 아니라, 얼마나 큰지, 작은지까지의 정보를 제공하며, 숫자 간 차이가 절대적 의미를 가지므로 값을 비교할 수 있다. 이것이 가능하려면 척도에 가상적 단위를 매길 필요가 있다. 온도의 경우, 1도마다 같은 간격으로 커지거나 작아진다. 예를 들어 20도와 25도의 온도 차이는 15도와 20도의 온도 차이와 같다.

동간척도로 측정된 변수는 최빈값, 중앙값은 물론 평균을 구할 수 있으며, 종속변수로 쓰일 경우 모수 통계(parametric statistics) 방법을 쓸 수 있다. 동간척도로 측정된 변수를 독립변수로 쓰는 경우 특히 회귀모형이 적합하고, ANOVA는 적절하지 않다(회귀모형,

ANOVA 등의 분석 기법은 이후 장에서 다루었다). 동간척도를 서열척도 또는 명명척도로 변환하여 통계분석을 할 수 있으나, 이때 동간척도가 갖는 '같은 간격'에 대한 정보가 상실되므로 특별한 이유가 있지 않는 한, 그대로 동간척도를 유지하는 것이 좋다. 변수가 동간척도만 되어도 통계적 분석이 좀 더 쉬워진다는 장점이 있다.

심화 1.4 써스톤 척도

심리검사에서 쓰이는 써스톤(Thurstone) 척도는 동간척도의 대표적인 예가 된다. 써스톤 척도는 동간척도이므로 이 척도로 측정된 변수의 결과값 간 절대적 비교가 가능하다는 것이 장점이지만, 써스톤 척도를 만드는 것이 어렵다는 것이 큰 단점이다.

(4) 비율척도

비율척도(ratio scale)는 동간척도의 '같은 간격'에 절대영점(absolute zero)의 특성이 더해진다. 상대영점(relative zero)이 어떤 임의의 값을 '0'으로 정한 반면, 절대영점의 '0'은 아무것도 없는 것을 말한다. 예를 들어 섭씨 온도 0도는 '1기압에서 물이 어는 점'이라고 임의로 정한 것이지, 온도가 아예 없는 것을 뜻하지는 않는다. 반면, 길이가 '0mm'라고 한다면, 길이를 측정할 수 없을 정도로 길이가 없다(작다)는 것을 뜻한다. 무게, 길이, 지난 1년간 수입, 재직 기간, 자녀 수 등이 비율척도의 예가 된다. 비율척도로 측정된 변수는 절대영점이 있으며 사칙연산을 자유롭게 할 수 있으므로 통계적 분석 관점에서는 가장 좋은 척도다.

(5) 요약

정리하면, 명명척도, 서열척도, 동간척도, 비율척도의 순서로 점점 전달하는 정보가 많아진다. 통계분석 시 정보가 많을수록 좋기 때문에 가능하다면 비율척도로 된 변수를 이용하는 것이 낫지만, 사회과학 연구에서 일반적으로 관심 대상인 변수는 비율척도가 아닌 경우가 많다. 교육학 연구에서 관심을 가지는 학업 성취도, 효능감, 창의성 등의 구인(construct) 역시 비율척도로 직접 측정할 수 없으므로 조작적 정의를 통하여 문항을 만들고 검사를 구성하여 간접적으로 측정하게 된다. 〈표 1.1〉에서 척도의 종류에 따른 특징을 정리하였다.

〈표 1.1〉 척도의 종류와 특징

	분류	순서(크다, 작다)	동간성(같은 간격)	절대영점
명명척도	○	×	×	×
서열척도	○	○	×	×
동간척도	○	○	○	×
비율척도	○	○	○	○

2 표집법

통계 방법을 활용하는 양적연구에서 표집(sampling)은 무척 중요하다. 양적연구에서 연구대상 전체를 측정하는 것은 불가능에 가까우며, 만일 가능하다고 하더라도 효율적이지 못하기 때문이다. 연구자가 새로운 교수법을 만든 후 이것이 전국의 초등학교 6학년 학생에게 효과가 있는지 알아보고자 한다. 이때 '전국의 초등학교 6학년 학생'은 이 연구의 모집단(population)으로, 연구 결과를 일반화하고자 하는 대상이다. 그런데 앞서 언급했다시피, 전국의 초등학교 6학년 학생을 모두 연구대상으로 한다는 것은 불가능하다. 국가 차원에서 전국 단위로 시행되는 국가수준 학업성취도 평가도 엄밀한 의미에서 전국의 모든 초등학교 6학년 학생이 참여하는 것은 아니다. 모집단 전체를 연구대상으로 삼을 때의 엄청난 비용은 개인 연구자가 부담하기 어렵다. 따라서 대부분의 양적 연구에서는 표집을 거쳐 연구를 수행한다. 표집은 모집단으로부터 표본(sample)을 구하는 과정으로, 표집의 관건은 모집단의 특성을 잘 대표하도록 표집하는 것이 된다. 양적 연구에서는 표본의 특성을 나타내는 수치인 추정치(estimate) 또는 통계치(statistics)를 구하여, 이 추정치(또는 통계치)가 모집단의 특성을 나타내는 수치인 모수치(parameter)에 보다 가까울수록 편향(bias)이 적으며 표집이 잘 되었다고 한다.

표집이 잘못되는 경우 전체 연구의 틀이 어그러져 버린다. 표집의 중요성을 역설하는 예로, 1936년 미국 대통령 선거에 대한 여론조사 결과를 들 수 있다. 이 예시는 80년도 더 되었지만 아직도 회자되는 유명한 예시다. 1936년 대통령 선거를 앞두고 *Literary Digest*라는 잡지에서 1,000만 명이나 되는 유권자에게 설문을 우송한 후, 그중 약 240만명으로부터 응답을 회수하였고(설문 응답률 약 24%), 그 결과 57%의 지지율로 공화당 랜든(Landon) 후보의 당선을 예상하였다. 그러나 실제 선거에서는 민주당의 루스벨트(Roosevelt) 후보가 60%가 넘는 압도적 지지로 당선되었다. 사실 1,000만명이나 되는 유권자에게 설문을 우송하고 240만명의 응답을 회수한 것은 그 자체로는 상당히 성공적이었다고 할 수 있다. 그런데 설문 결과와 실제 선거 사이에 어째서 이러한 불일치가 일어나게 되었을까?

*Literary Digest*의 표집 결함을 주요한 원인으로 꼽을 수 있다(최제호, 2007). *Literary Digest*는 잡지 정기구독자, 전화번호부, 자동차 등록부, 대학 동창회 명부 등을 통해 표본을 선정했다. 선거가 있었던 1936년은 미국 대공황 시기였는데, 이때 잡지를 정기구독하거나, 전화 또는 자동차를 소유하거나, 대학을 졸업한 사람들은 사회 계층상 중산층 이상이라고 할 수 있다. 즉, *Literary Digest*의 표본은 미국의 전체 유권자(모집단)를 대표하는 것이 아니라 중산층 이상으로 구성된 편향된 표본이었으며, 이러한 표집의 결함은 선거 결과로 확인되었다. 이 표집방법은 마치 우리나라 대통령 선거 여론조사에서 호남지역 또는 경상지역에서만 표집하는 것과 비슷하게 문제가 많은 방법이었던 것이다. 이렇듯 표집은 양적연구를 설계하고 수행하는 데 있어 중요한 문제이므로, 연구자는 다양한 표집방법에 대하여 분명하게 이해할 필요가 있다.

연구자는 연구 상황에 맞는 표집방법을 선택해야 한다. 표집방법은 크게 확률적 표집(probability sampling)과 비확률적 표집(non-probability sampling)으로 나뉜다([그림 1.2]). 확률적 표집과 비확률적 표집을 구분하는 대표적인 특징은, 모집단 목록의 여부이다. 즉, 확률적 표집을 하는 경우 모집단 목록을 알고 있어야 한다. 그렇다면 앞서 예를 들었던 '전국의 초등학교 6학년 학생'의 경우 확률적 표집을 아예 못할 것이라고 생각할 수 있다. '전국의 초등학교 6학년 학생'은 457,674명(2023년 기준)이나 되므로 그 개별 학생들을 목록화할 수 없다고 생각하기 때문이다. 그런데 이 경우 꼭 그렇게 생각할 필요는 없는 것이, '전국의 초등학교 6학년 학생'이라고 했을 때, 개별 학생들의 이름을 모두 목록화할 필요는 없고, 그 학생들이 재학 중인 학교 명단만으로도 모집단 목록을 알고 있다고 생각할 수 있다. 이는 다음에 설명할 군집표집(cluster sampling)과 연관된 예시로, 해당 부분에서 더 자세히 설명할 것이다.

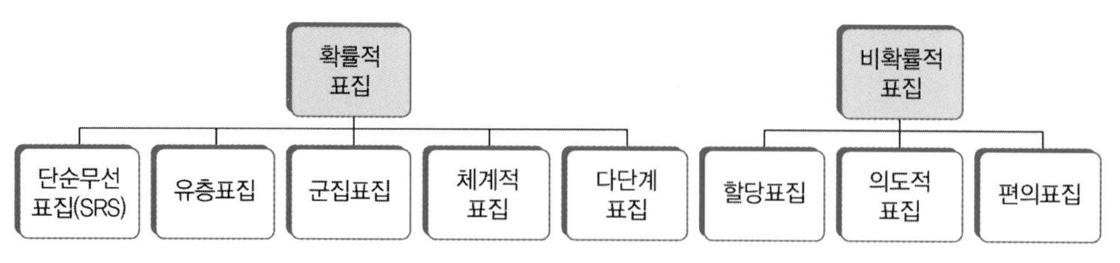

[그림 1.2] 확률적 표집과 비확률적 표집

1) 확률적 표집

모집단 목록이 있을 때 확률적 표집을 쓸 수 있다. 확률적 표집은 다시 단순무선표집, 유층표집, 군집표집, 체계적표집 등으로 나뉜다. 둘 이상의 표집방법을 쓰는 경우 다단계표집이라고 한다.

(1) 단순무선표집

단순무선표집(simple random sampling: SRS)은 모든 확률적 표집의 기본으로, 난수표(table of random numbers, [그림 1.3]) 또는 자동으로 단순무선표집 결과를 산출해 주는 컴퓨터 소프트웨어 등을 이용하여 표집할 수 있다. 단순무선표집에서 모집단의 모든 학생은 표본으로 뽑힐 확률이 모두 같다.

	1	2	3	4	5	6	7	8	9
1	690	045	198	696	435	180	009	165	943
2	926	228	301	394	649	610	843	871	309
3	150	297	496	989	167	388	234	210	798
4	230	145	995	473	704	167	987	833	197
5	702	521	100	675	861	142	220	875	157
6	224	764	903	696	129	089	962	868	667
7	586	519	109	992	101	611	984	513	563
8	293	776	531	068	693	867	712	701	333
9	358	797	010	858	947	218	230	722	660
10	129	432	503	380	953	844	329	655	395
11	330	817	068	171	065	573	044	812	046
12	420	770	597	055	858	328	875	008	353
13	593	793	027	948	636	887	986	719	129
14	328	518	905	190	474	246	673	654	654
15	191	031	401	662	455	596	603	670	206
16	308	604	817	899	874	171	834	575	262
17	572	321	157	825	572	410	574	285	679
18	372	454	380	144	252	541	759	897	773
19	809	601	030	944	609	327	821	727	710

[그림 1.3] 난수표 예시

(2) 유층표집

유층표집(stratified sampling, 층화표집)은 표집 시 연구문제와 관련된 중요한 변수를 활용한다. 남녀공학에서 학업성취도 간 성별 차가 있는지 연구하고자 한다면 단순무선표집을 쓰는 것은 좋지 않다. 확률적으로는 낮지만 운이 없을 경우 표집된 학생 모두가 남학생일 수도 있기 때문이다. 이 연구에서 '학생 성별'은 연구문제와 관련된 중요한 변수이므로 표집 시 필히 활용해야 한다. 즉, 전체 학생을 남학생과 여학생으로 나눈 다음, 각각의 집단에서 단순무선표집을 시행하는 것이 좋다. 유층표집 시 활용되는 '학생 성별'과 같은 변수를 유층 변수(stratifying variable)라고 한다.

(3) 군집표집

군집표집(cluster sampling)에서 '군집(cluster)'은 생물학에서 유래된 용어로, 자연적으로 형성된 집단을 뜻한다. 사회과학 자료에서 군집의 대표적인 예는 학교가 될 수 있다. 앞서 언급된 예에서 모집단은 '전국의 초등학교 6학년 학생'이다. 만일 개개인의 6학년 학생을 대상으로 1,200명을 표집한다면, 전국 6,175개 초등학교(2023년 기준, 분교 제외) 중 1,200개 초등학교에서 각각 한 명씩 표집될 수도 있다. 이 경우 연구를 수행하는 것이 매우 어렵다. 이를테면 1,200개 학교에서 학생을 한 명씩 표집하기 때문에 이 1,200개 학교에 공문을 보내고 연구 협조를 구해야 한다. 반면, 학교를 대상으로 표집을 한다면 절차가 훨씬 간단해진다. 각 학교에 6학년 학생이 60명씩 있다고 한다면, 전국 초등학교 중 20개 학교만 표집하여 1,200명(=학교 20개 × 학생 60명)을 연구에 참여시킬 수 있다. 이렇게 학생이 아닌 학생들이 모인 집단인 학교를 표집하는 것이 군집표집이다.

(4) 체계적표집

체계적표집(systematic sampling)은 예전에 각광받던 표집법으로, 전화를 이용한 조사연구에서 많이 쓰였다. 이때의 모집단은 '전화번호부에 등재된 사람들'이 되며, 전화번호부가 모집단 명부가 되므로 복잡한 표집방법을 이용할 필요 없이 전화번호부를 가지고 간단한 규칙을 적용하여 표집을 바로바로 할 수 있는 점이 장점이다. 예를 들어 30의 배수인 쪽의 가장 왼쪽 열 첫 번째 전화번호를 규칙적으로 뽑을 수 있다. 그러나 체계적표집에서 규칙을 적용할 때 어떤 패턴이 있지는 않은지 주의해야 한다. 이를테면 30의 배수인 쪽의 가장 왼쪽 열 첫 번째 전화번호가 알고 보니 상업용 전화번호라서 이렇게 표집할 때 가정용 전화번호는 아예 표집되지 않을 수도 있다. 이 경우 표본의 대표성에 큰 문제가 있을 수 있으므로 체계적표집이 아닌 다른 표집방법을 쓰거나 체계적표집의 규칙을 바꿔서 이러한 패턴이 생기지 않도록 시행해야 한다.

(5) 다단계표집

'전국의 6학년 학생'을 모집단으로 군집표집만 시행하려고 하였는데, 학교 소재지의 도시 규모가 연구에 매우 중요한 변수였다고 가정하자. 이때 단순히 군집표집만을 시행하는 것보다는 학교를 대도시, 중소도시, 읍면지역의 세 가지 도시 규모로 구분한 후, 각 도시 규모에서 군집표집을 실시하는 것이 바람직하다고 할 수 있다. 이 경우 유층표집과 군집표집이 동시에 이용된 것이며, 이렇게 두 가지 이상의 표집을 시행하는 것을 다단계표집(multistage sampling)이라고 한다. 만일 유층표집과 군집표집을 실시한 후, 각 학교에서 모든 6학년 학생을 연구에 참여시키지 않고 무선으로 한 반만을 뽑는다면, 마지막 단계에서 단순무선표집을 실시한 것이다. 즉, 표집방법을 세 가지 이용한 것이 된다. 이와 같은 다단계표집은 TIMSS, PISA, NAEP, 그리고 우리나라의 국가수준 학업성취도 평가 연구와 같은 대규모 조사 연구에서 많이 쓰인다.

2) 비확률적 표집

가능하다면 확률적 표집을 하는 것이 좋으나, 확률적 표집이 불가능하거나 비현실적인 경우 대안적으로 비확률적 표집을 할 수 있다. 예를 들어 'ADHD 판정을 받은 전국의 중학생'이 모집단이 되는 경우, 이러한 모집단의 목록은 구할 수 없다. 이처럼 개인의 병력에 관한 정보는 민감한 사안이므로 목록화하기도 힘들고, 목록화된다고 하더라도 표집에 써도 좋다는 개개인의 동의를 얻기 힘들기 때문에 확률적 표집이 거의 불가능하다. 비확률적 표집을 하는 경우, 각 사례가 뽑힐 확률을 알지 못하므로 통계적 추론의 의미가 퇴색되나, 실제 연구에서 비확률적 표집을 이용할 수밖에 없는 경우도 많다. 비확률적 표집에는 할당표집, 의도적 표집, 편의표집 등이 있다.

(1) 할당표집

할당표집(quota sampling)은 확률적 표집의 유층표집과 대비되는 표집법이다. 유층표집에서는 모집단 목록을 구하여 확률적으로 표집을 하는 반면, 할당표집은 모집단 목록 없이 손쉽게 표집할 수 있는 점이 장점이다. 중요한 변수에 따라 표집을 한다는 점에서는 유사하지만, 모집단 목록에서부터 출발하는 것이 아니라 미리 정해진 범주에 따라 구해야 할 표본의 개수를 할당한다는 것이 차이점이다. 여론조사에서 할당표집을 주로 활용한다. 이를테면 대통령 선거에서 전체 유권자를 인구통계학적 비율에 따라 지역, 연령, 성별로 나누어 설문조사 인원을 할당한다. 시간과 예산이 빠듯할 때 쓸 수 있으나, 비확률적 표집으로 확률론을 쓰는 데 제약이 있기 때문에 확률적 표집과 비교 시 일반화가 제한된다는 단점이 크다.

(2) 의도적 표집

대표적인 사례만을 의도적으로 표집하는 의도적 표집(purposive sampling, purposeful sampling) 또한 확률론이 적용되지 않는 비확률적 표집법이다. 질적연구에서 주로 쓰이는 방법으로, 연구자가 정보를 많이 얻을 수 있을 것 같은 사례들을 의도적으로 표집한다. Patton(1990, pp. 169-183)은 의도적 표집법을 극단적이거나 일탈적 사례 표집(extreme or deviant case sampling), 강렬한 사례 표집(intensity sampling), 전형적 사례 표집(typical case sampling), 결정적 사례 표집(critical case sampling), 준거 표집(criterion sampling), 눈덩이/체인 표집(snowball or chain sampling) 등으로 구분하였다.

의도적 표집은 양적연구 관점에서는 특히 연구자의 주관이 잘못되었을 때 오류를 막기 힘들다고 여겨지는 표집법이다. 그러나 연구문제를 잘 조명해 줄 것이라고 판단되는 사례를 표집하여 심층적으로 면담하고 관찰하는 것이 질적연구의 기본이므로, 질적연구에서는 의도적 표집을 할 수밖에 없다. 유진은, 노민정(2023)의 연구방법 책 제7장에서 의도적 표집에 대하여 자세하게 설명하였다.

(3) 편의표집

편의표집(convenience sampling)은 연구자가 다른 의도 없이 편하게 구할 수 있는 사례를 표본으로 이용하는 것이다. 편의표집은 우연적 표집(accidental sampling, haphazard sampling)이라고도 불린다. 연구자가 시간과 자금 등의 제약으로 인해 쉽게 자료를 모을 수 있는 본인의 반 학생들을 연구에 이용한다면 편의표집을 한 것이 된다. 편의표집은 표집법 중 가장 쉽고 편리한 방법으로 가장 많이 쓰이는 방법인데, 일반화 가능성 역시 가장 심각하게 제한되는 방법이므로 되도록 사용하지 않는 것이 좋다. 참고로 Patton(1990)은 의도적 표집을 13가지로 나누면서, 편의표집도 의도적 표집의 한 종류로 분류하였다.

3 기술통계와 추리통계

1) 통계학과 확률론

통계학과 확률론의 관계를 이해하기 전에 추론 방법을 이해할 필요가 있다. 추론 방법으로 연역적 추론(deductive inference)과 귀납적 추론(inductive inference)이 있다. 연역적 추론은 일반적 지식으로부터 구체적 특성을 끌어내는 것으로, '모든 사람은 죽는다', '소크라테스는 사람이다', 그러므로 '소크라테스는 죽는다'가 연역적 추론의 예시가 된다. 반면, 귀납적 추론은 경험에서 얻어지는 사실들을 관찰·수집하고 분석하여 가설을 제시하고, 증거를 통하여 가설을 검정하고 일반적 원리를 확립하고자 하는 것이다. 연역적 추론을 하는 수학의 확률론과 비교할 때, 통계학은 귀납적 방법을 쓰는 학문이라고 볼 수 있다.[3] 그런데 귀납적 추론의 과정에는 필연적으로 동반되는 오차가 있다. 모든 사실을 관찰할 수 없기 때문에 귀납적 추론을 통해 도출된 일반적 원리 또한 거시적인 관점에서는 '잠정적인 가설'이라는 범주에서 벗어나지 못하는 것이다. 즉, 귀납적 추론을 이용하는 통계학에는 불확실성(uncertainty)이 내재되어 있으며, 통계학의 불확실성을 통제하기 위하여 수학의 확률론을 이용한다. 정리하면, 양적연구는 통계학을 이용하고, 통계학은 다시 수학의 확률론을 그 이론적 근간으로 한다.

2) 기술통계와 추리통계의 차이점

통계는 기술통계(descriptive statistics)와 추리통계(inferential statistics)로 구분할 수 있다. 통계를 가르치다 보면, 평균과 같은 기술통계치로 집단을 비교하면 되는데 왜 굳이 추리통계를 써야 하느냐는 질문을 종종 받는다. 기술통계와 추리통계의 목적이 무엇인

---

3) 질적연구와 비교할 때, 통계학을 이용하는 양적연구는 상대적으로 연역적 방법을 쓴다고 볼 수 있다.

지를 생각해 보면 그 답을 알 수 있다. 기술통계는 수집된 자료의 특성을 평균, 표준편차 등의 대표값으로 요약·정리하며, 그 결과를 모집단으로 추론하고자 하지 않는다. 반면, 추리통계는 모집단에서 표본을 추출하여 분석한 후, 그 결과를 통하여 모집단의 특성을 추론하고 모집단 전체로 일반화하는 것이 목적이다. 연구자가 모은 자료를 설명하는 것만으로 충분하며 모집단에 대한 추론을 할 필요가 없다고 한다면, 굳이 추리통계를 쓸 필요가 없다. 그러나 표집을 하는 통계분석에서는 표본을 통하여 모집단의 특성을 추론하고자 하는 것이 근본 목적이기 때문에 추리통계에 대하여 이해할 필요가 있다. 이 책에서는 회귀분석, ANOVA, ANCOVA, 카이제곱 검정 등의 추리통계 방법을 중점적으로 다루었다. 다음 절에서 기술통계의 종류와 특징을 설명할 것이다.

3) 기술통계

(1) 중심경향값

중심경향값은 수집된 자료 분포의 중심에 있는 값이 무엇인지 정보를 제공한다. 평균, 중앙값, 최빈값 등이 대표적인 중심경향값이다. 특히 자료가 정규분포(normal distribution)를 따르지 않을 경우 이 세 가지 값을 모두 참조하는 것이 바람직하다. 정규분포에 대해서는 제3장에서 자세히 설명하였다.

① 평균

평균(mean)은 통계치 중 가장 중요한 값이라고 생각할 수 있다. 평균은 전체 자료 값을 더한 후 사례 수로 나눈 값으로, 모집단이든 표본이든 관계없이 같은 방법으로 구한다.

[모집단 평균 공식]

$$\mu = \frac{\sum_{i=1}^{N} X_i}{N} \quad (\mu\text{: 모집단 평균, } X_i\text{: 관측치, } N\text{: 전체 사례 수})$$

[표본 평균 공식]

$$\overline{X} = \frac{\sum_{i=1}^{n} X_i}{n} \quad (\overline{X}\text{: 표본 평균, } X_i\text{: 관측치, } n\text{: 표본의 사례 수})$$

평균은 초등학생도 배우는 개념이므로 통계에 대하여 잘 모르는 사람들도 평균이 무엇인지, 어떻게 구하는지는 알고 있다. 그런데 어떤 경우에 평균이 적절하지 않은지에 대하여는 의외로 잘 모르는 경우가 많다. 따라서 실제 사례에서 평균이 오용되는 경우가 빈번하다.

저자가 학부에 다닐 때 너무 춥거나 더운 지역을 피하여 교환학생을 가고자 하였다. 미국 대학 자료들을 구하여 검토하던 중, 어느 대학의 1월 월평균 기온이 0도이고, 7월 월평균 기온이 22도라고 한 것을 발견하고는 그 대학을 선택했다. 그런데 막상 가 보니, 1월 기온이 영하 15도에서 영상 15도까지 변덕스러웠고, 7월 기온도 30도를 웃도는 날이 빈번하였다. 즉, 한 달에도 기온 차가 심했지만 1월 월평균은 0도이고 7월 월평균은 22도였던 것이다. 이 경우 월평균보다는 한 달 내 최고 온도와 최저 온도의 변화 폭을 알아보는 것이 더 도움이 되었을 것이다.

특히 정규분포를 따르지 않는 자료의 경우 평균만을 대표값으로 활용하는 것은 적절하지 않다. S전자에서 일하는 지인이 하소연하기를, 상여금 시즌 때마다 언론에서 떠들어 대고 주변에서도 그렇게 알고 있는데, 본인은 한 번도 그만큼 큰돈을 받아 본 적이 없다고 하였다. 언론에서 S전자에서 일하는 사람들의 상여금 평균을 보도하기 때문인데, S전자 회장단 등의 임원들이 받는 거액의 상여금까지 모두 뭉뚱그려 평균을 낸다면 무게 중심이 당연히 오른쪽으로 쏠리기 때문이다. 이 경우 전체 평균이 아니라 임원 평균, 직원 평균과 같이 직급별 평균을 내는 것이 더 바람직하다.

② 중앙값

평균은 극단값이 있을 경우 그 극단값에 의해 영향을 많이 받는다는 단점이 있다. 검사 점수가 50, 50, 50, 90인 자료가 있다고 하자. 이 자료의 최빈값과 중앙값은 모두 50이다. 그런데 4개 값 중 3개가 50이고 나머지 1개 값이 90으로 큰 자료이기 때문에 평균은 60으로 무게 중심이 90쪽으로 쏠리게 된다. 이렇게 극단값이 있는 자료의 경우 중앙값이 적절할 수 있다.

중앙값(median)은 자료를 순서대로 줄 세울 때, 중앙에 위치하는 값이다. 자료가 짝수개인 경우 중앙값은 중간의 두 개 값의 평균으로 계산된다. 중앙값은 자료에서 관측하지 못한 값이 될 수도 있다. 예를 들어 1, 2, 2, 3, 4, 5, 5, 5, 6, 7인 자료가 있다면, 중앙값은 4와 5의 평균인 4.5가 된다. 이 예시에서 중앙값인 4.5는 자료에서 아예 없는 값이다. 중앙값은 중앙에 있는 값을 구하기 때문에, 편포인 분포에서 극단적인 값의 영향을 받지 않으며, 분포의 양극단의 급간이 열려 있는 개방형 분포에서도 이용 가능하다는 등의 장점이 있다.

[중앙값 공식]
자료를 순서대로 줄을 세울 때:
자료 수(n)가 홀수인 경우 $\frac{n+1}{2}$번째 관측값
자료 수(n)가 짝수인 경우 $\frac{n}{2}$번째와 $\frac{n}{2}+1$번째 관측값의 평균

③ 최빈값

최빈값(mode)은 자료에서 어떤 값이 가장 빈번하게 나왔는지를 알려 주는 값으로, 여러 개일 수도 있다. 빈도가 너무 작거나 분포의 모양이 명확하지 않을 때 최빈값이 안정적이지 못하다. 최빈값의 경우 네 가지 척도 모두에 이용할 수 있다. 만일 어떤 강좌에서 부여된 한 학기 학점인 A, B, C, D 중 B 학점이 가장 많았다면 'B'가 이 자료의 최빈값이 된다.

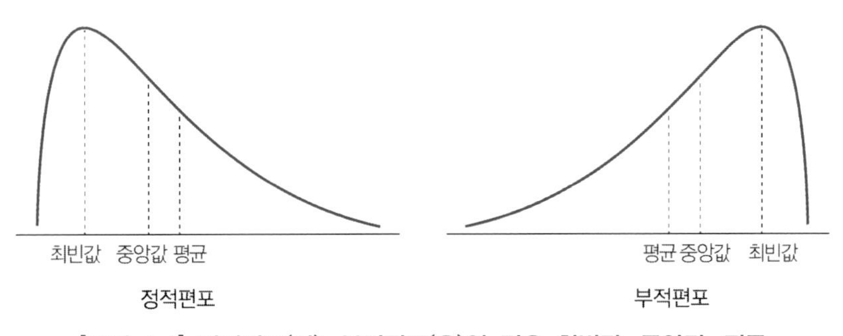

[그림 1.4] 정적편포(좌), 부적편포(우)일 경우 최빈값, 중앙값, 평균

분포의 꼬리가 오른쪽으로 긴 정적편포와 왼쪽으로 긴 부적편포의 최빈값, 중앙값, 평균 간 관계는 [그림 1.4]와 같다. 즉, 최빈값은 가장 빈도수가 많은 값이며, 중앙값은 전체 분포에서 50% 순서에 있는 값이 된다. 평균은 극단값의 영향을 받기 때문에 정적편포의 경우 오른쪽에, 부적편포의 경우 왼쪽에 위치하게 된다.

(2) 산포도

어떤 분포에 대하여 이해하려면 중심경향값과 산포도를 모두 고려해야 한다. 앞서 언급한 미국 대학의 기온 예시에서 한 달 내 최고 온도와 최저 온도의 변화 폭을 알아보는 것이 더 적절하다고 하였다. 만약 최고 온도와 최저 온도 간 차이가 30도라면, 이것만으로도 온도 차가 크다는 정보를 주는 것이다. 이렇게 자료의 분포가 얼마나 흩어져 있는지 아니면 뭉쳐져 있는지를 알려 주는 통계치들을 통칭하여 산포도(measure of dispersion)라고 한다. 산포도에는 범위, 표준편차, 분산, 사분위편차, 백분위 점수와 백분위 등수 등이 있다. 어떤 분포에 대하여 이해하려면 중심경향값과 산포도를 모두 고려하는 것이 좋다.

① 범위

연속변수인 경우, 범위(range)는 오차한계까지 고려할 때 분포의 최대값에서 최소값을 뺀 후 1을 더해 주면 된다. 어떤 연속변수의 최소값이 50이고 최대값이 70이라면, 그 범위는 70−50+1인 21이 된다. 오차한계([그림 1.5])를 고려하지 않고 범위를 구할 경우, 최대값에서 최소값을 뺀 후 1을 더하지 않으면 된다. 즉, 범위는 20이 된다.

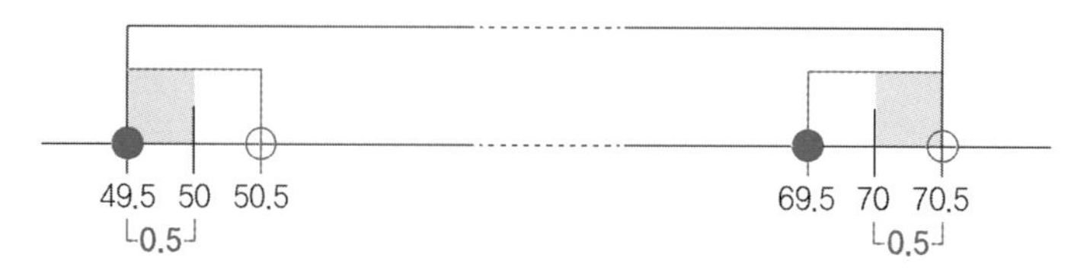

[그림 1.5] 범위의 오차한계

② 표준편차와 분산

분산(variance)에 제곱근을 씌운 값이 표준편차(standard deviation)다. 먼저, 분산에 대하여 설명하겠다. 모집단과 표본에서의 분산 공식은 다음과 같다.

[모집단 분산 공식]

$$\sigma^2 = \frac{\sum_{i=1}^{N}(X_i-\mu)^2}{N}$$ (σ: 모집단의 표준편차, X_i: 관측치, μ: 모집단 평균, N: 전체 사례 수)

[표본 분산 공식]

$$S^2 = \frac{\sum_{i=1}^{n}(X_i-\overline{X})^2}{n-1}$$ (S: 표본의 표준편차, X_i: 관측치, $\overline{X}$: 표본평균, n: 표본의 사례 수)

분산 공식을 자세히 보면, 분자 부분에 각 관측치에서 평균을 뺀 편차점수(deviation score)를 제곱하여 합한 값이 들어간다. 분자의 편차점수($X_i-\mu$)는 관측치에서 평균을 뺀 값이다. 따라서 분산은 자료가 평균에서 얼마나 떨어져 있는지를 정리한 값이라 할 수 있다. 참고로 편차점수는 모두 합하면 0이 되는 값이므로 자료가 평균으로부터 얼마나 떨어져 있는지 파악하려면 편차점수를 제곱한 값을 모두 더했다고 생각하면 된다.

참고로 분산 단위는 확률변수(2절에 설명함) 단위를 제곱한 것이므로 해석하기 어렵다. 예를 들어 몸무게를 측정하는 단위가 Kg이라면 분산은 Kg^2이 되는 것이다. 그런데 분산에 제곱근을 씌운 값인 표준편차는 평균과 같은 단위가 된다. 따라서 값을 해석하는 것이 목적일 경우 표준편차를 이용한다.

③ 사분위편차

사분위편차(quartile)는 자료를 작은 값부터 큰 값으로 정렬한 후 4등분한 점에 해당하는 값이다. 두 번째 사분위편차(Q2) 값은 중앙값과 동일하고 네 번째 사분위편차 값은 제일 마지막 값과 동일하기 때문에, 첫 번째 사분위편차(Q1)와 세 번째 사분위편차(Q3) 값을 구하여 분포가 얼마나 흩어져 있는지 뭉쳐 있는지를 판단한다. 사분위편차 값은 통계 프로그램의 상자도표를 통해 시각적으로 확인할 수 있다.

사분위편차와 중앙값

Q1

Q2=중앙값

Q3

④ 백분위 점수와 백분위 등수

백분위 점수(percentile score, 퍼센타일) 또한 자료를 작은 값부터 큰 값으로 정렬했을 때 100등분한 점에 해당되는 값이다. 사분위편차는 백분위 점수 중 25, 50, 75등분에 해당되는 값이므로, 100등분에 해당되는 백분위 점수를 통하여 더욱더 자세한 정보를 얻을 수 있다. 백분위 등수(percentile rank)는 등수에 대한 것으로 백분위 점수와 다르다. 하위 10%와 상위 10%에 해당되는 값이 각각 50점과 89점이라고 하자. 이 예시에서 하위 10%와 상위 10%의 백분위 등수는 각각 10과 90이며, 그때의 백분위 점수는 각각 50, 89가 된다.

(3) 표준점수

표준점수(standardized score, 표준화점수)는 원점수에 평균을 뺀 편차점수(deviation score)를 표준편차(standard deviation)로 나눈 점수들을 통칭한다. 대표적인 표준점수로 Z-점수, T-점수, 스태나인(stanine) 등이 있다.

Z-점수는 모집단의 분포가 정규분포라고 가정할 때 이용할 수 있으며, 평균이 0이고 분산이 1인 표준정규분포를 따르는 점수다(자세한 내용은 이 책 3장을 참고하면 된다). Z-점수는 이론적으로는 $-\infty$부터 $+\infty$까지 가능하다. Z-점수는 평균이 0으로 분포의 반은 양수고 반은 음수다. T-점수는 평균을 50으로 하고 표준편차를 10으로 척도만 바꿔 더 이상 음수가 나오지 않도록 Z-점수의 척도를 조정한 점수다. Z-점수와 T-점수는 다음과 같이 구할 수 있다.

◎ Z-점수와 T-점수 공식

$$Z = \frac{X - \mu}{\sigma}$$

$$T = 10Z + 50$$

다음은 자료를 9개 등급으로 나눠 주는 스태나인(stanine) 점수가 있다. 스태나인은 'STAndard NINE'의 줄임말로, 자료를 9개로 표준화한다는 뜻이다. 스태나인 점수는 자료를 작은 값부터 큰 값까지 정렬한 후, 왼쪽부터 오른쪽으로 1등급부터 9등급을 채워 나간다. 1등급부터 4등급은 각각 4%, 7%, 12%, 17%를 넣어 주고, 가운데 등급인 5등급은 20%, 그리고 다음 6등급부터 9등급은 다시 17%, 12%, 7%, 4%를 넣어 준다. 즉, 스태나인 점수는 5등급을 기준으로 좌우가 대칭임을 알 수 있다. 정규분포를 따르는 경우 스태나인은 평균이 5이고 표준편차가 2가 되며, 공식은 다음과 같다.

◎ 스태나인 공식

$Stanine = 2Z + 5$

연속형 변수를 스태나인 점수로 변환할 때 Z-점수나 T-점수에 비해 정보 손실이 있다는 단점이 있다. 예를 들어 1등급의 경우 전체 자료의 약 4%가 모여 있는데, 같은 1등급이라도 원점수가 가장 높은 1등급 학생과 가까스로 1등급을 받는 학생 간 점수는 이론적으로 2 표준편차 넘게 차이가 날 수 있다.

수학에서의 점수는 왼쪽이 낮은 점수이고 오른쪽으로 갈수록 높은 점수다. 마찬가지로 원래 스태나인도 1등급이 최하 등급, 9등급이 최상 등급인데, 서열 의미로 쓰이는 경우가 많으므로 이를 뒤집어 1등급을 최상 등급, 9등급을 최하 등급으로 보고한다.

심화 1.5 평균, 분산, 왜도, 첨도

- 평균, 분산, 왜도, 첨도는 각각 1차, 2차, 3차, 4차 적률(moment)에 해당되며, 이러한 적률은 확률분포의 특징을 설명해 주는 중요한 역할을 한다. 적률에 대하여 더 자세하게 알고 싶다면 김해경, 박경옥(2009), Hogg & Craig(1995) 등을 참고하면 된다.
- 왜도(skewness)는 분포의 모양이 어느 쪽으로, 어느 정도로 기울어졌는지를 알려 주며, 첨도(kurtosis)는 분포의 모양이 위로 뾰족한지 아니면 완만한지 알려 주는 척도가 된다.
- 왜도가 음수인 경우 꼬리가 왼쪽으로 기울어진 모양이고(부적편포) 양수인 경우 꼬리가 오른쪽으로 기울어진 모양이 된다(정적편포).
- 첨도가 음수($k<0$)인 경우 중심은 넓고 평평한 모양을 보인다. 반대로 첨도가 양수($k>0$)인 경우 중심이 뾰족한 모양을 보인다.
- 표준정규분포의 경우 평균, 왜도, 첨도가 모두 0이다.

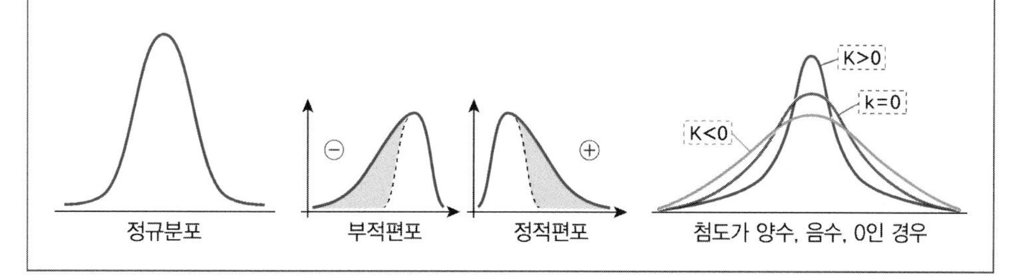

4 R 예시

이 절에서는 R로 기술통계 예시를 보여 줄 것이다. 추리통계 예시는 후속 장에서 다룬다.

1) 자료 입력과 빈도분석

기초통계 수준에서는 관측치는 행(row)으로, 변수는 열(column)로 코딩(coding)한다. 설문을 이용하는 조사연구의 경우 설문지 ID를 첫 번째 변수로 입력하는 습관을 들이는 것이 좋다. 혹시 입력 실수가 있다면 해당 설문지를 추적하여 입력을 수정하는 과정이 필수적이기 때문이다. 빈도분석을 통하여 기본적인 입력 실수는 확인할 수 있다. 예를 들어 집단을 0 또는 1로 코딩했다고 하자. 빈도분석 시 0, 1이 아닌 '10'이 나왔다면, 이는 입력 실수일 가능성이 크다. 이 경우 설문지 ID로 추적하여 입력된 자료를 수정해야 한다.

〈분석 자료: 실험집단, 통제집단의 사전검사, 사후검사 결과〉

연구자가 학생들을 무선으로 표집하여 실험집단 26명과 통제집단 22명으로 나누고 실험을 수행했다. 실험집단과 통제집단 48명의 학생을 검사 전과 검사 후에 측정하고, 사전검사와 사후검사 결과를 얻었다.

변수명	변수 설명
ID	학생 ID
pretest	사전검사 점수
posttest	사후검사 점수
group	집단(0: 통제집단, 1: 실험집단)

[data file: ANCOVA_real_example.csv]

[R 1.1] 자료 불러오고 확인하기

〈R 코드〉

```
mydata <- read.csv('ANCOVA_real_example.csv')
dim(mydata)
str(mydata)
```

〈R 결과〉

```
> dim(mydata)
[1] 48  4
> str(mydata)
'data.frame':      48 obs. of  4 variables:
 $ id       : int  56 73 98 91 59 68 96 71 64 97 ...
 $ pretest  : int  41 43 34 41 35 36 32 37 41 37 ...
 $ posttest: int  37 40 31 36 36 37 31 38 41 35 ...
 $ group    : int  1 1 0 0 1 1 0 1 1 0 ...
```

분석할 자료를 read.csv() 함수로 읽고 mydata라는 이름으로 저장하였다([R 1.1]). 자료의 전반적인 구조는 dim(), str() 함수를 사용해 확인할 수 있다. dim() 함수는 결과값을 두 개의 수치로 보여 주는데, 각각 행(row)과 열(column)의 개수를 뜻한다. 이 예시는 총 48개의 관측치와 4개의 변수로 구성된 자료라는 것을 알 수 있다. str() 함수는 자료의 차원과 더불어, 자료 구조의 종류(이 예시에서는 data.frame) 및 각 변수의 자료 유형, 처음 열 개 값을 보여 준다.

[R 1.2] 빈도분석

〈R 코드〉

```
ex.table <- table(mydata$group)
ex.table
round(prop.table(ex.table), digit = 3)*100
```

〈R 결과〉

```
> ex.table <- table(mydata$group)
> ex.table

 0  1
22 26
> round(prop.table(ex.table), digit = 3)*100

   0    1
45.8 54.2
```

집단별 빈도분석 결과를 ex.table에 저장하였다([R 1.2]). 자료 코딩 시 통제집단을 0, 실험집단을 1로 입력하였기 때문에 table()의 결과가 0과 1로 표시되고, 빈도가 산출된다. 그 결과, 통제집단이 22명, 실험집단이 26명으로 구성되었다는 것을 확인할 수 있다.

다음은 prop.table() 함수를 활용한 범주별 비율이다. prob.table() 함수 안에 앞서 산출한 빈도분석 결과(ex.table)를 넣어 집단별 비율을 구하였다. 이때 round() 함수를 사용하여 세 번째 자리에서 반올림한 후(digit=3), 해당 수치에 100을 곱해 주었다. 비율을 백분율(percentage)로 첫 번째 자리까지 보기 위함이다. 통제집단과 실험집단의 비율은 각각 45.8%와 54.2%인 것으로 나타났다.

2) 중심경향값과 산포도

[R 1.3] 중심경향값과 산포도

〈R 코드〉

```
summary(mydata$posttest)
round(sd(mydata$posttest), digit = 2)
range(mydata$posttest)[2] - range(mydata$posttest)[1]
quantile(mydata$posttest, c(.10,.90))
```

〈R 결과〉

```
> summary(mydata$posttest)
   Min. 1st Qu.  Median    Mean 3rd Qu.    Max.
  31.00   36.75   38.00   39.21   42.00   50.00
> round(sd(mydata$posttest), digit = 2)
[1] 4.56
> range(mydata$posttest)[2] - range(mydata$posttest)[1]
[1] 19
> quantile(mydata$posttest, c(.10,.90))
 10%  90%
34.7 45.3
```

통제집단과 실험집단 전체 48명의 사후검사 점수(posttest)의 중심경향값과 산포도 분석 결과는 [R 1.3]과 같다. summary() 함수를 통해 평균 39.21, 최소값 31.00, Q1(백분위수 25)은 36.75, 중앙값(백분위수 50)은 38.00, Q3(백분위수 75)은 42.00, 최대값은 50.00인 것을 알 수 있다. sd() 함수는 표준편차를 구해 주는 함수다. 그 결과를 round() 함수로 소수점 둘째 자리까지 반올림하여 살펴보면, 표준편차는 4.56으로 나타났다.

범위를 구할 때 range() 함수를 사용할 수 있다. 그러나 range() 함수는 거리를 바로 계산하지 않고 최대값([2])과 최소값([1])만 제시해 주기 때문에, 최대값에서 최소값의 차이를 계산해야 한다. 또는 summary()의 최대값과 최소값을 활용할 수도 있다. 이렇게 구한 범위는 19였다.

백분위 점수는 quantile() 함수로 구할 수 있다. 이 함수는 변수, 그리고 구하고자 하는 백분위로 구성된다. 예시에서 mydata의 posttest 변수의 10%(하위 10%)와 90%(상위 10%)에 해당하는 점수를 구하였다. quantile() 함수에서 백분위는 .10, .90과 같은 0부터 1 사이의 비율을 넣어 줘야 한다. 분석 결과로부터 하위 10%(.10)가 34.7점, 상위 10%(.90)가 45.3점이라는 것을 알 수 있다. 만일 10%, 80%, 90%에 해당하는 백분위 점수를 구하고자 한다면, c(.10, .80, .90)로 쓰면 된다.

참고로 R에는 최빈값을 바로 구할 수 있는 내장 함수가 없다. 따라서 몇 가지 내장 함수를 이용하여 최빈값을 구해야 한다. 〈R 심화 1.1〉에서 빈도분석 결과로 최빈값을 구하는 방법을 설명하였다.

R 실화 1.1 최빈값 구하기

최빈값을 구하기 위하여 table() 함수, max() 함수, which() 함수, names() 함수를 활용하는 예시를 보여 주겠다. 먼저, table() 함수로 사후검사 점수에 대한 빈도분석을 실시하고 pst.table에 저장하였다. pst.table은 오름차순으로 정리된 빈도분포이므로 사후검사 점수별 빈도가 가장 큰 점수가 최빈값이 된다. max() 함수로 가장 큰 빈도가 11이라는 것을 파악하였다. 다음으로 pst.table에서 max(pst.table) 값인 11에 해당하는 사후검사 점수가 몇 번째이며 그 값이 무엇인지를 찾기 위하여 which() 함수를 활용하였다. 그 결과, 11에 해당하는 사후검사 점수는 오름차순으로 정리된 빈도분포의 여섯 번째 위치에 있으며, 그 위치에 해당하는 사후검사 점수가 37이라는 것을 알 수 있다. which() 함수의 결과에 names() 함수를 얹어 최빈값이 37이라는 것을 다시 확인하였다. 이해를 돕기 위하여 코드를 하나씩 분리하여 설명하였는데, 실제로 최빈값을 구할 때는 마지막 줄만 입력하면 편리하다.

〈R 코드〉

```
pst.table <- table(mydata$posttest)
max(pst.table)
which(pst.table == max(pst.table))
names(which(pst.table == max(pst.table)))
```

〈R 결과〉

```
> pst.table <- table(mydata$posttest)
> max(pst.table)
[1] 11
> which(pst.table == max(pst.table))
37
 6
> names(which(pst.table == max(pst.table)))
[1] "37"
```

3) 집단별 기술통계

앞서 [R 1.3]에서 통제집단과 실험집단 전체에 대한 기술통계값(중심경향값과 산포도)을 구했는데, [R 1.4]에서는 집단별 기술통계값을 구하는 과정을 설명하겠다.

[R 1.4] 집단별 중심경향값과 산포도

〈R 코드〉

```
tapply(mydata$posttest, mydata$group, summary)
tapply(mydata$pretest, mydata$group, summary)
tapply(mydata$posttest, mydata$group, sd)
tapply(mydata$pretest, mydata$group, sd)
```

〈R 결과〉

```
> tapply(mydata$posttest, mydata$group, summary)
$'0'
   Min. 1st Qu.  Median    Mean 3rd Qu.    Max.
  31.00   35.25   37.00   37.73   40.00   45.00

$'1'
   Min. 1st Qu.  Median    Mean 3rd Qu.    Max.
  35.00   37.00   39.00   40.46   42.75   50.00

> tapply(mydata$pretest, mydata$group, summary)
$'0'
   Min. 1st Qu.  Median    Mean 3rd Qu.    Max.
  32.00   35.25   38.00   37.82   39.00   45.00

$'1'
   Min. 1st Qu.  Median    Mean 3rd Qu.    Max.
  25.00   32.25   37.00   37.00   41.00   47.00

> tapply(mydata$posttest, mydata$group, sd)
       0        1
3.978296 4.709401
> tapply(mydata$pretest, mydata$group, sd)
       0        1
3.620528 5.628499
```

예시에서 사용한 tapply()는 변수, 집단, 그리고 적용 함수의 세 가지 인자로 구성된다. 두 번째 인자는 첫 번째 인자인 변수를 분류할 기준이 되는 범주를 지정해 주는 것이고, 세 번째 인자인 함수는 범주별로 구분한 변수에 적용할 함수를 지정해 주는 것이다.

예시에서 첫 번째 인자인 변수는 사후검사 점수인 mydata$posttest, 두 번째 인자는 집단을 나타내는 mydata$group, 세 번째 인자는 summay(), sd() 등의 함수를 사용하였다.

4) 사분위편차와 상자도표

[R 1.4]에서 자료의 정보를 수치로 제시하였다. 도표를 이용하여 자료의 정보를 시각적으로 전달할 수도 있다.

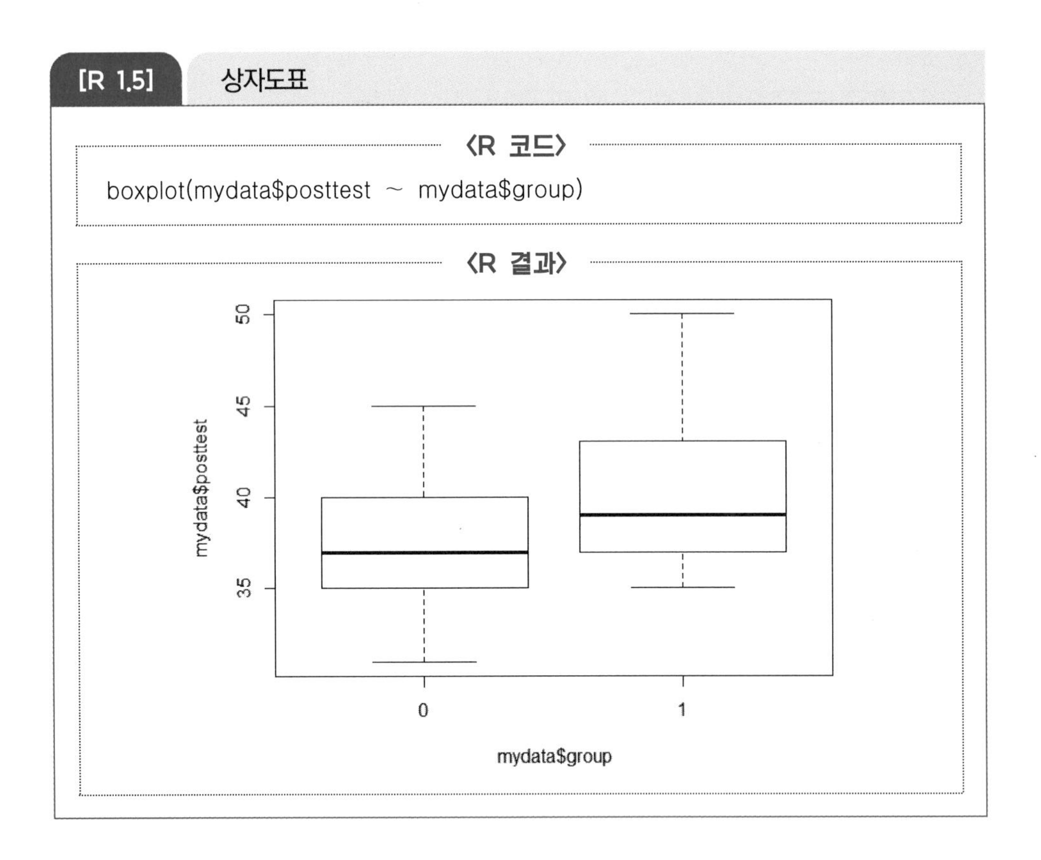

통제집단과 실험집단의 사후검사 점수의 상자도표(boxplot)는 [R 1.5]와 같다. 상자도표에서 중간 줄은 중앙값을, 상자도표의 아랫변은 Q1, 윗변은 Q3을 나타낸다. 상자도표에서 아래위로 연결된 선의 끝부분에 해당하는 부분은 각각 최소값과 최대값이다. [R 1.5]에서 실험집단의 최소값, Q1, 중앙값, Q3, 최대값이 모두 통제집단보다 크다는 것을 한눈에 확인할 수 있다.

상자도표는 boxplot() 함수를 사용하면 된다. R에서 종속변수와 독립변수를 '~'(tilde)로 구분하여 식(formula)을 쓰는데, boxplot() 함수도 인자를 식 형태로 써야 한다. '~' 앞에는 세로축 변수를, 뒤에는 가로축 변수를 쓴다. 사후검사 점수에 대한 집단별 상자도표를 그리려면, '~' 앞에는 사후검사(mydata$posttest)를, 뒤에는 집단(mydata$group)을 쓰면 된다.

5) 표준점수

[R 1.6] 표준점수

〈R 코드〉

```
zsc <- scale(mydata$posttest)
head(zsc)
tail(zsc)
```

〈R 결과〉

```
> zsc <- scale(mydata$posttest)
> head(zsc)
           [,1]
[1,] -0.4846265
[2,]  0.1737340
[3,] -1.8013477
[4,] -0.7040801
[5,] -0.7040801
[6,] -0.4846265

> tail(zsc)
            [,1]
[43,]  1.4904552
[44,] -0.7040801
[45,]  0.8320946
[46,]  0.6126411
[47,]  0.8320946
[48,]  1.9293622
```

[R 1.6]에서 사후검사 점수를 평균이 0이고 분산이 1인 표준정규분포를 따르는 표준점수(Z-score)로 변환하여 zsc 객체에 저장하였다. 표준점수로의 변환이 제대로 이루어졌는지 확인하기 위하여 zsc 객체를 출력할 경우, 불필요하게 48개 결과가 모두 출력된다. head()와 tail()을 활용하면 zsc 객체의 앞뒤 일부 결과를 확인할 수 있다. 또한, mean() 함수와 sd() 함수로 직접 표준점수를 계산하여 결과가 일치하는지를 검토할 수도 있다.

R에서의 표준점수와 관련하여 몇 가지 주의 사항이 있다. 첫째, 표준점수는 변수가 정규분포를 따를 때 의미가 있다. 둘째, R에 내장된 sd() 함수는 분모를 n이 아닌 $n-1$로 두고 분산을 계산한다. 모집단의 분산은 편차 제곱합을 n으로 나누지만, 표본 분산을 구할 때는 편차 제곱합을 $n-1$로 나눠야 불편추정치(unbiased estimator)를 구할 수 있다(〈심화 1.6〉). 즉, R은 불편추정치를 구한다.

심화 1.6 표본 분산에서 분모를 $n-1$로 쓰는 이유

일반적으로 모분산 σ^2의 값을 모르기 때문에 표본 분산을 구하여 모분산을 대신한다. 이때 자유도가 n인 표본 분산(S_n^2)과 자유도가 $n-1$인 표본 분산(S^2)중 어느 것이 모분산 σ^2를 대신하기에 더 적절한지 알아보자.

모집단에서 추출한 크기 n인 표본 $X_1, X_2, X_3, \cdots\cdots, X_n$에 대하여

$S_n^2 = \frac{1}{n}\sum_{i=1}^{n}(X_i - \overline{X})^2$, $S^2 = \frac{1}{n-1}\sum_{i=1}^{n}(X_i - \overline{X})^2$이라고 하자.

표본 분산 $S_{n_i}^2$의 기대값 $E(S_{n_i}^2)$을 다음과 같이 구할 수 있다.

$$
\begin{aligned}
E\left(S_{n_i}^2\right) &= E\left[\frac{1}{n}\sum_{i=1}^{n}(X_i - \overline{X})^2\right] \\
&= \frac{1}{n}E\left[\sum_{i=1}^{n}\left\{(X_i - \mu) - (\overline{X} - \mu)\right\}^2\right] \\
&= \frac{1}{n}E\left[\sum_{i=1}^{n}\left\{(X_i - \mu)^2 - 2(X_i - \mu)(\overline{X} - \mu) + (\overline{X} - \mu)^2\right\}\right] \\
&= \frac{1}{n}\left[E\left(\sum_{i=1}^{n}(X_i - \mu)^2\right) - 2E\left((\overline{X} - \mu)\sum_{i=1}^{n}(X_i - \mu)\right) + nE\left((\overline{X} - \mu)^2\right)\right] \\
&= \frac{1}{n}\left[E\left(\sum_{i=1}^{n}(X_i - \mu)^2\right) - 2nE\left((\overline{X} - \mu)^2\right) + nE\left((\overline{X} - \mu)^2\right)\right]
\end{aligned}
$$

$$\left(\because \sum_{i=1}^{n}(X_i - \mu) = n(\overline{X} - \mu)\right)$$

$$= \frac{1}{n}\left[\sum_{i=1}^{n} E\big((X_i - \mu)^2\big) - nE\big((\overline{X} - \mu)^2\big)\right]$$

$$= \frac{1}{n}\left[\sum_{i=1}^{n} Var(X_i) - n\,Var(\overline{X})\right]$$

$$= \frac{1}{n}\left(n\sigma^2 - n\frac{\sigma^2}{n}\right)$$

$$= \frac{n-1}{n}\sigma^2$$

$$\therefore\ \sigma^2 = \frac{n}{n-1}E(S_n^2)$$

$$= \frac{1}{n-1}\sum_{i=1}^{n}(X_i - \overline{X})^2$$

표본 분산 $S_{n_i}^2$ 의 기대값 $E(S_{n_i}^2)$을 모분산 σ^2에 대하여 정리하면 다음과 같다.

$$\sigma^2 = \frac{n}{n-1}E(S_n^2)$$

$$= \frac{1}{n-1}\sum_{i=1}^{n}(X_i - \overline{X})^2$$

즉, σ^2를 추정할 때 n이 아닌 $n-1$을 써야 편향되지 않은(unbiased) 모분산 σ^2을 얻을 수 있다. 따라서 S^2을 σ^2의 불편추정치(unbiased estimator; 불편향추정치)라고 한다.

연습문제

1. 다음은 명명, 서열, 동간, 비율 척도 중 어느 것인가?

1) 혈액형

2) Likert 척도

3) 1주일간 공부 시간

4) 동전을 세 번 던져 앞면이 나오는 수

2. 최빈값, 중앙값, 평균에 대한 특성을 설명한 것 중에서 옳은 것은?

① 표집에 따른 변화가 가장 작으며 안정성 있는 집중경향 값은 최빈값(mode)이다.

② 점수의 분포가 정규분포(normal distribution)를 이루는 경우에는 최빈값, 중앙값, 평균이 일치한다.

③ 명명척도(nominal scale)의 속성을 가진 자료일 경우에는 평균(mean)을 집중경향값으로 사용하는 것이 바람직하다.

④ 한 전집의 추정 값으로서 표집을 통하여 그 값을 계산하는 경우에, 극단값의 영향을 가장 크게 받는 것은 중앙값(median)이다.

3. 표준편차에 대한 설명으로 옳은 것은?

① 집단에 속한 모든 사례의 점수는 표준편차에 영향을 미친다.

② 표준편차는 각 사례의 점수에 일정한 수를 더하면 그 값이 변한다.

③ 집단에 속한 사례들 간의 점수 차이가 클수록 표준편차는 작아진다.

④ 표준편차는 각 사례의 점수에 일정한 수를 곱하면 그 값이 변하지 않는다.

4. 다음 〈보기〉를 읽고 답하시오.

보기

어느 연구자가 대학생의 일과 시간 중 스마트폰 사용 정도를 연구하고자 한다. 연구 사례 표집 시 본인의 수업을 듣는 학생들을 연구에 참여하도록 독려하였다.

1) 확률적 표집, 비확률적 표집 중 어떤 표집 방법을 쓴 것인가? 그렇게 생각한 이유는 무엇인가?

2) 표집 방법을 더 세분화한다면 어떤 표집 방법을 쓴 것인가? 이 방법의 문제점은 무엇인가?

제 2 장

실험설계와 타당도 위협요인

필수 용어

실험설계, 처치, 실험집단, 통제집단, 구인, 인과 추론, 무선표집, 무선할당, 준실험설계, 진실험설계, 내적타당도, 외적타당도, 구인타당도

학습목표

1. 실험설계 맥락에서 내적타당도, 외적타당도, 구인타당도의 개념을 이해한다.
2. 내적 · 외적 · 구인타당도 위협요인을 예를 들어 설명할 수 있다.
3. 무선표집, 무선할당, 준실험설계, 진실험설계 간 관계를 설명할 수 있다.
4. 무선표집, 무선할당과 내적타당도, 외적타당도 위협요인 간 관계를 설명할 수 있다.

실험을 비롯한 연구 수행 시 가능한 한 타당도(validity) 위협요인을 줄일 수 있는 방향으로 연구를 수행해야 한다. 초보 연구자들에게 '타당도'라는 개념이 쉽게 와닿지 않을 것이다. 타당도란 말 그대로 타당한(valid) 정도에 대한 정보를 준다. 학부 교육평가 시간에 검사(test) 타당도가 내용타당도, 준거관련 타당도, 구인타당도로 나뉜다고 배운 것이 전부라면, 내적타당도, 외적타당도와 같은 용어는 더욱 생소할 것이다. 검사 상황에서의 타당도는 그 검사가 측정해야 하는 내용 및 영역을 제대로 측정하는지에 대한 것이고, 이 장에서 다루는 후자의 타당도는 연구(research) 전반에 걸쳐 그 연구가 얼마나 타당한지 알아보는 것이다.

연구에서의 타당도는 연구의 결론이 얼마나 통계적으로 타당한지(통계적 결론타당도, statistical conclusion validity), 연구가 얼마나 인과 관계를 명확하게 추론하는지(내적타당도, internal validity), 연구에서 조작된 구인(construct)이 얼마나 개념적 구인을 잘 대표하도록 정의되고 측정되었는지(구인타당도, construct validity), 그리고 연구에서 주장하는 결론이 얼마나 폭넓게 일반화될 수 있는지(외적타당도, external validity)의 네 가지로 분류된다(Shadish, Cook, & Campbell, 2002). 이 장에서는 내적타당도, 외적타당도, 구인타당도에 대하여 설명할 것이다. 통계적 결론타당도 또한 매우 중요한 개념이지만 통계와 관련된 심화 내용이 다수 있다고 판단하여 제외하였다. 관심이 있는 독자들은 Shadish et al. (2002)의 제2장과 제3장을 참고하면 된다.

먼저 인과 추론 시 실험설계(experimental design)의 장점뿐만 아니라 무선표집(random sampling), 무선할당(random assignment), 진실험설계(true-experimental design), 준실험설계(quasi-experimental design) 등의 주요 용어를 설명할 것이다. 그리고 준실험설계에서의 내적타당도 위협요인을 알아본 후, 외적타당도와 구인타당도로 넘어가겠다. 내적타당도, 외적타당도, 구인타당도 간 관계를 고찰하고, 마지막으로 전향적 설계와 후향적 설계, 성향점수매칭, 인과 추론과 실험설계 관련 주의사항도 살펴보겠다.

1 실험설계와 내적타당도 위협요인

1) 실험설계와 인과 추론

양적연구의 주된 목적은 통계를 활용하여 사회 현상을 기술(description), 설명(explanation), 예측(prediction), 그리고 인과 추론(causal inference)하는 것이다. 사회과학 연구에서는 전통적으로 인과 추론에 관심을 기울여 왔다. 원인으로 인하여 결과가 따라 나온다고 밝힐 수만 있다면 사회 현상을 파악하기가 쉬워지기 때문이다. 연구자가 개발한 새로운 프로그램과 학업성취도 간 인과 관계가 성립한다는 말은, 이 프로그램을 이용하기만 하면 학생의 성적이 향상된다는 뜻이다. 따라서 성적을 올리고 싶은 학생이라면 누구든 이 프로그램을 쓰려고 할 것이다. 마찬가지로 흡연과 폐암 간 인과 관계가 성립한다면, 흡연을 하면 폐암에 걸릴 것이므로 사람들은 흡연을 하지 않으려고 할 것이다.

인과 추론이 가능하려면 세 가지 요건이 충족되어야 한다. 첫째, 시간적으로 원인이 결과보다 앞서야 한다. 둘째, 원인과 결과가 서로 연관되어 있어야 한다. 셋째, 원인만 결과에 영향을 미쳐야 한다. 그런데 첫 번째 요건만 하더라도 입증하는 것이 쉽지 않다. 예를 들어 교육학에서 많이 연구되는 주제인 학업적 자기효능감과 학업성취도의 관계에서 무엇이 먼저인지는 아직도 논란이 된다. 학업적 자기효능감이 높아서 학업성취도가 높은지, 아니면 학업성취도가 높아서 학업적 자기효능감이 높은지, 또는 쌍방으로 영향을 주고받는 것인지 알기 어렵다. 두 번째 요건은 이를테면 상관분석을 통하여 상대적으로 쉽게 판단할 수 있다. 그러나 세 번째 요건도 첫 번째 요건에서와 같이 밝히기 어렵다. 내가 만든 프로그램 때문에 학생의 성적이 올랐다고 주장하려면 그 프로그램 외의 다른 원인이 학생의 성적에 영향을 미치지 않았다는 것을 보여 줘야 하기 때문이다. 부모의 사회경제적 지위(SES), 학생의 선행 지식, 학습 성향, 공부에 투입한 시간 등 무수히 많은 다른 원인들을 제대로 통제하지 못했다면 인과 추론이 힘들어지는 것이다.

이때 실험설계가 답이 될 수 있다. 실험설계에서는 실험집단(experimental group)과 통제집단(control group)으로 나누어 실험집단에만 처치(treatment)를 실행한다. 즉, 원인이 '실험 처치'이고, 실험 처치에 따른 결과를 측정하므로 원인이 결과를 선행한다. 따라서 실험설계는 인과 추론의 첫 번째 요건을 충족한다. 실험 처치에 따른 결과로 집단 간 차이가 있다면, 두 번째 요건을 충족한다. 만일 집단을 무작위로 구성했다면 실험 처치만 결과에 영향을 미친다고 할 수 있다. SES, 학생의 선행 지식 등과 같은 실험 처치 외의 다른 특징들도 모두 무작위로 나뉜다고 가정하기 때문에 실험 후 집단 간 차이가 있다면 이는 처치로 인한 것이라고 볼 수 있다. 따라서 세 번째 요건도 충족한다. 정리하면, 인과 추론이 가능하다는 점은 실험설계의 큰 장점이다.

2) 무선표집과 무선할당, 진실험설계와 준실험설계

무선표집, 무선할당(무선배치), 진실험설계, 준실험설계는 실험설계에서 흔히 쓰이는 용어다. 그런데 무선표집(random sampling)과 무선할당(random assignment)을 혼동하는 경우를 많이 보았다. 무선표집과 무선할당 모두 '무선'이라는 말이 들어가지만, 행해지는 시점과 그 역할이 다르다. 무선할당은 참가자를 실험집단과 통제집단에 할당(assign; 또는 배치)할 때 무선으로 할당한다는 의미다. 반면, 무선표집은 무선할당 전에 참가자를 확보할 때 쓰이는 개념으로, 표집(sampling)을 무선으로 한다는 뜻이다. 전국의 초등학교 6학년생을 모집단으로 무선표집을 한다면, 전국 각 지역에서 초등학교 6학년생을 골고루 선정하면 된다. 그러므로 무선표집과 무선할당 중 무선표집이 먼저 행해진다. 모집단에서 무선으로 참가자를 뽑은 후, 뽑힌 사람들을 다시 실험집단 또는 통제집단에 배치하는 것이 옳은 순서다([그림 2.1]).

[그림 2.1] 무선표집과 무선할당

무선표집과 무선할당은 각각 연구의 외적타당도(external validity), 내적타당도(internal validity)와 연관된다. 내적타당도란 실험 처치로 인하여 실험 결과가 도출되었다고 할 수 있는 정도를 뜻한다. 즉, 내적타당도가 높다는 말은, 실험 처치만이 실험 결과에 영향을 끼쳤음이 분명하다는 의미다. 진실험설계를 쓰는 경우 참가자가 무선으로 실험집단과 통제집단에 배치되므로 연구의 내적타당도가 높을 수밖에 없다. 왜냐하면 진실험설계는 집단 배치를 무선으로 함으로써 실험 처치만이 실험 결과에 영향을 미치도록 한 설계이기 때문이다. 반면, 외적타당도는 연구 결과의 일반화에 관한 것이다. 외적타당도가 높다는 것은 연구 결과를 일반화하기 쉽다는 뜻이다. 무선표집의 경우 모집단에서 무선으로 참가자를 뽑는 것이므로 참가자 수가 어느 정도 많다면 무선표집을 통해 연구의 외적타당도를 높일 수 있다. 즉, 무선표집이 잘되었다면 연구 결과를 일반화하는 것이 쉬워진다. 정리하면, 무선할당은 실험의 내적타당도를 높이고, 무선표집은 외적타당도를 높인다.

무선할당 여부에 따라 실험설계는 진실험설계(true-experimental design)와 준실험설계(quasi-experimental design)로 나뉜다([그림 2.2]). 학생(또는 학교)이 무작위로 집단에 배정되는 경우 진실험설계이고, 그렇지 못한 경우 준실험설계가 된다. 진실험설계가 준실험설계보다 더 좋은 특징을 가지는 설계이지만, 현실적으로 무선할당이 어렵거나 윤리적으로 문제가 있어 준실험설계를 할 수밖에 없는 경우도 많다. 예를 들어 여러 반의 학생들을 무선으로 실험집단과 통제집단으로 할당하여 실험하려는 연구는 학교장이 쉽게 승인해 주지 않을 것이다.

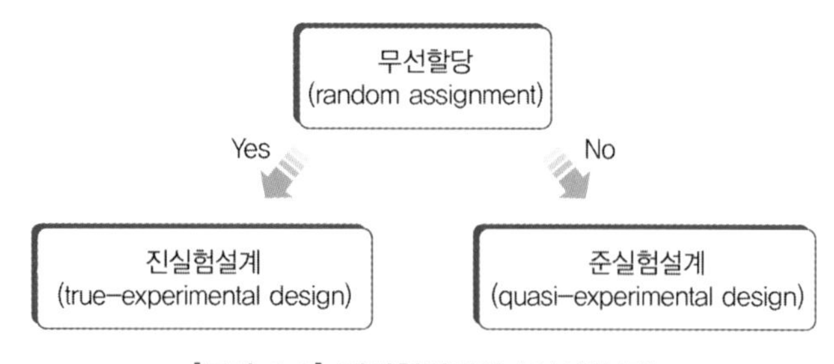

[그림 2.2] 진실험설계와 준실험설계

3) 내적타당도 위협요인

실험설계에서는 내적타당도(internal validity)를 높이는 것이 중요하다. 내적타당도란 실험 처치(treatment)로 인하여 실험 결과가 도출되었다고 할 수 있는 정도를 뜻한다. 어떤 실험설계가 내적타당도가 높다면, 실험 처치로 인해 실험 결과가 도출되었다고 해석할 수 있다. 다시 말해, 처치를 받은 실험집단(experimental group)이 처치를 받지 않은 통제집단(control group)보다 좋은 결과를 보이는 것이 처치의 효과일 것이라고 추측할 수 있다.

내적타당도가 높으려면 연구자가 주장하는 인과 관계 외에 다른 설명이 그럴듯하지 않아야 하는데, 특히 진실험설계에서는 실험 처치가 독립변수로서 원인이 되고 실험 결과가 종속변수가 되어 인과 관계를 밝히기 좋다. 진실험설계에서는 참가자를 무선으로 할당하고 실험 처치 여부나 측정되는 변수 등을 연구자가 정할 수 있기 때문이다. 다음에서 아홉 가지 내적타당도 위협요인을 설명하겠다.

(1) 모호한 시간적 선행

실험 처치만 실험 결과에 영향을 주는 진실험설계의 경우 내적타당도가 높다. 그런데 두 변수 중 무엇이 먼저인지 모르는 연구의 경우 내적타당도가 높을 수 없다. 이러한 경우 모호한 시간적 선행(ambiguous temporal precedence)이 내적타당도 위협요인이 된다. 모호한 시간적 선행 요인은 인과 추론의 첫 번째 요건과 관련되며, 두 변수 중 무엇이 선행하는지 알기 어렵기 때문에 인과 관계를 말할 수 없다. 특히 실증연구에서 상관관계를 분석한 후 인과 관계가 있는 것으로 해석하는 오류가 빈번하다. 예를 들어 수학에 대한 자기효능감 설문과 수학 성취도 검사를 같이 실시하여 분석한 다음 '자기효능감이 높기 때문에 성취도가 높다, 자기효능감이 성취도에 영향을 미쳤다'라고 해석하는 것은 잘못된 것이다. 무엇이 선행하는지 알 수 없기 때문이다. 이 경우 두 변수 간 관련성에 대해서만 말할 수 있으며, 인과 관계로 해석하는 것은 금물이다. 모호한 시간적 선행 위협요인은 앞서 설명한 인과 추론의 첫 번째 요건인 영향의 방향성(direction of influence)과 관련된다.

(2) 선택

선택(selection)은 처치 전부터 이미 실험집단과 통제집단이 다르다는 것과 관련된다. '책 읽기 프로그램'의 효과를 알아보기 위하여 실험을 수행했더니 실험집단의 책 읽기 점수가 향상되었기 때문에 그 프로그램이 효과가 있다고 결론을 내리는 상황을 생각해 보자. 그런데 '책 읽기 프로그램'에 참가를 원하는 학생을 부모의 동의를 얻어 실험집단으로 구성하고 참가를 원치 않거나 부모 동의를 얻지 못한 나머지 학생들을 통제집단으로 구성했다는 것을 알게 된 후에도 여전히 그 교육 프로그램이 효과가 있다고 생각할 수 있을까? 아마 어려울 것이다. 두 집단이 이미 처치 전부터 특징이 다르기 때문에 내적타당도가 약해질 수밖에 없다. 이렇게 자원자(volunteers)로 구성되는 실험집단은 보통 배우고자 하는 욕구가 더 강하며 더 열심히 프로그램에 참여하고, 또한 그 부모들도 자녀의 학습에 더 관심이 많을 수 있다. 그렇다면 교육 프로그램에 참여하지 않아도, 실험집단이 원래 통제집단보다 책 읽기 점수가 높을 수 있다는 것이다.

선택 요인은 특히 무선할당을 하지 않는 준실험설계(quasi-experimental design)에서 팽배하는 내적타당도 위협요인이다. 관리자(교장 등)가 집단을 구성하는 경우나 이미 형성되어 있는 집단을 있는 그대로 실험에 이용하는 경우(using intact groups)에도 흔히 발생한다. 이미 형성되어 있는 학급과 같은 집단을 있는 그대로 실험집단으로 이용한다면, 이 집단적 특성이 실험의 처치 효과와 섞일 수 있다는 것이다. 이때 무선할당이 해결책이 될 수 있다.

심화 2.1 무선할당과 동질집단

실험설계에서는 무선할당을 통하여 구성되는 집단을 동질집단(equivalent groups)으로 본다. 그런데 무선할당을 했는데도 개별 변수에 대하여 동질집단의 특성이 다를 수 있다는 점을 주의해야 한다. 동질집단에는 무선할당을 무수히 많이 반복했을 때 발생하는 오차의 평균이 0이라는 '기대값' 개념이 들어가기 때문이다. 즉, 무선할당을 한 번 실시하여 구성되는 집단이 사전검사 점수에서 통계적으로 유의한 차이를 보일 수도 있다. 제10장에서 다루는 ANCOVA(analysis of covariance)가 이러한 무선할당 이후 발생하는 사전검사 점수 차이를 통제하는 분석 기법이다.

(3) 역사

내적타당도 위협요인 중 역사(history) 요인은 실험 처치와 사후검사 사이에 일어나는 모든 사건이 될 수 있다. 즉, 실험 처치는 아닌데 결과에 영향을 미칠 만한 모든 사건이 역사 요인으로 작용할 수 있다. 연구자가 차상위계층 학생의 학업성취도를 높이기 위하여 교육 프로그램을 만들고 처치를 시작했는데, 알고 보니 같은 학생들이 비슷한 시기에 비슷한 목적의 교육청 주관 교육 프로그램에 참여하고 있었다고 하자. 이 경우 역사 요인이 발생하여 연구자가 만든 프로그램의 효과성을 입증하는 것이 쉽지 않을 것이다. 학생들의 학업성취도가 높아졌다 해도 이것이 연구자의 프로그램 효과인지, 아니면 교육청 주관 프로그램 효과인지 알기 힘들기 때문이다.

신약 실험 연구에서 이러한 역사 요인을 줄이기 위하여 참가자를 통원하게 하지 않고 아예 입원시키는 것을 조건으로 실험을 진행하기도 한다. 사람의 기억을 연구하는 심리학 분야에서는 참가자에게 무의미 철자를 학습시키기도 했다. 그러나 역사 요인을 통제하는 것은 일반적으로 쉽지 않다. 이를테면 차상위계층 학생들에게 교육청 주관 교육 프로그램을 받지 말고 연구자가 만든 프로그램에만 집중하라고 강제할 수는 없기 때문이다.

(4) 성숙

성숙(maturation) 요인은 사전검사와 사후검사 사이에 일어나는 자연적인 변화가 연구 결과에 영향을 주는 것을 말한다. 연구가 진행되는 중에 참가자가 나이를 먹고, 경험이 쌓이고, 더 피로해지는 것과 같은 자연적 변화가 처치 효과로 혼동되는 경우 성숙 요인이 작용했다고 말할 수 있다. 예를 들어 초등학생에게 '키를 크게 하는 성장 호르몬 주사'를 맞혀서 키가 컸다고 해서 이것이 성장 호르몬을 맞았기 때문이라고 단정하기는 힘들다. 영양부족 등의 문제가 없다면 가만히 놔둬도 아동 · 청소년기에는 자연적으로 키가 클 것이기 때문이다. 만일 성장 호르몬 주사를 맞은 후 12cm가 컸다면, 원래 10cm가 클 것이었는데 성장 호르몬으로 2cm가 더 컸는지, 원래 15cm가 클 것이었는데 오히려 3cm가 작아졌는지, 아니면 원래 12cm가 클 것이었고 성장 호르몬이 아무 효과가 없는 것인지 알 수 없다. 확실한 것은, 10cm가 크든 15cm가 크든 성장 호르몬의 효과를 설명할 때 자연적인 성숙 요인을 배제하기 쉽지 않다는 것이다.

보통 어린 아동을 대상으로 하는 연구에서 성숙 요인이 흔히 작용한다. 무엇을 특별히 열심히 가르치지 않아도 때가 되면 말하고, 글을 읽고 쓰고, 친구를 사귀게 되는 것인데,

이것을 특정 프로그램의 효과로 말할 수 있는지 의문을 가질 수 있다. 이를테면 영유아 대상 학습 프로그램 홍보에서 성숙 요인이 활용되는 경우가 있다. 영유아를 대상으로 하는 놀이치료가 효과가 크다고 선전하지만, 사실 영유아들은 가만히 놔둬도 급속도로 성장하기 때문에 결과가 좋아졌다고 해도 이것이 놀이치료의 효과인지 아니면 단순히 자연적으로 성숙했기 때문인지 구분하기 어렵다.

(5) 회귀

사전검사 점수가 아주 높거나 아주 낮아서 실험집단이 되는 경우가 있다. 예를 들어 학습장애 연구에서 사전검사 점수가 매우 낮은 학생을 실험집단으로 뽑아서 실험을 진행할 수 있고, 영재학생 연구에서는 사전검사 점수가 매우 높은 학생이 실험집단이 될 수 있다. 그런데 이렇게 사전검사에서 극단적인 점수를 받는 사람들로 실험집단을 구성할 경우 이 집단은 다음번 검사에서는 덜 극단적인 점수를 받는 경향이 있다. 이를 내적 타당도 위협요인 중 회귀(regression artifacts) 요인이라 한다.

회귀 요인은 고전검사이론(classical test theory)[1]의 $X = T + E$ 식과 함께 이해하는 것이 좋다(Shadish et al., 2002, p. 57). 이 식에서 X는 관찰점수, T는 진점수, E는 오차점수이며, 관찰점수는 진점수와 오차점수의 합이라는 뜻이다. 그런데 고전검사이론에서 오차점수는 평균이 0이고 표준편차를 σ로 하는 정규분포에서 독립적으로 추출된다고 가정하기 때문에, 오차점수가 두 번 연속 극단적인 값을 가질 확률은 매우 낮다. 즉, 극단적인 오차값은 0으로 회귀하는 경향이 있다. 따라서 오차가 크게 작용하여 극단적인 점수를 받게 되는 경우, 다음번 검사에서는 그만큼 극단적인 점수가 나올 확률이 희박하다는 뜻이다. 예를 들어 학습 장애 연구에서 사전검사 점수가 매우 낮은 학생을 실험집단으로 뽑아서 실험을 진행할 때, 별다른 처치 없이도 이 실험집단 학생들은 다음번 검사에서는 성적이 올라갈 확률이 높다. 이때 실험집단 학생이 높은 점수를 받아도 이것이 실험 처치 때문인지 회귀 효과 때문인지 구분하기가 어렵다. 상담을 받으러 온 내담자의 경우에도 마찬가지다. 감정 상태가 바닥을 쳐서 너무 괴로운 나머지 상담을 받으러 오는 경우가 많다. 즉, 더 이상 나빠질 수 없는 감정 상태이므로 상담 여부에 관계없이 상태가 좋아지는 것만 남은 상황일 수 있다. 그렇다면 상담 후 심리 상태가 나아졌다고 해도 이것이 상담의 효과라기보다는 통계적 회귀 요인이 있지 않았을까 의심할 수 있다.

---

1) 제5장에서 고전검사이론에 대하여 설명하였다.

(6) 탈락

탈락(attrition)은 참가자가 연구 도중 떨어져 나가는 것을 말한다. 학업성취도 향상을 위한 교육 프로그램에서 사전검사가 실시된 후, 사전검사 점수가 낮은 실험집단 학생들이 실험에 참가하지 않았는데 통제집단 학생들은 모두 참가했다고 하자. 그렇다면 프로그램의 처치 효과가 실제로는 낮은데도 사후검사에서 실험집단의 학업성취도가 향상된 것으로 오인할 수 있다. 학업성취도가 낮은 학생들이 중간에 탈락했기 때문이다. 따라서 처치로 인하여 학업성취도가 향상되었다고 말하기 힘들게 되며, 이때 내적타당도 위협요인 중 '탈락' 요인이 작용했다고 말할 수 있다.

다른 예를 들어 보겠다. 과학고등학교 교육과정 효과에 대한 종단연구에서 고등학교 1학년 학생의 학업성취도 평균이 고등학교 3학년 학생의 학업성취도 평균보다 높았다고 하자.[2] 이 사실만으로 보면, 과학고 교육과정에 문제가 있는 것처럼 생각할 수 있다. 그런데 과학고는 조기졸업이 가능하여 우수한 학생들이 조기졸업을 많이 했다면(그리하여 탈락했다면) 과학고 교육과정의 문제라기보다는 연구대상이 달라진 것으로 생각할 수 있다.

탈락은 연구에서 매우 큰 문제다. 특히 무선할당으로도 문제가 해결되지 않기 때문에 더욱더 그러하며, 탈락률이 높은 경우 통계적 검정력도 낮아진다는 이중고가 있다. 또한 집단에 관계없이 탈락이 비슷하게 일어나는 경우보다 집단별로 다르게 탈락하는 경우가 더 큰 문제가 된다. 만일 실험집단의 탈락률이 낮은데 통제집단은 탈락률이 높거나, 실험집단은 학업성적 우수자가 덜 탈락했는데 통제집단은 학업성적 우수자가 더 많이 탈락했다면, 실험집단과 통제집단을 제대로 비교하는 것이 더 힘들게 되기 때문이다.

심화 2.2 결측자료 분석 기법

처음부터 탈락이 없는 것이 바람직하나, 피치 못하게 탈락이 발생하는 경우 자료 분석은 결측자료(missing data) 기법을 쓸 수 있다. 최대우도법(maximum-likelihood estimation)을 이용하는 방법과 베이지안(Bayesian) 방법을 이용하는 다중대체법(multiple imputation)을 추천한다(Schafer, 1997). 이러한 결측자료 분석 기법에 대한 자세한 설명은 Yoo(2013) 등을 참고하기 바란다.

2) 도구변화로 인한 타당도 위협요인을 줄이기 위하여 해당 검사가 출제 범위가 같고 난이도가 비슷한 문항들로 구성되었다고 하자.

(7) 검사

검사(testing) 요인은 같은 검사를 두 번 이상 보게 되어 실험 결과에 영향을 주는 것을 말한다. 쉽게 말해서 검사 요인은 사전검사의 영향이다. 꼭 살을 빼야만 해서 비만 클리닉에 가는 사람들을 생각해 보자. 보통 비만 클리닉까지 가서 몸무게를 감량하려는 사람의 경우 고도로 비만인 경우가 많은데, 이런 사람들은 평소에 몸무게를 잘 재지도 않는다. 그런데 비만 클리닉에 가서 몸무게를 잰 다음 그 자체만으로도 충격을 받고 몸무게를 감량하려는 노력을 시작하게 될 수 있다. 만일 몸무게를 재지 않았다면 그렇게 노력하지 않았을 수도 있는데, 몸무게를 측정한 것 자체로 결과에 영향을 줄 수 있다는 뜻이다. 다시 말하여, 몸무게가 감량되었다고 하더라도, 이것이 식단조절과 약물 효과인지 아니면 사전검사로 몸무게를 측정했기 때문인 것인지 분명하지 않다.

마찬가지로 영어 단어 검사를 사전검사와 사후검사로 시행하는 경우를 생각해 볼 수 있다. 사전검사를 봤기 때문에 학생들이 사후검사에서 시험 방식이나 형식에 더 익숙해졌을 것이고, 사전검사에서 결과가 안 좋았다고 생각하는 학생들이 단어를 찾아보고 더 열심히 공부할 수도 있을 것이다. 또는 사전검사에서 우수한 성적을 받은 학생이 나태해져 오히려 사후검사에서 점수가 떨어지는 경우도 있을 것이다. 이처럼 처치 효과와 무관하게 사전검사를 실시했다는 이유로 인하여 사후검사 점수가 상승하게 된다면, 검사 요인이 작용했다고 말할 수 있다.

(8) 도구변화

검사 도구 자체가 변하는 경우 도구변화(instrumentation)가 일어날 수 있다. 이를테면 사전검사에서 이용된 문항과 다른 문항들을 사후검사에서 쓰는 경우 그러하다. 만일 사전검사 결과 너무 어려웠던 문항을 제외하고 더 쉬운 문항으로 대체하여 사후검사를 만들었다면, 사후검사에서 점수가 올라갔다고 해도 이것을 처치의 영향으로 보기 어렵다. 검사 도구가 변했기 때문에, 즉 검사가 더 쉬워졌기 때문인 것으로 생각할 수 있다. 따라서 검사 도구를 연구 중에 바꾸는 것은 권장하지 않는다.

특히 참가자를 여러 해에 걸쳐 측정하는 종단연구(longitudinal study)에서는 검사 문항을 바꾸지 않는 것이 좋다. 만일 연구 중에 검사 문항이 바뀌어 버리면 결과를 비교하는 것이 어렵게 되기 때문이다. 따라서 종단연구에서는 첫해의 검사 도구가 끝까지 유지될 수 있도록 측정을 시작하기 전에 검사 구성에 심혈을 기울여야 한다. 도구변화 요인을 통제하기 위하여 문항반응이론(Item Response Theory: IRT)을 이용하는 것도 한 방법이 될 수 있다.

수행평가에서는 채점자가 도구로 작용한다. 도구인 채점자가 점점 더 숙련되어 사전검사에서보다 사후검사에서 더 정확하게 측정할 수 있고, 또는 채점자가 오전에는 엄격하게 채점하다가 오후에 느슨하게 채점할 수도 있다. 이러한 경우에도 도구변화 요인이 작용한 것으로 생각할 수 있다.

(9) 가산적, 상호작용적 영향

지금까지 설명된 내적타당도 위협요인들이 동시에 작용할 수 있는데, 더하기(또는 빼기)로 작용할 수도 있고 곱하기(또는 나누기)로 작용할 수도 있다. 이를 가산적, 상호작용적 영향(additive and interactive effects)이라 한다. 예를 들어 우수한 참가자들로 실험집단을 구성했는데 이 집단이 성숙 또한 빠르다면, 선택-성숙 내적타당도 위협요인이 가산적으로 작용했다고 할 수 있다. 만일 실험집단으로 뽑힌 참가자가 통제집단의 참가자와 다른 문화적 배경으로 인하여 다른 경험을 하고 있다면, 선택-역사 요인이 같이 작용했다고 볼 수 있다. 선택-도구변화의 경우 실험집단과 통제집단의 평균과 표준편차가 달라서 한 집단에는 천장효과(ceiling effect)나 바닥효과(floor effect)가 일어나는 반면, 다른 집단에는 천장/바닥 효과가 일어나지 않을 수 있다(〈심화 2.3〉). 지금까지 설명한 아홉 가지 내적타당도 위협요인을 요약하면 〈표 2.1〉과 같다.

심화 2.3 **천장효과와 바닥효과**

검사가 너무 쉬워서 거의 모든 학생이 만점에 가까운 점수를 받을 때 천장효과가 일어났다고 한다. 반대로 검사가 너무 어려워 거의 모든 학생이 낮은 점수를 받을 때 바닥효과가 일어났다고 생각하면 된다. 이렇게 검사가 너무 쉽거나 어려워 천장/바닥 효과가 일어날 경우 처치의 효과를 제대로 파악하기 어렵다.

〈표 2.1〉 내적타당도 위협요인 요약

내적타당도 위협요인	요약
모호한 시간적 선행	연구에서 원인과 결과 중 무엇이 선행하는지 알 수 없는 것
선택	집단 구성이 차이가 나서 처치의 영향을 알 수 없는 것
역사	실험 처치 외 다른 요인이 실험 결과에 영향을 미치는 것
성숙	자연적인 성숙 요인이 실험 결과에 영향을 미치는 것
회귀	극단적인 측정값으로 구성된 집단이 다음 측정에서는 덜 극단적인 측정값을 보이는 것
탈락	참가자가 연구에서 탈락하여 처치의 영향을 알기 힘든 것
검사	사전검사를 시행했기 때문에 실험 결과에 영향을 미치는 것
도구변화	검사도구(또는 채점자)가 달라져서 실험 결과에 영향을 미치는 것
가산적, 상호작용적 영향	내적타당도 위협요인이 가산적(더하기) 또는 상호작용적(곱하기)으로 작용하는 것

4) 준실험설계와 내적타당도 위협요인

실험설계에서는 내적타당도를 높이는 것이 중요하다고 하였다. 무선할당을 하는 진실험설계의 경우 내적타당도가 높기 때문에 가능하다면 진실험설계를 하는 것이 좋으나, 현실적인 이유로 준실험설계를 실시하는 경우가 더 많다. 이 절에서는 대표적인 준실험설계의 종류와 특징을 내적타당도 위협 여부와 연결하여 설명하겠다.

이 책에서의 실험설계 관련 용어, 도식, 설명은 모두 Shadish et al. (2002)을 따랐다. 준실험설계에서는 무선할당을 하지 않았다는 것을 나타내기 위하여 'NR'을 약자로 쓴다. 시간 순서대로 측정된 검사 결과는 O_1, O_2 등으로 쓰며, 왼쪽부터 오른쪽으로 가면서 시간적 선행을 나타낸다. 만일 처치 전후로 두 번 측정하여 O_1과 O_2로 표기했다면, 이는 각각 사전검사와 사후검사를 의미한다. 도식에서의 행은 집단을 나타내며, 집단 사이의 선이 점선인 경우 준실험설계를, 실선인 경우 진실험설계를 뜻한다. 이 장에서는 준실험설계만 다루었으므로 집단 간 선이 모두 점선이다.

(1) 단일집단 사후검사 설계

X O_1

단일집단 사후검사 설계(one-group posttest-only design)는 통제집단과 사전검사가 없는 설계로, X는 처치(treatment)를, O_1은 사후검사를 뜻한다. 이 설계는 사전검사가 없기 때문에 처치로 인한 변화가 있는지 알기 힘들며, 통제집단이 없기 때문에 처치가 없었다면 어떤 결과를 나타낼지 알 수도 없다. 따라서 이 설계는 '시간적 선행' 요인을 제외한 거의 모든 내적타당도 위협요인이 해당될 수 있다.

이 설계는 매우 특정한 맥락에서 쓰일 수는 있다. 사전검사나 통제집단 없이도 처치로 인하여 결과가 도출되었다는 인과 관계가 분명한 경우 그러하다. 그러나 사회과학 연구에서 이러한 조건을 충족시키기란 쉽지 않으므로 실제로는 별로 쓰이지 않는 설계다.

(2) 단일집단 전후검사 설계

O_1 X O_2

단일집단 전후검사 설계(one-group pretest-posttest design)는 대학원 석사학위논문에서 간혹 볼 수 있는 설계로, 통계방법으로는 t-검정을 쓰는 경우가 많다. 이 설계는 단일집단 사후검사 설계에 사전검사를 추가함으로써 처치가 없다면 어떤 결과일지를 흐릿하게 보여 주기는 한다. 그러나 통제집단이 없기 때문에 여전히 여러 내적타당도 위협요인에서 자유로울 수 없는 설계다.

예를 들어 어떤 연구자가 자기가 만든 교수법이 학생의 학업성취도를 신장시킨다는 것을 보여 주고 싶어 한다고 하자. 이 연구자는 단일집단 전후검사 설계를 이용하여 초등학교 3학년 학생들에게 학업성취도 검사를 처치 전 실시(O_1)하고, 교수법을 6개월간 처치(X)하였다. 그리고 다시 학업성취도 검사를 실시(O_2)하여 결과를 비교하였고, 실험집단의 검사 점수가 향상되었다고 하자. 그런데 처치와 무관하게 시간이 지나면서 학생들이 더 많이 배워 학생들의 학업성취도가 올라갈 수도 있는 것이다. 즉, '성숙' 요인이 작용할 수 있다. 또한 사전검사를 실시함으로써 학생들이 자신의 학업성취도에 대한 피드백을 받게 되어 공부를 더 열심히 했을 수도 있다('검사' 요인). 또는 사전검사 이후 실험에 흥미가 없는 학생들이 더 이상 실험에 참가하지 않았을 수 있다('탈락' 요인). 연구자는 알지 못했으나, 이 학교에서 학생의 학업성취도를 신장시키기 위한 학습법 세미나를 같은 시기에 열었을 수 있다('역사' 요인). 한 연구자가 실험 전반을 주관함으로써, 구인타당도 위협요인 중 '실험자 기대' 요인이 작용했을 수도 있다.

(3) 비동등 사후검사 설계

NR	X	O_1
NR		O_1

비동등 사후검사 설계(posttest-only design with nonequivalent groups)는 단일집단 사후검사 설계에 통제집단을 추가한 것으로, 연구자의 의도와 관계없이 이미 처치가 시행되어 사후검사와 같은 척도로 된 사전검사를 쓸 수 없는 경우의 설계다. 이 설계는 사전검사가 없기 때문에, 효과가 있다는 결과가 나왔다고 하더라도 이것이 처치 효과인지 아니면 이미 처치 이전부터 차이가 있기 때문인지 분리하기 어렵다는 문제가 있다. 즉, 내적타당도 위협요인 중 '선택' 요인이 발생할 가능성이 크다.

사전검사를 쓸 경우 내적타당도 위협요인 중 '검사' 요인이 작용할 수 있기 때문에 사전검사를 쓰지 않는 것이 낫다고 생각할 수 있다. 그러나 결론부터 말하자면, '검사' 요인보다 '선택' 요인이 발생할 때의 비용이 일반적으로 더 크기 때문에 사전검사를 쓰는 것이 더 낫다. 실험집단과 통제집단이 함께 사전검사를 받는다면 검사 요인은 두 집단에 똑같이 작용하므로 그다지 문제가 없기 때문이다.

(4) 통제집단 종속 사전사후검사 설계

NR	O_1	X	O_2
NR	O_1		O_2

비동등 사전사후검사 설계(nonequivalent comparison group design)로도 불리는 통제집단 종속 사전사후검사 설계(untreated control group design with dependent pretest and posttest samples)는 준실험설계 중 가장 많이 쓰이는 설계일 것이다. 사전검사를 쓰는 설계이므로 선택 편향(selection bias)의 크기와 방향을 추측할 수 있으며,[3] 어떤 참가자가 남아 있는지 사전검사 결과를 분석함으로써 '탈락' 요인의 속성 또한 알아볼 수 있다.

그러나 이 설계에서의 집단은 비동등 집단이므로 내적타당도 위협요인 중 '선택' 요인이 작용할 수 있다는 점이 가장 큰 문제가 된다. '선택' 요인은 다른 내적타당도 위협요인과 부가적이나 상호작용적으로 결합하여 내적타당도 위협요인을 증가시킬 수 있다. 어떤 교육 프로그램 실험에서 실험집단을 자원자(volunteers)로 구성하는 경우를 생각해 보자. 그렇다면 실험집단은 통제집단보다 처음부터 더 열의가 있거나 꼭 도움을 받고 싶어 하는 집단이므로(그러므로 실험에 자원을 한 것이다) 실험집단이 통제집단보다 더 빨리 배우고 성취도가 더 높을 수 있다. 즉, 실험집단에서 '성숙' 요인이 더 많이 일어날 수 있다. 또한 '선택' 요인은 '검사' 요인과 결합할 수도 있다. 특히 실험집단과 통제집단의 사전검사 점수가 크게 차이날 경우, 사전검사-사후검사 점수 차이가 클수록, 검사의 천장/바닥 효과가 일어나는 경우 그러하다. 한 집단의 '회귀' 요인이 다른 집단보다 더 작용할 경우, 선택-회귀 위협이 있을 수 있고, 한 집단에게만 '역사' 요인이 일어날 경우 선택-역사 위협도 가능하다. 정리하자면, 준실험설계에서 내적타당도 위협요인 중 '선택' 요인은 다른 내적타당도 위협요인과 결합하여 선택-성숙, 선택-도구변화, 선택-회귀, 선택-역사 등으로 나타날 수 있다.

2 외적타당도와 구인타당도 위협요인

외적타당도(external validity)와 구인타당도(construct validity)는 모두 일반화(generalization)와 관련되는 개념이다. 외적타당도는 실험설계에서의 인과 추론을 다양한 맥락, 즉 UTOS(unit, treatment, outcome, setting)라 불리는 연구대상(참가자), 처치, 결과, 설정으로

3) 이 설계는 무선할당을 하지 않는 준실험설계이므로 사전검사 차이가 없다고 하여 선택 편향이 없다고 말할 수 없다는 점을 주의해야 한다.

일반화할 수 있는 정도에 대한 것이다. 그런데 어느 한 연구에서 모든 UTOS로 일반화될 수 있도록 연구를 수행하기는 어렵다. 따라서 연구자는 논문(또는 보고서)에서 자신의 연구대상, 처치, 결과, 설정에 대하여 상세하게 기술함으로써 어디까지 일반화가 가능한 것인지 알려야 한다. 또는 '이 연구는 어떤 연구대상, 처치, 결과, 설정만 다루었다, 연구에서 다루지 않은 다른 연구대상, 처치 등으로 일반화하는 것은 의도하지 않았다'는 식으로 연구 제한점에 명시적으로 서술하기도 한다.

외적타당도가 인과 추론의 일반화에 대한 것이라면, 구인타당도는 해당 연구에서 쓰인 중요한 개념을 어디까지 일반화할 수 있는지에 대한 것이다. 사회과학 연구에서 우리가 관심이 있는 중요한 개념을 측정하기 위하여 구인(construct)으로 조작적으로 정의한 후 연구를 수행해야 하는데, 그에 따라 구인이 어디까지 일반화될 수 있는지가 결정된다. 외적타당도에서와 마찬가지로 한 연구에서 어떤 구인과 관련된 모든 UTOS를 측정하는 것은 일반적으로 가능하지 않다. UTOS의 모집단이 있다고 한다면, 그중에 몇몇 UTOS만을 표집(sampling)하여 연구할 수밖에 없는 것이다. 또는 실제 연구를 수행하다 보면 구인이 잘못 정의되거나 측정되는 문제가 발생할 수도 있다. 구인이 제대로 정의되고 측정되었는지를 알려 주는 척도인 구인타당도가 양적연구에서 중요하므로 구인타당도 위협요인에 대하여 숙지하고 구인타당도 위협요인을 줄일 수 있도록 연구를 설계할 필요가 있다. 다섯 가지 외적타당도 위협요인을 설명한 후, 열네 가지 구인타당도 위협요인을 다루겠다.

1) 외적타당도 위협요인

외적타당도는 인과 관계가 다양한 연구대상, 처치, 결과, 설정에 적용되는 정도를 알아보는 것이므로, 통계적으로는 인과 관계(인과 추론)와 UTOS 간 상호작용 검정[4]으로 연결된다. UTOS와 인과 관계의 상호작용이 있는 경우 인과 관계의 일반화 가능성이 낮아지게 된다는 뜻이므로 상호작용이 통계적으로 유의하지 않아야 연구에서의 인과 추론이 더 넓은 범위로 확대될 수 있다. 이 절에서는 외적타당도 위협요인을 연구대상과 인과 관계의 상호작용, 처치와 인과 관계의 상호작용, 결과와 인과 관계의 상호작용, 설정과 인과 관계의 상호작용, 맥락-종속 매개로 구분하여 살펴보겠다.

---

4) 상호작용에 대한 설명은 제9장 two-way ANOVA를 참고하기 바란다.

(1) 연구대상과 인과 관계의 상호작용(interaction of causal relationship with units): 다른 연구대상으로 인과 관계가 일반화될 수 있는가

지금은 그렇지 않지만, '실험실에서 쓰는 쥐조차 흰색 수컷 쥐였다(Even the rats were white males).'는 유명한 말이 있을 정도로 예전에는 서구에서 신약을 개발하는 실험연구의 참가자들이 백인 남성이었다고 한다(Shadish et al., 2002, p. 87). 만일 저자와 같은 동양인 여성이, 인종과 성별도 다르며 몸무게도 훨씬 더 많이 나가는 백인 남성을 참가자로 하여 효과가 검증된 약을 실험했을 때와 똑같은 분량으로 섭취하도록 복약 지도를 받는다고 해 보자. 신약의 효용성은 물론이거니와 의약품 남용 가능성 또한 걱정스러울 것이다. 연구대상을 누구로 하느냐에 따라 입증하고자 하는 인과 관계가 달라질 수 있다는 점을 유념해야 한다.

따라서 연구에서 외적타당도를 높이려면 모집단을 대표할 수 있는 연구대상을 표집하기 위하여 노력해야 한다. 그러나 특히 무선표집이 아닌 경우 표집된 사람들은 표집되지 않은 사람들과 체계적으로 다를 수 있다. 이를테면 '자원자(volunteers), 과시욕이 있는 사람, 과학적 박애주의자, 특히 의약품 관련 실험의 경우 건강염려증 환자, 실험 참여 시 소정의 현금을 주는 경우 현금을 받고 싶은 사람, 연구자인 교수의 수업을 들으면서 추가 점수를 받고 싶은 대학생, 도움이 간절한 사람, 또는 할 일이 없어서 실험에 참여하고 싶은 사람' 등이 표집될 수 있다(Shadish et al., 2002, p. 88).

또는 관리자에게 의뢰하여 연구 참가자를 모집한다면 그 집단에서 가장 유능한 사람들을 소개시키는 경우가 많다. 저자가 연구와 관련하여 한국교원대학교 부설학교에 의뢰했을 때, 유능한 교사들을 소개받은 경험이 있다. 그런데 이렇게 유능한 교사들을 대상으로 시행된 연구 결과가 일반적인 교사들에게로 일반화될 수 있을지는 의문이라는 것이다. 이렇게 연구대상에 따라 인과 관계가 성립하거나 성립하지 않는다면 연구의 외적타당도가 떨어지게 된다.

(2) 처치와 인과 관계의 상호작용(interaction of causal relationship over treatment variations): 처치가 달라질 때 인과 관계가 일반화될 수 있는가

실험 처치에 변화가 있는 경우 인과 관계 크기나 방향이 달라질 수 있다. 토론식 수업이 학생들의 학업성취도를 향상시킨다는 연구 결과가 있다. 그런데 무턱대고 토론식 수업만을 한다고 학업성취도가 향상될 수 있을까? 원래 연구에서는 경험이 많고 열정이 있는 교사가 토론식 수업에 관한 훈련을 받은 후 학생들에게 토론식 수업을 시작했고, 따라서 학생들의 학업성취도가 향상되었다고 하자. 그런데 토론식 수업을 경험해 본 적도 없으며 토론식 수업에 관한 이해가 부족한 교사가 무턱대고 학생들에게 토론식 수업으로 가르친다면 어떻게 될까? 오히려 학생들의 학업성취도가 떨어질 수도 있을 것이다.

즉, 경험과 열정이 많은 교사를 토론식 수업에 관한 훈련까지 받게 한 후 토론식 수업을 하도록 실험 처치를 하는 것과 경험이 적고 토론식 수업에 관한 이해가 부족한 교사가 아무런 훈련 없이 토론식 수업을 하도록 실험 처치를 하는 것은, 실험 처치에 차이가 있는 것이다. 따라서 토론식 수업의 효과성이 일반화되기 힘들어진다. 또는 원래 연구에서 6개월에 걸쳐서 토론식 수업을 하여 효과가 있었는데, 후속 연구에서 2개월로 기간을 줄이는 식으로 처치를 바꾸는 경우에도 인과 관계의 크기나 방향이 원래 연구와 달라질 수 있다.

(3) 결과와 인과 관계의 상호작용(interaction of causal relationship with outcomes): 다른 결과변수로 인과 관계가 일반화될 수 있는가

학교 단위 연구에서 국가수준 학업성취도평가 결과로 학생들의 학력 향상을 판단할 때, 그 결과변수를 '기초미달 학생의 비율'로 보는지, '전년 대비 학생들의 평균 점수'로 보는지, 아니면 '전년 대비 학교 서열'로 보는지에 따라 연구에서 내리는 결론이 달라질 수 있다. 교육청에서는 '기초미달 학생의 비율'로 효과성을 판단하는데, '전년 대비 학생들의 평균 점수'나 '전년 대비 학교 서열' 등의 다른 변수를 결과변수로 본다면 학교 평가 결과가 달라질 수 있는 것이다.

마찬가지로 결과변수를 무엇으로 보느냐에 따라 처치 효과가 정적 방향, 부적 방향, 또는 효과 없음으로 나올 수 있다. 예를 들어 동료멘토링에 관한 어떤 연구에서 '멘티의 학업성취도', '멘토의 학업성취도', '멘토의 리더십'이라는 세 가지 결과변수로 측정하였다고 하자. 그런데 동료멘토링 이후 멘티의 학업성취도는 높아졌는데, 멘토의 학업성취도는 사전 · 사후 검사에서 차이가 없었고, 멘토의 리더십은 오히려 동료멘토링 이후 떨어졌다고 하자. 즉, 결과변수를 멘티의 학업성취도, 멘토의 학업성취도, 멘토의 리더십 중 무엇으로 보느냐에 따라 동료멘토링의 효과는 모두 다르다. 이 경우 결과와 인과 관계가 상호작용한 것이므로, 멘토링 프로그램의 효과를 여러 결과변수로 일반화하기가 힘들게 된다.

(4) 설정과 인과 관계의 상호작용(interaction of causal relationship with settings): 다른 설정으로 인과 관계가 일반화될 수 있는가

스마트교육 프로그램이 대도시 학교 학생들의 학업성취도를 향상시켰는데, 읍면지역 학교 학생들에게는 효과가 없을 수 있다. 대도시 학교 학생들은 스마트 기기에 더 친숙하기 때문에 효과가 있는 반면, 읍면지역 학교 학생들은 그렇지 않기 때문에 나타난 결과일 수 있다. 이때 스마트교육 프로그램이 모든 설정에서 학생들의 학업성취도를 향상시킨다는 인과 관계는 성립하지 않는다. 대도시 학교인지 읍면지역 학교인지에 따라 스마트교육 프로그램의 효과가 달라진다면, 설정(대도시 vs 읍면지역 학교)과 인과 관계가 상호작용하기 때문에 연구의 외적타당도가 높을 수 없다.

마찬가지로 특목고에서 효과가 있었던 프로그램이 일반고에서는 효과가 없을 수 있다. '특목고'라는 특정한 설정으로 인하여 프로그램이 효과가 있었는데 그러한 특정한 설정이 없는 일반고에서 프로그램의 효과가 없다면, 이 프로그램의 효과성은 설정에 따라 달라지는 것이다. 즉, 설정(특목고 vs 일반고)과 인과 관계가 상호작용하므로 이 프로그램의 외적타당도는 높을 수 없다.

(5) 맥락-종속 매개(context-dependent mediation): 맥락이 달라져도 같은 매개변수로 인과 관계를 보이는가

한 맥락에서 확인된 매개변수(mediator, mediating variable)가 다른 맥락에서는 매개변수가 아닐 수 있다. 초등학교 여학생은 칭찬을 통하여 학습동기가 향상되는 반면, 남학생은 화장실 청소를 면제해 주었을 때 학습동기가 높아진다고 하자. 결과는 '학습동기 향상'으로 같지만 남학생인지 여학생인지에 따라, 즉 맥락에 따라 매개변수는 '칭찬' 또는 '화장실 청소 면제'로 달라질 수 있다는 것이다.

이와 같은 맥락-종속 매개는 매개변수가 다양한 맥락에서 확인된다면, 다집단 구조방정식모형(multi-group structural equation modeling)을 통하여 검정할 수 있다. 다집단 구조방정식모형 검정 결과로 맥락에 따라 매개변수가 다르다면, 인과 관계의 일반화가 제한된다. 지금까지 설명한 다섯 가지 외적타당도 위협요인을 요약하면 〈표 2.2〉와 같다.

〈표 2.2〉 외적타당도 위협요인 요약

외적타당도 위협요인	요약
연구대상과 인과 관계의 상호작용	다른 연구대상으로 인과 관계가 일반화될 수 있는가?
처치와 인과 관계의 상호작용	다른 처치로 인과 관계가 일반화될 수 있는가?
결과와 인과 관계의 상호작용	다른 결과변수로 인과 관계가 일반화될 수 있는가?
설정과 인과 관계의 상호작용	다른 설정으로 인과 관계가 일반화될 수 있는가?
맥락-종속 매개	맥락이 달라져도 같은 매개변수로 인과 관계를 보이는가?

2) 구인타당도 위협요인

모든 양적연구에서 구인(construct)을 정의하고 측정해야 한다. '토론식 수업'이 초등학생의 '사회과 학업성취도'를 높일 수 있는지 실험한다고 하자. 이 실험설계에서 토론식 수업 투입 여부가 독립변수가 되고, 학업성취도가 종속변수가 된다. '토론식 수업'과 '사회과 학업성취도'라는 구인을 각각 정의해야 하는데, 연구에서의 구인은 연구자가 본인의 연구 주제 및 맥락에 맞게 조작적으로 정의해야 한다. 이를테면 '토론식 수업'을 브레인스토밍, 직소우(Jigsaw), 찬반대립 토론, 배심(panel) 토론 등의 다양한 방법 중 어떤 방법으로 진행할 것인지 결정해야 한다. 토론식 수업에서 교사와 토론자(학생)의 역할을 어떻게 할 것인지, 토론 시 집단을 몇 명으로 구성할 것인지도 고려해야 할 사항이다(정문성, 2013). '사회과 학업성취도'라는 구인을 정의하는 것도 마찬가지다. 사회과의 어떤 영역을 대상으로 어떤 내용요소와 행동요소에 속하는 어떤 성취목표를 달성해야 사회과 학업성취도가 높은 것으로 볼 것인지 정해야 한다. 사회과 학업성취도는 검사지로 측정할 수도 있고, 수행평가를 통하여 측정할 수도 있고, 두 가지 방법을 모두 쓸 수도 있을 것이다.

'토론식 수업'을 어떻게 조작적으로 정의하는지에 대한 것은 외적타당도에서 언급된 UTOS(unit, treatment, outcome, setting)에서의 처치(treatment)와 관련되고, '사회과 학업성취도'는 결과(outcome)와 관련된다고 볼 수 있다. 앞서 설명한 대로 외적타당도는 인과 추론을 다양한 UTOS, 즉 다양한 참가자, 처치, 결과, 설정으로 일반화할 수 있는지에 관한 것이다. 구인타당도에서의 UTOS는 참가자, 처치, 결과, 설정을 각각 조작적으로 정의하고 측정하는 것과 관련된다. 연구자는 실험(또는 연구)에서 되도록 의도하는 구인과 비슷하도록 조작(operation)하려 하지만, 때로 구인과 조작 간 불일치가 일어날 수도 있다는 문제가 있다. 구인타당도 위협 요인 열네 가지를 살펴보겠다.

(1) 구인에 대한 불충분한 설명

양적연구에서 연구하고자 하는 추상적인 개념인 구인을 조작적 정의를 이용하여 측정하는데, 구인을 제대로 정의하지 못하는 경우 구인에 대한 불충분한 설명(inadequate explication of constructs) 요인이 구인타당도 위협요인으로 작용한다. 예를 들어 '공격성'이라는 구인을 상대방을 해치려는 '의도'에 '결과'까지 수반되어야 한다고 조작적으로 정의한다면, 공격하려는 의도 없이 실수로 다치게 하는 경우나 공격하려는 의도는 있었으나 실패한 경우는 공격성이 아니다(Shadish et al., 2002, p. 74). 즉, 의도 또는 결과만 있는 경우는 공격성이 아닌데, 구인을 제대로 조작적으로 정의하지 못하게 되면 그 구인(공격성)을 잘못 측정할 수 밖에 없게 된다.

구인을 너무 좁게 정의하거나 너무 넓게 정의하는 것 모두 구인타당도 위협요인이 될 수 있다. '중학생용 영어능력 검사'를 만든다고 생각해 보자. 언어 능력은 크게 말하기, 듣기, 쓰기, 읽기의 네 가지 영역으로 나뉘므로, 일반적으로 '영어능력'을 이 네 가지 하위영역에서 측정한다. 그런데 만일 듣기 영역만으로 검사를 구성하여 학생들에게 시행하고는 학생들의 영어능력을 측정했다고 할 수 있을까? 아니다. 영어 듣기만으로 검사를 구성하고 영어능력 검사라고 부른다면, 구인을 너무 좁게 정의하여 구인을 제대로 정의하지 못한 경우라고 할 수 있다. 반대로, 제대로 영어능력을 측정하려면 그 모태가 되는 라틴어도 알아야 한다고 생각하여 라틴어 문항까지 읽기 검사에 포함시킨다면, '영어능력'이라는 구인을 너무 넓게 정의하였거나 또는 잘못 정의한 것으로 생각할 수 있다.

(2) 구인 혼재

구인 혼재(construct confounding)는 A를 측정하고자 했는데 알고 보니 A뿐만 아니라 B도 같이 섞여서 측정되는 경우를 말한다. 학교 부적응 학생에 대한 연구로 예를 들어 보겠다. 결석률이 전체 출석일수의 2/3 이상이거나 벌점 30점 이상인 학생을 '학교 부적응 학생'이라고 조작적으로 정의했다고 하자. 그런데 이 조작적 정의에 부합하는 학생의 대부분이 다문화가정 학생이었다면, 연구자가 의도하였던 '학교 부적응 학생에 대한 연구'라기보다는 '다문화가정 학생과 학교 부적응 학생'에 대한 연구가 되어 버린다. 학교 부적응 학생을 측정하고자 했는데 다문화가정 학생이 섞여, '학교 부적응'과 '다문화가정'이라는 두 가지 구인이 혼재되어 버린 것이다. 이렇게 연구자가 관심이 없는 구인(예: 다문화가정)이 연구자의 관심 구인(예: 학교 부적응)과 겹칠 때, 구인 혼재가 발생할 수 있다.

(3) 단일조작 편향

앞서 언급한 대로 모든 양적연구는 구인을 조작적으로 정의하고 측정해야 하는데, 연구자가 UTOS 모집단에서 표집된 UTOS만을 연구하는 상황이다. 즉, 구인을 어떤 UTOS로 어떻게 조작적으로 정의하느냐에 따라 연구 결과가 달라질 수 있는 것이다. 한 가지로 구인을 조작하여 구인을 제대로 측정하기 힘들 때 구인타당도 위협요인 중 단일조작 편향(mono-operation bias)이 일어날 수 있다. 특히 구인이 여러 하위 요인으로 구성되어 있다면 이 하위 요인들을 각각 조작적 정의로 측정하는 것이 구인의 대표성(representativeness)을 높이기에 좋다.

예를 들어 학생들의 체력과 학업성취도 간 관계를 알아보기 위한 연구를 설계한다고 하자. '체력'이라는 구인을 '1분간 윗몸 일으키기 횟수'로만 정의하여 측정하는 것보다는, 1분간 윗몸 일으키기 횟수뿐만 아니라 자전거를 일정한 속도로 달렸을 때 심박수, 악력계를 사용하여 손에 쥐는 힘, 제자리 높이뛰기 시 가장 높이 뛴 수치 등의 여러 하위 요인으로 측정해야 '체력'이라는 구인을 제대로 측정할 수 있다.

심화 2.4 확인적 요인분석과 구인타당도

'체력'이라는 구인이 1분간 윗몸 일으키기 횟수, 자전거를 일정한 속도로 달렸을 때 심박수, 악력계를 사용하여 손에 쥐는 힘, 제자리 높이뛰기 시 가장 높이 뛴 수치 등을 측정한 값으로 제대로 측정되는지를 확인적 요인분석(confirmatory factor analysis)을 통하여 검정할 수 있다. 이는 구인타당도의 증거가 된다.

(4) 단일방법 편향

한 가지 방법만으로 구인을 측정할 때 편향(bias)을 불러올 수 있다. 이를 단일방법 편향(monomethod bias)이라 한다. 학교폭력 피해자로 상담이 필요한 학생을 추려 내고자 할 때, 학생이 답한 자기보고식 설문지 결과만을 쓰거나, 담임교사의 견해로 일방적으로 결정하거나, 또는 담임교사와 학부모 간 면담기록만을 이용한다면, 학교폭력 피해자로 상담이 필요한 학생을 제대로 파악하기 힘들 수 있다. 상담 내용이 학교생활기록부에 기록되므로, 교사는 가능한 한 다양한 방법으로 구인을 측정하여 오류를 줄이기 위하여 노력해야 한다. 또한 이렇게 한 가지 방법만으로 측정된 구인을 '학교폭력 피해자로 상담이 필요한 학생'이라고 일반화하여 이름을 붙이는 것은 옳지 않다. 만일 학생이 기입한 자기보고식 설문지만을 이용했다면, '학교폭력 피해자로 상담이 필요한 학생'이라기보다는 '자기보고식 설문지 결과 학교폭력 피해자로 상담이 필요한 학생'이라고 쓰는 것이 정확할 것이다.

정의적 영역을 측정할 때, 정답이 있는 것도 아니면서 참가자들이 사회적으로 바람직한 방향으로 답하려는 경향이 있어 제대로 측정하기가 쉽지 않다. 특히 태도에 관한 척도는 자기보고식 설문으로 측정할 때와 관찰, 면담 등의 방법을 통하여 측정할 때 결과가 달라질 수 있다.

심화 2.5 다특성-다방법과 구인타당도

사회성, 도덕성, 리더십과 같이 서로 관련된 심리적 특성들을 관찰, 면담, 설문 등의 다양한 방법으로 측정한 후, 다특성-다방법(multi-trait multi-method: MTMM)과 같은 기법을 활용하여 구인타당도를 알아볼 수 있다. 자세한 설명은 Campbell & Fiske(1959, pp. 81-105), 유진은(2019, pp. 211-212) 등을 참고하면 된다.

(5) 구인수준과 구인의 혼재

어떤 구인의 한 수준(level)만을 연구하고는 그 구인에 대한 전반적인 결론을 도출하는 경우가 있다. 또는 똑같은 수준에서 비교하지 않고 다른 수준을 비교하고서는 어떤 것이 더 낫다고 결론을 내는 경우가 있다. 이때 구인수준과 구인이 혼재(confounding constructs with levels of constructs)되었다고 한다. 구인수준과 구인이 혼재되어 결론을 잘못 도출하게 되므로 같은 수준에서 구인을 비교해야 한다.

학습법 A와 학습법 B 중 어떤 방법이 학업성취도를 높이는지 실험을 한다고 하자. 그런데 학습법 A는 매주 2시간 공부하게 하는 것이고 학습법 B는 매주 5시간 공부하도록 하는 것이라면, 이미 학습법 A와 B는 공부 시간에서부터 차이가 난다. 그러므로 이런 식으로는 학습법 A와 B를 제대로 비교하기 힘들다. 학습법 A를 5시간 공부하게 하든지 학습법 B를 2시간으로 줄여서 처치한다면 학습법 A와 B를 비교할 수 있을 것이다. 만일 원래대로 실험을 하여 학습법 B가 더 효과적이었다면, '학습법 B가 학습법 A보다 낫다'가 아니라, '5시간을 공부시키는 학습법 B가 2시간을 공부시키는 학습법 A보다 낫다'고 결론을 내는 것이 옳다.

(6) 처치에 민감한 요인 구조

처치로 인하여 구인의 요인 구조가 변할 수 있다. 특히 참가자가 어떤 구인을 더 잘 이해하도록 도와주려는 교육적 프로그램(처치)에 노출되는 경우에 참가자가 인식하는 요인 구조가 바뀌게 된다(Heppner et al., 2008). 즉, 실험집단은 처치로 인하여 구인의 요인 구조를 통제집단과는 다르게 인식하게 되는데, 이때 구인타당도 위협요인 중 처치에 민감한 요인 구조(treatment-sensitive factorial structure) 요인이 작용한다.

요즘은 학교폭력 관련 프로그램이 많아서 신체적 폭력과 언어적 폭력 모두 학교폭력이라고 알고 있다. 그러나 이전에는 신체적 폭력만 폭력이라고 생각하는 경우가 많았다. 이렇게 대부분의 사람이 신체적 폭력만 폭력이라고 생각하는 상황을 생각해 보자. 학교폭력에 대한 사전 태도 검사에서는 실험집단과 통제집단 모두 신체적 폭력만이 학교폭력이라고 답했는데, 학교폭력을 줄이기 위한 프로그램(처치)이 실행된 후 신체적 폭력만이 아니라 언어적 폭력까지도 학교폭력에 포함된다고 실험집단 학생들의 사고가 바뀌었다고 하자. 반면, 통제집단은 처음과 같이 신체적 폭력만을 학교폭력으로 생각한다면, '학교폭력'에 대한 요인 구조(factor structure)가 집단별로 차이가 나게 된다. 즉, 실험집단은 학교폭력을 이차원적(two-dimensional) 요인으로 인식하는데, 통제집단은 학교폭력을 여전히 일차원적(one-dimensional) 요인으로 본다는 것이다([그림 2.3]). 이렇게 처치로 인하여 요인 구조가 실험집단과 통제집단으로 달라진다면, 학교폭력의 경우 신체적 폭력과 언어적 폭력을 뭉뚱그린 전 문항 총점으로 두 집단을 비교하는 것이 옳지 않을 수 있다.

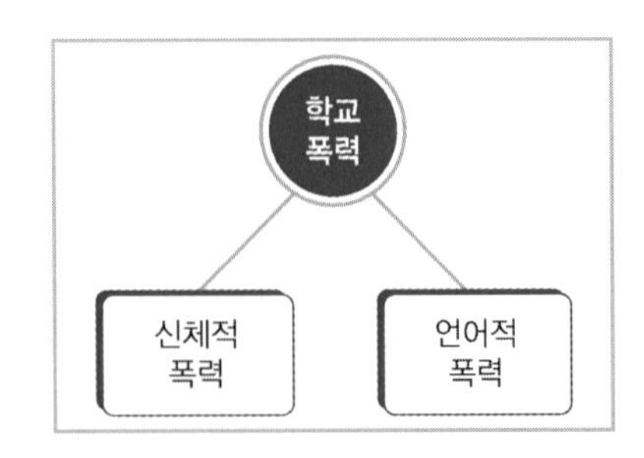

[그림 2.3] 처치에 민감한 요인 구조 예시

(7) 반응적 자기보고 변화

반응적 자기보고 변화(reactive self-report changes) 요인은 자기보고식 설문을 이용하는 경우 발생하기 쉽다. 참가자가 자기 자신에 대하여 응답하는 경우 반응을 의도적으로 바꿀 수 있기 때문이다. 전문계 고등학교 학생을 대상으로 하는 방학 중 기업 인턴 프로그램의 효과를 연구한다고 하자. 이 인턴 프로그램은 졸업 후 일자리로까지 연결될 수 있는 기회이므로 학생들은 실험집단이 되고자 하는데, 실험집단과 통제집단으로 나눌 때 자기보고식 설문 결과를 이용한다는 것을 알게 되었다고 하자. 학생들은 프로그램에 참가할 목적으로 본인의 상황이 절박하여 꼭 이 처치를 받아야만 한다고 과장하여 설문을 작성할 수 있다. 그러나 실험집단으로 배정된 이후 사후검사로 시행된 설문에 답할 때는 이러한 동기가 사라지게 된다. 즉, 프로그램이 효과가 있다는 결과가 나온다고 하더라도, 이것이 처치로 인한 변화인지 아니면 실험집단과 통제집단의 사전 · 사후검사에서의 구인이 달라져서인지 분명치 않게 된다.

이러한 문제가 예견되는 상황이라면 자기보고식 설문보다는 관찰이나 면담과 같은 비간섭적(unobtrusive) 측정법 또는 가짜 거짓말 탐지기 기법(bogus pipeline, fake polygraph)을 이용하여 구인타당도 위협요인을 줄일 수 있다(Shadish et al., 2002, p. 77). 가짜 거짓말 탐지기 기법의 예를 들어 보겠다. 청소년을 대상으로 흡연 여부를 조사할 때, 자기보고식 설문지만으로 물어본다면 보통 흡연하지 않는다고 답하기 때문에 정확한 정보를 얻기 힘들다. 이때 침 검사도 같이한다고 하면서 침 샘플까지 받게 되면, 어차피 거짓으로 답해도 밝혀질 것이라고 생각하면서 거짓으로 응답하지 않게 된다. 그런데 침 샘플을 받기만 하고, 진짜 침 검사는 하지 않는 것이 가짜 거짓말 탐지기 기법이다.

(8) 실험 상황에 대한 반응

실험을 하다 보면, 참가자가 연구 주제가 무엇인지 헤아려 연구자가 원하는 결과가 나오도록 반응하는 경우를 종종 보게 된다. 예를 들어 교사가 연구자이자 실험자로서 자신이 담임을 맡은 반을 실험집단으로 학생들의 사회성에 대한 연구를 한다고 하자. 그런데 연구자는 자신의 연구에 대해 자기도 모르게 학생들에게 단서를 줄 수 있고, 학생들은 학생들 나름대로 교사가 무엇을 연구하는 것인지 추측하고, 그 연구 주제에 부합되도록 또는 오히려 반대로 행동함으로써 학생들의 사회성 점수가 실제보다 높거나 낮아질 수 있는 것이다. 즉, 처치의 효과로서가 아니라, 실험 상황에 대한 반응(reactivity to the experimental situation)으로 인하여 연구 결과에 영향을 미칠 수 있다. 또는 참가자는 연구자에 의해 평가받는 상황 자체에 대하여 불안해하거나 불만이 생겨 평소보다 더 잘하는 것처럼 보이려고 노력할 수도 있고, 오히려 아예 거부하는 식으로 실험 상황에 반응할 수도 있다. 이렇게 실험 상황에 대한 반응은 언제, 어떻게, 얼마나 크게 일어나는지 알기 힘들기 때문에 더 문제가 된다.

실험 상황에 대한 반응 요인을 줄이기 위하여 연구 목적이 무엇인지 참가자에게 알려주지 않거나 참가자와 실험자 간 상호작용을 최대한으로 줄일 수 있다. 그러나 실험 상황에 대한 반응을 줄이기 위하여 연구 목적을 참가자에게 알려 주지 않거나 거짓으로 알려 주는 경우 연구 윤리 측면에서 문제가 될 수 있다(Heppner et al., 2007). 참가자에게 연구 동의를 얻을 때, 연구 목적에 대하여 분명히 설명해야 하기 때문이다.

(9) 실험자 기대

참가자만 실험 상황에 반응하여 결과에 영향을 끼치는 것이 아니다. 그 유명한 Rosenthal (1966)의 피그말리온 효과(Pygmalion effect)에서와 같이, 실험자의 기대 또한 연구 결과에 영향을 미칠 수 있다. 즉, 연구자의 기대가 자성예언(self-fulfilling prophecy)으로 작용하여 실험 결과에 영향을 줄 수 있으며, 특히 연구자가 실험자인 경우에 실험자 기대(experimenter expectancies) 요인이 더 크게 작용할 수 있다.

예를 들어 교사가 자신의 반을 실험집단으로 삼아 집단상담 프로그램을 실시한다고 하자. 이때 연구자인 교사는 동시에 이 프로그램을 집행하는 실험자로, 자신이 만든 집단상담 프로그램의 효과를 입증하고픈 나머지 과도하게 열심히 그 프로그램을 실시할 수 있다. 이 경우 실험 결과가 통계적으로 유의하게 나온다고 하더라도, 이것이 원래 프로그램의 효과인지 아니면 실험자의 기대가 점철되어 도출된 효과인지 알기 힘들게 된다.

앞선 실험 상황에 대한 반응 요인이 참가자에게 초점이 맞춰진 반면, 실험자 기대 요인은 실험자에게 초점이 맞춰져 있다(Shadish et al., 2002, pp. 78-79). 실험자 기대 요인을 줄이기 위한 방법은 실험 상황에 대한 반응에서와 유사하며, 그에 따른 문제점 또한 비슷하다.

(10) 혁신과 혼란 효과

무엇이든 새로운 것이 시도되면 사람들이 관심을 보이고 더 열심히 반응할 수 있다. 그리하여 '무엇'이 시도되는지보다 어쨌든 새로운 시도를 했다는 사실만으로도 결과가 좋을 수 있다. 실험 상황에서 이것은 구인타당도 위협요인 중 혁신(novelty) 요인이 된다. 즉, 실험 처치가 아니라 새로운 프로그램을 시도했다는 사실만으로 효과를 보이는 것을 말한다. 그러나 만일 이 새로운 프로그램이 여러 해 동안 지속된 다음, 유사한 어떤 새로운 프로그램을 시도한다면 처음과 같은 그러한 열렬한 반응은 기대하기 힘들 것이다. 이 경우 혁신 요인은 타당도 위협요인으로 작용하기 힘들다. 반면, 이 새로운 프로그램이 원래 프로그램과 충돌하여 오히려 혼란을 야기할 수 있다. 이것이 구인타당도 위협요인 중 혼란(disruption) 요인이다.

처음 학교에 ICT(Information and Communication Technology) 교육이 도입되었을 때 파워포인트와 전자칠판 등의 새로운 기기를 이용하는 것에 대해 학생들이 흥분하며 열정적으로 반응하여 ICT 교육이 효과적인 것으로 보였는데, 그다음 들어온 스마트교육은 그다지 환영받지 못했고 앞서 도입된 ICT 교육에 대한 관심도 사그라들었다고 하자. ICT 교육의 효과는 혹시 구인타당도 위협요인 중 혁신 요인으로 인한 것이 아니었는지, 그리고 그 뒤에 소개된 스마트교육이 구인타당도 위협요인 중 혼란 요인을 불러온 것이 아닌지 생각해 볼 수 있다.

(11) 보상적 균등화

보통 사회과학 실험설계의 처치는 학업성취도를 향상시키거나 학교폭력을 줄이기 위한 것과 같이 긍정적인 것이며, 실험집단만이 이러한 처치를 받도록 설계하여 통제집단과 비교함으로써 처치가 효과적인지를 알아보는 것이 실험설계의 주된 목적이다. 그런데 통제집단이 이러한 긍정적인 처치를 받지 못하는 것에 대한 저항이 있을 수 있다. 사이버가정학습의 효과를 알아보기 위한 연구에서 학생들을 무선으로 실험집단과 통제집단에 배치했다고 하자. 통제집단에 배치되어 사이버가정학습을 받지 못하게 된 학생들이 안 됐다고 생각한 학교장이 실험집단이 받는 처치에 준하는 학습 인턴을 실험자 몰래 통제집단에 투입하였다고 하자. 이 경우 실험에서 처치를 받는 실험집단과 처치를 받지 않는 통제집단의 대조가 무너지게 되므로, 연구가 제대로 수행될 수 없다. 이때 보상적 균등화(compensatory equalization)가 일어났다고 한다.

보상적 균등화는 통제집단에 좋은 어떤 것을 더해 주는 것뿐만 아니라, 실험집단이 받는 좋은 처치 조건 중 어떤 것을 빼는 것으로 이루어지기도 한다. 즉, 실험집단과 통제집단을 비슷하게 만들어 버리는 경우 보상적 균등화가 일어났다고 볼 수 있다. 따라서 연구자는 관리자, 직원, 그리고 참가자들과의 면담을 통하여 혹시 이러한 문제가 일어나고 있지는 않은지 파악할 필요가 있다.

(12) 보상적 경쟁

통제집단이 자신이 실험집단과 비교되는 것을 알고는 통제집단에 있다는 불리함을 이겨 내기 위하여 과도하게 반응할 때 보상적 경쟁(compensatory rivalry)이 발생한다. 존 헨리 효과(John Henry effect)가 그 예가 될 수 있다. 존 헨리 효과는 강철 해머로 돌을 부수는 John Henry가 자신이 증기착암기와 비교된다는 것을 알고 열심히 일하여 증기착암기보다 좋은 성과를 냈으나, 그 과정에서 과로로 죽어 버린 것을 말한다. 이렇게 평소대로 하지 않고 무리하는 경우 구인이 제대로 측정될 수 없다.

존 헨리 효과의 예와 같이, 보상적 경쟁은 새로운 시도나 기술이 도입되면서 통제집단이 실험집단과 비교되고 그 결과가 통제집단에게 영향을 미치는 경우 일어나기 쉽다. 사립학교에서 기간제 교사에게 정교사보다 학생들의 학업성취도를 향상시킨다면 정교사로 채용을 한다는 조건을 걸었다고 하자. 이 사실을 알게 된 정교사들이 자신들이 기간제 교사와 비교됨으로써 고용 안정성이 위협받는다는 것을 알고는 이전보다 훨씬 더 열심히 일하게 된다고 하자. 이 경우 사립학교 재단에서 의도한 대로 연구가 될 수 없다. 이렇게 보상적 경쟁이 문제가 될 것 같다면 통제집단, 즉 정교사 반의 실험 전후 성적을 비교함으로써 보상적 경쟁이 일어났는지 파악할 수 있다. 또는 비구조화된 면접과 직접 관찰을 이용할 수도 있다.

(13) 분개한 사기 저하

분개한 사기 저하(resentful demoralization)는 보상적 경쟁과 반대되는 개념이다. 실험집단이 여럿으로 구성되는 경우 상대적으로 덜 좋은 처치를 받는 집단으로 배정되거나, 아니면 처치를 아예 받지 못하는 통제집단에 속하게 된 참가자는 자신의 상황에 분개하여 사기가 저하될 수 있다. 그리하여 결과변수에 대해 반응을 다르게 할 수 있다. 전문계 고등학교 학생을 대상으로 방학 중 기업 인턴 프로그램의 효과를 연구한다고 하자. 이 인턴 프로그램이 졸업 후 직장으로까지 연결될 수 있다고 한다면, 이 실험에 참여하는 거의 모든 학생이 실험집단으로 배정되기를 원할 것이다. 그런데 연구자는 프로그램의 효과를 연구해야 하므로, 모든 학생을 실험집단으로 배정하지는 못한다. 따라서 통제집단으로 배정되어 인턴 프로그램에 참여하지 못하는 학생들이 있게 마련이다. 그런데 통제집단에 할당된 학생들의 사기가 너무 심하게 저하되어 실험이 제대로 되기 힘들 수 있다. 즉, 사전·사후검사의 차이가 커서 프로그램이 효과가 있다고 하더라도, 이것이 프로그램의 효과인지 아니면 통제집단의 사기가 너무 심하게 저하되었기 때문인지 알기 힘들다.

분개한 사기 저하는 보통 통제집단에 일어나지만, 실험집단에도 일어날 수 있다. 원래 좋은 처치를 받기로 기대하였는데 만일 기대한 만큼 좋은 처치를 받지 못한다고 판단한다면, 실험집단도 사기가 심하게 저하될 수 있다. 같은 예시에서 원래는 졸업 후 취직으로까지 연결될 수 있는 인턴 프로그램이었는데 상황이 바뀌어 졸업 후 취직은 없던 이야기가 되어 버렸다면, 실험집단의 사기가 급격히 저하될 수 있는 것이다.

(14) 처치 확산

처치 확산(treatment diffusion)은 통제집단이 몰래 처치를 받아 처치가 확산되는 것을 말한다. 연구자는 이러한 사실을 모르는 경우가 많은데, 이 경우에도 실험이 제대로 될 수 없다. 특히 실험집단과 통제집단이 물리적으로 가깝거나, 서로 연락을 주고받을 수 있을 때 더 심하다. 예를 들어 혁신학교로 지정된 경기 소재 학교가 있는데, 이 학교 소속 교사가 인근 학교와 함께하는 교과 연구회에서 혁신학교 프로그램을 공유하게 되는 상황을 생각해 보자. 그렇다면 처치가 혁신학교만이 아닌 일반학교로 확산되었기 때문에 혁신학교의 효과를 연구하는 것이 쉽지 않게 된다.

한 교사가 실시하는 학급 단위 실험 연구에서도 처치 확산이 문제가 되는 경우가 많다. 한 명의 교사가 각각 다른 교수법으로 두 집단의 학생을 가르쳐서 어떤 교수법이 더 효과가 있는지 비교하는 연구가 있다고 하자. 그런데 이 경우 한 명의 교사가 칼로 무 자르듯 두 가지 교수법을 완전히 분리하여 가르치는 것은 현실적으로 거의 불가능하다. 즉, 같은 사람이 가르치기 때문에 두 가지 교수법이 서로 확산될 수 있다는 것이다.

처치 확산을 막기 위한 방법으로, 교수법 비교 연구의 경우 각각 다른 교사를 이용할 수 있다. 물론, 이때 두 명의 교사를 되도록 비슷한 특성을 가진 교사로 선정해야 할 것이다. 실험집단과 통제집단이 물리적으로 가까워서 처치 확산이 일어날 수 있다면, 두 집단의 참가자들을 지리적으로 멀리 떨어뜨려 놓는 것도 한 방법이 될 수 있다. 현실적으로 이러한 방법이 힘들 경우, 통제집단과 실험집단 모두에게 처치가 어떻게 시행되었는지 측정해 본다면, 처치 확산이 일어났는지 아닌지를 알아볼 수 있다(Shadish et al., 2002, p. 81). 이상의 열네 가지 구인타당도 위협요인을 〈표 2.3〉에 요약하였다.

〈표 2.3〉 구인타당도 위협요인 요약

구인타당도 위협요인	요약
구인에 대한 불충분한 설명	구인을 충분하게 설명하지 못하는 것
구인 혼재	두 가지 이상의 구인이 중첩되었는데 한 가지 구인만을 측정한 것처럼 생각하는 것
단일조작 편향	한 가지 조작적 정의만으로 구인을 측정하는 것
단일방법 편향	한 가지 방법만으로 구인을 측정하는 것
구인수준과 구인의 혼재	구인이 한 가지 수준만 있는 것으로 혼동하는 것
처치에 민감한 요인 구조	처치로 인하여 구인의 요인 구조가 변하는 것
반응적 자기보고 변화	자기보고식 설문으로 측정 시 참가자가 자의적으로 반응할 수 있으므로 구인이 제대로 측정되지 못하는 것
실험 상황에 대한 반응	긍정적이든 부정적이든 실험 상황에 대하여 참가자가 반응하여 구인이 제대로 측정되지 못하는 것
실험자 기대	실험자(또는 연구자)가 실험 상황에 대하여 기대를 가지고 열정적으로 임함으로써 구인이 제대로 측정되지 못하는 것
혁신과 혼란 효과	새로운 시도를 하는 것만으로 결과에 긍정적으로 영향을 줄 수 있는데(혁신 효과), 이러한 새로운 시도가 반복되면 오히려 혼란이 야기될 수 있는 것(혼란 효과)
보상적 균등화	관리자가 연구자 몰래 통제집단에 처치에 준하는 좋은 무언가를 제공하는 것
보상적 경쟁	통제집단이 자신들이 실험집단과 비교되는 것을 알고, 무리하게 노력하며 실험집단과 경쟁하는 것
분개한 사기 저하	통제집단이 자신들이 실험집단에 배정되지 못했다는 사실에 좌절하여 아예 포기해 버리는 것
처치 확산	실험집단만 받게 되는 처치가 통제집단으로 확산되는 것

3 내적 · 외적 · 구인타당도 위협요인 간 관계

1) 내적타당도와 외적타당도 간 관계

내적타당도가 연구에서 주장하는 인과 관계가 얼마나 타당한지에 관한 것이며, 외적타당도는 연구 결과의 일반화에 관한 것이다. 즉, 내적타당도가 높다는 것은 인과 관계가 강하다는 뜻이고, 외적타당도가 높다는 것은 연구로 얻어진 결과(인과 관계)를 일반화하기 쉽다는 뜻이다. 따라서 내적타당도와 외적타당도 모두 연구에서 추구해야 하는 중요한 개념이다. 그런데 이 두 개념은 서로 상충되는 관계에 있다. 이를테면 실험설계인 경우 내적타당도가 높지만, 실험설계 자체의 특징—즉, 엄격한 실험 상황에서의 통제와 조작적 정의 등—으로 인하여 내적타당도를 높이면 높일수록 연구 결과를 일반화하기는 어려울 수밖에 없다. 즉, 내적타당도를 높일수록 외적타당도는 반대로 낮아진다. 마찬가지로 일반화에 치중하다 보면, 설계 상황을 엄격히 통제하기 힘들기 때문에 내적타당도가 낮아지게 된다.

그동안 내적타당도와 외적타당도의 상대적 중요성에 관하여 논란이 있었다. Shadish et al. (2002)에 따르면, Campbell & Stanley(1963, p. 5)의 책 앞부분에서 나온 "Internal validity is the sine qua non(내적타당도는 필수불가결한 것)"이라는 문장으로 인해 사람들은 내적타당도가 외적타당도보다 더 중요하다고 생각했다고 한다. 후에 Cronbach (1982, p. 137)가 내적타당도가 "사소하고, 과거형이며, 지엽적인 것(trivial, past-tense, and local)"이라고 하며 외적타당도의 중요성을 강조하면서, 내적타당도와 외적타당도 중 어느 것이 더 중요한지에 대한 논쟁이 촉발되었다. 그런데 Campbell & Stanley(1963)의 같은 책에서 "외적타당도가 교육학 연구에서 필수적인 것으로 목적('desideratum')이 된다"는 문장도 있다. 즉, Campbell & Stanley(1963)가 특별히 내적타당도를 더 중시한 것은 아닌 것으로 보인다. Shadish et al. (2002)은 인과 관계를 밝히고자 하는 실험설계에서는 내적타당도가 더 중요하다고 할 수 있으나, 그 외 다른 교육학 연구에서는 외적타당도가 더 중요하다고 정리하였다.

2) 구인타당도와 내적타당도 간 관계

보상적 균등화, 보상적 경쟁, 분개한 사기 저하, 처치 확산이라는 마지막 네 가지 구인타당도 위협요인은 Cook & Campbell(1979)의 책에서는 내적타당도 위협요인으로 분류된 것이었다. 내적타당도 위협요인을 처치가 작용하지 않았는데도 결과에 영향을 끼치는 요인으로 볼 때, 보상적 균등화, 보상적 경쟁, 분개한 사기 저하, 처치 확산 요인은 이미 처치가 시작되었기 때문에 결과에 영향을 미치는 것이므로 내적타당도 위협요인이라 보기 힘들다. 이를테면 처치가 시작되어 좋은 것이라는 것을 알기 때문에 관리자가 연구자 몰래 통제집단에 처치에 준하는 좋은 무언가를 제공하거나(보상적 균등화), 그 좋은 처치를 받지 못하는 통제집단이 무리하게 노력하거나(보상적 경쟁), 아니면 좌절하여 아예 포기해 버리거나(분개한 사기 저하), 또는 실험집단만 받게 되는 처치를 통제집단이 몰래 받게 되는(처치 확산) 것이다.

다시 정리하겠다. 내적타당도 요인은 처치가 없는데도 결과에 영향을 끼칠 수 있는 요인들을 말하며, 구인타당도 요인은 처치가 시작되었기 때문에 결과에 영향을 끼칠 수 있는 요인들을 뜻한다.

3) 구인타당도와 외적타당도 간 관계

Shadish et al. (2002, pp. 93-95)에 따르면 구인타당도 위협요인과 외적타당도 위협요인은 다음과 같은 관계가 있다. 먼저, 구인타당도와 외적타당도는 둘 다 일반화(generalization)에 관한 것이라는 공통점이 있다. 구인타당도는 구인을 잘 대표할 만한 요인들을 잘 뽑아낼수록 높아진다. 다시 말해, 구인을 잘 설명할 수 있는 대표적인 요인들로 구성된다면 구인타당도가 높다고 할 수 있다. 마찬가지로 외적타당도도 인과 관계가 다른 UTOS로 일반화될수록 높아진다. 또한 구인타당도가 높은 구인으로 실험을 설계한다면 직접적인 실험 없이도 외적타당도에 대하여 어느 정도 추론을 할 수도 있다.

반면, 구인타당도와 외적타당도는 그 추론의 종류에 있어 차이가 있다. 즉, 구인타당도는 언제나 구인에 대해서만 추론하며, 외적타당도는 인과 관계의 일반화에 대하여 추론한다는 점이 큰 차이점이다. 외적타당도와 구인타당도는 타당도를 향상시키기 위한 방법 측면에서도 다르다. 구인타당도는 구인을 명확하게 설명하고 잘 측정하는 것에 초점이 있다. 구인이 잘 측정된다면 구인타당도도 높아지는 것이다. 외적타당도에서도 측정을 잘해서 구인을 명확하게 설명하는 것이 중요하기는 하지만, 외적타당도는 인과 관계의 크기와 방향을 검정하는 것에 더 비중을 둔다. 다시 말해, UTOS에 따라 인과 관계의 크기와 방향이 어떻게 달라지는지에 대한 검정을 통하여 외적타당도를 높일 수 있다.

구인타당도와 외적타당도 간 중요한 구분점으로, 구인타당도는 말하자면 구인에 이름을 붙이는 것이고 외적타당도는 다른 UTOS로 인과 관계가 일반화되는 것이라는 점을 들 수 있다. 어떤 실험에서 구인타당도와 외적타당도 중 하나는 옳고 다른 하나는 틀릴 수도 있다. 이를테면 구인에 대하여 이름을 잘못 붙여도(낮은 구인타당도) 인과 관계의 크기와 방향은 옳게 검정할 수 있다. 반대로 구인에 대하여 이름은 옳게 붙여도(높은 구인타당도) 인과 관계의 크기와 방향을 틀리게 검정할 수도 있는 것이다.

4 실험설계 심화[5)]

1) 전향적 설계와 후향적 설계

이 장에서 다루는 실험설계는 모두 전향적(prospective) 설계다. 즉, 처치(treatment)를 먼저 하고 결과를 분석하는 설계로, 실험 순서와 인과 관계의 방향이 같다. 반면, 흡연 여부와 폐암 유무의 관련성을 알아보기 위한 연구의 경우 전향적 설계를 하기 어렵다. 흡연과 폐암과의 관계를 알아보기 위하여 참가자들을 무선으로 흡연집단과 비흡연집단에 할당할 수 없는 것이다. 참가자에게 해로운 처치이므로 연구윤리위원회 심의를 통과하지도 못하겠지만, 심의를 가까스로 통과한다고 하더라도 현실적으로 실험 또한 힘들 것이다. 이를테면 실험집단에 배치된 참가자에게 얼마나 흡연을 시켜야 폐암이 유발될지 불분명하기 때문에 통상적인 실험설계에서보다 훨씬 더 오랫동안 실험을 수행해야 할지 모른다. 실험 기간이 길어질수록 비용이 커지며, 실험 오염원 또한 늘어나게 된다. 즉, 짧은 기간 동안은 실험을 통제하는 것이 가능한데, 기간이 길어진다면 상대적으로 온갖 외부 요인들이 실험에 영향을 끼치게 되므로 실험 처치 때문에 연구 결과가 나왔다고 주장하기 힘들게 된다. 전향적 설계의 이러한 문제로 인하여 후향적(retrospective) 설

5) 이 절은 심화내용을 다루므로 관심 있는 독자만 읽어도 좋다.

계가 제안되었다.

후향적 설계에서는 연구 참가자가 폐암에 걸렸는지 안 걸렸는지를 먼저 파악한 다음, 거꾸로 담배를 피웠는지 안 피웠는지에 대한 자료를 얻어 분석한다. 후향적 설계는 사례-대조 설계(case-control design)로도 불린다. 후향적 설계에서 주로 쓰는 통계적 방법론으로 로지스틱 회귀모형(logistic regression)이 있다. 로지스틱 회귀모형의 종속변수 부분에 해당되는 로그오즈(log-odds)는 전향적 설계든 후향적 설계든 방향에 관계없이 그 수치가 변하지 않는 특징이 있다. 로지스틱 회귀모형은 교육학을 비롯한 사회과학뿐만 아니라 의학 · 생물 통계에서도 많이 연구된다. 로지스틱 회귀모형에 대한 자세한 설명은 제12장을 참고하기 바란다.

2) 성향점수매칭

교육학 자료에서 후향적 설계를 쓰는 예로 과외 여부와 특목고 입학 여부를 들 수 있겠다. 전향적 설계를 쓴다면, 학생들을 무선으로 할당하여 실험집단에는 무조건 과외를 시키고 통제집단은 절대 과외를 받지 못하게 한 후, 모두 특목고 시험을 보게 한 다음 입학 여부를 조사해야 할 것이다. 읽기만 해도 말이 안 되는 실험설계라는 것을 알 수 있을 것이다. 과외 여부와 특목고 입학 여부 간 관계를 분석할 때 로지스틱 회귀모형(logistic regression)을 이용하여 매칭까지 고려하는 성향점수매칭(propensity score matching) 방법을 쓸 수 있다.

성향점수매칭은 준실험설계에서의 선택 편향(selection bias) 문제를 완화시키기 위한 방법으로, 수집된 자료를 로지스틱 회귀모형을 이용하여 성향점수(propensity score)가 비슷한 두 집단으로 재구성한 후 이 두 집단을 비교하는 방법이다. 이 경우 성향점수매칭은 공분산분석(ANCOVA)보다 더 나은 방법으로 알려져 있다. 그러나 성향점수가 비슷하지 않은 집단은 아예 분석에서 제외되므로, 사례 수가 상당히 많이 필요한 방법이다. 같은 맥락에서, 집단 간 중첩이 없는 경우 성향점수매칭 방법을 쓸 수 없다. 또한 성향점수매칭을 쓴다고 하더라도, 측정되지 않은 변수는 매칭에서 고려되지 못한다. 성향점수매칭에서는 측정된 변수에 대하여만 처치의 균형을 맞추기 때문이다. 진실험설계를 쓸 수 있다면, 이러한 복잡한 문제들은 단번에 해결된다. 성향점수매칭에 대해 관심 있는 독자들은 Guo & Fraser(2014), Morgan & Winship(2007) 등을 읽기 바란다.

3) 인과 추론과 실험설계 관련 주의 사항

(1) 무선할당과 사전검사 점수

무선할당에 대하여 잘못 이해하는 경우가 종종 있다. 무선할당으로 구성된 실험집단과 통제집단의 특징이 집단별로 차이 없이 완전히 똑같이 나뉜다고 생각할 수 있는데, 꼭 그렇지는 않다. 무선할당을 했는데도 실험집단과 통제집단의 사전검사 점수가 통계적으로 유의하게 차이가 나는 경우도 있다. 즉, 사전검사 점수로 판단할 때 실험집단과 통제집단이 처음부터 다른 집단이라는 뜻이다. 운이 없을 경우, 이를테면 사회경제적 지위가 높은 학생들이 모두 통제집단으로 몰릴 수도 있는 것이다. 그렇다면 무선할당을 했는데도 왜 이런 일이 벌어지는지, 그리고 무선할당을 꼭 해야 하는지 등에 대해 의문이 생길 수 있다.

결론부터 말하자면, 무선할당을 하는 것이 하지 않는 것보다 훨씬 바람직하다. 무선화(randomization)는 처치 전 모든 변수—측정된 변수와 측정되지 않은 변수 모두 포함—에 대하여 그 기대값(expectation)을 같도록 하는 것이다. 한 번의 무선할당으로 실험집단과 통제집단이 구성되었을 때 측정된 몇몇 변수로 비교하면 이 두 집단이 통계적으로 유의한 차이를 보일 수 있다. 그러나 무선할당을 무수히 많이 반복한다면, 실험집단과 통제집단은 측정된 변수든 측정되지 않은 변수든 그 기대값이 동일하게 된다. 앞서 언급된 성향점수매칭과 같은 방법을 쓴다고 하더라도 성향점수매칭은 측정되지 않은 변수는 고려하지 못하기 때문에 무선할당을 하는 진실험설계가 준실험설계보다 비교 우위에 있다.

무선할당 후 실험집단과 통제집단의 차이는 공분산분석(ANCOVA), 또는 매칭(matching)과 같은 방법을 이용하여 통계적으로 통제할 수 있다. 이것이 가능하려면 종속변수에 영향을 미칠 수 있는 변수들을 미리 실험 전에 측정해야 한다. 예를 들어 학생의 사회경제적 지위가 성적에 큰 영향을 미친다. 그런데 이러한 변수를 제대로 측정하기가 쉽지 않다는 문제가 있다. 따라서 상대적으로 수월하게 측정되는 사전검사(pretest) 점수를 실험 전에 미리 구하여 실험 후 통계적 분석에서 이용하는 것이 일반적이다.

사실 종속변수에 영향을 끼칠 수 있는 변수들은 실험설계에서부터 미리 파악하고 통제하기 위하여 무선화 구획설계(randomized block design)와 같은 실험설계 방법을 이용하는 것이 가장 바람직하다(Shadish et al., 2002). 설계에서부터 통제하기 힘든 경우에 차

선택으로 통계로 통제하는 방법을 쓰는 것이다. 정리하자면, 실험 전 실험집단과 통제집단의 차이를 최소화하기 위하여 설계 단계에서부터 통제하는 것이 최선이며, 통계적인 방법을 이용하여 통제하는 것이 차선책이다.

(2) 이미 형성되어 있는 집단을 있는 그대로 실험에서 이용하기

무선할당을 하지 않고 연구자가 편한 대로 집단을 구성한다면, 이렇게 얻어진 실험결과가 정말로 처치(treatment)로 인해 도출된 것인지 아닌지 납득하기 어렵게 된다. 이 경우 내적타당도가 높을 수 없다. 예를 들어 보겠다. 초·중등 학생을 대상으로 하는 실험설계에서 무선할당을 하기 힘들기 때문에 이미 형성된 학급을 있는 그대로 이용하는 경우가 많다. 새로운 교수법을 적용하는 실험에서 학생들을 무선으로 배치하는 것이 쉽지 않아 연구자가 학교의 1반과 2반을 통째로 실험집단 또는 통제집단으로 정해야 한다고 하자. 특히 대학원 석사학위논문에서 빈번하다. 그런데 학교에서 가르쳐 본 경험이 있다면, 같은 학년이라 해도 반에 따라 학생들의 분위기나 태도에 차이가 있을 수 있으며 이는 학업성취도에도 영향을 미친다는 것을 알고 있을 것이다. 만일 1반이 베테랑 교사가 담임하는 반으로 상대적으로 학생들의 수업 분위기가 더 좋고, 학습 의욕도 강한 편이며, 알고 보니 학부모들도 자녀의 학습에 지대한 관심을 기울이고 온갖 지원을 아끼지 않는 반면, 2반은 상대적으로 여러 가지로 미숙한 초임 교사가 담임을 맡았고, 학생들의 특성도 1반과 대조적이라고 가정해 보자. 이렇게 처음부터 1반과 2반의 특성이 명확한데 연구자의 편의대로 1반을 그대로 실험집단이나 통제집단으로 배치한다면, 굳이 실험을 할 필요가 없이 뻔한 결과가 나올 수 있다.

어쩔 수 없이 준실험설계를 해야 하는 상황이라면, 종속변수에 영향을 줄 만한 변수들이 비슷하도록 실험집단과 통제집단을 구성하는 것이 낫다. 이를테면, 교사 성별, 경력, 학생 특성 등이 되도록 비슷하게 학급을 선정해야 한다. 또한 두 개의 학급만으로 실험을 하기보다는, 여러 개의 학급을 대상으로 학급을 무선할당하는 것이 좋다. 두 개 학급을 각각 실험집단과 통제집단으로 배치한다면, 학급 특성과 실험 처치 효과를 분리시키기가 어렵고, 결과 해석 시 실험 처치 효과인지 아니면 학급 특성으로 인한 것인지 분간할 수가 없기 때문이다.

참고로, 준실험설계에서 실험집단과 통제집단 간 차이를 통계적으로 통제하고자 공분산분석을 주로 이용해 왔으나, 공분산분석은 원래 진실험설계에서의 표집오차(sampling error)를 통제하기 위한 방법이다(Elashoff, 1969). 공분산분석은 실험설계의 문제를 다소 완화시킬 뿐, 해소해 주지는 못한다. 두 반의 학생을 실험 대상으로 하는 경우, 두 반의 학생을 완전히 해체하여 무선할당하는 진실험설계를 이용하는 것이 좋다.

(3) 구조방정식모형과 인과 추론

인과 추론과 관련하여 흔히 잘못 알려져 있는 것 중 하나로, 구조방정식모형(structural equation model)과 같은 통계 방법을 쓴다면 인과 추론이 가능하다고 생각하는 경우가 많다. 그러나 '구조방정식모형'이라는 방법 자체가 인과 관계를 입증하지는 못한다는 것을 구조방정식모형의 대가인 Bollen(1989)뿐만 아니라 구조방정식모형에서 많이 쓰는 프로그램인 LISREL 개발자들도 분명하게 인정하였다.

OLS(ordinary least squares) 방법을 쓰는 일반 회귀모형과 비교 시, 구조방정식모형은 분명 여러 장점이 있다. 구조방정식모형은 구조모형(structural model)과 측정모형(measurement model)으로 이루어지는데, 우선 측정모형에서는 잠재변수(latent variable)와 관찰변수(observed variable)를 이용하여 측정오차(measurement error)를 모형으로 통제할 수 있다. 즉, 변수 측정 시 신뢰도를 조정함으로써, 만일 실험설계 상황이라면 처치 효과의 불편향 추정치(unbiased estimates)를 구할 수 있다. 또한 구조모형에서는 잠재변수 간 다양한 관계를 하나의 모형에서 다룰 수 있으므로, 일반 회귀모형에서 측정하기 어려운 복잡한 관계를 비교할 수 있다. 마지막으로 구조방정식모형은 모형과 자료 간 공분산행렬을 비교하며 모형적합도(goodness-of-fit)를 보여 주기 때문에 연구자가 더 나은 모형을 찾을 수 있도록 도와준다(Yoo, 2006). 그러나 구조방정식모형에서 불편향 추정치를 구한다거나 모형적합도를 보여 준다고 하여 연구자가 주장하는 인과 관계가 입증되는 것은 아니다. 불편향 추정치는 모형의 처치 효과 추정을 좀 더 향상시킬 뿐이고, 모형적합도가 좋다는 것은 모형과 자료 간 합치도가 높다는 것일 뿐, 구조방정식모형 자체가 인과 관계를 보여 주는 것은 아니다.

아무리 고급 연구방법론을 쓴다 한들, 인과 관계가 자동으로 설명되는 것은 아니다. 이 장에서 설명한 인과 추론이 성립하기 위한 세 가지 요건이 충족되지 못한다면 의미가 없다. 인과 추론을 연구 목적으로 삼는다면, 실험설계가 가장 좋은 방법 중 하나라는 것을 다시 한번 강조하고 싶다.

연습문제

1. 본인의 전공영역에서 실험설계를 수행한 논문을 선택하시오. 그 논문에서 가능한 내적 · 외적 · 구인타당도 위협요인을 열거하고, 왜 그렇게 생각하는지 그 이유를 설명하시오.

2. 연습문제 1에서 타당도 위협요인을 줄일 수 있는 방안이 무엇인지 논하시오.

제 3 장

통계분석의 기본

필수 용어

영가설, 대립가설, 제1종 오류, 제2종 오류, 신뢰구간, 효과크기, 확률변수, 기대값, 중심극한정리, 표본 평균, 정규분포, 이항분포

학습목표

1. 영가설과 대립가설을 구체적인 예를 들어 설명할 수 있다.
2. 제1종 오류와 제2종 오류를 비교하여 설명할 수 있다.
3. 모집단 분포에 대해 언급하면서 중심극한정리를 설명할 수 있다.
4. 확률변수의 기대값과 분산의 특징을 기술할 수 있다.
5. 정규분포와 이항분포의 특징을 기술하고, 그 확률값을 구할 수 있다.

사회과학 연구에서 변수(variable)는 구인(construct)을 조작적 정의를 통하여 측정한 것으로, 말 그대로 변하는 것이다. 키를 예로 들어 본다면, 모든 사람이 키가 똑같지 않으므로 키는 변수가 된다. 둘 이상의 변수가 있다면 변수 간 관계를 알아볼 수 있다. 예를 들어 흡연 여부에 따라 키 차이가 있는지 알고 싶다고 하자. 사람마다 담배를 피우는지 피우지 않는지가 다르므로, 흡연 여부 또한 변수가 된다. 따라서 키와 흡연 여부 간 관계를 구할 수 있다. 마찬가지로 우울감, 자아존중감과 같은 구인도 조작적 정의(operational definition) 후 값을 측정한다면, 우울감과 자아존중감 변수 간의 관계를 구할 수 있다. 반대로 변하지 않는 것을 상수(constant)라 한다. 수학적 상수인 π나 e가 예가 된다. 만일 모든 사람이 키가 같다면 키는 상수가 된다. 상수는 연구에서 변수로 쓸 수 없다. 모든 사람이 키가 같다면 키에 따른 우울감 또는 키에 따른 자아존중감과 같은 관계를 말할 수 없기 때문이다.

양적연구에서 통계학을 이용하는데, 통계학에서의 변수는 확률변수(random variable)이며, 확률변수는 어떤 사건(event)이 일어날 확률이 정의되는 변수다. '사건'은 확률변수의 값을 뜻한다고 생각하면 쉽다. 그리고 확률변수는 일어날 수 있는 모든 사건을 숫자로 대응시켜 준다. 예를 들어 주사위를 두 번 던져서 주사위의 눈이 1일 경우가 몇 번인지 세어 본다고 하자. 주사위를 두 번 던질 때 두 번 모두 1이 나올 수도 있고, 한 번만 1이 나올 수도 있고, 두 번 모두 1이 안 나올 수도 있다. 이때 주사위의 눈이 1인 횟수를 확률변수 X라 하면, X는 0, 1, 2의 값을 가진다. 이렇게 두 개 이상의 값을 가지는 변수가 있고 그에 대한 확률이 정의된다면, 그 변수를 확률변수라 하고 그 확률변수의 분포를 확률분포라고 한다.

통계학에서는 수학의 확률론을 이론적 근간으로 하여 통계학에 내재된 불확실성(uncertainty)을 통제한다고 제1장에서 설명하였다. 더 자세하게 말하자면, 통계학에서의 불확실성은 확률변수와 그 확률변수의 분포인 확률분포를 이용하여 통계적 가설검정을 수행함으로써 통제된다. 이 장에서는 먼저 통계적 가설검정의 원리를 알아보고 확률변수, 확률분포, 중심극한정리 등의 중요한 통계 개념을 설명하겠다. 통계적 가설검정을 이해하는 데 필수적인 개념인 영가설과 대립가설, 제1종 오류, 제2종 오류, 신뢰구간, 검정력 등도 함께 설명하겠다.

1 통계적 가설검정

1) 통계적 가설검정의 원리

제1장에서 설명한 기술통계가 표본에 대한 특징을 말 그대로 기술(describe)하는 데 그친다면, 이 장에서 설명할 추리통계(inferential statistics, 추론통계)는 모집단의 특징을 추론하는 것이 목적이다. 즉, 추리통계는 표본에서 얻은 통계값(statistics)을 모집단의 특징인 모수치(population parameter) 추론(inference, 추리)에 이용한다.[1] 이 과정에서 통계적 가설검정(statistical hypothesis testing)을 수행하는데, 수학에서의 귀류법과 비슷한 원리를 따른다. 귀류법에서는 $\sqrt{2}$가 무리수인 것을 밝히기 위해 거꾸로 '$\sqrt{2}$가 유리수'라고 시작한다. 그런데 $\sqrt{2}$가 유리수인 것을 보여 주기 위해 아무리 노력해도 논리가 맞지 않게 되므로 $\sqrt{2}$는 유리수가 아니라는 결론에 이르는 것이다. $\sqrt{2}$가 유리수가 아니라면 $\sqrt{2}$는 무리수일 수밖에 없다. 정공법으로 $\sqrt{2}$가 무리수인 것을 보여 주는 것은 어렵지만, $\sqrt{2}$가 유리수가 아니라는 것을 보여 주는 것은 상대적으로 쉽다. $\sqrt{2}$가 유리수가 아닌 증거를 하나만 들어도 $\sqrt{2}$는 유리수가 아니라는 것을 밝힐 수 있기 때문이다.

귀납법을 쓰는 통계에서도 마찬가지다. 연구자가 주장하는 사실을 직접적으로 보여 주기는 쉽지 않은데, 연구자의 주장과 반하는 가설을 놓고 그것이 참이 아니라는 것을 보여 주는 것은 상대적으로 쉽다. 통계적 가설검정에서는 서로 대립되는 관계에 있는 영가설과 대립가설을 세우고, 연구자가 주장하는 대립가설이 옳다는 것을 보이기 위하여

---

1) 통계값과 통계치(statistics), 모수값과 모수치(parameter)가 서로 혼용된다.

일단 영가설이 참이라고 가정하고 검정을 시작한다. 영가설(null hypothesis, 귀무가설, H_0)은 다른 증거가 없을 때 사실로 여겨지는 가설이고, 대립가설(alternative hypothesis, H_A)은 연구자가 주장하는 가설이다.

〈주요 용어 정리〉

영가설(H_0): 다른 증거가 없을 때 사실로 여겨지는 가설. 연구에서 검정받는 가설
대립가설(H_A): 연구자가 주장하는 가설

어떤 연구자가 좋은 프로그램을 만들고 이 프로그램이 효과적이라는 것을 보여 주기 위하여 실험설계 후 자료를 수집했다고 하자. 연구자는 실험집단과 통제집단의 평균이 다르다는 것을 보이고 싶지만, 일단 실험집단의 평균이 통제집단의 평균과 같다고 가정한다. 다른 증거가 없다면 실험집단과 통제집단은 차이가 없다고 생각할 것이므로 '두 집단 간 차이가 없다'는 것이 영가설, '두 집단 간 차이가 있다'는 것이 대립가설이 된다.

참고로 연구가설(research hypothesis)과 통계적 가설(statistical hypothesis)을 구분할 필요가 있다. 연구가설은 연구자가 주장하는 모집단의 특성에 대한 진술이다. 예를 들어 '연구자가 개발한 학교폭력 방지 프로그램이 기존 프로그램보다 중학생의 학교폭력률을 더 낮출 것이다', '사회경제적 지위(SES)가 높은 고등학생의 명문대 입학률이 그렇지 못한 경우보다 더 높다', '남녀공학을 졸업한 남학생의 수능성적이 남학교를 졸업한 남학생의 수능성적보다 낮다'와 같은 연구가설을 세울 수 있다.

연구가설: 실험집단의 평균이 통제집단의 평균과 다르다.

영가설(H_0): 집단 간 차이가 없다.
대립가설(H_A): 집단 간 차이가 있다.

이후의 검정 절차는 통계적 영가설이 참이라는 가정, 즉 실험집단과 통제집단의 평균이 같다는 가정하에 진행된다. 그런데 연구자가 모은 자료로는 집단 간 평균이 같다고 하기에는 확률적으로 매우 낮다는 분석 결과가 나왔다고 하자. 이 결과는 영가설이 참이

라고 가정했을 때 발생한 것이므로 영가설이 참이기 힘들지 않을까 의심하고, 미리 정해 둔 통계적 기준에 따라 영가설을 기각하게 된다. 두 집단의 평균이 같다는 영가설이 기각된다는 것은, 실험집단과 통제집단의 평균이 다르다는 것이다. 이것이 통계적 가설검정이다.

2) 양측/단측 검정에서의 영가설과 대립가설

연구자는 양적연구를 수행한 논문을 읽고 그 연구에서 영가설과 대립가설이 무엇인지 맞힐 수 있어야 한다. 그런데 연구, 특히 실험연구에서 보통 밝히고자 하는 것은 '차이가 없다,' '같다'보다는 '차이가 있다,' '같지 않다'가 된다. 연구자는 어떤 좋은 실험 처치를 받는 실험집단과 그러한 처치를 받지 않는 통제집단의 평균이 다르다는 것을 보여 주고 싶어 한다. 실험집단과 통제집단 간 차이가 없다는 것은 굳이 실험을 통하여 보일 필요가 없다. 다른 증거가 없다면 집단 간 차이가 없다고 보는 것이 일반적이기 때문이다. 앞서 대립가설이 연구자가 주장하는 진술이 되며, 그 반대가 영가설이 된다고 하였다. 그러므로 보통 영가설은 '같다,' '차이가 없다'가 되며, 연구자가 밝히고자 하는 '같지 않다,' '차이가 있다'는 대립가설이 된다. 다음과 같은 상황에서 영가설과 대립가설은 무엇인가?

> A 인문계 고등학교 3학년 학생들은 10시까지 야간자율학습을 한다. 지난번 학습 실태조사에서 야간자율학습 후 학생들의 가정학습 시간은 평균 2시간으로 조사되었다. 이 학교 고 3 담임인 김 교사는 10시까지 야간자율학습을 하고 아침 7시 50분까지만 등교하면 되기 때문에 가정학습 시간이 그보다는 더 많을 것이라고 생각하였다. 김 교사가 학생들을 개별 면담하였을 때도 학생들은 2시간 넘게 가정학습을 한다고 말했다. 김 교사는 A 고 3학년 학생들의 평균 가정학습 시간이 2시간이 넘을 것이라고 생각하고, A 고 100명의 고3학생들을 무선으로 표집하였다.

영가설은 다른 증거가 없을 때 사실로 여겨지는 가설이므로, 지난번 학습 실태조사 결과인 'A 인문계 고등학교 3학년 학생들의 평균 가정학습 시간이 2시간이다'가 영가설이 된다. 영가설의 반대를 대립가설로 생각할 수도 있지만, 대립가설을 알기 위하여 연구자인 김 교사가 주장하고자 하는 것이 무엇인지 알아야 한다. 김 교사는 학생들의 평균 가정학습 시간이 2시간이 넘을 것이라고 주장한다. 따라서 대립가설은 'A 인문계 고등학교 3학년 학생들의 평균 가정학습 시간이 2시간을 초과한다'가 된다. 수학에서의 귀류법처럼, 연구자인 김 교사는 'A 인문계 고등학교 3학년 학생들의 평균 가정학습 시간이 2시간을 초과한다'고 주장하기 위하여 반대로 'A 인문계 고등학교 3학년 학생들의 가정학습 시간이 2시간'이라는 영가설을 세우는 것이다. 통계적 영가설을 기호로 쓰면 $H_0 : \mu \le 2$, 대립가설은 $H_A : \mu > 2$가 된다.

> 단측검정의 영가설과 대립가설
>
> $H_0 : \mu \le 2$
> $H_A : \mu > 2$

김 교사가 학생들의 평균 가정학습 시간이 2시간 초과든 미만이든 2시간이 아니라는 것만 보여 주고 싶어 한다고 생각하자. 이 경우 대립가설은 $H_A : \mu \ne 2$가 되며, 평균 가정학습 시간이 2시간이 아니기만 하면 된다. 즉, 2시간보다 많든 적든 영가설을 기각할 수 있다. 이러한 검정을 양측검정(two-tailed test)이라고 한다. 대립가설을 $H_A : \mu > 2$로 잡는 경우는 평균 가정학습 시간이 2시간보다 더 많은 경우에만 영가설을 기각하게 된다. 만일 가정학습 시간 평균이 2시간보다 적은 경우라면 영가설을 기각할 수 없는 것이다. 이렇게 한 쪽 방향으로만 검정하는 경우를 단측검정(one-tailed test)이라 한다.

다른 예를 하나 더 들어 보겠다. 다음의 예는 비율에 대한 것이다.

> 지난번 설문조사에서 K 대학교 학생 중 30%가 흡연을 한다는 결과가 나왔다. K 대학교 총학생회에서는 학생 흡연자 비율이 30%가 아닐 것이라고 생각하고, K 대학교 학생 100명을 무선으로 표집하여 흡연 여부를 조사하였다.

영가설은 'K 대학교 학생 흡연자의 비율이 30%다'가 되고, 대립가설은 'K 대학교 학생 흡연자 비율이 30%가 아니다'가 된다. 기호로 쓰면, 영가설과 대립가설이 각각 $H_0 : p = 0.3$,

$H_A : p \neq 0.3$이다. 만일 'K 대학교 학생 흡연자 비율이 30%가 넘는다'라고 대립가설을 세운다면, 단측검정을 하게 된다. 이때 영가설은 $H_0 : p = 0.3$, 대립가설은 $H_A : p > 0.3$가 된다.

양측검정의 영가설과 대립가설

$H_0 : p = 0.3$
$H_A : p \neq 0.3$

3) 제1종 오류, 제2종 오류, 신뢰구간, 검정력

진실 여부가 불확실한 모든 종류의 결정에서 '진실 vs 결정'은 네 가지 상황이 가능하다. 자녀가 친자인지 아닌지 알아보려고 유전자 검사를 하는 예를 들어 보겠다. 이때 영가설은 다른 증거가 없을 때 친자가 아니라고 생각하므로 '친자가 아니다'가 영가설이 될 수 있다. 세상의 모든 아이가 내 자식이라고 생각할 수 없기 때문이다. 그렇다면 친자가 아닌데 친자라고 판정을 내리는 오류와 친자인데 친자가 아니라고 판정을 내리는 오류의 두 가지 오류가 있다. 친자가 아니라서 그렇게 판정을 내리거나, 친자라서 그렇게 판정을 내리는 경우는 오류가 아니다.

진실 / 결정	친자가 아님 (영가설이 참)	친자임 (대립가설이 참)
친자가 아님 (영가설 기각하지 않음)	오류 아님	**제2종 오류(β)**
친자임 (영가설 기각함)	**제1종 오류(α)**	오류 아님

통계적 가설검정 시 이 두 가지 오류를 각각 제1종 오류와 제2종 오류로 부르고, 그 때의 확률을 각각 α와 β로 표기한다. 정리하면, 제1종 오류 확률(Type I error rate)은 영가설이 참인데도 영가설이 참이 아니라고 판단하여 영가설을 기각하는 경우에 대한 확률

이다. 제2종 오류 확률(Type II error rate)은 반대로 영가설이 참이 아님에도 영가설을 기각하지 않는 경우에 대한 확률이다.

〈필수 내용: 제1종 오류와 제2종 오류〉

- 제1종 오류: 영가설이 참인데도 (영가설이 참이 아니라고 판단하여) 영가설을 기각하는 경우에 대한 확률
- 제2종 오류: 영가설이 참이 아닌데 (영가설이 참이라고 판단하여) 영가설을 기각하지 않는 경우에 대한 확률

가정학습 시간 예에서 진실은 2시간만 공부하는데 2시간 넘게 공부하는 것으로 결정하는 오류와, 진실은 2시간 넘게 공부하는데 2시간만 공부하는 것으로 결정하는 두 가지 오류가 있다. 전자를 제1종 오류라고 하고 후자를 제2종 오류라고 한다. 이때 영가설이 참이라서 영가설을 기각하지 못하는 확률은 $1-\alpha$이며 이는 신뢰구간(confidence interval)에 해당된다는 것도 알아 두어야 한다. 또한 영가설이 참이 아니므로 영가설을 기각하는 확률은 $1-\beta$로 검정력(power)에 해당된다. 흡연자 비율의 예에서도 마찬가지다.

결정 \ 진실	2시간 (영가설이 참)	2시간 초과 (대립가설이 참)
2시간 (영가설 기각하지 않음)	$1-\alpha$ 신뢰구간	β 제2종 오류 확률
2시간 초과 (영가설 기각함)	α 제1종 오류 확률	$1-\beta$ 검정력
	1	1

결정 \ 진실	흡연자 비율이 0.30 (영가설이 참)	흡연자 비율이 0.30 아님 (대립가설이 참)
흡연자 비율이 0.30 (영가설 기각하지 않음)	$1-\alpha$ 신뢰구간	β 제2종 오류 확률
흡연자 비율이 0.30 아님 (영가설 기각함)	α 제1종 오류 확률	$1-\beta$ 검정력
	1	1

제1종 오류 확률과 제2종 오류 확률은 말 그대로 '오류(error)' 확률이므로 낮은 것이 더 좋다. 그런데 이 둘을 동시에 낮추기는 힘들다. 한 종류의 오류를 낮추면 다른 종류가 높아질 수밖에 없으므로, 상대적으로 무엇이 더 중요한지 결정해야 한다. 일반적으로 영가설이 참인데 영가설을 기각하는 제1종 오류가 더 심각한 오판이라고 생각하므로, 제1종 오류 확률인 α를 더 낮게 설정하는 것이 바람직하다.

자료를 모으고 통계적 분석을 시작하기 전에 '제1종 오류 확률', 즉 'α' 값을 정하는데 사회과학 연구에서 α값은 0.05(5%)로 잡는 것이 일반적이다. 제2종 오류 확률인 β 값은 보통 0.20(20%)으로 설정한다(Shadish et al., 2002). 제1종 오류 확률과 제2종 오류 확률은 통계적 가설검정 시 매우 중요한 개념이므로 예시와 함께 꼭 외워 두어야 한다.

4) 통계적 가설검정에 대한 비판

지금까지 통계적 가설검정을 이해하기 위한 기본 개념을 설명하였다. 통계적 가설검정은 영국의 통계학자인 Ronald Fisher가 처음 제안한 방법으로 지금까지도 통계적 추론에 있어 큰 축을 담당하는 방법이다. 그런데 통계적 가설검정에 대한 비판도 있다. 즉, 영가설의 통계적 유의성을 검정하여 이를테면 5% 수준에서 통계적으로 유의하다고 결론을 내리는 것이 실제적으로도 의미가 있는 것인지 의문을 가질 수 있는 것이다. 특히 표본 크기에 따라 통계적 유의성 검정 결과가 달라질 수 있다. 같은 가설이라도 표본 크기가 크면 통계적으로 유의한 결과를 얻을 확률이 높아지며, 극단적으로는 이론적으로 전혀 관련이 없는 변수 간에도 통계적으로 유의한 관계가 있다는 검정 결과가 나올 수 있는 것이다. 어느 정도로 표본을 모아야 하는지에 대하여 검정력 분석(power analysis)에 대한 문헌을 참고하면 된다.

또한 통계적 가설검정에서 제1종 오류 확률을 5%로 잡는 것이 일반적인데, 이 수치가 너무 자의적(arbitrary)이라는 비판이 있다. 사실 5%는 Fisher가 통계적 가설검정 이론을 내면서 제안한 수치인데, 후에 Fisher는 모든 통계적 가설검정에서 어떤 수치를 일괄적으로 적용하는 것에 대하여 반대하였다고 한다. 특히 다중비교(multiple comparisons)의 경우에 10%, 또는 그보다 더 높은 수치를 적용할 수도 있다(Quinn & Keough, 2003).

통계적 가설검정을 보완하는 방법으로, 점추정(point estimation)이 아닌 구간추정(interval estimation)을 하며 효과크기(effect size)를 구하는 방법이 있다. 효과크기란 관계의 크기에 대한 값이라고 할 수 있다. 예를 들어 두 집단의 성취도를 비교하는 연구에서

효과크기는 두 집단 간 성취도 차이를 표준편차 단위로 표현한 것이다. 효과크기에 대해서는 제8장에서 더 상세하게 설명할 것이다.

2 확률변수

1) 확률변수의 특징

무선으로 표집된 학생의 키를 확률변수(random variable) X라 하고, n명을 표집한 후 그 표본을 $X_1, X_2, \cdots, X_n$이라고 하자. 각 수치에 몇 명의 학생이 분포하였는지 구하여 확률을 계산할 수 있다. 이때 X의 관측값이 x일 확률을 $P(X=x)$라고 표기한다. 동전 던지기 예시에서 동전의 앞면이 나올 확률은 $P(X=$앞$)$이라고 쓴다. 확률 $P(X=x)$는 $P(x)$라고 표기하기도 하며, X가 이산형(discrete)일 때 확률질량함수(probability mass function), X가 연속형(continuous)일 때 $P(x)$를 확률밀도함수(probability density function)라고 부른다. 이 책에서는 확률밀도함수와 확률질량함수를 통칭하여 확률밀도함수라고 하겠다.

확률밀도함수 $P(x)$는 다음과 같은 특징이 있다. 확률은 0과 1 사이에서 움직이며, 0보다 작거나 1보다 클 수 없다. 이산형 확률변수의 경우 모든 관측값에 대한 확률을 더하면 1이 된다. 연속형 확률변수의 경우는 가능한 전체 범위에서의 확률밀도함수의 적분값(확률밀도함수 아래의 면적)이 1이 된다.

확률밀도함수 $P(x)$의 특징

$$0 \le P(x) \le 1$$

- 이산형 X인 경우 $\sum_{all\,i} P(x_i) = 1$
- 연속형 X인 경우 $\int_{-\infty}^{\infty} f(x)dx = 1$

2) 기대값과 분산

확률변수의 기대값(expectation)과 분산(variance)을 이해할 필요가 있다. 보통 기대값은 $E(X)$로 표기하고, 분산은 $Var(X)$로 표기한다. 기대값은 모든 가능한 X값을 그 확률로 가중치를 두어 더한 값이다. 예를 들어 수학점수의 기대값은 모든 수학점수를 각각의 수학점수일 확률로 곱하여 더한 값으로, 모든 수학점수를 더한 후 사례 수로 나눈 값인 평균과 동일하다. 그러나 엄밀히 구분하면, 평균은 자료를 모은 후 구한 값이고 기대값은 확률을 이용하여 계산한 값이다(강현철, 한상태, 최호식, 2010).

분산은 $(X-\mu)^2$의 기대값이다. 즉, 분산은 X값과 그 평균 간 차를 제곱한 값들의 기대값이다. 분산도 기대값에서와 마찬가지로 확률을 가중치로 이용하여 구한다. 확률변수가 이산형인 경우와 연속형인 경우 기대값과 분산 공식은 각각 다음과 같다.

	이산형 X인 경우	연속형 X인 경우
기대값 $E(X)$	$\sum_{i=1}^{n} x_i P(x_i)$	$\int x f(x) dx$
분산 $Var(X) = E[(X-\mu)^2]$	$\sum_{i=1}^{n} (x_i-\mu)^2 P(x_i)$	$\int (x-\mu)^2 f(x) dx$

기대값과 분산은 다음과 같은 특징이 있다. X, Y가 확률변수이고 a, b가 상수일 때, 기대값은 상수가 그대로 괄호 밖으로 나온다. 반면, 분산에서는 상수의 제곱이 괄호 밖으로 나온다. 분산 식을 풀어쓰는 것은 다항식 제곱을 풀어쓰는 것과 비슷하다. $(ax+by)^2$은 $a^2x^2+b^2y^2+2abxy$로 풀어쓴다. 특히 확률변수 X, Y가 서로 독립이 아닐 때의 분산 식은 $(ax+by)^2$ 식처럼 풀어쓸 수 있다. 즉, 각각의 상수 제곱을 각각의 분산에 곱한 항과 확률변수 X, Y 간 공분산(covariance)항에 상수곱 2배를 다시 곱한 항의 합으로 풀어쓴다.

그런데 확률변수 X, Y가 독립(independent)일 경우 공분산(covariance) 항이 0이 되어 없어지므로 식이 간단해진다. 쉬운 예로 무선표집을 통해 구한 확률변수 X, Y는 서로 독립이라고 간주한다. 즉, 무선표집을 실시할 경우 독립성 가정을 쉽게 충족시킬 수 있어 분석 과정이 훨씬 쉬워진다는 장점이 있다. 기초통계에서는 이렇게 '독립성

(independence)'을 가정하고 공분산이 0이 되는 단순한 분산 식을 이용한다. 확률변수 X, Y간 공분산인 $Cov(X, Y)$는 상관분석을 다루는 제5장에서 자세히 설명하겠다.

기대값과 분산의 특징(X, Y는 변수, a, b는 상수)

- $E(a) = a$
- $E(aX) = aE(X)$
- $E(aX \pm bY) = aE(X) \pm bE(Y)$

- $Var(a) = 0$
- $Var(aX) = a^2 Var(X)$
- $Var(aX \pm b) = a^2 Var(X)$

- X, Y가 독립이 아닐 때
  $Var(aX \pm bY) = a^2 Var(X) + b^2 Var(Y) \pm 2ab\, Cov(X, Y)$
  (이때 $Cov(X, Y) = E[(X - \mu_X)(Y - \mu_Y)]$ 임)

- X, Y가 독립일 때
  $Var(aX \pm bY) = a^2 Var(X) + b^2 Var(Y)$

3 중심극한정리

통계에서 매우 유용한 정리(theorem)가 여럿 있는데, 그중 중심극한정리(central limit theorem: CLT)는 모집단의 분포가 정규분포가 아니라도 표본 크기가 클 때 표본 평균의 분포가 정규분포를 따른다는 매우 중요한 정리다. 중심극한정리를 활용하여 정규분포를 충족하지 않는 분포의 경우에도 그 평균의 분포는 정규분포를 따르는 것으로 간주하여 용이하게 분석할 수 있기 때문이다. 중심극한정리를 표본 합의 분포와 표본 평균의 분포로 나누어 설명하겠다.

1) 표본 합의 분포

평균이 μ이고 분산이 σ^2인 확률변수 X를 어떤 동일한(identical) 분포로부터 독립적으로(independently) 추출한다고 하자. 이를 줄여서 iid(identical, independently distributed)라고 한다. 이때 확률변수 X의 분포는 가정하지 않는다. 그리고 n번 추출할 때 표본을 $X_1, X_2, \cdots, X_n$ 그리고 X_1부터 X_n의 합을 T라 하자. 그렇다면 T의 기대값은 각각의 확률변수 X의 기대값인 μ를 n번 더한 값인 $n\mu$가 되고(T의 기대값 참고), T의 분산은 확률변수 X의 분산인 σ^2을 n번 더한 값인 $n\sigma^2$이 된다(T의 분산 참고). 이때 확률변수 X를 같은 모집단에서 독립적으로 추출하기 때문에 표본 간 공분산 항이 모두 0이 되므로 $n\sigma^2$만 남는다.

T의 기대값

$$
\begin{aligned}
T &= X_1 + X_2 + \cdots + X_n \\
E(T) &= E(X_1 + X_2 + \cdots + X_n) \\
&= E(X_1) + E(X_2) + \cdots + E(X_n) \\
&= \mu + \mu + \cdots + \mu \\
E(T) &= n\mu
\end{aligned}
$$

T의 분산

$$
\begin{aligned}
T &= X_1 + X_2 + \cdots + X_n \\
Var(T) &= Var(X_1 + X_2 + \cdots + X_n) \\
&= Var(X_1) + Var(X_2) + \cdots + Var(X_n) \\
&= \sigma^2 + \sigma^2 + \cdots + \sigma^2 \\
Var(T) &= n\sigma^2
\end{aligned}
$$

중심극한정리란, n이 충분히 클 때 X의 분포에 관계없이 독립적으로 추출한 X의 합으로 이루어진 T의 분포가 평균이 $n\mu$이고 분산이 $n\sigma^2$인 정규분포에 근사(approximation)

한다, 즉 가깝게 된다는 것이다(Pitman, 1993). 식으로 표현 시 $T \approx N(n\mu, n\sigma^2)$이 된다. '$N$'은 정규분포(normal distribution)를 가리킨다. '$\sim$' 기호는 어떤 분포를 따른다는 뜻이고, '$\approx$' 기호는 어떤 분포에 근사한다는 뜻이다.

중심극한정리 요약 1: 표본 합의 분포

n이 충분히 클 때,

$X \sim (\mu, \sigma^2)$

$T = X_1 + X_2 + \cdots + X_n$

$T \approx N(n\mu, n\sigma^2)$

2) 표본 평균의 분포

그런데 우리는 X의 합(sum)보다는 X의 평균(mean)에 더 관심이 있다. 이를테면 수학점수의 '합'이 아니라 수학점수의 '평균'이 얼마인지가 더 궁금하다. T는 표본의 합이므로, 표본 평균에 대한 평균과 표준편차를 구하려면 T를 n으로 나누면 된다. 그런데 기대값의 경우 상수인 n이 그대로 괄호 밖으로 나오지만, 분산의 경우 상수인 n이 제곱이 되어 괄호 밖으로 나오게 된다.

$\frac{T}{n}$의 기대값과 분산

$$E\left(\frac{T}{n}\right) = \frac{1}{n}E(T) = \frac{1}{n}n\mu = \mu$$

$$Var\left(\frac{T}{n}\right) = \frac{1}{n^2}Var(T) = \frac{1}{n^2}n\sigma^2 = \frac{\sigma^2}{n}$$

요약하면, 모집단 분포가 무엇이든 상관없이 표본의 크기가 충분히 크면 확률변수 X의 표본 평균($\overline{X}$)에 대한 표집분포는 평균이 μ이고 분산이 $\frac{\sigma^2}{n}$인 정규분포에 가깝게 된다. 이것이 중심극한정리다. 중심극한정리의 장점은 확률변수가 원래 어떤 분포를 따르는지 몰라도 표본크기 n이 어느 정도 크기만 하면 분포에 대한 가정 없이 정규분포를 이용할 수 있다는 것이다. 일반적으로 표본크기가 30 이상인 경우 표본 평균의 분포가 정규분포에 근사한다고 본다.

중심극한정리 요약 2: 표본 평균의 분포

n이 충분히 클 때,

$X \sim (\mu, \sigma^2)$

$$\frac{T}{n} = \overline{X} = \frac{X_1 + X_2 + \cdots + X_n}{n}$$

$$\frac{T}{n} = \overline{X} \approx N(\mu, \frac{\sigma^2}{n})$$

4 기본적인 확률분포

이 책에서는 가독성을 높이기 위하여 가장 많이 쓰이는 확률분포에 초점을 맞추어 설명하겠다. 연속형(continuous) 확률변수의 대표로 정규분포(normal distribution)를, 이산형(discrete) 확률변수의 대표로 이항분포(binomial distribution)를 택하였다. 정규분포를 따르지 않을 때 쓰이는 t-분포는 제4장에서 설명할 것이다. 다른 확률분포에 대하여 더 공부하고 싶다면 김해경, 박경옥(2009) 등을 참고하면 된다.

1) 정규분포

(1) 특징

정규분포(normal distribution)는 모든 확률분포 중 가장 기본적인 분포이며 또한 가장 중요한 분포라 하겠다. 수학자인 가우스(Gauss)의 이름을 따서 가우스 분포로도 불린다.

정규분포는 평균을 중심으로 대칭적인 종모양(bell−curve)이며, 평균과 분산만 알면 그 분포 형태를 자동적으로 알 수 있다. 평균은 분포의 중심이 어디인지를 정해 주고, 분산은 평균을 중심으로 이 분포가 얼마나 퍼져 있는지를 결정한다.

확률변수 X가 평균 μ이고 분산이 σ^2인 정규분포를 따를 때 $X \sim N(\mu, \sigma^2)$으로 표기한다. 정규분포를 따르는 확률변수 X의 중앙값과 최빈값 또한 μ이며, 왜도(skewness)와 첨도(kurtosis)는 모두 0이다.[2] 평균이 μ이고 분산이 σ^2이라고 할 때 확률밀도함수는 다음과 같다.

정규분포의 확률밀도함수[3]

$$X \sim N(\mu, \sigma^2)$$

$$P(X = x) = \frac{1}{\sqrt{2\pi}\,\sigma} e^{-\frac{(x-\mu)^2}{2\sigma^2}}, \quad -\infty < X < \infty, \quad \sigma > 0$$

정규분포 중 특히 평균이 0이고 분산이 1인 것을 '표준정규분포(standard normal distribution)'라 한다. 정규분포 확률밀도함수에서 μ에 0을, σ에 1을 넣고 풀어주면 표준정규분포 확률밀도함수($P(z)$)와 같게 된다.[4] 즉, 평균이 μ이고 분산이 σ^2인 정규분포를 표준화시키면(평균을 빼고 표준편차로 나눠 주면), 평균이 0이고 분산이 1인 표준정규분포를 따른다. 표준정규분포의 확률밀도함수는 다음과 같다.

---

2) 왜도는 자료의 비대칭성을 보여 주는 수치로, 왜도가 0이면 좌우대칭, 음수이면 부적편포, 양수이면 정적편포를 나타낸다. 첨도는 자료가 얼마나 평평한지 또는 뾰족한지 보여 주는 수치로, 음수이면 균등분포(uniform distribution)와 같은 납작한 분포를, 양수이면 중심이 뾰족한 분포를 보인다. 표준정규분포의 첨도는 0이다.

3) 확률변수(random variable)는 대문자로 표기하고, 그 확률변수의 관측값은 소문자로 표기하는 것이 관례다.

4) 표준정규분포를 따르는 변수는 Z로 표기하는 것이 관례다.

표준정규분포의 확률밀도함수[5)]

$$X \sim N(\mu, \sigma^2),\ Z = \frac{X-\mu}{\sigma} \sim N(0,1)$$

$$P(Z=z) = \frac{1}{\sqrt{2\pi}} e^{-\frac{z^2}{2}},\ -\infty < Z < \infty$$

[그림 3.1]에서와 같이 정규분포에서는 어떤 값이 양극단에 위치할 확률이 매우 낮고 평균에 가까울수록 확률이 높아진다. '키'를 정규분포의 예로 들어 보겠다. 키는 매우 작은 사람부터 매우 큰 사람까지 다양하다. 확률로 볼 때, 키가 아주 작거나 큰 사람일 확률은 매우 낮고, 평균 키로 갈수록 확률이 높아지며, 평균 정도의 키일 확률이 가장 높다. 사회과학 연구에서 관심을 가지는 변수가 정확하게 정규분포를 따른다고 말하기는 쉽지 않지만, 중심극한정리에 의하여 표본크기가 클 때 그 평균에 대한 분포는 정규분포를 따른다고 말할 수 있다.

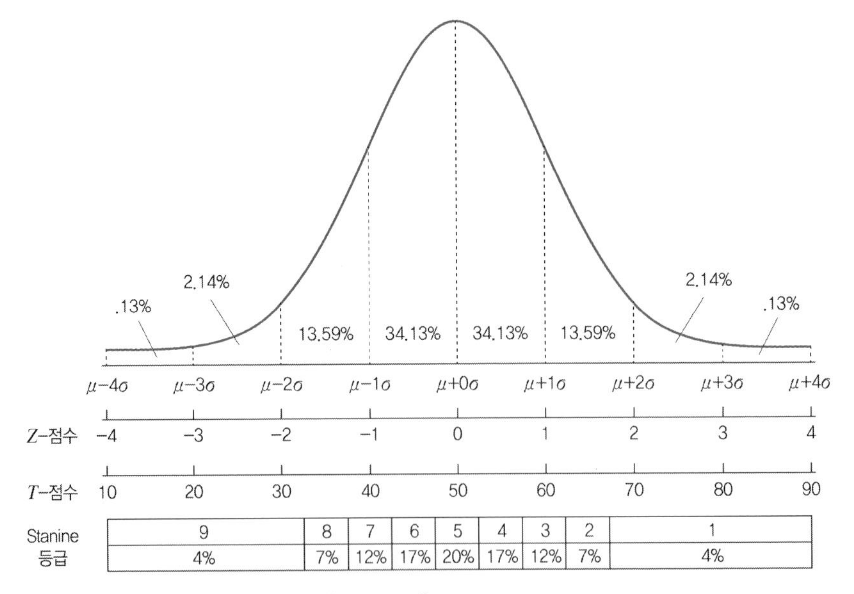

[그림 3.1] 정규분포

5) 표준정규분포 확률밀도함수의 e는 자연상수(수학적 상수)로 $e = \lim_{n\to\infty}(1+\frac{1}{n})^n \approx 2.7183$이다. π는 원주율의 π로, 3.14159…인 순환마디 없이 무한히 계속되는 무리수다.

다음 예시를 보고 확률값을 구해 보자.

> A 중학교 학생들의 연간 교외 봉사활동 시간이 평균 15시간, 표준편차 5시간이었다. A 중학교 학생들의 연간 교외 봉사활동 시간이 정규분포를 따른다고 가정할 때, 이 분포로부터 무선으로 표집된 학생의 봉사활동 시간이 14시간 이상 16시간 이하일 확률은 얼마인가?

우선 평균이 0이고 표준편차가 1인 표준정규분포로 바꾼 후, 표준정규분포표(부록 1)를 이용하여 확률값을 구하면 된다. '봉사활동 시간'이라는 확률변수를 X라 할 때, X는 평균이 15이고 표준편차가 5인 정규분포를 따른다. 즉, $X \sim N(15, 5^2)$으로 표기할 수 있다. 다음 수식에서 계산한 바와 같이, 봉사활동 시간이 14시간 이상 16시간 이하일 확률은 표준정규분포에서 ±0.2 표준편차 사이이므로 약 15.85%의 학생들이 이 구간에 포함된다는 것을 알 수 있다.

$$\begin{aligned} P(14 \leq X \leq 16) &= P(\frac{14-15}{5} \leq \frac{X-15}{5} \leq \frac{16-15}{5}) \\ &= P(-\frac{1}{5} \leq Z \leq \frac{1}{5}) \\ &= 0.1585 \end{aligned}$$

정규분포의 특성상 표준정규분포 기준 시 ±3 표준편차 밖인 값의 확률은 거의 0으로 취급한다. 그러므로 만일 이상점(outlier, 이상치, 이상값)이 다수 있는 자료라면 정규분포를 따른다고 보기 힘들며, 따라서 정규분포 가정을 이용하는 검정을 시행하기 힘들다. 이상점을 제거하거나 변수를 변환(transformation)하는 방법도 있는데, 더 자세한 설명은 회귀분석 부분에서 다루겠다.

(2) 표본 평균의 평균과 분산

평균이 μ이고 분산이 σ^2인 정규분포를 따르는 확률변수 X는 중심극한정리를 이용할 경우 표본 평균의 평균과 분산을 각각 μ, $\frac{\sigma^2}{n}$으로 쓸 수 있다. 이후 설명될 검정 식에서 분산 자리에 σ^2이 아니라 $\frac{\sigma^2}{n}$을 넣는 것은, 표본 평균에 대하여 통계적 검정을 하기 때문이다.

$X \sim N(\mu, \sigma^2)$

$\overline{X} \sim N(\mu, \frac{\sigma^2}{n})$

앞선 '봉사활동 시간' 예시를 다음과 같이 바꿔 보겠다.

A 중학교 학생들의 연간 교외 봉사활동 시간이 평균 15시간, 표준편차 5시간이었다. 이러한 분포로부터 100명의 학생을 무선으로 표집하였을 때, **평균** 봉사활동 시간이 14시간 이상 16시간 이하일 확률은 얼마인가?

무선으로 표집된 학생의 봉사활동 시간은 평균이 15이고 표준편차가 5인 정규분포를 따른다($X \sim N(15, 5^2)$). 이 분포로부터 무선으로 표집된 학생 100명의 평균 봉사활동 시간에 대한 분포는 중심극한정리를 이용하면 평균은 그대로 15, 표준편차는 $\frac{1}{2}$이 된다($\frac{\sigma}{\sqrt{n}} = \frac{5}{10} = \frac{1}{2}$). 그러므로 표본 평균($\overline{X}$)에 대한 분포는 $\overline{X} \sim N(15, (\frac{1}{2})^2)$으로 표기된다. 원래 분포에 관계없이 표본 평균에 대한 분포는 정규분포를 따르므로, 역시 표준정규분포표(부록 1)를 이용하여 구할 수 있다. 100명 학생의 평균 봉사활동 시간이 14시간 이상 16시간 이하일 확률은 표준정규분포에서 ±2 표준편차 사이이므로 약 95.45%의 학생들이 이 구간에 포함된다는 것을 알 수 있다.

$$P(14 \le \overline{X} \le 16) = P(\frac{14-15}{\frac{1}{2}} \le \frac{\overline{X}-15}{\frac{1}{2}} \le \frac{16-15}{\frac{1}{2}})$$

$$= P(-2 \le Z \le 2)$$

$$= 0.9545$$

2) 이항분포

(1) 특징

이항분포(binomial distribution) 전에 베르누이 시행(Bernoulli trial)을 이해해야 한다. 베르누이 시행은 성공/실패, 합격/불합격, 사망/생존 등과 같이 결과가 두 가지 수준으로만 나오는 시행이다. 베르누이 시행의 성공 확률을 p라 하고, n번의 베르누이 시행이 서로 독립적일 때, n번 반복되는 베르누이 시행의 성공횟수 X는 이항분포를 따르게 된다. 정리하자면, 확률변수 X의 성공 확률이 p이고 n번 시행될 때 성공횟수 X는 이항분포를 따르며, 기호로는 $X \sim Bin(n,p)$로 표기한다.

연속(continuous) 값을 가지는 정규분포와 달리, 이항분포를 따르는 확률변수 X는 이산(discrete) 값을 가진다($X = \{0, 1, 2, \dots, n\}$). 확률 p로 n번 시행되는 이항분포의 확률밀도함수는 다음과 같다.

이항분포의 확률밀도함수

$$X \sim Bin(n, p)$$

$$P(X = x) = {}_nC_x p^x (1-p)^{n-x}, \quad x = 0, 1, \dots, n$$

확률변수를 설명하며 언급한 주사위 던지기 예시를 다시 생각해 보자. 주사위를 두 번 던져 주사위의 눈이 1이 나오는 횟수를 확률변수 X로 표기할 때, X는 0, 1, 2가 가능하다. 횟수(n)가 2이며 확률(p)이 $\frac{1}{6}$ 이항분포의 확률밀도함수 공식을 이용하여 각각의 확률을 구하면 다음과 같다.

던지는 횟수=2, 주사위의 눈이 1일 확률= $\frac{1}{6}$

$$X \sim Bin(2, \frac{1}{6})$$

$$P(X = r) = nCr(\frac{1}{6})^r(\frac{5}{6})^{n-r}$$

숫자 '1'이 나오는 경우는 한 번도 안 나오거나($r=0$) 한 번 나오거나($r=1$) 두 번 나오는($r=2$) 경우

$$P(X=0)={}_2C_0(\frac{1}{6})^0(\frac{5}{6})^2=\frac{25}{36}$$

$$P(X=1)={}_2C_1(\frac{1}{6})^1(\frac{5}{6})^1=2\frac{5}{36}=\frac{10}{36}$$

$$P(X=2)={}_2C_2(\frac{1}{6})^2(\frac{5}{6})^0=\frac{1}{36}$$

X	$P(X)$
0	$\frac{25}{36}$
1	$\frac{10}{36}$
2	$\frac{1}{36}$

다른 예시를 들어 보겠다.

K 대학교 학생들의 흡연율은 0.25다. 100명의 학생을 무선으로 표집했을 때, 이 중 30명이 흡연자일 확률은 얼마인가?

이 예시에서 흡연 유무는 두 가지 수준(흡연자/비흡연자)으로 구성되며, 학생을 무선으로 표집했기 때문에 매 시행이 독립적이다. 따라서 이 예시는 베르누이 시행을 따른다고 볼 수 있다. 베르누이 시행을 반복하면 그때의 확률변수는 이항분포를 따른다. 이 예시에서 흡연자일 확률은 n이 100이고 흡연율인 p가 0.25인 이항분포를 따른다. 흡연자일 확률변수 X는 $X \sim Bin(100, \frac{1}{4})$로 표기된다. 100명 중 30명이 흡연자일 확률은 이항분포의 확률밀도함수를 이용하여 다음과 같은 수식으로 계산할 수 있다.

$$P(X=30)={}_{100}C_{30}(\frac{1}{4})^{30}(\frac{3}{4})^{100-30}=0.0458$$

이항분포의 기대값, 분산

$$E(X)=np$$
$$Var(X)=np(1-p)$$

이항분포의 기대값과 분산 식을 이용하여 분포의 기대값과 분산을 계산할 수 있다. 이 분포의 기대값은 25, 분산은 18.75다.

이항분포에서는 $np > 5$ 그리고 $n(1-p) > 5$일 때 이항분포가 정규분포에 근사(approximation)한다고 말한다. 이 경우 이항분포의 기대값과 분산을 Z 식에 넣어 표준정규분포를 이용하여 확률값을 계산할 수 있다. 앞선 예에서 np가 25, $n(1-p)$가 75로 모두 5보다 크기 때문에 정규분포에 근사한다고 말할 수 있다. 이항분포에서 확률값을 구하는 공식으로는 흡연자가 30명 이상일 확률을 구하기 힘들다. 30명부터 100명까지의 확률을 각각 구하여 모두 더해야 하기 때문이다(이 경우 71개의 확률을 구하고 더해야 함).

이때 이항분포의 정규분포 근사(normal approximation to the binomial distribution)를 이용하면 확률값을 보다 쉽게 구할 수 있다. 이산형 분포(이항분포)에서 연속형 분포(표준정규분포)로 근사시키는 것이므로 $\frac{1}{2}$을 양쪽으로 빼고 더하는 연속성 수정(continuity correction)을 한다.

이항분포의 정규 근사

$$X \approx N(np, np(1-p)), \text{if } np > 5, n(1-p) > 5$$

$$Z = \frac{X - np}{\sqrt{np(1-p)}} \approx N(0,1)$$

$$P(a \le X \le b) = P(a - \frac{1}{2} \le X \le b + \frac{1}{2}), \text{ 이항변수 } X$$

이항분포의 정규분포 근사와 연속성 수정을 고려하며 흡연자가 30명 이상일 확률을 구하면, $P(X \ge 30) = P(X \ge 29.5) = P(Z \ge \frac{29.5 - 25}{\sqrt{18.75}}) = P(Z \ge 1.04) = 0.1492$로 계산된다. 즉, 100명 중 흡연자가 30명 이상일 확률은 0.1492다. 흡연자가 30명 초과일 확률을 구하면, $P(X > 30) = P(X \ge 31) = P(X \ge 30.5) = P(Z \ge \frac{30.5 - 25}{\sqrt{18.75}})$ $= P(Z \ge 1.27) = 0.1020$이다. 즉, 100명 중 흡연자가 30명을 초과할 확률은 0.1020이다.

(2) 표본 평균의 평균과 분산

평균과 분산의 특성을 이용하여 이항분포 표본 평균의 기대값과 분산을 다음과 같이 구할 수 있다. 즉, 이항분포 표본 평균의 기대값은 p, 분산은 $\frac{p(1-p)}{n}$가 된다.

> 이항분포 표본 평균의 기대값과 분산
>
> $$E(\frac{X}{n}) = \frac{1}{n}E(X) = \frac{1}{n}np = p$$
>
> $$Var(\frac{X}{n}) = \frac{1}{n^2}Var(X) = \frac{1}{n^2}np(1-p) = \frac{p(1-p)}{n}$$

표본 크기 n이 클 경우(또는 이항분포의 $np > 5$ 그리고 $n(1-p) > 5$일 경우), 평균에 대한 분포는 중심극한정리를 이용하여 정규분포를 따른다고 생각할 수 있다. 이 경우 비율에 대한 Z-검정과 같게 된다.

> 이항분포 표본 평균의 기대값과 분산 요약
>
> $$\frac{X}{n} = \hat{p}$$
>
> $$E(\hat{p}) = p$$
>
> $$Var(\hat{p}) = \frac{p(1-p)}{n}$$

앞선 흡연율 예시를 다음과 같이 바꿔 보겠다.

> K 대학교 학생들의 흡연율이 0.25다. 100명의 학생을 무선으로 표집했을 때, 흡연율이 0.30 이상일 확률은 얼마인가?

흡연 유무는 이항분포를 따르는데, $np > 5$ 그리고 $n(1-p) > 5$일 때 이항분포가 정규분포에 근사하며, 중심극한정리에 의해 표준정규분포를 이용하여 비율에 대한 검정이 가능하다. np가 25, $n(1-p)$가 75로 모두 5보다 크기 때문에 정규분포에 근사한다고 말할 수 있다. 이 비율에 대한 분포의 평균은 0.25(또는 $\frac{1}{4}$)이고, $(\sqrt{\frac{\frac{1}{4}\cdot\frac{3}{4}}{100}})^2 = (\frac{\sqrt{3}}{40})^2$이므로 분산은 $(\frac{\sqrt{3}}{40})^2$이다. 즉, 이 경우 비율에 대한 분포를 정규 근사하여 다음과 같이 쓸 수 있다.

$$\hat{p} \approx N(\frac{1}{4}, (\frac{\sqrt{3}}{40})^2)$$

이 분포를 이용하여 흡연율이 0.30 이상일 확률을 계산하면 다음과 같다.

$$P(\hat{p} \geq 0.3) \approx P(Z \geq \frac{\frac{3}{10} - \frac{1}{4}}{\frac{\sqrt{3}}{40}}) = P(Z \geq 1.15) = 0.1251$$

이제 통계분석을 위한 기본적인 이론 설명이 마무리되었다. 다음 장부터는 구체적인 통계 기법을 설명한 후, R에서 예시를 보여 줄 것이다.

연습문제

1. 연구자가 다음과 같은 연구가설을 가지고 통계적 검정을 하려고 할 때, 각각의 사례에 대하여 통계적 영가설(H_0)와 대립가설(H_A)을 쓰시오.

1) 세종시 근무 직장인의 평균 통근 시간은 2시간이 아니다.
2) 우리나라 고속도로의 평균 시속은 100km/h가 채 안 된다.
3) A 고등학교 3학년 학생의 수학과 6월 모의고사 평균이 전국 평균인 70점보다 높다.

2. 다음 통계적 가설 검정에 대한 설명 중 옳은 것을 모두 고르시오.

ㄱ. 제1종 오류는 영가설이 참인데 영가설이 참이 아니라고 판단하여 영가설을 기각하는 경우를 뜻한다. ㄴ. 유의수준 0.01은 제1종 오류의 허용 확률 범위가 1% 이하라는 뜻이다. ㄷ. 유의수준(α)은 제1종 오류와 같다. ㄹ. p(유의확률) 값이 α보다 크면 영가설을 기각할 수 있다.

3. 다음 연구가설에 대하여 통계적 검정을 실시하였더니 영가설을 기각하게 되었다. 그런데 사실 A 고등학교 3학년 학생의 수학과 6월 모의고사 평균은 전국 평균과 차이가 없다면, 이는 제1종 오류와 제2종 오류 중 어떤 오류가 일어난 것인가?

A 고등학교 3학년 학생의 수학과 6월 모의고사 평균이 전국 평균인 70점보다 높다.

4. 어떤 확률변수 X의 확률분포가 다음과 같다. 이때 $3X-3$의 기대값과 분산을 구하면?

X	0	1	2	계
$P(X=x)$	0.2	0.6	0.2	1

5. 성공확률이 p이며 n번 시행하는 이항분포에 대한 설명으로 옳은 것을 모두 고르시오.

ㄱ. 성공확률이 p인 베르누이 시행이 n번 반복된다.
ㄴ. 각 시행은 서로 종속되어 있다.
ㄷ. 어떤 시행에서 성공확률과 실패확률의 합이 1이 안 되는 경우가 있다.
ㄹ. 기대값은 np이고 표준편차는 $\sqrt{np(1-p)}$ 이다.
ㅁ. 성공확률 p가 0.5이면 정규분포에 근사한다.

6. 평균이 μ이고 분산이 σ^2인 정규분포를 따르는 확률변수 X에 대한 설명으로 옳지 않은 것은?

① μ를 중심으로 대칭적인 종 모양이다.
② $\mu \pm 2\sigma$사이에 약 99%가 몰려 있다.
③ 평균값, 중앙값 최빈값이 모두 같다.
④ 분산이 작을수록 μ를 중심으로 모여 있다.
⑤ $Z=\dfrac{X-\mu}{\sigma}$로 바꾸면 확률변수 Z의 평균과 분산은 각각 0과 1이 된다.

7. 우리나라 19세 이상 24세 이하인 남자의 신장이 정규분포를 따르며, 평균이 175cm, 표준편차는 15cm라고 한다. 100명을 무작위로 추출했을 때 그 평균이 172cm 이상 178cm 이하일 확률은? (부록 1 표준정규분포표를 참고하여 답하시오.)

8. A 중학교 학생의 지난번 현장체험학습 만족도 비율은 36%였다(예/아니요로 조사). 이번 현장체험학습 이후 무선으로 200명의 학생을 표집하여 조사한 결과, 80명의 학생이 만족했다고 답하였다. 이번 현장학습체험 만족도 비율이 지난번에 비해 향상되었는지 알아보려 한다. 영가설과 대립가설을 쓰고, 만족도 비율의 기대값과 분산을 구하시오(단, 분산의 경우 식만 써도 됨).

제 4 장

Z-검정과 t-검정

필수 용어

점추정, 구간추정, 유의수준, 유의확률, 기각역, 기각값, 통계적 검정력, Z-검정, t-검정

학습목표

1. 점추정과 구간추정의 뜻을 이해하고, 통계적 가설검정에서 구간추정의 의의를 설명할 수 있다.
2. 유의수준, 유의확률, 기각역, 기각값, 통계적 검정력의 뜻을 이해하고 그 관계를 설명할 수 있다.
3. 단일표본 검정, 독립표본 검정, 대응표본 검정의 종류를 이해하고 설명할 수 있다.
4. 연구 문제에 따라 단일표본 검정, 독립표본 검정, 대응표본 검정 중 어떤 방법을 써야 하는지 판단하고 스스로 R을 이용하여 분석하고 해석할 수 있다.

통계학은 확률론을 이용하여 표본에서 얻은 통계값(statistics, 통계치)으로 모집단의 특성인 모수치(parameter)를 추론한다. 즉, 귀납적 추론을 이용하는 통계학에는 불확실성이 내재되어 있으므로 이를 확률론으로 통제한다. 제1장에서 설명한 기술통계는 표본의 특성을 기술하는 데 그치며, 이를 모집단으로 확장시켜 생각하려면 추리통계가 필수적이다. 이 장에서는 제3장에서 설명한 추리통계의 기초가 되는 개념들을 기반으로 두 집단 간 비교 시 주로 쓰이는 추리통계 기법인 Z-검정과 t-검정을 보여 줄 것이다.

1 추리통계

1) 점추정과 구간추정

통계적 추정은 점추정(point estimation)과 구간추정(interval estimation)으로 나뉜다. 점추정은 모수치를 추정하는 것인 데 반해, 구간추정은 모수치의 신뢰구간(confidence interval)을 추정한다. '남학생과 여학생의 학업성취도검사 점수 평균이 각각 70점이고 68점'이라는 것은 점추정을 한 것이다. 구간추정은 점추정치를 중심으로 신뢰수준 $(1-\alpha)\times 100\%$에서 하한계(lower confidence limit)와 상한계(upper confidence limit) 구간을 추정한 것이다. 남학생의 학업성취도검사 점수 평균이 66점에서 74점 사이에 있고, 여학생의 학업성취도검사 점수 평균이 64점에서 72점 사이라면 이는 구간추정의 예시가 된다. 제1장에서 어떤 분포에 대해 이해하려면 중심경향값만을 구하는 것보다는 산포도도 함께 구하는 것이 좋다고 하였다. 마찬가지로 한 점에 대한 정보만을 주는 점추정보다는 중심경향값과 산포도를 함께 고려하여 구간에 대한 정보를 주는 구간추정이 더 낫다.

구간추정을 이해하려면 오차한계(limit of error)[1]가 무엇인지 알아야 한다. 오차한계를 좀 더 쉽게 이해하기 위하여 모평균의 95% 신뢰구간에 대하여 설명하겠다. 모평균과 모분산이 각각 μ와 σ^2인 정규분포를 따르는 확률변수 X의 모평균에 대한 95% 신뢰구간은 다음과 같다.

$$(\overline{X}-1.96\frac{\sigma}{\sqrt{n}},\ \overline{X}+1.96\frac{\sigma}{\sqrt{n}})$$

먼저, 표본 평균인 $\overline{X}$가 모평균 추정치로 사용된다. 정규분포에서의 95% 신뢰구간이므로 이에 해당되는 $Z_{\frac{\alpha}{2}}$-값인 1.96이 들어가며, 표본 평균에 대한 추정이므로 중심극한정리를 이용하여 표준편차 σ가 아닌 표준오차 $\frac{\sigma}{\sqrt{n}}$가 이용된다. 따라서 모평균의 95% 신뢰구간은 표본 평균을 중심으로 상한, 하한이 $\pm 1.96\frac{\sigma}{\sqrt{n}}$ 만큼 움직인다. 바로 이 $1.96\frac{\sigma}{\sqrt{n}}$가 95% 신뢰수준에서의 오차한계가 된다.

표본 평균 $\overline{X}$에 대한 95% 신뢰구간

$$P(-1.96 < Z < 1.96) = 0.95$$

$$P(-1.96 < \frac{\overline{X}-\mu}{\frac{\sigma}{\sqrt{n}}} < 1.96) = 0.95$$

$$P(-1.96\frac{\sigma}{\sqrt{n}} < \overline{X}-\mu < 1.96\frac{\sigma}{\sqrt{n}}) = 0.95$$

$$P(-\overline{X}-1.96\frac{\sigma}{\sqrt{n}} < -\mu < -\overline{X}+1.96\frac{\sigma}{\sqrt{n}}) = 0.95$$

$$P(\overline{X}-1.96\frac{\sigma}{\sqrt{n}} < \mu < \overline{X}+1.96\frac{\sigma}{\sqrt{n}}) = 0.95$$

1) 또는 허용오차(margin of error)라고도 불린다.

앞선 남녀학생의 학업성취도 예시로 돌아가 보겠다. 점추정 결과로만 판단한다면, 남학생이 여학생보다 점수가 2점 높기 때문에 남학생이 더 잘한 것으로 생각할 수 있다. 그러나 구간추정으로 추론한다면, 남학생이 여학생보다 학업성취도검사 점수가 더 높다고 말하는 것은 잘못된 진술일 수 있다. 이 예시에서 오차한계(limit of error)가 4점으로 남학생과 여학생의 신뢰구간이 겹치기 때문에 누가 더 잘한다고 말하기 어렵다는 것이다. 이렇게 구간추정은 오차의 정도에 대한 정보까지 제공하므로 점추정보다 구간추정이 더 낫다고 할 수 있다. 따라서 통계적 검정에서는 일반적으로 구간추정을 이용한다.

2) 유의수준, 유의확률, 기각역, 통계적 검정력

제3장에서 설명한 제1종 오류 확률인 α는 유의수준(significance level)이기도 하다. 즉, 영가설이 참인데도 영가설을 기각하는 확률이 제1종 오류 확률이자 유의수준인 것이다. 유의수준을 이해하려면 바로 앞에서 설명한 구간추정에 대한 이해가 선행되어야 한다. 유의수준을 주로 5%로 잡는데, 이는 영가설이 참인 모집단에서 무수히 많이 표본을 얻어 검정할 때 그 통계값의 신뢰구간이 영가설을 포함하지 않을 확률이 5%라는 뜻이다. 즉, 점추정이 아닌 구간추정 원리가 가설검정에 이용된다.

〈필수 내용: 유의수준〉

유의수준(α; significance level)은 영가설이 참인 모집단에서 무수히 많이 표본을 얻어 검정할 때 그 통계값의 신뢰구간이 영가설을 포함하지 않을 확률을 뜻한다.

$\alpha=5\%$ 또는 $95\%(=1-\alpha)$ 신뢰구간:
무수히 많이 표본을 구하여 모평균에 대한 신뢰구간을 구할 때, 그 신뢰구간이 모평균 μ를 포함할 확률이 95%라는 뜻이다. 따라서 가설검정 시 점추정으로 해석하는 것은 잘못된 것이다. 구간추정으로 해석해야 한다.

〈필수 내용: 유의확률〉

유의확률(p-value; significance probability)은 영가설이 참일 때 관측값으로부터 얻은 통계값이 영가설을 기각할 확률로, 분포의 꼬리 부분 확률이다.

$$p\text{-value} = P(\overline{X} > \overline{x}) \text{ when } H_0 : \mu = 0 \text{ vs } H_A : \mu > 0$$

작은 유의확률 값은 영가설이 참일 때 관찰 가능성이 희박한 검정통계량 값이 나왔다. 즉, 영가설에 모순이 있다는 것을 나타낸다.

통계적 검정에서는 자료에서 얻은 확률값인 유의확률 값(p-value, p-값)과 α(유의수준)를 비교하여 유의확률 값이 α보다 더 작거나 같을 경우 영가설을 기각한다. 통계의 불확실성을 감안하여 영가설이 참인데 참이 아니라고 기각할 확률이 α까지는 될 수 있다고 처음부터 정해 놓는 것이다. 예를 들어 유의확률 값인 p-값이 0.01로 나왔다면, 이는 1%의 확률로 일어나는 사건이므로 영가설이 참이라고 하기는 매우 힘든 상황이 된다. 제1종 오류 확률을 0.05로 설정했다면, 0.01이라는 p-값은 0.05보다 작으므로 5% 유의수준에서는 영가설을 기각하게 된다.

〈필수 내용: 통계적 가설검정〉

유의확률(p값) $\leq$ 유의수준(α)일 경우 영가설을 기각함
유의확률(p값) $>$ 유의수준(α)일 경우 영가설을 기각하지 못함

이때 영가설을 기각하고 대립가설을 기각하지 않는 검정 통계값(test statistics)의 영역을 기각역(critical region, 임계역), 그리고 기각역이 시작되는 값을 기각값(critical value, 임계값)이라고 한다. 기각역과 기각값에 대한 예는 다음 절의 Z-검정에서 보여 줄 것이다.

2 단일표본 검정

1) Z-분포를 따르는 변수에 대한 가설검정: Z-검정

정규분포를 따르는 확률변수 X의 모평균과 모분산이 각각 μ와 σ^2이라고 할 때, 다음과 같은 Z-검정 공식을 이용할 수 있다.

Z-검정 공식

확률변수 X의 경우: $Z = \dfrac{X - \mu}{\sigma}$ .... (4.1)

표본 평균 $\overline{X}$의 경우: $Z = \dfrac{\overline{X} - \mu}{\dfrac{\sigma}{\sqrt{n}}}$ .... (4.2)

식 (4.1)은 정규분포를 따르는 확률변수 X에 대하여 표준정규분포값인 Z-값을 구하는 공식이다. 식 (4.2)는 정규분포를 따르는 확률변수 X의 평균값에 대하여 표준정규분포값인 Z-값을 구하는 공식이다. 확률변수의 평균을 검정하는 것이 목적이라면 중심극한정리를 적용하여 표준오차를 구하는 식 (4.2)를 이용한다. 예시로 더 자세히 설명하겠다.

A 중학교 학생들의 연간 봉사활동 시간이 평균 15시간이라고 알려져 있다. 김 교사는 봉사활동 시간이 평균 15시간이 아닐 것이라고 생각하고, 이를 검정하기 위하여 100명의 학생을 무선으로 표집하였다.

표집된 학생들의 평균 봉사활동 시간이 16시간이었다면 김 교사는 5% 유의수준에서 어떤 결정을 내릴 것인가? 단, A 중학교 학생들의 연간 봉사활동 시간은 정규분포를 따르며, 표준편차는 5시간이라고 한다.

〈영가설과 대립가설〉

$H_0 : \mu = 15$

$H_A : \mu \neq 15$

영가설은 '연간 봉사활동 시간 평균이 15시간이다'이고, 대립가설은 '연간 봉사활동 시간 평균이 15시간이 아니다'가 된다. 표본의 평균 봉사활동 시간을 구하는 것이므로, 식 (4.2)에 대입해야 한다. $Z = \dfrac{16-15}{\dfrac{5}{\sqrt{100}}}$ 이므로, Z-값은 2가 된다. 5% 유의수준에서 Z-값의 절대값이 기각값인 1.96보다 크기 때문에 '연간 봉사활동 시간 평균이 15시간이다'라는 영가설을 기각하게 된다([부록 1] Z-분포표 참고). 즉, A 중학교 학생들의 연간 봉사활동 시간 평균이 15시간이 아니라는 결론을 얻게 된다.

부연 설명하자면, 영가설이 '같다', 대립가설이 '같지 않다'인 양측검정이므로, 이때의 기각역은 1.96보다 크거나 −1.96보다 작은 구간이 된다. 표본 평균을 이용하여 구한 Z-값이 2이므로 영가설을 기각하여 연간 봉사활동 시간 평균이 15시간이 아니라고 하였는데, 표본에서 구한 평균 봉사활동 시간이 16시간이므로 봉사활동 시간 평균이 15시간보다 많다고 말할 수 있다.

5% 유의수준에서의 신뢰구간은 다음과 같다. 식 (4.3)과 식 (4.4)는 각각 확률변수 X와 표본 평균 $\overline{X}$에 대하여 신뢰구간을 구하는 공식이다. Z-검정 공식에서와 같이, 표본 평균 $\overline{X}$의 경우 중심극한정리를 적용하여 표준편차를 표본 수의 제곱근으로 나눈 값인 표준오차를 활용한다는 것을 눈여겨볼 필요가 있다.

5% 유의수준에서의 신뢰구간(양측검정)

확률변수 X: $(X - 1.96\sigma,\ X + 1.96\sigma)$ ································ (4.3)

표본 평균 $\overline{X}$: $(\overline{X} - 1.96\dfrac{\sigma}{\sqrt{n}},\ \overline{X} + 1.96\dfrac{\sigma}{\sqrt{n}})$ ················ (4.4)

2) t-분포를 따르는 변수에 대한 가설검정: t-검정

모집단이 정규분포를 따르며, 모집단의 평균과 분산을 안다면 (4.2)의 Z-분포 식을 이용하여 모평균에 대한 가설검정을 할 수 있다. 그러나 일반적으로 모집단의 분산은 알기 힘들며, 실제 연구에서는 표본크기가 작아서 중심극한정리도 쓸 수 없는 경우도 가능하다. 다시 말해, 정규분포는 평균과 분산이라는 두 가지 모수치를 알아야 쓸 수 있는 분포인데, 모집단의 분산을 모르기 때문에 정규분포를 이용할 수 없는 것이다. 이때 표본분산으로 모분산을 대체하는 스튜던트의 t-분포(Student's t-distribution)를 이용할 수 있다(〈심화 4.1〉). t-분포를 이용하는 가설검정을 t-검정이라고 부른다.

심화 4.1 t-분포

t-분포는 표준정규분포에서와 같이 평균을 0으로 하는 종모양의 대칭적인 분포이나, 분포의 꼬리 부분이 두텁다는 특징이 있다. 즉, 이 분포에서는 평균에서 멀리 떨어진 값이 나오기 쉽다. t-분포는 유의수준(α)과 표본 수(n)에 따라 모양이 달라지는 분포인데, 자유도가 30 이상으로 큰 경우 표준정규분포와 거의 유사한 모양을 보인다. t-분포에서의 자유도는 표본 수에서 1을 뺀 것이 된다. t-분포는 [부록 1]에서 찾아볼 수 있다.

Z-검정과 달리 t-검정에서는 표본 분산(S^2)을 구하여 모분산(σ^2) 대신 이용하며, 유의수준 α가 5%인 양측검정 시 언제나 '1.96'이 아닌 $t_{(\frac{\alpha}{2}, n-1)}$, 즉 $t_{(\frac{0.05}{2}, n-1)}$인 값을 t-분포표에서 찾아 이용해야 한다는 점을 주의해야 한다. t-분포의 검정 공식과 신뢰구간은 식 (4.5)와 같다.

5% 유의수준에서의 t-검정 공식과 신뢰구간(양측검정)

$$t = \frac{\overline{X} - \mu}{\frac{S}{\sqrt{n}}} \sim t_{n-1} \quad \cdots\cdots (4.5)$$

$$\left(\overline{X} - t_{(\frac{\alpha}{2}, n-1)} \frac{S}{\sqrt{n}},\ \overline{X} + t_{(\frac{\alpha}{2}, n-1)} \frac{S}{\sqrt{n}}\right)$$

〈t -분포에 얽힌 이야기〉

t-분포를 처음 만든 고셋(William Gosset)은 아일랜드에 위치한 기네스(Guinness) 맥주 회사에서 일하면서 표본크기가 3만큼 작은 소표본(small sample) 검정에 관심이 있었다고 한다. 고셋은 정규분포로부터 표본크기를 n으로 하는 표본을 추출하고 표본 평균과 표본 분산을 구하여 자유도($\nu = n - 1$)에 따라 분포 형태가 변한다는 것을 발견하였다. 1908년 고셋은 표본크기에 따라 달라지는 표본 평균의 분포를 'Student'라는 필명으로 *Biometrika*라는 학술지에 실었다. 기네스 맥주회사에서 자신들이 t-검정을 이용한다는 것을 경쟁사에 알리기 싫어하여 고셋이 필명으로 학술지에 기고했다는 설도 있다. 후에 통계학자 피셔(Ronald Fisher)가 이 분포에 대하여 연구하고 널리 알리며 이 분포를 '스튜던트의 t-분포', 그리고 이 분포로부터 나오는 통계값을 't'라고 불렀다.

3) 통계적 검정력

통계적 검정력(statistical power)도 추리통계에서 매우 중요한 개념이다. 통계적 검정력은 영가설이 참이 아닐 때 영가설을 기각하는 확률($1-\beta$)로, 표본의 크기가 클수록, 분산이 작을수록, 유의수준이 클수록 커진다. 또한 집단 비교 시 집단 간 차이가 클수록 더 커진다. 각각에 대하여 자세하게 설명하겠다.

정규분포를 따르는 어떤 변수에 대하여 통계적 검정을 한다고 하자. 5% 유의수준으로 양측검정을 할 때 Z-값의 절대값이 1.96보다 크면 영가설을 기각하게 되며, 기각을 잘하는 경우 통계적 검정력이 크다고 한다. 즉, 통계적 검정력이 크려면 Z-값의 절대값이 커야 한다. 식 (4.2)에서 Z-값의 절대값이 크려면, 표본의 크기(n)가 크거나 분산(또는 표준편차)이 작거나, 분자 부분이 크면 된다는 것을 쉽게 알 수 있다.

그런데 유의수준이 커지면 기각률도 높아진다. 유의수준이 5%일 때 양측검정의 기각값은 ± 1.96이다. 유의수준이 5%가 아니라 10%로 두 배가 된다면, 기각값인 Z-값의 절대값이 1.645보다 크기만 하면 영가설을 기각할 수 있다. 예를 들어 Z-값이 1.8이라면 5% 유의수준에서는 영가설을 기각하지 못하지만, 10% 유의수준에서는 영가설을 기각하게 되는 것이다. 따라서 유의수준이 커지면 검정력도 커진다.

마찬가지로 양측검정보다 단측검정에서 검정력이 커진다. 양측검정에서는 양쪽에 기각역이 형성되기 때문에 유의수준이 반으로 나뉜다(예: $0.025 = \frac{0.05}{2}$). 5% 유의수준에서 기각역은 1.96보다 크거나(2.5%) −1.96보다 작은(2.5%) 구간이 되어 영가설을 기각하게 되는 것이다([그림 4.1(a)]). 반면, 단측검정에서는 유의수준을 그대로 유의확률과 비교하기 때문에 양측검정과 비교 시 영가설이 더 기각되기 쉽다([그림 4.1(b)], [그림 4.1(c)]). 단측검정은 양측검정보다 통계적 검정력이 더 높지만, 어느 방향인지 명확한 이론이 뒷받침될 때만 쓰는 것이 일반적이다.

정리하면, Z−값의 절대값이 크거나, 유의수준이 크거나, 단측검정일 때 통계적 검정력이 크다. 또한 표본의 크기가 크거나, 분산(또는 표준편차)이 작거나, 검정 식의 분자 부분이 커도 통계적 검정력이 높아진다. 이러한 조건들은 Z−검정뿐만 아니라 다른 통계적 검정에도 통용되며, 집단이 하나가 아니어도 마찬가지다. 이를테면 t−검정의 경우에도 가설검정 시 분포가 t−분포로 달라지는 것일 뿐, 검정력이 크기 위한 조건은 같다. 두 집단을 비교하는 경우에도 통계값의 분자 부분이 집단 차가 되고 검정 식의 분모에 해당하는 표준오차 부분이 두 집단 간 표준오차를 구하는 식으로 바뀌는 것뿐이다.

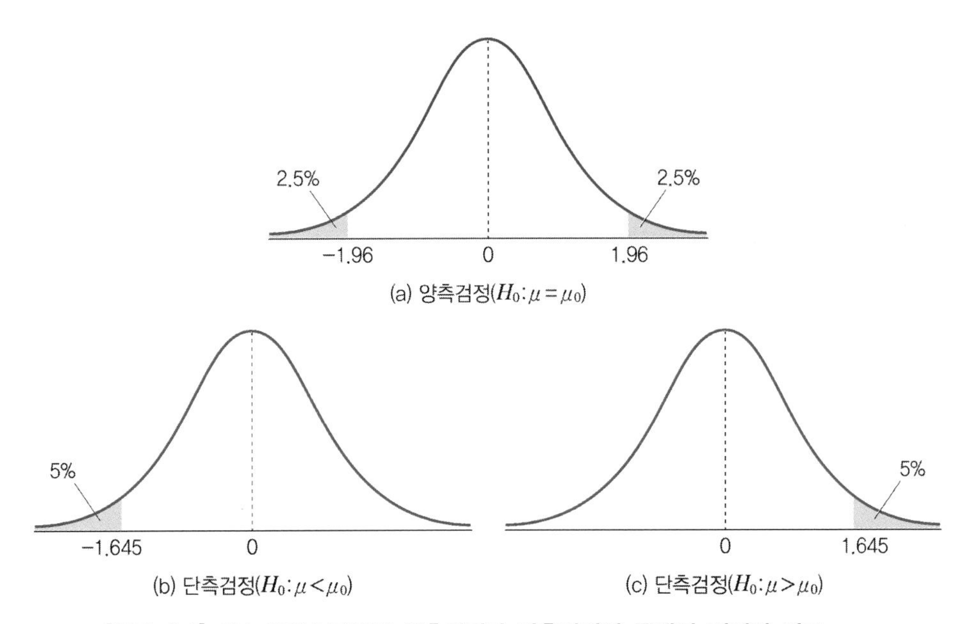

[그림 4.1] 5% 유의수준에서 양측검정과 단측검정의 통계적 검정력 비교

〈필수 내용: 통계적 검정력을 높이기 위한 조건〉

- 통계값(예: Z값)의 절대값이 크거나,
- 유의수준이 크거나,
- 단측 검정인 경우 통계적 검정력이 높아진다.

통계값의 절대값이 크려면:

- 표본의 크기가 크거나,
- 분산(또는 표준편차)이 작거나,
- 검정 식의 분자 부분이 커야 한다.

4) R 예시: 단일표본 t-검정

〈분석 자료: 실험집단, 통제집단의 사전검사, 사후검사 결과〉

연구자가 학생들의 사후검사 점수 모평균이 35점이 아닐 것이라고 생각하였다. 연구자는 48명의 학생을 무선으로 표집하여 사후검사 점수를 구하고 자료를 입력하였다.

변수명	변수 설명
ID	학생 ID
pretest	사전검사 점수
posttest	사후검사 점수
group	집단(0: 통제집단, 1: 실험집단)

[data file: ANCOVA_real_example.csv]

〈영가설과 대립가설〉

$H_0 : \mu = 35$

$H_A : \mu \neq 35$

[R 4.1] 단일표본 t-검정 1

〈R 코드〉

```
mydata <- read.csv('ANCOVA_real_example.csv')
out1 <- t.test(mydata$posttest, mu = 35)
options(scipen = 100)
out1
```

〈R 결과〉

```
> mydata <- read.csv('ANCOVA_real_example.csv')
> out1 <- t.test(mydata$posttest, mu = 35)
> options(scipen = 100)
> out1
        One Sample t-test

data:  mydata$posttest
t = 6.3984, df = 47, p-value = 0.00000006697
alternative hypothesis: true mean is not equal to 35
95 percent confidence interval:
 37.88518 40.53148
sample estimates:
mean of x
 39.20833
```

t.test() 함수를 이용하여 'out1'에 단일표본 t-검정 결과를 저장하고 해당 결과를 살펴보았다([R 4.1]). 단일표본 t-검정을 위한 검정값은 'mu=' 인자에 넣어 주어야 한다. 단일표본 t-검정이므로 결과의 제목이 One sample t-test로 명시되어 있는 것도 확인할 수 있다. 결과표에서 t-값 6.398, 자유도(df) 47, 그리고 유의확률이 0.000인 것을 알 수 있다. 바로 아랫줄의 'alternative hypothesis: true mean is not equal to 35'는 $H_1: \mu \neq 35$라는 것을 명시한다. 다음은 표본 평균의 95% 신뢰구간이 37.885부터 40.531이라는 것을 보여 준다. 마지막으로 학생의 사후검사 점수 평균이 39.208이라는 것을 알 수 있다.

t-검정 결과, 유의확률이 유의수준인 0.05보다 작기 때문에 영가설을 기각한다. 즉, 학생들의 사후검사 점수 모평균이 35점이 아닐 것이라고 판정하게 된다. 또는 표본 평균

의 95% 신뢰구간(37.885, 40.531)에 영가설의 통계량인 35가 포함되지 않았기 때문에 영가설을 기각한다고 진술할 수도 있다. 표본 평균이 39.208, 모평균이 35로 표본 평균이 더 큰 값이기 때문에 사후검사 점수 모평균이 35점보다 더 높다는 것을 알 수 있다.

R 심화 4.1 scipen을 활용한 수치 표기법

R의 수치 표기법에는 고정 표기(fixed notation)와 지수 표기(exponential notation)가 있다. 고정 표기로 100, 0.02, 0.123은 지수 표기로는 각각 1e+2, 1e−2, 1.23e−1이 된다('e'는 밑수 10). options(scipen = 100)와 같이 scipen에 양수를 넣으면 고정 표기, 음수를 넣으면 지수 표기가 된다. 참고로 분석하려는 자료 수치의 자리 수가 클 경우 999 또는 −999와 같은 큰 값을 써 줘야 원하는 표기법으로 결과를 얻을 수 있다.

[R 4.2] 단일표본 t-검정 2

〈R 코드〉

```
out2 <- t.test(mydata$posttest, mu = 38)
out2
```

〈R 결과〉

```
> out2 <- t.test(mydata$posttest, mu = 38)
> out2

        One Sample t-test

data:  mydata$posttest
t = 1.8372, df = 47, p-value = 0.07251
alternative hypothesis: true mean is not equal to 38
95 percent confidence interval:
 37.88518 40.53148
sample estimates:
mean of x
 39.20833
```

만일 검정값을 38로 한다면, 표본 평균의 95% 신뢰구간과 표본 평균은 같지만 검정 결과가 달라진다. [R 4.2]에서 'alternative hypothesis: true mean is not equal to 38'은 $H_1 : \mu \neq 38$이라는 것을 보여 준다. 검정 결과, 모평균이 38일 때 유의확률이 0.073으로 영가설을 기각할 수 없다. 또는 표본 평균의 95% 신뢰구간(37.885, 40.531)에 영가설의 통계량인 38이 포함되므로 영가설을 기각할 수 없다고 진술할 수 있다.

기술통계만으로 판단할 때, 모평균이 38이고 표본 평균이 39.208이므로 표본 평균이 모평균보다 더 크다고 생각할 수 있다. 그러나 추리통계를 이용한 가설검정 결과는 그렇지 않다는 것을 주의해야 한다. 다시 말해, 유의확률이 유의수준보다 커서 영가설을 기각하지 못했기 때문에 모평균과 표본 평균의 평균 차는 통계적으로 유의하지 않다. 즉, 기술통계 결과만으로 표본 평균이 모집단 평균보다 크다고 할 수 없다.

3 독립표본 검정

단일표본 검정은 실제 연구에서 자주 쓰이지는 않는다. 이를테면 남학생의 성취도 평균이 70점인지 아닌지보다는, 남학생과 여학생 간 성취도 평균이 차이가 있는지에 더 관심이 있다. 이렇게 두 집단 간 차에 대한 가설검정을 하려면 독립표본 검정을 이용할 수 있다. 즉, 두 개의 확률변수 간 표본 평균의 차이에 대하여 통계적 검정을 하면 된다.

통계적 검정 전에 확률변수 간 합과 차의 분포에 대하여 정리할 필요가 있다. 확률변수 X와 Y가 각각 정규분포를 따르며, 각각의 평균과 분산이 μ_1, μ_2, 그리고 σ_1^2, σ_2^2이라고 하자. X와 Y가 서로 독립일 때 기대값과 분산의 특징에 따라서 두 확률변수를 더하거나 뺀 것의 평균과 분산은 다음과 같다.

확률변수 간 합과 차의 분포

$$X \sim N(\mu_1, \sigma_1^2),\ \ Y \sim N(\mu_2, \sigma_2^2) \quad (X,\ Y \text{ 독립})$$
$$X + Y \sim N(\mu_1 + \mu_2,\ \sigma_1^2 + \sigma_2^2)$$
$$X - Y \sim N(\mu_1 - \mu_2,\ \sigma_1^2 + \sigma_2^2)$$

일반적으로 확률변수 자체보다는 확률변수의 평균에 관심이 있고, 확률변수 간 합보다는 확률변수 간 차에 대하여 관심이 있다. X가 남학생의 수학점수이고 Y가 여학생의 수학점수라고 한다면, 개별 남학생과 여학생의 점수보다 남학생 점수의 평균과 여학생 점수의 평균이 얼마인지가 더 궁금하다. 그리고 더 나아가서 남학생과 여학생 평균 수학 점수가 통계적으로 유의하게 같은지 다른지 알고 싶을 것이다. 즉, 변수 간 평균 차가 관심사가 되며, 이때 영가설은 '변수 간 평균 차가 없다(같다)', 대립가설은 '평균 차가 있다(같지 않다)'가 된다.

지난 전국 모의고사 결과 고등학교 남학생과 여학생의 수학 성취도에 차이가 없었다고 한다. B 고등학교 오 교사는 남학생과 여학생의 평균 수학 성취도가 다를 것이라고 생각하고, 이를 검정하기 위하여 남학생과 여학생을 각각 100명씩 무선으로 표집하고, 수학 성취도 점수를 수집하였다.

〈영가설과 대립가설〉

$H_0 : \mu_1 = \mu_2$

$H_A : \mu_1 \neq \mu_2$

남학생 수학평균을 $\overline{X}$, 여학생 수학평균을 $\overline{Y}$로 표기하면, $\overline{X}$와 $\overline{Y}$의 차이에 대한 기대값은 간단하게 각 확률변수의 기대값의 차와 같게 된다($\mu_1 - \mu_2$). $\overline{X}$와 $\overline{Y}$의 차이에 대한 분산은, 중심극한정리와 분산의 특성을 이용하여 확률변수의 분산을 각 표본크기로 나눈 분산 값의 합으로 구할 수 있다.

확률변수 간 평균 차에 대한 분포

$X \sim N(\mu_1, \sigma_1^2),\ \ Y \sim N(\mu_2, \sigma_2^2)\quad (X,\ Y \text{ 독립})$

$$\overline{X} - \overline{Y} \sim N(\mu_1 - \mu_2,\ \frac{\sigma_1^2}{n_1} + \frac{\sigma_2^2}{n_2}) \quad \cdots\cdots (4.6)$$

확률변수 간 평균 차에 대한 분포를 보여 주는 식 (4.6)을 기본으로 하여 ① 모분산을 알거나 중심극한정리를 활용할 수 있는 경우, ② 모분산을 모르지만 등분산성을 가정하는 경우, ③ 모분산을 모르며 등분산성을 가정하지 못하는 경우로 나누어 각각 설명하겠다.

1) 모분산을 알거나 중심극한정리를 활용할 수 있는 경우: Z-검정

단일표본 검정에서와 마찬가지로, 모분산을 아는 경우 식 (4.6)의 평균과 분산 공식을 이용하여 Z-검정을 바로 할 수 있다. 또는 모분산을 알지 못하나 표본크기가 크며 평균에 대해 검정하는 경우, 중심극한정리를 이용하여 근사적으로(approximately) Z-분포를 따르는 것으로 간주하고 다음과 같이 Z-검정을 할 수 있다.

$$Z = \frac{(\overline{X} - \overline{Y}) - (\mu_1 - \mu_2)}{\sqrt{\frac{\sigma_1^2}{n_1} + \frac{\sigma_2^2}{n_2}}} \approx N(0,1)$$

그러나 실제로는 모분산을 알지 못하는 경우가 대부분일 것이다. 두 확률변수의 모집단이 각각 정규분포를 따른다고 가정하지만 모분산을 모르는 경우 t-검정을 이용할 수 있는데, 두 집단의 모분산이 동일하다고 가정하는 경우와 그렇지 못한 경우로 나누어 생각해야 한다.

2) 모분산을 모르지만 등분산성을 가정하는 경우: t-검정

모분산을 모르지만 두 집단의 모분산이 동일하다고 가정하는 경우, 즉 등분산성을 가정하는 경우 (4.6)에서의 σ_1^2과 σ_2^2은 같으므로($\sigma_1^2 = \sigma_2^2 (= \sigma^2)$)이 성립된다(4.7). 이때 모분산을 추정하기 위하여 두 집단의 표본 분산을 구하고 자유도로 조정하여 합동추정량(pooled variance: S_p^2)을 구한다(4.8).

$$Var(\overline{X}-\overline{Y}) = \sigma^2(\frac{1}{n_1}+\frac{1}{n_2}) \quad \cdots\cdots (4.7)$$

$$\hat{\sigma}^2 = S_p^2 = \frac{(n_1-1)S_1^2+(n_2-1)S_2^2}{n_1+n_2-2} \quad \cdots\cdots (4.8)$$

이제 모분산 추정치인 합동추정량까지 구하였으므로 식 (4.9)에서와 같이 t-검정을 실시할 수 있다. 두 집단의 모평균이 같다는 것이 영가설이므로 식 (4.9) 분자 부분의 $\mu_1-\mu_2$은 0이 되어 사라진다. 나머지 집단 간 평균 차와 합동추정량, 사례(표본) 수를 이용하여 t값을 구하고, 유의수준과 자유도를 고려하여 구한 기각값과 비교하여 가설검정을 할 수 있다.

$$t = \frac{(\overline{X}-\overline{Y})-(\mu_1-\mu_2)}{S_p\sqrt{\frac{1}{n_1}+\frac{1}{n_2}}} \sim t_{(n_1+n_2-2)} \quad \cdots\cdots (4.9)$$

이때 $\mu_1-\mu_2$에 대한 $100(1-\alpha)\%$ 신뢰구간은 다음과 같다.

$$((\overline{X}-\overline{Y})-t_{(\frac{\alpha}{2},n_1+n_2-2)}S_p\sqrt{\frac{1}{n_1}+\frac{1}{n_2}},\ (\overline{X}-\overline{Y})+t_{(\frac{\alpha}{2},n_1+n_2-2)}S_p\sqrt{\frac{1}{n_1}+\frac{1}{n_2}})$$

3) 모분산을 모르며 등분산성을 가정하지 못하는 경우: Welch-Aspin 검정

모분산을 모르며 등분산성을 가정하지 못하는 경우, 두 집단의 표본 분산을 그대로 이용하나 자유도는 수정하여 t-검정을 수행한다(4.10). 이때 수정된 자유도는 식 (4.11)과 같다. 이 검정을 Welch-Aspin 검정이라고 부른다.

$$t = \frac{(\overline{X}-\overline{Y})-(\mu_1-\mu_2)}{\sqrt{\frac{S_1^2}{n_1}+\frac{S_2^2}{n_2}}} \quad \cdots\cdots (4.10)$$

$$df = \frac{\left(\frac{S_1^2}{n_1} + \frac{S_2^2}{n_2}\right)^2}{\frac{\left(\frac{S_1^2}{n_1}\right)^2}{n_1 - 1} + \frac{\left(\frac{S_2^2}{n_2}\right)^2}{n_2 - 1}} \quad \cdots\cdots (4.11)$$

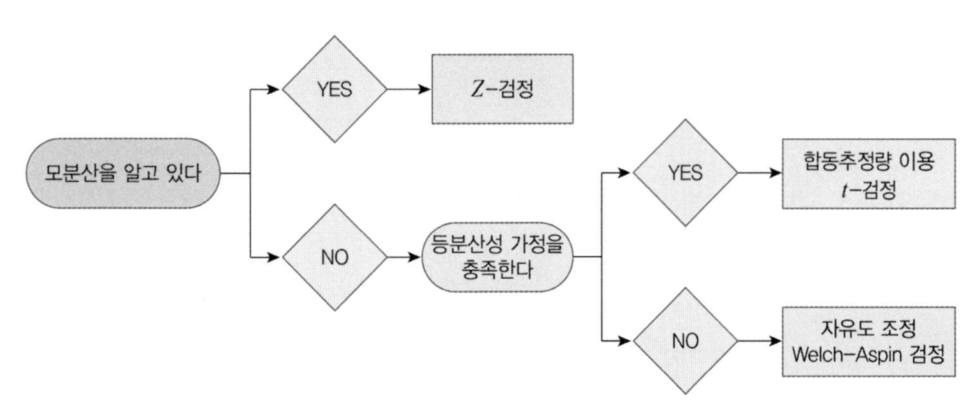

[그림 4.2] Z-검정, t-검정, Welch-Aspin 검정을 쓰는 경우의 순서도

[그림 4.2]에서 모분산을 알고 있는지의 여부, 등분산성 가정이 성립하는지의 여부에 따라 Z-검정, t-검정, Welch-Aspin 검정 중 어떤 방법을 써야 하는지 정리하였다. 다음은 독립표본 t-검정의 예시를 R을 이용하여 보여 줄 것이다.

4) R 예시: 독립표본 t-검정

〈분석 자료: 실험집단, 통제집단의 사전검사, 사후검사 결과〉

연구자가 실험집단과 통제집단의 사후검사 점수 평균이 다를 것이라고 생각하고 실험집단 26명, 통제집단 22명의 학생을 무선으로 표집하여 사후검사 점수를 구하고 자료를 입력하였다.

[data file: ANCOVA_real_example.csv]

〈영가설과 대립가설〉

$H_0 : \mu_1 = \mu_2$ 또는 $H_0 : \mu_1 - \mu_2 = 0$

$H_A : \mu_1 \neq \mu_2$ 또는 $H_A : \mu_1 - \mu_2 \neq 0$

[R 4.3] 독립표본 t-검정

〈R 코드〉

```
library(car)
leveneTest(posttest ~ as.factor(group), data = mydata, center = mean)
out3 <- t.test(mydata$posttest ~ mydata$group, var.equal = TRUE)
out3
```

〈R 결과〉

```
> library(car)
필요한 패키지를 로딩중입니다: carData
> leveneTest(posttest ~ as.factor(group), data = mydata, center = mean)
Levene's Test for Homogeneity of Variance (center = mean)
      Df F value Pr(>F)
group  1  1.0806  0.304
      46
> out3 <- t.test(mydata$posttest ~ mydata$group, var.equal = TRUE)
> out3

        Two Sample t-test

data:  mydata$posttest by mydata$group
t = -2.1497, df = 46, p-value = 0.03687
alternative hypothesis: true difference in means is not equal to 0
95 percent confidence interval:
 -5.2945250 -0.1740065
sample estimates:
mean in group 0 mean in group 1
       37.72727        40.46154
```

[그림 4.2]의 Z-검정, t-검정, Welch-Aspin 검정을 쓰는 경우의 순서도를 참고하면, 모분산값을 모르기 때문에 Z-검정을 쓸 수 없다. 등분산 가정을 충족하는지 아닌지에 따라 합동추정량(pooled variance)을 이용하는 t-검정을 쓸지 아니면 자유도를 수정하는 Welch-Aspin 검정을 쓸지 결정하게 된다.

등분산 가정 검정의 영가설은 등분산을 충족하는 것이다. Levene의 등분산 가정을 검정하려면 car library의 leveneTest() 함수를 활용하면 된다([R 4.3]). leveneTest() 함수는 식(formula) 형태로 인자를 넣어 주어야 한다. 참고로 'center = mean' 인자를 넣어 주어야 SPSS의 Levene 검정과 같은 결과값을 얻을 수 있다. 이 예시에서는 유의확률이 0.304로, 등분산 검정에 대한 영가설을 기각하지 못한다. 즉, 등분산성 가정이 충족되었다.

등분산성 가정을 확인하였으므로 t.test() 함수를 활용하여 t−검정을 사용하였다. 이때 오차 분산이 같다는 것을 의미하는 'var.equal = TRUE' 인자를 넣어 합동추정량을 사용하는 t−검정을 실시할 수 있다. 해당 인자를 넣지 않으면 t.test() 함수는 등분산성이 가정되지 않은 것이 기본값이므로, 자유도를 수정한 검정 결과를 제시한다.

[R 4.3]의 독립표본 t−검정은 단일표본 t−검정과 같은 체계로 결과를 제시한다. 결과 제목이 'Two sample t−test'로, 합동추정량을 이용하여 검정하였음을 확인할 수 있다. 'alternative hypothesis: true mean is not equal to 0'를 보면 실험집단과 통제집단 간 평균 차에 대한 검정임을 알 수 있다. 분석 결과, 유의수준 5%와 자유도 46에서 t−값이 −2.150이며 그때의 유의확률이 0.037이므로, 집단 간 차이가 없다는 영가설을 기각하게 된다. 즉, 실험집단과 통제집단 간 평균 차가 있다고 할 수 있다. 이때 두 집단 간 평균을 보면 실험집단이 통제집단보다 평균점수가 약 2.734점 높으며, 이 차이는 통계적으로 유의하다. 95% 신뢰구간도 0을 포함하지 않는다.

이 결과를 앞서 설명한 수식을 이용하여 차근차근 짚어 보자. 먼저, 식 (4.8)을 이용하여 합동추정량을 구하기 위하여 sd() 함수를 활용하여 집단별 표본 분산을 계산하였다.[2)]

〈R 코드〉

```
sd(mydata$posttest[mydata$group == 0])
sd(mydata$posttest[mydata$group == 1])
```

〈R 결과〉

```
> sd(mydata$posttest[mydata$group == 0])
[1] 3.978296
> sd(mydata$posttest[mydata$group == 1])
[1] 4.709401
```

2) 서장의 제3절 인덱싱에서 자세하게 설명하였다.

$$S_p = \sqrt{\frac{21 \times 3.978^2 + 25 \times 4.709^2}{22 + 26 - 2}} \approx 4.390$$

합동추정량을 제곱근한 값인 4.39를 (4.9) 식의 분모에 넣으면 다음과 같다.

$$4.39 \times \sqrt{\frac{1}{22} + \frac{1}{26}} \approx 1.272$$

합동추정량을 통해 구한 1.272는 두 집단 간 t-검정 식인 (4.9)의 분모값이 되며, 분자값은 앞서 통제집단의 평균에서 실험집단의 평균을 뺀 −2.739다. 식 (4.9)를 해당 분모와 분자로 계산하면 t값인 −2.150을 얻을 수 있다. 이는 평균 차를 계산할 때 이 값의 유의확률이 자유도가 46인 t-분포에서 0.037이므로 집단 간 평균 차가 없다는 영가설을 기각하게 된다.

t값이 음수가 나온 이유는 통제집단에서 실험집단을 뺐기 때문이다. 음수가 나오는 것이 싫다면, 실험집단에서 통제집단을 빼도록 통제집단을 1로, 실험집단을 0으로 바꾸면 된다. 집단을 재코딩하기 위한 코드는 다음과 같다. 이 코드에서 쓴 recode()는 앞서 설치한 car library에 포함된 함수다.

〈R 코드〉

```
mydata$group <- recode(mydata$group, '1 = 0; 0 = 1')
```

이후 같은 절차로 독립표본 t-검정을 하면 t값이 2.150으로 절대값이 같고, 신뢰구간의 부호도 서로 바뀐다. 다른 통계값들은 모두 동일하다.

4 대응표본 검정

지금까지 독립표본 간 차를 검정하는 예시를 보여 주었다. 남학생과 여학생의 성취도 차이를 알아보기 위하여 남학생 집단과 여학생 집단에서 각각 표집을 하고 검정하는 경우, 독립표본(independent sample) 검정이라고 한다. 그런데 독립적이지 않은 두 표본 간 차를 통계적으로 검정해야 하는 경우가 있다. 이를테면 연구자가 어떤 집단의 학생들에게 교육 프로그램을 투입하여 그 효과를 알아보려고 사전검사와 사후검사 점수를 얻었다고 하자. 사전검사와 사후검사 점수는 같은 학생들을 두 번 측정하여 얻은 것이므로 서로 독립적이지 않다. 따라서 지금까지 설명한 독립표본 검정을 시행할 수 없다. 일란성 쌍둥이를 각각 실험집단과 통제집단으로 나누어 실험 처치에 따른 점수 차이가 있는지 알아보는 경우도 독립표본이 아니다. 일란성 쌍둥이는 유전형질이 거의 같은 사람들이기 때문이다.

이러한 표본을 대응표본(paired sample) 또는 종속표본(dependent sample)이라고 한다. 대응표본은 독립표본과는 다른 방식으로 검정해야 하는데, 단일집단 사전-사후검사 설계의 경우에는 차이 점수를 구한 후 단일집단 검정인 것처럼 분석해도 동일한 결과를 얻을 수 있다. 이 절에서는 단일집단 사전-사후검사 설계에서 얻은 자료에서 차이 점수를 구한 후, 단일집단 t-검정으로 분석하는 예시도 보여 주겠다. 참고로 실험설계에서 단일집단만으로 비교를 하는 것보다 통제집단(또는 비교집단)을 두고 두 집단을 비교하는 설계가 더 많이 쓰인다. 실험집단과 통제집단에 각각 사전-사후검사 점수를 얻는 설계의 경우 제10장의 ANCOVA 또는 제11장의 rANOVA 방법 등을 이용하면 된다.

1) 통계적 모형과 가정

t-분포는 연속형 변수만을 상정하므로, 대응표본 검정의 경우에서도 검정 대상인 변수는 연속형이어야 한다. 독립표본 검정에서는 독립적인 두 집단을 비교하였는데, 대응표본에서는 같은 사람을 두 번 측정하는 식으로 표본이 대응되어야 한다. 자료에서 이상점(outlier)이 있을 경우 추정에 크게 영향을 줄 수 있으므로 이상점이 없어야 한다. t-검정을 쓰기 위하여 이상점이라고 판단되는 관측값을 제거할 수 있다. 또한 t-검정에서는 모집단이 정규분포를 따른다고 가정한다. 표본 분포가 정규성을 따르는지의 여부는

Shapiro-Wilk 검정 등을 이용하여 확인할 수 있다.

정규분포를 따르는 모집단에서 학생들을 무선으로 표집하여 실험을 수행하며 학생들을 두 번 측정하여 사전검사와 사후검사 점수를 얻었다고 하자. 이때 영가설은 사전검사와 사후검사 점수 평균 차이가 0이라는 것이다($H_0 : \mu_d = 0$). 사전검사 점수와 사후검사 점수를 X와 Y로 입력하고, 두 점수 간 차이가 있는지를 검정하는 대응표본 t-검정 공식은 다음과 같다.

$$d_i = X_i - Y_i \ (i = 1, \cdots, n)$$

$$\bar{d} = \frac{1}{n}\sum_{i=1}^{n} d_i$$

$$S_d^2 = \frac{1}{n-1}\sum_{i=1}^{n}(d_i - \bar{d})^2 \quad \cdots\cdots (4.12)$$

$$t = \frac{\bar{d} - \mu_d}{\frac{S_d}{\sqrt{n}}} \sim t_{n-1} \quad \cdots\cdots (4.13)$$

먼저 두 점수 간 차이를 구한 후, 이 차이 점수에 대한 평균과 표준편차를 구한다 (4.12). 이렇게 구한 평균과 표준편차를 (4.13)과 같은 t-검정 식을 이용하여 검정하면 되는데, 이 식은 식 (4.5)와 평균, 표준편차만 다를 뿐 동일하다는 것을 알 수 있다. 즉, 대응표본 t-검정은 사전검사와 사후검사 점수 간 차이를 구한 후, 이 차이가 0인지 아닌지 검정하는 것으로, 종속변수가 차이 점수인 단일표본 t-검정과 같은 식이 된다는 것을 알 수 있다.

2) R 예시: 대응표본 t-검정

〈분석 자료: 실험집단, 통제집단의 사전검사, 사후검사 결과〉

연구자가 48명의 학생을 무선으로 표집하여 사전검사와 사후검사 점수를 구하고 자료를 입력하였다. 연구자는 사전검사와 사후검사 간 차이가 있는지 알아보고자 한다.

[data file: ANCOVA_real_example.csv]

〈영가설과 대립가설〉

$H_0 : \mu_d = 0$

$H_A : \mu_d \neq 0$

[R 4.4] 대응표본 t-검정

〈R 코드〉

```
out4 <- t.test(mydata$pretest, mydata$posttest, paired = TRUE)
out4
sd(mydata$pretest - mydata$posttest)
sd(mydata$pretest - mydata$posttest)/sqrt(nrow(mydata))
```

〈R 결과〉

```
> out4 <- t.test(mydata$pretest, mydata$posttest, paired = TRUE)
> out4
        Paired t-test

data:  mydata$pretest and mydata$posttest
t = -3.5471, df = 47, p-value = 0.0008951
alternative hypothesis: true difference in means is not equal to 0
95 percent confidence interval:
 -2.8731122 -0.7935544
sample estimates:
mean of the differences
              -1.833333
> sd(mydata$pretest - mydata$posttest)
[1] 3.580879
> sd(mydata$pretest - mydata$posttest)/sqrt(nrow(mydata))
[1] 0.5168554
```

R은 t.test() 함수에 'paired = TRUE' 인자를 명시할 때 대응표본 검정을 실시한다. [R 4.4]의 결과 제목이 'Paired t-test'로, 대응표본 t-검정 결과임을 알려 준다. 'alternative hypothesis: true difference in means is not equal to 0'에서 사전검사와 사후검사 간 평균 차에 대한 검정임을 알 수 있다. 분석 결과, 유의수준 5%와 자유도 47에서 t-값이 −3.547이며 그때의 유의확률이 0.05보다 작으므로 사전 · 사후검사 간 차이가 없다는 영가설을 기각하게 된다. 즉, 사전검사와 사후검사 간 통계적으로 유의한 평균 차가 있다고 할 수 있다. 이때 사후검사 점수가 사전검사 점수보다 약 1.833점 높으며, 95% 신뢰구간도 0을 포함하지 않는다. 참고로 t.test() 함수에서 사후검사를 먼저 입력하고 사전검사를 다음에 입력할 경우, 평균 차의 부호만 바뀐다.

또는 사전검사와 사후검사 간 차이 점수에 대한 단일표본 t-검정으로 대응표본 검정과 같은 결과를 얻을 수도 있다. [R 4.5]에서 사전검사와 사후검사 간 차이 점수를 구하고 단일표본 t-검정을 실시하였다.

[R 4.5] 사전검사 사후검사 차이의 단일표본 t-검정

〈R 코드〉

```
mydata$diff <- mydata$pretest - mydata$posttest
out5 <- t.test(mydata$diff, mu = 0)
out5
```

〈R 결과〉

```
> mydata$diff <- mydata$pretest - mydata$posttest
> out5 <- t.test(mydata$diff, mu = 0)
> out5
        One Sample t-test

data:  mydata$diff
t = -3.5471, df = 47, p-value = 0.0008951
alternative hypothesis: true mean is not equal to 0
95 percent confidence interval:
 -2.8731122 -0.7935544
sample estimates:
mean of x
-1.833333
```

사전검사와 사후검사의 평균 차에 대한 검정이므로 검정값을 0으로 하였다('mu = 0'). [R 4.4]의 결과와 t-값, 자유도, 유의확률, 신뢰구간, 평균 차가 모두 동일하다는 것을 확인할 수 있다.

연습문제

1. 다음 〈보기〉를 읽고 답하시오.

보기

- 과잉행동장애 치료약의 약효지속 시간이 평균 4시간으로 알려져 있다. B 제약회사에서 자사 치료약의 평균 약효지속 시간이 4시간보다 길다는 연구가설을 세우고 통계적으로 검정하고자 한다.
- 과거 임상실험 결과를 토대로 모집단이 정규분포를 따르며, 그때의 표준편차가 0.4라고 가정한다.
- 25명의 학생에 대해 평균을 구하였더니 4.075였다.

1) 통계적 영가설과 대립가설은?

2) 유의수준 0.05에서 검정하시오.

2. 사이버 가정학습을 통한 자기주도적 학습력 신장 프로그램의 효과를 알아보고자 한다. 연구자는 20명의 학생을 표집하여 10명씩 무선으로 실험집단과 통제집단에 할당하였다. 프로그램 투입이 끝난 후 실험집단(1)과 통제집단(0)의 학습 시간(Y)을 측정하여 다음과 같은 결과표를 얻었다.

집단통계량

	group	N	평균	표준편차	평균의 표준오차
Y	0	10	74.30	10.965	3.467
	1	10	76.40	14.191	4.488

독립표본 검정

		Levene의 등분산 검정		평균의 동일성에 대한 t-검정						
									차이의 95% 신뢰구간	
		F	유의확률	t	자유도	유의확률 (양쪽)	평균차	차이의 표준오차	하한	상한
Y	등분산이 가정됨	.715	.409	-.370	18	.715	-2.100	5.671	-14.014	9.814
	등분산이 가정되지 않음			-.370	16.923	.716	-2.100	5.671	-14.069	9.869

1) 통계적 영가설과 대립가설은?

2) 다음 중 어떤 검정을 이용하였는가?

① 단일표본 Z-검정

② 독립표본 Z-검정

③ 단일표본 t-검정

④ 독립표본 t-검정

3) 유의수준 0.05에서 검정하시오.

3. 사이버 가정학습을 통한 자기주도적 학습력 신장 프로그램의 효과를 알아보고자 한다. 연구자는 15명의 학생을 표집하여 프로그램 투입 전 사전검사(pretest)를 실시하고, 투입이 끝난 후 사후검사(posttest)를 실시하였다.

대응표본 통계량

		평균	N	표준편차	평균의 표준오차
대응 1	pretest	67.07	15	8.411	2.172
	posttest	75.20	15	6.670	1.722

대응표본 상관계수

	N	상관계수	유의확률
대응 1 pretest & posttest	15	-.320	.245

대응표본 검정

	대응차					t	자유도	유의확률 (양쪽)
				차이의 95% 신뢰구간				
	평균	표준편차	평균의 표준오차	하한	상한			
대응 1 pretest - posttest	8.133	12.293	3.174	1.326	14.941	2.562	14	.023

1) 통계적 영가설과 대립가설은?

2) 유의수준 0.05에서 검정하시오.

제 5 장

상관분석과 신뢰도

필수 용어

공분산, 상관, 피어슨 상관계수, 편상관계수, 부분상관계수, 신뢰도, 측정의 표준오차, 크론바흐 알파(Cronbach's alpha)

학습목표

1. 공분산과 상관계수의 뜻을 이해하고 구할 수 있다.
2. 신뢰도에 영향을 미치는 요인을 이해하고 설명할 수 있다.
3. 실제 자료에서 R을 이용하여 상관계수 및 크론바흐 알파 계수를 구할 수 있다.

변수 간 관계를 알아볼 때 상관분석을 실시할 수 있다. 이 장에서는 공분산부터 시작하여 가장 많이 쓰이는 상관계수인 피어슨 상관계수는 물론이고 편상관계수, 부분상관계수에 대해서도 다루겠다. 또한 상관계수 개념을 신뢰도로 확장하여 신뢰도 산출 방법, 측정의 표준오차, 신뢰도에 영향을 미치는 요인 등을 설명하겠다. 마지막으로 R을 활용하여 피어슨 상관계수, 편상관계수 및 크론바흐 알파 계수를 산출하는 예시를 보여 주겠다.

1 상관분석

1) 공분산

실제 자료 분석 시 대부분 확률변수가 두 개 이상인 경우를 다룬다. 특히 확률변수 간에 어떤 관계가 있는지를 알아보고자 한다면(예: 학업적 자기효능감과 학업성취도 간 관계), 상관계수(correlation coefficient)를 구하는 것이 일반적이다. 상관계수는 공분산을 표준화한 것이므로, 먼저 공분산에 대하여 설명하겠다.

공분산(covariance)이란 두 변수가 함께(co) 변하는(vary) 정도에 대한 것이다. 한 변수가 증가(또는 감소)할 때 다른 변수도 증가(또는 감소)하는 경우라면 두 변수는 함께 변한다고 말할 수 있다. 만일 한 변수가 증가(또는 감소)하는데 다른 변수는 변하지 않는다면, 두 변수는 함께 변한다고 말할 수 없다. 공분산은 두 변수 간 변하는 관계의 방향과 크기를 알려 준다. 확률변수 X와 Y 간 공분산($cov(X, Y)$)을 구하는 식은 (5.1)과 같다.

$$cov(X, Y) = E[(X-\mu_X)(Y-\mu_Y)]$$
$$= E(XY) - E(X)E(Y) \quad \cdots\cdots (5.1)$$

X에서 X의 평균을 뺀 X의 편차점수($X-\mu_X$)와 Y에서 Y의 평균을 뺀 Y의 편차점수($Y-\mu_Y$)를 곱한 값의 기대값이 X와 Y 간 공분산이다. 따라서 편차점수의 곱이 양수로 클수록 공분산이 커지게 된다. 이 수식을 정리하면 이는 XY의 기대값에서 각각의 기대값 곱을 뺀 것과 같다.[1)]

편차점수 간 곱의 기대값을 구하는 식으로 공분산을 구하는 예시를 보여 주겠다. 아버지 키 평균과 아들 키 평균을 구했더니 각각 168, 172라고 하자. 〈표 5.1〉에서 아버지의 키를 X, 아들의 키를 Y로 각 사례의 편차점수를 구한 후 편차점수의 곱인 $(X-\mu_X)(Y-\mu_Y)$를 구하였다.

〈표 5.1〉 아버지의 키(X)와 아들의 키(Y)의 공분산

사례	X	Y	$X-\mu_X$	$Y-\mu_Y$	$(X-\mu_X)(Y-\mu_Y)$
1	165	165	−3	−7	+21
2	180	185	+12	+13	+156
3	159	180	−9	+8	−72
4	172	168	+4	−4	−16
⋮	⋮	⋮	⋮	⋮	⋮
	$\mu_X=168$	$\mu_Y=172$			

각 사례에서 편차점수의 곱이 어떻게 다른지 알아보자. 사례 1은 아버지와 아들의 키가 모두 평균보다 작은 경우다. 따라서 각각의 편차점수도 모두 음수가 나오는데, 이를 곱한 값은 양수가 된다. 반대로 사례 2는 아버지와 아들의 키가 모두 평균보다 큰 경우로, 각 편차점수, 편차점수의 곱이 모두 양수가 된다. 사례 1과 사례 2는 편차점수가 모

1) $E[(X-\mu_X)(Y-\mu_Y)]$
$= E[(XY - X\mu_Y - \mu_X Y + \mu_X\mu_Y)]$
$= E(XY) - \mu_Y E(X) - \mu_X E(Y) + \mu_X\mu_Y \ (\because \mu_X = E(X),\ \mu_Y = E(Y))$
$= E(XY) - E(X)E(Y) - E(X)E(Y) + E(X)E(Y)$
$= E(XY) - E(X)E(Y)$

두 음수 또는 모두 양수로, 아버지의 키와 아들의 키가 모두 평균보다 작거나 또는 모두 평균보다 큰 경우다. 사례 1과 사례 2를 비교하면, 사례 1에서는 편차점수의 곱이 21이었는데, 사례 2에서는 편차점수가 156이나 된다. 사례 2의 아버지와 아들의 편차점수가 평균보다 각각 12와 13으로 더 크기 때문에, 편차점수 곱 또한 더 크다. 즉, 두 변수가 같은 방향으로 평균보다 크거나 작은 경우 두 변수 간 공분산은 양수가 되며, 그 크기가 클수록 공분산 값도 커진다.

반대로 사례 3은 아버지의 키는 평균보다 작았는데, 아들의 키가 평균보다 큰 경우로 편차점수의 곱이 음수가 된다. 사례 4의 경우에도 아버지의 키가 평균 이상인데 아들의 키는 평균 이하로 편차점수의 곱이 음수가 된다. 사례 3과 사례 4는 아버지의 키가 평균보다 작은데 아들의 키가 평균보다 크거나 아버지의 키는 평균보다 큰데 아들의 키가 평균보다 작은 경우로, 이때 편차점수 곱이 음수가 된다. 사례 1과 사례 2에서 편차점수 곱이 양수였는데 사례 3과 사례 4에서 편차점수 곱이 음수이므로 이 네 가지 사례를 모두 더한 값의 기대값인 공분산은 그 절대값이 작아진다.

2) 상관계수

공분산은 그 크기가 측정 단위에 따라 달라진다는 단점이 있다. 똑같은 자료인데도 센티미터(cm)로 공분산을 구할 때와 미터(meter)나 인치(inch)로 구할 때 공분산은 달라진다. 이러한 공분산의 단점을 보완하기 위해 나온 것이 상관계수다. 상관계수($corr(X, Y)$)는 공분산을 표준화한 값으로, 공분산을 각 확률변수의 표준편차로 나눈 것이다. 상관계수는 ±1 사이에서만 움직인다. 즉, 상관계수는 1보다 크거나 -1보다 작을 수 없다. 상관이 0인 경우 상관이 없는 것이며, 상관계수의 절대값이 1에 가까울수록 상관이 정적으로든 부적으로든 크다고 한다.

〈표 5.1〉에서 X(아버지의 키)와 Y(아들의 키)의 관계를 보자. 사례 1과 사례 2에서 공분산은 양수 값을 가지는데, 이는 아버지의 키가 클수록(또는 작을수록) 아들의 키도 크다(또는 작다)는 정적(+) 상관 관계가 있다는 것을 의미한다. 반대로 사례 3과 사례 4의 공분산은 음수 값을 가지며, 이는 아버지의 키가 클수록(또는 작을수록) 아들의 키가 작아지는(또는 커지는) 부적(−) 상관 관계가 있다는 뜻이다. 사례 1, 사례 2와 같은 경우만 있다면 상관계수가 1에 가까운 양수 값이 나오고, 사례 3, 사례 4와 같은 경우만 있다면 상관계수는 -1에 가까운 음수 값이 나올 것이다. 즉, 한 방향으로 움직이는 경우 상관계수의

절대값이 크며, 상관이 정적 또는 부적으로 크다고 한다. 그러나 사례 1부터 사례 4까지 편차점수 곱의 값을 모두 더할 경우 +와 − 값을 더하게 되므로 공분산의 절대값이 작아지게 되며 상관계수의 절대값 또한 작아진다.

가장 많이 쓰이는 피어슨 적률상관계수(Pearson product−moment correlation coefficient) 공식은 식 (5.2)와 같다. 식 (5.1)은 식 (5.2)의 공분산을 X와 Y의 표준편차인 σ_X와 σ_Y로 나눈 식이라는 것을 알 수 있다.

$$corr(X, Y) = \rho_{XY} = \frac{cov(X, Y)}{\sigma_X \sigma_Y} = \frac{\sigma_{XY}}{\sigma_X \sigma_Y}$$

$$= E\left[(\frac{X-\mu_X}{\sigma_X})(\frac{Y-\mu_Y}{\sigma_Y})\right] \quad \cdots\cdots (5.2)$$

〈표 5.2〉에서 변수 X, Y의 상관, 공분산, 분산이 어떻게 표기되는지 정리하였다. 참고로 모집단의 값인 모수치는 그리스어 문자(예: μ, σ, ρ)로 표기하고,[2] 표본에서 얻은 값인 통계치(통계값, 추정치)는 영어 알파벳(예: M, S, r)으로 쓰는 것이 관례다.

〈표 5.2〉 상관, 공분산, 분산 표기

	상관	공분산	분산
	$\frac{cov(X, Y)}{\sigma_X \sigma_Y} = corr(X, Y)$	$cov(X, Y)$	$cov(X, X) = var(X)$
모수치 (모집단)	ρ_{XY}	σ_{XY}	σ_X^2
통계치(표본)	r_{XY}	S_{XY}	S_X^2

표본 상관계수 r_{XY}는 식 (5.3)과 같이 구할 수 있다.

2) 각각 /mu/, /sigma/, /rho/로 읽는다.

$$r_{XY} = \frac{S_{XY}}{S_X S_Y} = \frac{\frac{1}{n-1}\sum_{i=1}^{n}(X_i - \overline{X})(Y_i - \overline{Y})}{\sqrt{\frac{1}{n-1}\sum_{i=1}^{n}(X_i - \overline{X})^2 \frac{1}{n-1}\sum_{i=1}^{n}(Y_i - \overline{Y})^2}} \quad \cdots\cdots (5.3)$$

이때, $S_{XY} = \frac{1}{n-1}\sum_{i=1}^{n}(X_i - \overline{X})(Y_i - \overline{Y})$

$$S_X = \sqrt{\frac{1}{n-1}\sum_{i=1}^{n}(X_i - \overline{X})^2}$$

$$S_Y = \sqrt{\frac{1}{n-1}\sum_{i=1}^{n}(Y_i - \overline{Y})^2}$$

식 (5.3)을 (5.4)와 같이 더 간단한 식으로 정리할 수 있다.

$$r_{XY} = \frac{S_{XY}}{S_X S_Y} = \frac{\sum_{i=1}^{n}(X_i - \overline{X})(Y_i - \overline{Y})}{\sqrt{\sum_{i=1}^{n}(X_i - \overline{X})^2 \sum_{i=1}^{n}(Y_i - \overline{Y})^2}} \quad \cdots\cdots\cdots\cdots\cdots\cdots (5.4)$$

3) 피어슨 상관계수의 통계적 가정과 검정

t-검정에서와 마찬가지로 피어슨 상관계수를 구하려면 각 변수가 동간척도 또는 비율척도로 측정되어야 한다. (X, Y)의 쌍들이 독립적으로 추출되었으며, 각 변수가 정규분포를, 그리고 (X, Y) 두 변수의 결합분포는 이변량 정규분포(bivariate normal distribution)를 따른다고 가정한다. 또 다른 중요한 가정으로, X와 Y 간 관계의 선형성(linearity) 가정이 있다. X와 Y가 선형 관계, 즉 일차함수 형태를 띤다면 선형성 가정을 충족한다. 선형 관계인지 아닌지 알아보려면 두 변수 간 산포도(scatter plot)를 그려 볼 수 있다. 두 변수 간 관계를 산포도로 나타낸 [그림 5.1]에서 (a)와 (b)는 선형성 가정을 충족한다는 것을 쉽게 알 수 있다. 특히 (a)와 (b)는 각각 양(+)과 음(−)인 관계가 있어 상관계수 또한 각각 양수와 음수일 것이다. (c)의 경우 두 변수 간 상관이 0에 가까운 값

일 것임을 산포도만으로도 추측할 수 있다.

그런데 (d)는 선형성 가정을 충족하지 못한다. 이차함수의 꼭짓점을 기준으로 꼭짓점보다 작은 X값에서는 Y값이 증가하다가 꼭짓점보다 큰 X값에서는 Y값이 감소하는 양상을 보인다. 이 관계를 피어슨 상관계수로 구하면 그 값이 (c)에서와 같이 0에 가까운 값이 된다는 문제가 발생한다. 피어슨 상관계수는 두 변수 간 편차점수 곱의 기대값을 바탕으로 계산되는데, (d)의 경우 이차함수의 꼭짓점을 기준으로 왼쪽은 편차점수 곱이 +, 오른쪽은 −가 되어 모두 더하면 0에 가까운 값이 나오기 때문이다. 즉, 피어슨 상관계수는 비선형(nonlinear) 관계는 제대로 측정하지 못한다. 이변량 정규분포를 따르지 않는 경우의 상관분석은 〈심화 5.1〉을 참고하기 바란다.

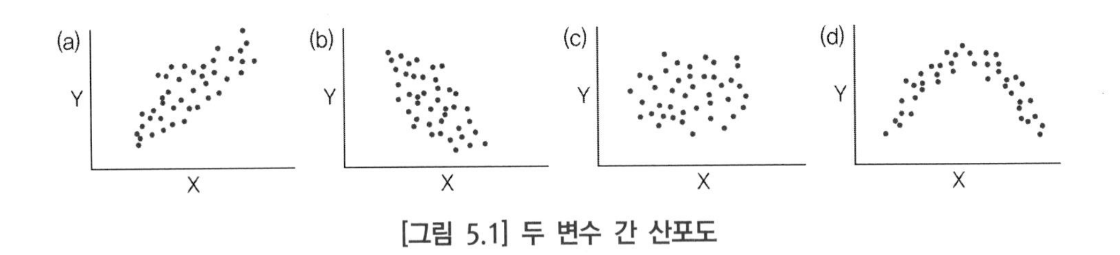

[그림 5.1] 두 변수 간 산포도

심화 5.1 이변량 정규분포를 따르지 않는 경우의 상관분석

이변량 정규분포를 따르지 않거나 비선형 관계가 있는 경우, 두 변수를 변환(transformation)하는 방법이 있다. 그러나 변환 후 상관계수 해석에는 어려움이 따른다. 다른 방법으로는 이변량 정규분포를 가정하지 않는 상관계수를 구하는 방법이 있다. Spearman rank correlation 또는 Kendall's rank correlation 등이 있다. 이러한 방법에 대한 자세한 설명은 Agresti(2002) 등을 참고하기 바란다.

상관계수 ρ가 통계적으로 유의한지 아닌지를 알아보려면 유의성 검정을 실시할 수 있다. 이때 상관계수 ρ의 통계적 유의성은 영가설 $H_0 : \rho = 0$으로 검정하게 된다. ρ가 0인 영가설하에서 표본 상관계수 r의 분포가 정규분포에 가깝게 되며, 표본 상관계수 r의 표준편차(S_r)를 구할 수 있다. 영가설 $H_0 : \rho = 0$에 대한 검정 공식은 식 (5.5)와 같다.

$$t = \frac{r - \rho}{S_r} \sim t_{n-2}, \text{이때 } S_r = \sqrt{\frac{1-r^2}{n-2}} \quad \cdots\cdots (5.5)$$

식 (5.5)에서 '$\rho = 0$'이므로 상관계수 r과 그 표준편차 S_r을 구하여 대입해 준 다음, 자유도가 $n-2$인 t-분포에서 가설검정을 하면 된다. ρ가 0이 아닌 다른 값에 대하여 검정하고자 한다면 〈심화 5.2〉를 참고하기 바란다.

심화 5.2 Fisher's Z transformation

식 (5.5)의 영가설이 '상관계수 ρ가 0'이라는 것에 주의해야 한다. 즉, 영가설을 기각한다고 하더라도 상관계수가 어떤 다른 큰 값인지 아닌지를 검정하는 것이 아니라 상관계수가 단지 0인지 아닌지만을 검정할 뿐이다.

ρ가 0이 아닌 다른 값에 대하여 검정하고자 할 때 Fisher's Z transformation 공식을 이용할 수 있다. 더 자세한 내용은 강현철, 한상태, 최호식(2010) 등을 참고하기 바란다.

4) 편상관계수와 부분상관계수

지금까지 두 변수 간 상관 관계를 구하는 피어슨 상관계수를 알아보았다. 그런데 변수가 여러 개가 있을 때 두 변수 간 상관계수는 더 자세한 정보를 주지 못한다. 예를 들어 아버지 키(X_1)와 아들 키(Y)에 대한 연구를 할 때, 아버지의 영양상태(X_2) 또는 아들의 수면 시간(X_3)과 같은 다른 변수의 영향을 제거한 후 아버지 키와 아들 키 간 관계를 구하고 싶을 수 있다. 이 경우 편상관계수(partial correlation)를 구하면 된다. 편상관계수는 제3의 변수(X_2 또는 X_3)를 같은 값으로 통제(고정)한 후 구한 두 변수(X_1과 Y) 간 상관계수로, 두 변수 간 순수한 연관성을 나타낸다.

관련된 개념으로 부분상관계수가 있다. 부분상관계수(semi-partial correlation 또는 part correlation)는 어떤 변수(X_1)가 다른 변수들(Y, X_2)에게 주는 영향을 설명한다. 다음 장부터 설명할 회귀계수는 부분상관계수라 하겠다. 참고로 부분상관계수는 언제나 편상관계수보다 작거나 같다(〈심화 5.3〉). 편상관계수와 부분상관계수 모두 피어슨 상관계수와 마찬가지로 변수들이 연속이고 선형 관계가 있으며 이상점이 없다고 가정하고 구한다.

심화 5.3 편상관계수와 부분상관계수

편상관계수와 부분상관계수를 다음과 같이 식과 벤다이어그램으로 설명하였다(Cohen et al., 2003).

1. 식으로 설명하기

부분상관계수(sr_1 또는 sr_2)

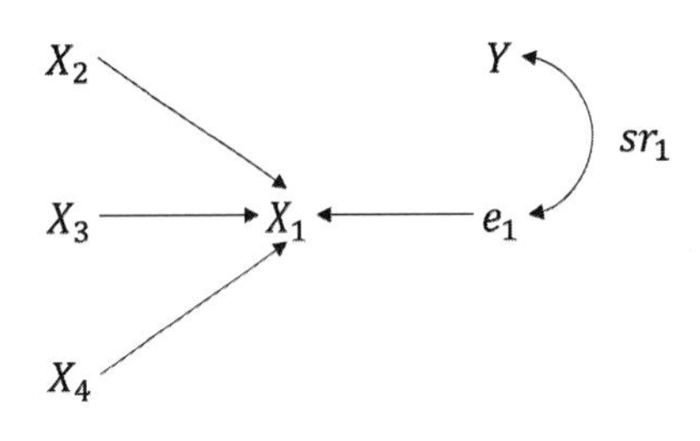

$$sr_1 = \frac{r_{Y1} - r_{Y2}\,r_{12}}{\sqrt{1 - r_{12}^2}}$$

$$sr_2 = \frac{r_{Y2} - r_{Y1}\,r_{12}}{\sqrt{1 - r_{12}^2}}$$

편상관계수(pr_1 또는 pr_2)

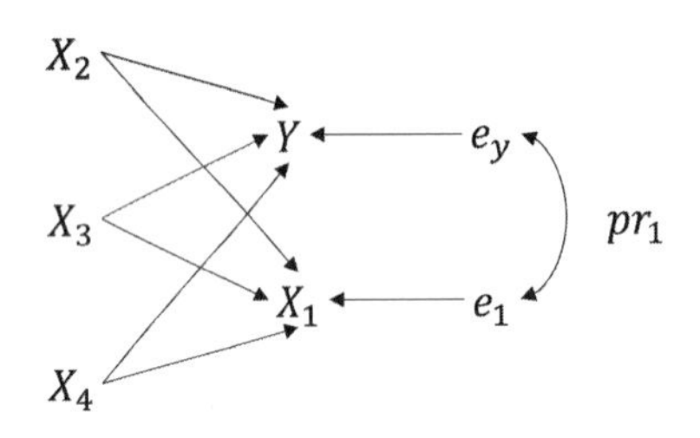

$$pr_1 = \frac{sr_1}{\sqrt{1 - r_{Y2}^2}}$$

$$pr_2 = \frac{sr_2}{\sqrt{1 - r_{Y1}^2}}$$

2. 벤다이어그램으로 설명하기

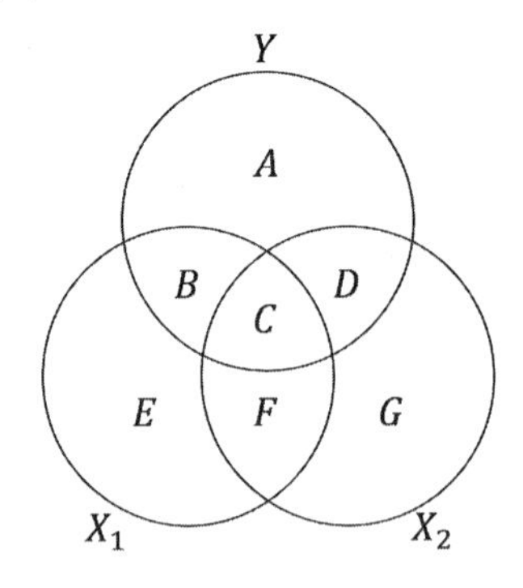

부분상관계수		편상관계수
$sr_1^2 = \frac{B}{A+B+C+D}$	$sr_1^2 = B$ $(A+B+C+D=1$일 때$)$	$pr_1^2 = \frac{B}{A+B}$
$sr_2^2 = \frac{D}{A+B+C+D}$	$sr_2^2 = D$ $(A+B+C+D=1$일 때$)$	$pr_2^2 = \frac{D}{A+D}$

식이든 벤다이어그램이든 편상관계수와 부분상관계수 식의 분자 부분이 같다는 것을 확인할 수 있다. 반면, 분모의 경우 편상관계수가 부분상관계수보다 더 작다. 따라서 편상관계수가 부분상관계수보다 더 크게 된다.

단, 다른 설명변수와 Y의 상관이 0일 때 편상관계수와 부분상관계수는 같다. 예를 들어, sr_1은 X_2와 Y의 상관이 0일 때($r_{Y2}=0$) pr_1과 같은 값이다. 마찬가지로 X_1과 Y의 상관이 0일 경우($r_{Y1}=0$) sr_2는 pr_2와 같다.

5) R 예시

<분석 자료: 학업성취도, 과제지속력, 자기효능감의 사전·사후·추후검사 결과>

연구자가 학생들을 무선으로 표집하여 실험집단 26명과 통제집단 22명으로 나누고 실험을 수행하였다. 실험집단과 통제집단의 48명 학생에게 학업성취도, 과제지속력, 자기효능감 검사를 세 번 실시하고, 사전(pre), 사후(post), 추후(follow-up) 검사 결과를 입력하였다.

변수명	변수 설명
a1	학업성취도 사전검사
a2	학업성취도 사후검사
a3	학업성취도 추후검사
b1	과제지속력 사전검사
b2	과제지속력 사후검사
b3	과제지속력 추후검사
c1	자기효능감 사전검사
c2	자기효능감 사후검사
c3	자기효능감 추후검사

[data file: corr_example.csv]

〈연구 가설〉

학업성취도 사전검사(a1)와 자기효능감 사전검사(c1) 간 상관이 있을 것이다.

〈영가설과 대립가설〉

$H_0 : \rho = 0$

$H_A : \rho \neq 0$

[R 5.1] 이변량 상관분석

〈R 코드〉

```
##예시 1##
mydata <- read.csv('corr_example.csv')
cor.test(mydata$a1, mydata$c1)
```

〈R 결과〉

```
> ##예시 1##
> mydata <- read.csv('corr_example.csv')
> cor.test(mydata$a1, mydata$c1)

        Pearson's product-moment correlation

data:  mydata$a1 and mydata$c1
t = 3.9611, df = 46, p-value = 0.0002573
alternative hypothesis: true correlation is not equal to 0
95 percent confidence interval:
 0.2570133 0.6896333
sample estimates:
      cor
0.5043194
```

학업성취도 사전검사와 자기효능감 사전검사 간 상관계수는 0.504이며, 유의수준 5%에서 상관계수가 0이라는 영가설을 기각하게 된다([R 5.1]). 식 (5.5)를 대입하여 t-값이 약 3.96이라는 큰 값이 나온다는 것을 직접 계산해 볼 수 있다. 두 검사점수 간 Pearson 상관계수를 구할 때 R의 내장 함수인 cor.test()를 사용하였다. cor.test에는 두 개의 변수를 ','로 구분하여 넣어 주면 된다. 두 변수 간 상관계수이므로 변수 입력 순서에 관계없이 같은 값을 얻게 된다.

〈연구 가설〉

과제지속력 사전검사(b1)의 영향을 제거한 후 학업성취도 사전검사(a1)와 자기효능감 사전검사(c1) 간 상관이 있을 것이다.

[R 5.2] 편상관분석

〈R 코드〉

```
library(ppcor)
pcor.test(mydata$a1, mydata$c1, mydata$b1)
```

〈R 결과〉

```
> library(ppcor)
> pcor.test(mydata$a1, mydata$c1, mydata$b1)
   estimate    p.value   statistic   n  gp  Method
1  0.3054592  0.03680468  2.151934  48   1  pearson
```

분석 결과, 상관계수(estimate)가 0.305이며, 유의수준 5%에서 상관계수가 0이라는 영가설을 기각한다([R 5.2]). 학업성취도 사전검사와 자기효능감 사전검사 간 상관계수가 0.504였는데([R 5.1]), 과제지속력 사전검사의 영향을 제거한 후 두 사전검사 간 상관계수가 0.305로 줄어든 것을 확인할 수 있다.

두 변수 간 Pearson 상관계수를 구하는 cor.test()는 R의 내장 함수이므로 따로 패키지를 설치하고 불러올 필요가 없다. 반면, 편상관계수는 내장 함수가 아니기 때문에 ppcor 패키지를 설치하고(install.packages), library(ppcor) 명령어로 불러 오면 된다.[3] 또한 편상관계수를 구하는 pcor.test() 함수에는 세 가지 인자가 들어가는데, 변수 입력 순서를 주의해야 한다. 즉, 마지막(세 번째) 인자의 영향을 제거하고 처음 두 인자의 상관계수를 구하므로 세 번째 변수를 정확하게 입력해야 한다.

---

3) 또는 ppcor::pcor.test() 함수로 쓸 경우, library(ppcor)를 실행하지 않아도 된다(서장 제1절 참고).

2 신뢰도

모든 종류의 검사에서 같은 사람(또는 물체)을 같은 조건에서 다시 측정할 때 같은 결과가 나오는 것이 바람직하다. 만일 어떤 자로 연필 길이를 재는데, 잴 때마다 연필 길이가 달라진다면 그 자를 믿을 수 없으며 그 자로 측정된 결과 또한 신뢰할 수 없게 된다. 반대로 잴 때마다 연필 길이가 같다면 그 자를 신뢰할 수 있고 그 자로 측정된 결과 또한 신뢰할 수 있다. 이렇게 같은 조건에서 행한 어떤 검사에 대해 반복해서 측정해도 일관된 결과가 나올 때 그 검사의 신뢰도(reliability)가 높다고 한다. 즉, 신뢰도는 일관성과 관련된다.

그런데 연필 길이를 일관되게 측정할 수 있는 자를 만드는 것과 달리 사람의 지적 · 정의적 영역의 특성을 일관되게 측정하는 검사를 개발하는 것은 그리 쉽지 않다. 그러나 높은 신뢰도는 높은 타당도의 필요조건이므로 사회과학 연구에서 신뢰도가 보장된 검사를 개발하고 사용하는 것이 특히 중요하다. 따라서 신뢰도에 대하여 이해하고, 신뢰도에 영향을 미치는 요인이 무엇인지 알아볼 필요가 있다. 먼저 신뢰도의 통계적 가정과 공식을 설명하고 다양한 신뢰도 산출 방법의 장단점을 비교하겠다. 또한 신뢰도를 이용하는 측정의 표준오차에 대해서도 설명하겠다. 이 장에서는 신뢰도에 초점을 맞추어 설명하는데, 검사 타당도와 객관도에 대해 알고 싶다면 유진은(2019), 유진은, 노민정(2023) 등을 참고하면 된다.

1) 통계적 가정과 공식

신뢰도에 대해 이야기할 때, 영국 심리학자인 Charles Spearman을 빼놓을 수 없다. Spearman은 변수 간 상관 관계에 대해 연구하며 신뢰도에 대한 개념을 발전시킨 학자이다. Spearman(1904)은 심리 검사에서 관찰점수는 오차가 있을 수 밖에 없고, 이러한 관찰점수 간 상관은 진짜 점수(진점수) 간 상관보다 낮다는 것을 수식으로 보여 주었다. 이것이 바로 감쇠교정(corrections for attenuation)이라고 불리는 관찰점수 간 상관 교정 공식이다(〈심화 5.5〉 참고). Spearman의 연구는 이후 고전검사이론(Classical Test Theory: CTT)의 이론적 기틀이 된다. 이 장에서는 CTT에 한정지어 신뢰도를 설명할 것이다.

$$X = T + E \quad \cdots\cdots (5.6a)$$

$$E(E) = 0,\ \ E(X) = T \quad \cdots\cdots (5.6b)$$

$$\sigma_{TE} = \sigma_{ET} = \sigma_{EE'} = 0 \quad \cdots\cdots (5.6c)$$

고전검사이론의 가장 기본적인 개념은 관찰점수(X, observed score)는 진점수(T, true score)와 오차점수(E, error score)의 합이라는 것이다(5.6a). 즉, 우리가 얻는 관찰점수는 진점수에 오차점수가 합해진 것이다. 이때의 오차점수는 무선오차(random error)로, 그 기대값이 0이므로 관찰점수의 기대값이 진점수가 된다(5.6b). 오차점수와 진점수와의 공분산(또는 상관), 오차점수끼리의 공분산도 0이라고 가정한다(5.6c). 다시 말해, 완벽한 측정은 불가능하며 측정에는 언제나 오차가 들어갈 수밖에 없는데, 이 오차는 무작위로 일어나기 때문에 진점수의 크기와 관계가 없다고 가정한다.

무선오차는 여러 가지로 가능하다. 내용을 몰라도 찍어서 맞힌다면 오차가 + 방향으로, 내용을 아는데 실수로 틀린다면 오차가 − 방향으로 작용한 것이다. 또는 학생들이 일시적으로 깜빡해서 틀릴 수도 있고, 컨디션이 안 좋아서 또는 피곤하거나 헷갈려서, 아는 부분의 문제가 많이 나오거나 적게 나와서 맞히거나 틀릴 수 있는 것이다(Crocker & Algina, 1986). 이때, 무선오차는 말 그대로 무선으로 일어나는 것이므로 진점수와 전혀 관계가 없다. 어떤 검사에서 높은 점수를 받은 학생의 경우 오차가 + 방향으로 작용하고 낮은 점수를 받은 학생의 경우 오차가 − 방향으로 작용하는 것이 아니다. 물론, 오차가 + 방향으로 작용하면 진점수보다 높은 점수를 받을 수는 있겠으나, 높은 점수를 받았다고 오차가 + 방향으로 작용했다고는 말할 수 없다.

〈필수 내용: 무선오차〉

고전검사이론에서 무선오차는 진점수와 관계가 없다고 가정한다. 어떤 검사에서 높은 점수를 받은 학생의 경우 오차가 + 방향으로 작용하고 낮은 점수를 받은 학생의 경우 오차가 − 방향으로 작용하는 것이 아니다.

다시 가정으로 돌아가겠다. 검사를 무수히 많이 반복하여 오차점수의 평균을 구하면 0이 되며, 따라서 검사를 무수히 많이 반복하여 구한 관찰점수의 평균이 진점수의 평균이 된다고 하였다. 그런데 교육 · 심리 검사에서 오차의 평균이 0이 될 만큼 무수히 많이 검사를 시행하는 것은 불가능하다. 즉, 우리는 개인에 대한 진점수, 오차점수가 무엇인지 알 수 없는 것이다. 대신 분산 식을 이용하여 관찰점수 분산 중 진점수가 차지하는 분산의 비율로 신뢰도를 구할 수 있다. 분산을 구해야 하므로 이때 척도는 적어도 동간척도가 되어야 한다.

$$\sigma^2_X = \sigma^2_{(T+E)} = \sigma^2_T + \sigma^2_E + 2\sigma_{TE} = \sigma^2_T + \sigma^2_E \quad \cdots\cdots (5.7)$$

관찰점수에 대한 분산은 진점수에 대한 분산, 오차점수에 대한 분산, 그리고 진점수와 오차점수 간 공분산으로 이루어진다(5.7). 그런데 진점수와 오차점수 간 공분산이 0이므로(5.6c) 관찰점수 분산은 진점수 분산과 오차점수 분산의 합으로 간단하게 정리된다. 신뢰도는 진점수 분산 대 관찰점수 분산 비율로 정의하고, $\rho_{XX'}$로 표기한다(5.8).

$$\sigma^2_X = \sigma^2_T + \sigma^2_E$$

$$\rho_{XX'} = \frac{\sigma^2_T}{\sigma^2_X} = 1 - \frac{\sigma^2_E}{\sigma^2_X} \quad \cdots\cdots (5.8)$$

관찰점수와 진점수 간 공분산은 진점수 분산과 같고(5.9a), 관찰점수와 진점수 간 상관은 진점수 표준편차 대 관찰점수 표준편차 비율과 같다(5.9b). 따라서 신뢰도는 다시 관찰점수와 진점수 간 상관계수 제곱으로 볼 수 있다(5.9c). 다음 장의 회귀분석에서도 언급하겠지만, 두 변수 간 상관계수의 제곱은 설명량을 뜻한다. 즉, 신뢰도는 관찰점수의 분산 중 진점수의 분산이 설명하는 비율을 말하며, 이는 (5.8)과 같은 뜻이다.

$$\sigma_{XT} = \sigma_{(T+E)T} = \sigma^2_T + \sigma_{TE} = \sigma^2_T \quad \cdots\cdots (5.9a)$$

$$\rho_{XT} = \frac{\sigma_{XT}}{\sigma_X \sigma_T} = \frac{\sigma^2_T}{\sigma_X \sigma_T} = \frac{\sigma_T}{\sigma_X} \quad \cdots\cdots (5.9b)$$

$$\rho_{XX'} = \rho^2_{XT} \quad \cdots\cdots (5.9c)$$

이제 신뢰도의 이론적인 부분에 대한 설명이 끝났는데, 여전히 신뢰도를 어떻게 구하는지는 의문이 들 수 있다. 초기에는 두 동형검사(parallel tests) 간 상관을 구하는 방법을 썼고(〈심화 5.4〉 참고), 이 방법에서 시작하여 여러 가지 다양한 신뢰도를 구하는 방법이 개발되었다. 이제 신뢰도를 구하는 방법에 대하여 설명하겠다.

심화 5.4 동형검사

두 검사 A, B가 동형검사라고 말하려면, 어떤 개인에 대한 두 검사의 진점수 기대값(평균), 분산, 신뢰도 등이 모두 같아야 한다.

심화 5.5 감쇠교정

X_1과 X_2를 동형검사(parallel tests)에서 얻은 관찰점수라고 하자.

$$X_1 = T_1 + E_1,\ X_2 = T_2 + E_2 \text{ (식 (5.6a) 이용)}$$

$$\rho_{T_1T_2} = \frac{\sigma_{T_1T_2}}{\sigma_{T_1}\sigma_{T_2}}$$

$$\sigma_{T_1T_2} = \sigma_{(X_1-E_1)(X_2-E_2)} = \sigma_{(X_1X_2-X_1E_2-E_1X_2+E_1E_2)} = \sigma_{X_1X_2} \text{ (식 (5.6c) 이용)}$$

$$\rho_{T_1T_2} = \frac{\sigma_{X_1X_2}}{\sigma_{T_1}\sigma_{T_2}}$$

$$= \frac{\dfrac{\sigma_{X_1X_2}}{\sigma_{X_1}\sigma_{X_2}}}{\dfrac{\sigma_{T_1}\sigma_{T_2}}{\sigma_{X_1}\sigma_{X_2}}} \text{ (분모 · 분자를 } \sigma_{X_1}\sigma_{X_2}\text{로 나누기)}$$

$$= \frac{\rho_{X_1X_2}}{\rho_{X_1T_1}\rho_{X_2T_2}}$$

$$= \frac{\rho_{X_1X_2}}{\sqrt{\rho_{X_1X_1'}\rho_{X_2X_2'}}} \text{ (식 (5.9c) 이용)}$$

정리하면, 진점수 간 상관계수는 관찰점수 간 상관계수를 각 관찰점수의 신뢰도 제곱근 곱으로 나눈 값과 같다. 즉, 관찰점수 간 상관계수가 측정오차로 인해 원래보다 적게 추정되기 때문에 신뢰도를 이용하여 교정한 값을 진점수 간 상관계수로 쓰는 것이 좋다. 이를 감쇠교정(corrections for attenuation)이라 한다. 구조방정식모형(structural equation modeling)도 비슷한 역할을 한다.

2) 신뢰도 산출 방법

신뢰도를 측정하기 위한 방법에는 여러 가지가 있다. 동형검사 신뢰도, 검사-재검사 신뢰도, 반분신뢰도, KR20, KR21, 크론바흐 알파 등이다. 각각에 대하여 간략하게 설명하겠다. 먼저 동형검사 신뢰도는 가장 먼저 나온 방법 중 하나로, 두 개의 동형검사를 실시하고 그 검사 점수 간 상관을 구하는 방법이다. 그런데 동형검사를 만들기가 힘들고 검사를 두 번 실시해야 한다는 번거로움으로 인하여 동형검사 신뢰도는 현재 그 이론적인 중요성만 인정받는 편이다. 검사-재검사 신뢰도는 같은 검사를 같은 참가자들에게 두 번 보게 한 후, 그 두 검사 점수 간 상관을 구하는 방법이다. 동형검사를 만들 필요가 없는 것이 장점이지만, 여전히 검사를 두 번 실시해야 하며 두 검사 간 간격에 대한 명확한 지침이 없는 점 등이 단점이 된다. 검사-재검사 신뢰도를 구할 때 검사 간격이 너무 짧으면 기억·연습 등이 작용할 수 있고, 검사 간격이 너무 길면 측정하고자 하는 구인이 바뀔 수도 있다.

반분신뢰도, KR20, KR21, 크론바흐 알파의 경우 검사를 한 번만 실시해도 된다는 점이 큰 장점이 된다. 반분신뢰도는 한 검사를 두 개의 동형검사로 나누어 그 검사 간 상관을 구하는 방법이다. 검사를 한 번만 실시한다는 점에서 동형검사 신뢰도보다는 낫지만, 반분신뢰도 또한 동형이 되도록 검사를 나누는 것이 어렵다는 단점이 있다. 또한 한 검사를 나누어 구한 신뢰도의 경우, Spearman-Brown 교정 공식을 이용하여 신뢰도를 더 높게 교정해야 한다(〈심화 5.6〉).

심화 5.6 Spearman-Brown 교정 공식

한 번 실시한 검사를 나누어 신뢰도를 구할 경우, Spearman-Brown 교정 공식을 적용해야 한다(식 (5.10)). 이때, $\rho_{jj'}$는 검사를 나누어 구한 신뢰도 값이고, K는 검사 개수, $\rho_{XX'}$는 교정 공식을 적용하여 최종 산출된 신뢰도 값이 된다.

$$\rho_{XX'} = \frac{K\rho_{jj'}}{1+(K-1)\rho_{jj'}} \quad \cdots\cdots (5.10)$$

만일 검사를 두 개로 나누었다면, K 대신 2를 대입하여 (5.10) 식을 다음과 같이 간단하게 정리할 수 있다.

$$\rho_{XX'} = \frac{2\rho_{jj'}}{1+\rho_{jj'}}$$

그 결과로 도출된 $\rho_{XX'}$ 값은 한 번 실시된 검사를 두 개로 나누어 구한 신뢰도 $\rho_{jj'}$ 보다 언제나 더 크다.

KR20, KR21, 크론바흐 알파는 검사를 한 번만 실시하되, 동형검사가 되도록 검사를 나누는 수고를 하지 않아도 된다는 장점이 있다. 세 방법을 묶어서 문항내적일치도(internal consistency, 문항내적합치도)라고 부른다. 세 방법 모두 검사를 한 번 볼 때 문항 자체의 분산(문항 내 분산)과 문항 간 분산의 합이 검사 점수의 분산이 된다는 식을 이용한다. 이 중 KR20은 부분점수가 없는 문항(예: 맞히면 1점, 틀리면 0점인 문항)에 대해서만 쓸 수 있다는 단점이 있다. KR21은 모든 문항의 문항난이도가 같다고 가정하기 때문에 KR20보다 식이 간편한 대신, 문항난이도가 서로 다를 때 신뢰도를 과소추정한다는 단점이 있다.

크론바흐 알파는 부분점수가 있는 문항에도 쓸 수 있으며, 모든 문항의 문항난이도가 같다고 가정하지도 않기 때문에 현재 신뢰도 산출 공식으로 가장 많이 쓰이는 방법이다. 특히 각 문항을 하위검사(subtest)로 생각하여 하위검사 점수의 총점에 대한 신뢰도를 구한다. 검사 점수의 분산이 문항 내 분산과 문항 간 분산의 합으로 이루어진다는 것을 이용한다(〈심화 5.7〉). 크론바흐 알파 공식에서 하위검사로 여겨지는 각 문항이 서로 동형이 아닌 경우 이 공식은 신뢰도의 하한계를 추정하게 된다(〈심화 5.8〉). 이에 대한 더 자세한 설명은 Crocker & Algina(1986, pp. 119-121)를 참고하면 된다.

심화 5.7 검사 점수의 분산

검사 점수의 분산 = 문항 내 분산 + 문항 간 분산

$$\sigma_C^2 = \sum_{i=1}^{K}\sigma_i^2 + (\sigma_C^2 - \sum_{i=1}^{K}\sigma_i^2)$$

심화 5.8 크론바흐 알파

$C = A + B + \cdots + K$

$T_C = T_A + T_B + \cdots + T_K$

동형검사일 때:

$$\sigma^2_{T_C} = \sigma^2_{T_A} + \sigma^2_{T_B} + \cdots + \sigma^2_{T_K} + \sum_{i \neq j} \sigma_{T_i T_j}$$

$$\sigma^2_{T_C} = K\sigma^2_{T_i} + K(K-1)\sigma_{T_i T_j} \ (\sigma^2_{T_i} = \sigma_{T_i T_j}, \because \text{동형})$$

$$\sigma^2_{T_C} = K^2 \sigma_{T_i T_j}$$

$$\sigma^2_{T_C} = K^2 \sigma_{ij} \ (\because \sigma_{T_i T_j} = \sigma_{ij})$$

$$\rho_{CC'} = \frac{K^2 \sigma_{ij}}{\sigma^2_C}$$

동형검사가 아닐 때:

$$\rho_{CC'} \geq \frac{K}{K-1}\left(1 - \frac{\sum \sigma^2_i}{\sigma^2_C}\right)$$

C: 검사

K: 하위검사(또는 문항) 수

σ^2_i: i번째 하위검사(또는 문항) 분산

σ^2_C: 검사 분산

3) 측정의 표준오차

심리검사 상황에서 개인의 진점수가 몇 점인지 알아야 하는 경우가 있다. 그런데 개인의 진점수와 오차점수가 몇 점인지는 알 수 없다고 하였다. 이때 검사 신뢰도를 이용하면 개인의 진점수 자체는 정확히 추정하기 힘들어도 진점수의 신뢰구간은 구할 수 있다. 공식은 간단한 편이다. 진점수 분산이 관찰점수 분산에 신뢰도를 곱한 값이므로, 오차점수 분산은 다음과 같이 정리할 수 있다.

$$\sigma_X^2 = \sigma_T^2 + \sigma_E^2$$

$$\sigma_E^2 = \sigma_X^2 - \sigma_T^2 \ \ (\rho_{XX'} = \frac{\sigma_T^2}{\sigma_X^2},\ \sigma_T^2 = \sigma_X^2 \rho_{XX'})$$

$$\sigma_E^2 = \sigma_X^2 - \sigma_X^2 \rho_{XX'} = \sigma_X^2 (1 - \rho_{XX'})$$

$$\therefore \sigma_E = \sigma_X \sqrt{1 - \rho_{XX'}} \quad \cdots\cdots (5.11)$$

즉, 오차점수 분산은 관찰점수 분산에 (1−신뢰도)를 곱한 것과 같다. 따라서 오차점수의 표준오차는 관찰점수 표준편차에 (1−신뢰도)의 제곱근을 곱한 값이 되며, 이 값을 측정의 표준오차(standard error of measurement)라고 부른다(5.11).

측정의 표준오차는 검사 점수 표준편차와 신뢰도만 있으면 쉽게 구할 수 있다. 예를 들어 검사 점수 표준편차가 5점이며 이 검사의 신뢰도가 0.91이라고 하자. 그렇다면 측정의 표준오차는 다음과 같이 계산할 수 있다.

$$\sigma_E = \sigma_X \sqrt{1 - \rho_{XX'}} = 5 \times \sqrt{1 - .91} = 1.5$$

오차점수가 정규분포를 따른다고 가정한다면, 측정의 표준오차를 이용하여 진점수 신뢰구간을 구할 수 있다. 측정의 표준오차가 1.5점인 검사에서 어떤 사람이 70점을 받았다고 하자. 이 사람의 95% 진점수 신뢰구간은 67.06점에서 72.94점 사이가 된다.

95% 신뢰구간: $X \pm 1.96\sigma_E$

$$(70 \pm 1.96 \times 1.5) = (67.06,\ 72.94)$$

주의할 점으로, 이 장에서 설명하는 고전검사이론(CTT)에 기반한 측정의 표준오차는 모든 참가자에 대하여 같다. 모든 참가자의 관찰점수 표준편차와 신뢰도로 구하는 값이기 때문이다. 그러나 측정의 표준오차가 참가자의 점수에 관계없이 같다는 것은 현실적이지 못하다. 문항반응이론(Item Response Theory: IRT)에서 측정의 표준오차는 참가자의 점수(또는 반응 패턴)에 따라 달라진다. 더 자세한 설명은 Embretson & Reise(2000) 등을 참고하기 바란다.

4) 신뢰도에 영향을 미치는 요인

마지막으로 신뢰도에 영향을 미치는 요인을 살펴보겠다. 우선, 집단의 동질성(group homogeneity)이 있다. 집단이 동질적이라는 것은 진점수 분산이 작다는 뜻이다. 신뢰도를 진점수 분산 대 관찰점수 분산으로 정의했는데, 진점수 분산이 작다면 신뢰도 또한 작아진다. 예를 들어 일반고 학생을 대상으로 만든 어떤 수학검사를 과학고 학생에게 실시했다면, 일반고 학생에게 실시했을 때보다 진점수 분산이 낮고, 따라서 검사 신뢰도도 낮을 수 밖에 없을 것이다. 그러므로 검사 모집단의 특성을 알고 그에 맞게 검사를 선택하여 실시하고 해석할 필요가 있다.

검사 시간도 신뢰도에 영향을 줄 수 있다. 특히 검사 시간은 문항 수와 연관되어 있는데, 제한된 시간 내에 너무 많은 문항을 풀도록 할 경우 속도검사(speeded test)가 되어 버려 신뢰도가 왜곡될 수 있다. 크론바흐 알파 공식으로 신뢰도를 계산한다고 하자. 시간이 없어 검사 후반부에는 손도 못 대서 모두 틀린 것을 크론바흐 알파 공식으로 신뢰도를 구하면 오히려 신뢰도가 높다고 나온다. 속도검사인 경우 이렇게 문항내적일치도 방법으로 신뢰도를 구하는 것은 옳지 않으며, 어떻게 검사를 나누느냐에 따라 그 결과가 천차만별로 다를 수 있으므로 반분신뢰도로 구하는 것도 추천하지 않는다. 속도 요인이 발생한다고 판단할 경우 문항내적일치도 방법보다는 검사-재검사 또는 동형검사 신뢰도를 구하는 것이 적절하다(Crocker & Algina, 1986).

많이 알려진 사실로, 문항 수도 검사 신뢰도에 영향을 준다. 동형검사를 하나 더 실시한다면, 즉 문항 수를 두 배로 늘린다면 진점수 분산이 4배로 증가할 때 오차점수 분산은 2배만 증가한다(Traub, 1994). 즉, 문항 수가 두 배로 늘어난다면 신뢰도 또한 높아지는 것이다. 이와 관련된 Spearman-Brown 교정 공식은 반분신뢰도 계산 시 문항 수가 반으로 줄어서 원래보다 낮아지는 신뢰도를 원래 신뢰도로 높여 주는 공식이다(식 5.10). 이 공식을 반대로 이용하면, 문항 수가 반으로 줄어들 때 신뢰도가 얼마나 떨어지는지도 계산할 수 있다. 이때 문항들은 모두 동형검사 문항을 뜻하며, 문항 수를 마구잡이로 늘리는 것이 아니라 정해진 검사 시간 등의 제반 상황을 고려하여 문항 수를 늘려야 한다는 것을 주의해야 한다.

또한 문항 특성이 신뢰도에 영향을 미칠 수 있다. 특히 문항변별도(item discrimination)는 신뢰도와 직접 연관되어, 문항변별도가 높은 문항으로 구성된 검사가 그렇지 않은 검사보다 신뢰도가 더 높다. 다른 조건이 모두 같다면 검사 총점의 분산이 크면 신뢰도가 높다는 것을 크론바흐 알파 식에서 확인할 수 있다. 크론바흐 알파 식의 분모 부분(검사 총점의 분산)이 크면 분수가 작아지므로 결국 크론바흐 알파 값이 커지기 때문이다. 그런데 검사 총점의 표준편차는 각 문항의 표준편차와 문항변별도 곱을 모두 합한 것과 같기 때문에, 문항변별도가 높다면 검사 총점의 분산 또한 커지게 된다(Traub, 1994). 검사이론에서 문항변별도가 높은 문항은 능력이 높은 참가자와 능력이 낮은 참가자를 변별하는 문항이므로 문항변별도는 높을수록 좋다. 고전검사이론에서 문항변별도는 일반적으로 0.3 이상이 되어야 한다고 알려져 있다.

〈필수 내용: 문항변별도와 신뢰도〉

검사 총점의 표준편차 $= \sum$ (각 문항의 표준편차×문항변별도)

검사 총점의 표준편차 $\propto$ 신뢰도

반면, 문항난이도(item difficulty)는 문항변별도와 같이 신뢰도에 직접적인 영향을 미치지 못한다는 점을 주의해야 한다. 만일 문항난이도가 문항변별도와 관련이 있다면, 문항난이도도 신뢰도와 관련이 있다고 말할 수 있을 것이다. 모든 학생이 맞히거나 틀리는 문항으로 구성된 검사는 신뢰도가 높을 수 없다. 이런 관계 이상으로 문항난이도와 문항변별도 간 어떤 함수 관계가 있다면 문항난이도도 신뢰도에 영향을 미치는 요인이 될 수 있다. 우리말로 쓰인 여러 교육평가 교재에서 문항난이도가 0.5일 때 문항변별도가 가장 높고, 0.5 축을 기준으로 하여 문항난이도가 0 또는 1에 가까워질수록 문항변별도가 수직으로 하강하는 그래프를 제시한다. 그러나 이는 매우 특수한 조건하의 모의실험연구 결과에 불과한 것으로, 단적으로 말하자면 틀린 그래프다. 문항난이도는 문항변별도와 단순한 함수관계에 있지 않다. 문항난이도가 0.96, 0.98, 0.93 등으로 거의 1에 가까웠는데 문항변별도는 0.43, 0.44, 0.51 등으로 높은 편인 자료를 분석한 적이 있다(예: 유진희, 유진은, 2012). 자세히 들여다보니, 이 문항들이 쉬운 문항이기는 했으나 매우 중요한 개념을 다루는 문항으로, 총점이 가장 낮은 학생들만 이 문항을 틀렸고 나머지 학생들은 이 문항을 맞힌 것을 확인할 수 있었다.

다시 강조하면, 문항난이도와 문항변별도는 그 직접적인 관련성에 대하여 알려진 바가 없으며, 따라서 문항난이도와 신뢰도 또한 직접 연관되어 있지 않다. Crocker &

Algina(1986)는 아예 문항난이도를 신뢰도에 영향을 미치는 요인으로 언급하지 않았으며, Traub(1994) 또한 중간 정도의 문항난이도로 검사를 구성하는 것이 검사 신뢰도를 높이기 위한 충분조건이 아니라고 하였다. 정리하면, 개별 문항의 문항난이도와 신뢰도 간 관계는 개별 문항의 문항변별도와 신뢰도 관계와 같이 직접적이지 않다. 개별 문항의 문항난이도보다 개별 문항으로 구성된 전체 검사의 난이도가 중간 정도가 되도록 검사를 구성하는 것이 바람직하다.

사지선다, OX 퀴즈 등의 선택형 문항인 경우에는 채점이 객관적이고 단순하기 때문에 OMR카드를 이용할 수도 있고, 심지어 중등학교 학생에게 채점을 맡길 수도 있다. 그러나 서술형이나 논술형 문항인 경우, 채점자가 채점기준표(또는 모범 답안)를 아무리 잘 만든다 하여도 실제 답안을 채점할 때 어려움이 있을 수 있다. 출제자가 미처 생각하지 못했던 여러 다양한 반응이 가능하기 때문이다. 따라서 우선 채점기준표를 꼼꼼하고 정확하게 만드는 것이 중요하며, 가능한 한 많은 답안을 훑어본 다음 필요하다면 채점기준표를 수정한 후 채점을 하는 것이 바람직하다. 채점기준이 엉성하다면 채점자마다 다르게 생각하여 다른 점수를 부여할 수 있으며, 이 경우 검사 신뢰도가 낮아지게 된다. 그런데 채점기준표가 잘되어 있다고 하더라도 채점자에 따라서 점수가 달라지는 경우가 가능하다. 같은 답안에 대하여 어떤 채점자는 높은 점수를 주고 다른 채점자는 낮은 점수를 준다면, 당연히 이 검사의 신뢰도는 높을 수가 없다. 따라서 서술형 · 논술형 문항 채점 시 채점자 훈련이 필수적이며, 채점자 내 객관도(intra-rater objectivity), 채점자 간 객관도(inter-rater objectivity) 등을 구하며 채점 과정을 모니터링해야 한다.

시험을 보는 학생들의 검사 동기 또한 신뢰도에 영향을 끼치는 중요한 요인으로 작용할 수 있다. 문항변별도가 높은 문항들로 검사를 구성하고 채점의 객관도를 높이기 위하여 노력한다 하여도 정작 검사를 보는 학생들이 자신의 능력을 발휘하지 않고 건성으로 임한다면 검사 신뢰도를 제대로 구할 수 없기 때문이다. 예를 들어 국가수준 학업성취도 평가와 같이 전국적으로 시행되는 대규모 검사는 소위 '성적에 들어가지 않는 검사'다. 초등학교 고학년만 되어도 자신이 보는 검사가 성적에 들어가는지 안 들어가는지 인지하고 그에 따라 검사 전략을 다르게 하는데, 이는 '성적에 들어가지 않는' 검사를 시행하는 입장에서는 심각한 문제다. 토플(TOEFL)과 같은 시험에서는 본검사(operational test)에 예비검사(field test) 문항을 끼워 넣어 학생들로 하여금 열심히 시험을 보도록 유도한다. 즉, 성적에 들어가는 이번 검사에 다음에 쓸 검사 문항들을 끼워 넣되, 이번 성적에는 합산하지 않는 것이다. 학생들은 어느 문항이 성적에 합산되는지 안 되는지 모르기 때문에 최선을 다하여 모든 문항에 답을 할 것이다. 따라서 이렇게 얻은 예비검사 문항 결과를 분석하여 좋지 않은 문항(예: 문항변별도가 낮은 문항)을 솎아 낸다면 다음 해에 쓸 본검사의 신뢰도를 높일 수 있게 된다. 그러나 이렇게 본검사에 예비검사 문항을 끼워 넣는 것이 가능하지 않은 경우가 많을 것이다. 그렇다면 학생들에게 검사 결과가 어떻게 쓰이며 어떤 영향을 미칠 수 있는지 자세히 설명하고 학생의 협조를 구하여 학생들이 성실하게 검사에 임하도록 독려하는 수밖에 없다.

정리하면, 집단의 동질성, 검사 시간, 문항 수(Crocker & Algina, 1986; Traub, 1994), 문항변별도, 채점의 객관도(Traub, 1994), 검사 동기 등이 신뢰도에 영향을 미친다. 이 장에서는 신뢰도에 관한 내용을 고전검사이론으로 제한하여 설명하였으므로 이 내용을 문항반응이론으로 확장시켜 적용할 때 주의할 필요가 있다. 문항난이도, 문항변별도, 검사 타당도, 검사 객관도 등에 대해 더 알고 싶다면 유진은(2019) 등을 참고하면 된다.

〈필수 내용: 검사 신뢰도에 영향을 주는 요인〉

집단의 동질성, 검사 시간, 문항 수, 문항변별도, 채점의 객관도, 검사 동기 등

5) R 예시

(1) 자신감

신뢰도 산출 시 크론바흐 알파 계수가 가장 많이 쓰이는 방법이므로 이 방법에 초점을 맞추어 R 예시를 제시하겠다.

〈분석 자료: 자신감 검사 설문지〉

연구자가 59명의 학생에게 10문항으로 구성된 자신감 검사를 실시하고[4] 신뢰도를 크론바흐 알파 값으로 구하고자 한다. 자신감 검사 문항은 모두 1~5의 리커트 척도로 측정된다. 이 중 i3, i5, i7, i9번 문항은 역코딩(1을 5, 2를 4, 3은 그대로, 4를 2, 5를 1로 코딩하기)하여 분석한다.

4) 이혜자, 이승해(2012)의 자신감 검사의 총 14개 문항 중 10개 문항만을 제시하였다.

변수명	변수 설명
i1	나는 매우 능력있는 사람이다
i2	친구들은 나에게서 좋은 인상을 받는다
*i3	어떤 일을 할 때 다른 친구가 나보다 훨씬 더 잘한다
i4	나는 새로운 것들을 빨리 배울 수 있다
*i5	나는 내가 하는 대부분의 일에서 실패할 가능성이 크다
i6	나는 새로운 친구들과 쉽게 사귈 수 있다
*i7	나는 나 자신이 부끄럽다
i8	나에게는 어려운 상황을 해결할 수 있는 능력이 있다
*i9	다른 사람들이 나를 바보로 생각할까 봐 걱정이 된다
i10	나는 스스로 내가 할 일을 잘 해낸다고 생각한다

[data file: reliability_example.csv]

총 10개 문항 중 3, 5, 7, 9번 문항은 역코딩을 해야 하는 문항들이다(별표로 표시하였다). [R 5.3]에서 역코딩 방법을 두 가지로 설명하겠다.

[R 5.3] 역코딩 방법

〈R 코드〉

```
#직접 계산
mydata <- read.csv('reliability_example.csv')
mydata_r1 <- mydata
mydata_r1$i3 <- 6 - mydata_r1$i3
mydata_r1$i5 <- 6 - mydata_r1$i5
mydata_r1$i7 <- 6 - mydata_r1$i7
mydata_r1$i9 <- 6 - mydata_r1$i9

#car 패키지 활용
library(car)
mydata_r2 <- mydata
mydata_r2$i3 <- recode(mydata_r2$i3, '1 = 5; 2 = 4; 3 = 3; 4 = 2; 5 = 1')
mydata_r2$i5 <- recode(mydata_r2$i5, '1 = 5; 2 = 4; 3 = 3; 4 = 2; 5 = 1')
mydata_r2$i7 <- recode(mydata_r2$i7, '1 = 5; 2 = 4; 3 = 3; 4 = 2; 5 = 1')
mydata_r2$i9 <- recode(mydata_r2$i9, '1 = 5; 2 = 4; 3 = 3; 4 = 2; 5 = 1')
```

[R 5.3]에서 두 가지로 역코딩을 보여 준다. 첫 번째 방법에서는 직접 계산하여 역코딩하였다. 최대값에 해당하는 응답인 5에 1을 더한 값인 6에서 기존 응답을 뺀 값으로 역코딩하면 된다. 예를 들면 5로 코딩된 응답을 6에서 빼면 1로 변경되고, 1로 코딩되어 있던 응답을 6에서 빼면 5로 변경된다. 참고로 예시에서는 원자료(mydata)와 비교할 목적으로 역코딩 전에 mydata_r1 자료를 복사한 후, 역코딩하였다.

두 번째는 car 패키지의 recode() 함수를 활용하는 방법이다. recode() 함수는 특히 역코딩해야 하는 문항이 많을 때 유용하다. 함수의 첫 번째 인자에 코딩을 변경할 변수를 넣어 준다. 두 번째 인자에는 따옴표(' ') 안에 변경할 코드들을 넣어 준다. 예를 들어 1로 코딩된 것을 5로 바꿀 경우 '1=5'라고 쓴다. 리커트 척도를 역코딩하는 예시이므로 2는 4로, 4는 2로, 5는 1로 바꿔야 한다. 이렇게 '2 = 4', '4 = 2', '5 = 1'과 같이 여러 줄이 필요할 경우 세미콜론(;)으로 구분한다. 이때, 모든 변경할 내용을 하나의 따옴표 안에 넣어야 한다는 점을 주의하면 된다. car 패키지는 제4장의 Levene 검정에서도 사용한 바 있다. 두 번째 방법으로 역코딩한 자료는 mydata_r2에 저장하였다.

[R 5.4] 신뢰도 분석: 역코딩 후 크론바흐 알파 구하기 1

〈R 코드〉

```
library(psych)
cron.a <- alpha(mydata_r2[,-c(1,2,13,14,15,16)])
summary(cron.a, digit = 3)
```

〈R 결과〉

```
> library(psych)
> cron.a <- alpha(mydata_r2[,-c(1,2,13,14,15,16)])
> summary(cron.a, digit = 3)

Reliability analysis
 raw_alpha std.alpha G6(smc) average_r S/N   ase mean    sd median_r
     0.865     0.866   0.901     0.392 6.44 0.0265 3.53 0.618     0.39
```

R에서 크론바흐 알파를 구하려면 psych 패키지를 설치하고 불러와야 한다([R 5.4]). 그런데 psych 패키지의 alpha() 함수로 크론바흐 알파를 구할 때, 이를테면 id를 삭제하는 식으로 자료의 일부만 분석해야 하는 경우가 흔하다. 따라서 자료의 일부분을 선택하는 인덱싱(indexing, 색인) 작업이 필요하다.[5)]

인덱싱을 실시하기 전에 str() 함수로 자료 구조를 확인하였다. 예시 자료는 59명에 대한 16개 변수로 이루어졌는데, 첫 번째와 두 번째 변수인 id와 group, 그리고 13번째부터 16번째 변수인 i11부터 i14은 크론바흐 알파 계산에서 쓰지 않는 변수다. 따라서 [R 5.4]에서 열에 해당하는 부분을 '−c(1, 2, 13, 14, 15, 16)'로 인덱싱하였다. R의 alpha() 함수는 다양한 결과를 제시하는데, 우리가 구해야 하는 크론바흐 알파 값은 raw_alpha 값인 0.865다. 그 외 다른 결과값에 대한 설명은 〈R 심화 5.1〉과 〈R 심화 5.2〉를 참고하면 된다.

[R 5.5] 신뢰도 분석: 역코딩 전 크론바흐 알파 구하기 1

〈R 코드〉

```
cron.a.raw <- alpha(mydata[,-c(1,2,13,14,15,16)])
summary(cron.a.raw, digit = 3)
head(cron.a.raw$alpha. drop)
head(cron.a.raw$item. stats)
```

〈R 결과〉

```
> cron.a.raw <- alpha(mydata[,-c(1,2,13,14,15,16)])
Some items ( i3 i5 i7 i9 ) were negatively correlated with the total scale and
probably should be reversed.
To do this, run the function again with the 'check.keys=TRUE' option
Warning message:
In alpha(mydata.raw[, -c(1, 2, 13, 14, 15, 16)]) :
  Some items were negatively correlated with the total scale and probably
should be reversed.
To do this, run the function again with the 'check.keys=TRUE' option
> summary(cron.a.raw, digit = 3)
```

5) 서장의 제3절 인덱싱에서 자세하게 설명하였다.

```
Reliability analysis
 raw_alpha std.alpha G6(smc) average_r  S/N  ase mean   sd median_r
     0.401     0.427   0.725    0.0694 0.746 0.123 3.15 0.364  -0.123
> head(cron.a.raw$alpha.drop)
   raw_alpha std.alpha   G6(smc)  average_r       S/N  alpha se     var.r      med.r
i1 0.2525331 0.2712008 0.6170156 0.03970500 0.3721200 0.1563525 0.1647434 -0.14563953
i2 0.2944138 0.3122602 0.6491238 0.04802585 0.4540382 0.1480988 0.1749449 -0.13198889
i3 0.4618528 0.5009357 0.7675778 0.10033737 1.0037500 0.1085839 0.1924582  0.06549165
i4 0.4152931 0.4349856 0.7183685 0.07880009 0.7698664 0.1233566 0.1838509 -0.13198889
i5 0.4479914 0.4932676 0.7428839 0.09760217 0.9734282 0.1089004 0.1793915  0.06549165
i6 0.2735299 0.2963670 0.6700442 0.04470721 0.4211954 0.1528495 0.1855458 -0.14439539

> head(cron.a.raw$item.stats)
    n     raw.r     std.r       r.cor      r.drop     mean        sd
i1 59 0.6347582 0.6687359  0.70823122  0.43105334 3.406780 0.9670190
i2 59 0.5621943 0.5944274  0.59832029  0.35706419 3.559322 0.8957984
i3 59 0.1658230 0.1272641 -0.06409237 -0.08395767 3.152542 0.9061773
i4 59 0.2600077 0.3196008  0.22876249  0.03704484 3.542373 0.8162579
i5 59 0.2191339 0.1516906  0.03349252 -0.03783154 2.423729 0.9322459
i6 59 0.6005103 0.6240641  0.58282173  0.39369804 3.745763 0.9394279
```

역코딩 후 크론바흐 알파가 0.865였는데([R 5.4]), 역코딩 없이 구한 크론바흐 알파는 0.401로 낮아졌고, Warning message도 함께 나타났다([R 5.5]). Warning message에서 i3, i5, i7, i9 변수가 총점과 부적 상관을 보이므로 역코딩이 필요할 수 있다는 점을 명시하고 있다. 이를 더 자세히 살펴보기 위하여 '$'를 활용하여 세부 분석 결과를 확인하였다. alpha() 함수를 실행한 결과는 여러 데이터 프레임을 포함하는 리스트 형태로 저장되는데 '$'로 객체, 즉 리스트 내 데이터 프레임에 접근하는 것이다. 예를 들어 cron.a.raw의 결과 중 alpha.drop 데이터 프레임을 확인하려면 cron.a.raw 바로 뒤에 $alpha.drop을 붙이면 된다.

alpha.drop에서는 각 문항에 대해 그 문항이 제거될 때 크론바흐 알파가 어떻게 변하는지를 보여 준다. 예시에서 i3을 삭제할 경우 크론바흐 알파가 0.462(raw_alpha)로 높아진다는 것을 알 수 있다([R 5.5]에서는 head()를 활용하여 처음 몇 문항의 결과만 제시하였다). 또한 $item.stats에서 다양한 상관계수들을 확인할 수 있다. 그중 눈여겨봐야 하는 상관계수는 raw.r과 r.drop이다. raw.r은 해당 문항과 총점 간 상관계수이며, r.drop은 해당 문항과 그 문항을 제외한 총점 간 상관이라는 차이점이 있다. 따라서 역코딩할 필요가 없는 문항의 경우 raw.r의 절대값이 r.drop보다 크다. 예를 들어 i1 문항의 raw.r이 0.635, r.drop이 0.431로 raw.r이 더 크다. 반면, i3과 i5 문항은 r.drop 값이 음수이므로 이 문항들은 다른 문항들과 방향이 반대일 것을 짐작할 수 있다. raw.r과 r.drop은 고전검사이론(classical test theory)에서의 문항변별도와 같다(유진은, 2019 참고). 그 외 다른 결과값은 〈R 심화 5.1〉과 〈R 심화 5.2〉에서 설명하였다.

R 심화 5.1 alpha() 함수의 결과 값 정리

- std.alpha는 변수를 표준화하였을 때의 크론바흐 알파값이다. 변수의 표준화가 의미가 있을 때만 해석하면 된다.
- G6(smc)는 smc를 활용하여 구한 Guttman의 λ_6 값이다. Guttman의 λ_6는 〈R 심화 5.2〉에서 자세하게 설명하였다.
- average_r과 median_r은 각각 상관계수의 평균과 중앙값이며, mean와 sd는 평균과 표준편차다.
- S/N은 SNR(Signal to Noise Ratio)로, 다음과 같은 식으로 구한다($\bar{r}$: 상관계수의 평균).

$$\frac{s}{n} = \frac{n\bar{r}}{1-\bar{r}}$$

- r.cor는 문항 분산 대신 smc(squared multiple correlation)를 활용하여 계산한 상관계수 값이다.

R 심화 5.2 크론바흐 알파와 Guttman의 λ_6

크론바흐 알파는 가장 많이 쓰이는 신뢰도 산출 기법이다. 0 또는 1과 같이 코딩된 이분형 문항에서만 쓸 수 있는 KR20 또는 KR21과 달리, 크론바흐 알파는 (리커트 척도 포함) 다양한 척도로 측정되는 문항에서 활용할 수 있다는 것이 장점이다. 크론바흐 알파의 수식은 다음과 같으며, Guttman의 λ_3와도 동일하다(K: 문항의 개수, σ_i^2: i번째 문항의 분산, σ_X^2: 총점의 분산).

$$\alpha = \lambda_3 = \frac{K}{K-1}\left(1 - \frac{\sum_{i=1}^{K}\sigma_i^2}{\sigma_X^2}\right)$$

그런데 크론바흐 알파는 단일 요인을 가정해야 하며 신뢰도를 과소추정하는 경향이 있다[유진은(2019, 2022) 참조]. 최근 크론바흐 알파 대신 (McDonald's) ω가 주목받기 시작하였다. ω는 신뢰도 추정 시 확인적 요인분석(confirmatory factor analysis)에서의 문항별 요인 부하량(factor loading)을 활용한다. 비슷한 맥락에서 문항별 smc(squared multiple correlation)를 활용하여 신뢰도를 구하는 Guttman의 λ_6에 대한 관심이 높아지고 있다. Guttman의 λ_6 수식은 다음과 같다.

$$\lambda_6 = 1 - \frac{\sum_{i=1}^{K}(1 - r_{smc}^2)}{\sigma_X^2}$$

이 식에서 smc는 각 문항의 선형 회귀모형에서 다른 문항을 설명하는 분산으로, 요인분석에서의 공통분(communality)의 하한계와 같다. 즉, Guttman의 λ_6는 총점의 분산 중 smc로 설명되지 않는 오차 분산을 제외하고 신뢰도를 구한다. 요인 부하량이 같은 검사에서는 크론바흐 알파가 Guttman의 λ_6보다 크다. 그러나 요인 부하량이 같지 않을 경우 Guttman의 λ_6가 크론바흐 알파보다 크다(Revelle, 2023).

(2) 친구관계

〈분석 자료: 친구관계 설문지〉

연구자가 100명의 학생에게 13문항으로 구성된 친구관계 설문을 실시하고[6] 크론바흐 알파로 내적일치도를 구하고자 한다. 친구관계 문항은 모두 1~4의 리커트 척도로 측정된다. 이 중 마지막 다섯 문항인 E09, E10, E11, E12, E13 문항은 역코딩(1을 4, 2를 3, 3을 2, 4를 1로 코딩하기)하여 분석한다.

6) 배성만 외(2015)의 또래관계질 척도 13문항을 사용하였다.

변수명	변수 설명
E01	친구들과 함께 시간을 보낸다
E02	친구들은 속상하고 힘든 일을 나에게 털어놓는다
E03	친구들에게 내 이야기를 잘한다
E04	친구들에게 내 비밀을 이야기할 수 있다
E05	내가 무슨 일을 할 때 친구들은 나를 도와준다
E06	친구들은 나를 좋아하고 잘 따른다
E07	친구들은 나에게 관심이 있다
E08	친구들과의 관계가 좋다
*E09	친구들과 의견 충돌이 잦다
*E10	친구와 싸우면 잘 화해하지 않는다
*E11	친구가 내 뜻과 다르게 행동하면 화를 내거나 짜증을 낸다
*E12	나와 다른 아이들과는 친해질 생각이 없다
*E13	친구들은 나의 어렵고 힘든 점에 대해 관심이 없다

[data file: friends.csv]

총 13문항 중 9, 10, 11, 12, 13번 문항은 역코딩을 해야 하는 문항이다(별표로 표시하였다). [R 5.3]에서 설명한 방법 중 두 번째 방법으로 역코딩 후, 크론바흐 알파를 산출하였다.

[R 5.6] 신뢰도 분석: 역코딩 후 크론바흐 알파 구하기 2

〈R 코드〉

```
##예시 2##
mydata <- read.csv('friends.csv')
which(colnames(mydata) == 'E09')
which(colnames(mydata) == 'E13')
mydata_r <- mydata
library(car)
for(i in 10:14){
mydata_r[,i] <- recode(mydata_r[,i], '1 = 4; 2 = 3; 3 = 2; 4 = 1')
}
library(psych)
cron.a <- alpha(mydata_r[,-1])
summary(cron.a, digit = 3)
```

〈R 결과〉

```
> mydata <- read.csv('friends.csv')
> which(colnames(mydata)=='E09')
[1] 10
> which(colnames(mydata)=='E13')
[1] 14
> mydata_r <- mydata
> library(car)
> for(i in 10:14){
+ mydata_r[,i] <- recode(mydata_r[,i], '1 = 4; 2 = 3; 3 = 2; 4 = 1')
+ }
> library(psych)
> cron.a <- alpha(mydata_r[,-1])
> summary(cron.a, digit = 3)

Reliability analysis
 raw_alpha std.alpha G6(smc) average_r  S/N    ase mean   sd median_r
     0.874     0.884   0.917      0.37 7.64 0.0185 3.11 0.46    0.395
```

[R 5.6]에서 car 패키지의 recode() 함수를 활용하여 역코딩할 때, for 반복문을 활용하여 반복 코딩을 피하였다. 'for(i in 10:14){반복 작업할 내용}' 코드에서 i는 인덱스(index)를 뜻하며 'in' 이후 수치는 i에 할당되는 수치를 의미하고, '10:14'는 10부터 14까지라는 뜻이다. 중괄호({}) 안의 반복 작업할 내용 코드에 들어 있는 mydata_r[,i]에서 i에 해당되는 열(변수)에 대해서만 반복 작업을 수행하도록 지정하였다. 즉, mydata_r[,10], mydata_r[,11], ..., mydata_r[,14]에 대하여 중괄호({}) 안의 내용을 반복 작업하게 되는 것이다. 따라서 i를 정확하게 지정하는 것이 중요하다. 이 예시에서는 which() 함수와 colnames() 함수를 사용하여 E09와 E13에 해당하는 열이 몇 번째 열인지 확인하여 i를 지정하였다. 마지막으로 alpha() 함수에서 mydata의 첫 번째 변수인 id를 제외하고 모든 문항에 대하여 크론바흐 알파를 계산하였으며, 그 값은 0.874였다.

[R 5.7] 신뢰도 분석: 역코딩 전 크론바흐 알파 구하기 2

〈R 코드〉

```
cron.a.raw <- alpha(mydata[,-1])
summary(cron.a.raw, digit = 3)
tail(cron.a.raw$alpha.drop)
tail(cron.a.raw$item.stats)
```

〈R 결과〉

```
> cron.a.raw <- alpha(mydata[,-1])
Some items ( E09 E10 E11 E12 E13 ) were negatively correlated with the
total scale and probably should be reversed.
To do this, run the function again with the 'check.keys=TRUE'
optionWarning message:
In alpha(mydata.raw[, -1]) :
  Some items were negatively correlated with the total scale and probably
should be reversed.
To do this, run the function again with the 'check.keys=TRUE' option
> summary(cron.a.raw, digit = 3)
Reliability analysis
 raw_alpha std.alpha G6(smc) average_r  S/N    ase mean    sd median_r
      0.61     0.641   0.816     0.121 1.79 0.0571 2.64 0.306  0.00544
> tail(cron.a.raw$alpha.drop)
    raw_alpha std.alpha   G6(smc)  average_r      S/N   alpha se     var.r      med.r
E12 0.6577649 0.6926065 0.8320786 0.1580814 2.253159 0.04839935 0.1676343 0.05782435
E13 0.6822034 0.7073673 0.8374576 0.1676639 2.417253 0.04507476 0.1578432 0.05317842
> tail(cron.a.raw$item.stats)
      n       raw.r         std.r        r.cor       r.drop mean        sd
E12 100  0.03177373 -0.0005026749 -0.104245600 -0.144018123 1.63 0.7057484
E13 100 -0.07795700 -0.1125482554 -0.218343982 -0.261252250 1.89 0.7640271
```

[R 5.5]에서와 마찬가지로 역코딩 없이 크론바흐 알파를 구할 경우, 크론바흐 알파 값이 0.610으로 낮아지며 warning message가 나타난다([R 5.7]). 또한 r.drop 상관계수가 음수인 문항이 나오며, 해당 문항을 삭제할 경우 크론바흐 알파 값이 높아진다는 것을 확인할 수 있다(tail() 함수를 활용하여 마지막 몇 문항의 결과만 제시하였다). 예를 들어 마지막 문항인 13번 문항의 r.drop 값이 음수인데, 이 문항을 제거할 때의 크론바흐 알파는 0.682로 높아진다.

연습문제

1. Pearson 적률 상관계수(이하 상관계수)에 대한 설명으로 옳은 것을 모두 고르시오.

ㄱ. 두 변수가 독립인 경우 상관계수는 0이다.
ㄴ. 상관계수의 값은 0과 1 사이의 값을 가진다.
ㄷ. 두 변수가 비선형 관계가 있을 때 사용할 수 없다.
ㄹ. Pearson 적률 상관계수에 한하여 인과 관계를 추정할 수 있다.
ㅁ. 두 변수 중 한 변수의 측정 단위가 변경되어도 상관계수는 같다.

2. (R 이용 문제) C 중학교 2학년 학생의 1학기 수학 점수 및 사이버 가정학습 주당 수강 시간(수학)과 자기주도적 주당 학습 시간(수학)을 다음과 같이 구하였다. 다음 자료를 R 데이터프레임으로 만든 후, 세 변수 간 상관 계수를 구하시오.

변수	측정치														
1학기 수학점수	72	75	88	90	79	68	69	70	92	73	94	69	73	82	79
수학과 사이버 가정학습 시간 (주당 시간)	3	4	7	3	4	5	2	3	4	3	4	3	3	6	4
수학과 자기주도적 학습 시간 (주당 시간)	4	4	5	6	3	1	2	3	6	3	6	5	4	4	5

3. 신뢰도에 영향을 주는 요인에 대하여 아는 대로 설명하시오.

4. 본인의 전공영역에서 양적연구를 수행한 논문을 선택하고, 그 논문의 신뢰도 산출방법에 대하여 논하고 해석하시오.

제 6 장

회귀분석 I: 단순회귀분석

필수 용어

회귀계수, 오차, 잔차, 결정계수

학습목표

1. 단순회귀분석의 통계적 모형과 가정, 그리고 그 특징을 이해할 수 있다.
2. 단순회귀분석의 회귀식을 쓰고 해석할 수 있다.
3. 실제 자료에서 R을 이용하여 단순회귀분석을 실행할 수 있다.

영국의 유전학자 Francis Galton이 아버지의 키와 아들의 키 사이에 어떤 관계가 있을 것이라고 생각하고 '회귀(regression)'라는 개념을 처음으로 상정하였다. 이 '회귀'라는 개념을 갤튼의 제자인 수학자이자 통계학자 Karl Pearson이 선형 일차함수로 발전시켰다. 회귀분석은 주로 독립변수가 연속형인 경우를 다루며, 연구모형을 검정하고 회귀계수를 추정할 수 있다는 점이 장점으로 꼽힌다. 많은 통계모형이 회귀모형을 기본으로 하고 있으므로 회귀모형에 대하여 잘 이해하는 것이 매우 중요하다.

독립변수와 종속변수가 모두 하나씩인 경우 단순회귀분석(simple regression analysis), 독립변수가 두 개 이상인 경우 다중회귀분석(multiple regression analysis)이라고 한다. 이 장에서는 단순회귀분석의 통계적 모형과 가정 확인 방법을 설명하고, 회귀계수의 유의성 검정에 대하여 R 예시를 통하여 보여 주겠다.

1 통계적 모형과 가정

키는 특히 유전적인 소양이 상대적으로 강한 변수로 아버지의 키와 아들의 키 사이에는 상당히 강한 상관관계가 존재한다. 또한 키는 그 구인도 분명하며 비율척도로 측정되기 때문에 통계분석에서의 변수로 사용하기에 매우 편리하다. 피어슨이 아버지의 키(X)와 아들의 키(Y)를 각각 독립변수와 종속변수로 놓고 단순회귀분석을 한 결과, '$Y = 33.73 + 0.516X$'라는 식을 얻었다고 한다(이 식에서 키는 인치로 측정되었다). 이 일차함수 식에 아버지의 키를 대입하면 아들의 키가 얼마인지 추정할 수 있다는 점이 회귀모형의 큰 장점이다.

그런데 모든 통계분석에서는 그 통계적 가정을 충족하는지 확인하는 절차가 필수적이라는 사실을 잊으면 안 된다. 회귀모형에서 독립변수와 종속변수 간 관계를 찾아내고자 하는데, 이때 모형의 오차에 대한 가정이 충족되어야 한다. 선형 회귀모형에서 오차(error, ϵ)는 분산이 σ^2인 정규분포에서 독립적으로 추출되며, 평균이 0이고 분산이 σ^2인 정규분포를 따른다고 가정한다. 이를 식 (6.1)에서 iid(independent, identically distributed)로 표기하였다. 따라서 회귀모형은 독립성 가정, 정규성 가정, 등분산성 가정을 충족해야 한다. 또한 오차의 평균이 0이므로 이상점(outlier, 이상치)이 없어야 한다.

$$Y_i = \beta_0 + \beta_1 X_i + \epsilon_i \quad \cdots\cdots (6.1)$$

$$\epsilon_i \overset{\text{iid}}{\sim} N(0, \sigma^2)$$

Y_i: i번째 사람의 종속변수 관측치
β_0: 회귀모형의 Y 절편
β_1: 회귀모형의 기울기
X_i: i번째 사람의 독립변수 관측치
ϵ_i: i번째 사람의 오차

단순회귀모형에서 β_0과 β_1은 각각 Y 절편과 기울기가 되며, 이를 회귀계수(regression coefficients)라고 부른다. β_0은 X 값이 0일 때 Y값을, β_1은 X 값이 한 단위 증가할 때 Y값의 변화량을 뜻한다. 단순회귀모형에서 β_0과 β_1 값을 추정하면 X 값을 대입하여 회귀모형에서의 추정치(또는 예측치[1])를 구할 수 있다.

상관분석에서와 마찬가지로 단순회귀모형에서 독립변수와 종속변수가 선형(linear) 관계, 즉 일차함수 관계라고 가정한다. 그렇지 않다면 단순회귀모형을 쓸 수 없다는 점을 주의해야 한다. 또한 단순회귀모형에서는 독립변수와 종속변수가 모두 연속변수여야 한다. 척도로는 동간척도 또는 비율척도가 되어야 하는 것이다. 만일 명명척도나 서열척도를 회귀모형에서 이용하고자 한다면, 다음 장에서 설명하는 더미변수(dummy

1) 이 맥락에서의 '예측'은 기계학습 기법에서 말하는 '예측'과는 뜻이 다르다. 자세한 설명은 유진은(2021) 등을 참고하기 바란다.

variable)로 바꾸어 회귀모형에 넣어야 한다. 더미변수에 대한 자세한 설명은 제7장을 참고하면 된다. 참고로 단순회귀모형에서 독립변수가 더미변수일 경우 단순회귀모형은 제8장의 ANOVA와 동일한 모형이 된다.

2 통계적 가정 확인: 잔차 분석

회귀모형으로 추정된 값을 추정치(또는 예측치)라고 하고, $\hat{Y}_i$로 표기한다(6.2). 이때 관측치(Y_i)와 추정치($\hat{Y}_i$) 간 차의 절대값이 작을수록 추정이 잘되었다고 한다. 관측치와 추정치 간 차이를 잔차(residual, e)라고 한다.

식 (6.1)에서의 오차(error, ϵ)는 회귀모형이 설명하지 못하고 남은 부분에 대한 값이다. 회귀모형에서는 오차에 대한 통계적 가정을 하기 때문에 그러한 가정들이 충족되는지 확인해야 한다. 그런데 오차값은 이론적인 값으로 각 관측치에 대한 오차값이 무엇인지 알기 어렵다는 문제가 있다. 반면, 잔차는 실제 자료에서 얻을 수 있는 값으로, 관측치에서 추정치를 뺀 값이다(6.3). 회귀모형에서는 잔차에 대한 분석을 통하여 통계적 가정 충족 여부를 알아보게 된다. 여러 잔차 중 스튜던트화 잔차(studentized residual)를 추천한다(〈심화 6.1〉).

$$\hat{Y}_i = \hat{\beta}_0 + \hat{\beta}_1 X_i \quad \cdots\cdots (6.2)$$

$$e_i = Y_i - \hat{Y}_i = Y_i - (\hat{\beta}_0 + \hat{\beta}_1 X_i) \quad \cdots\cdots (6.3)$$

심화 6.1 스튜던트화 잔차

회귀모형에서 잔차 e_i는 식 (1)과 같이 평균이 0이고 분산이 $\sigma^2(1-h_{ii})$인 정규분포를 따른다.[2] 이제 오차와 잔차는 평균이 0이라는 점만 같다. 분산이 모두 동일하다고 가정했던 오차와 달리, 잔차의 분산은 독립변수 값에 따라 바뀌게 되므로 잔차들은 서로 독립적이지 않다.

---

2) h_{ii}는 행렬로 표기 시 H matrix(hat matrix)의 대각선 값이다. $H = X(X^T X)^{-1} X^T$이다.

$$e_i \sim N(0, \sigma^2(1-h_{ii})), \left[\text{단}, h_{ii} = \frac{1}{n} + \frac{(X_i - \overline{X})^2}{\sum_{i=1}^{n}(X_i - \overline{X})^2}\right] \quad \cdots\cdots\cdots\cdots (1)$$

통계 모형 진단을 위하여 식 (2)에서와 같이 스튜던트화 잔차(studentized residual)를 이용할 수 있다. 스튜던트화 잔차는 등분산성 가정을 충족하며, 자유도가 $n-p-1$인 t-분포를 따른다(이때 n은 표본 수, p는 추정치 개수임). 표본 크기가 충분히 클 때 근사적으로 표준정규분포를 따른다(Agresti, 2002).

$$t_i = \frac{e_i}{\sqrt{\widehat{\sigma^2}(1-h_{ii})}} \sim t_{n-p-1} \quad \cdots\cdots\cdots\cdots (2)$$

회귀모형이 통계적 가정을 충족하였다면, 회귀계수를 추정해야 한다. 선형회귀모형에서 회귀계수는 OLS(ordinary least squares, 최소제곱법)로 추정한다. 단순회귀모형에서의 OLS 추정에 대하여 〈심화 6.2〉에서 설명하였다.

심화 6.2 **단순회귀모형에서의 OLS**

OLS의 목적은 잔차 제곱합을 최소로 만드는 회귀계수 추정치인 $\widehat{\beta_0}$과 $\widehat{\beta_1}$을 찾는 것이다. 다음 식을 β_0과 β_1에 대하여 각각 편미분한 식을 0으로 놓고, 방정식을 풀면 된다.

$$\sum_{i=1}^{n} e_i^2 = \sum_{i=1}^{n}(Y_i - \beta_0 - \beta_1 X_i)^2$$

그 결과, β_0과 β_1는 다음과 같이 추정된다. 회귀계수 β_1의 추정치는 독립변수와 종속변수 간 공분산을 독립변수의 분산으로 나눈 값과 같다는 것을 알 수 있다.

$$\widehat{\beta_1} = \frac{\sum_{i=1}^{n}(X_i - \overline{X})(Y_i - \overline{Y})}{\sum_{i=1}^{n}(X_i - \overline{X})^2} = \frac{S_{XY}}{S_X^2}$$

$$\widehat{\beta_0} = \overline{Y} - \widehat{\beta_1}\overline{X}$$

이제 잔차 분석을 통하여 통계적 가정을 확인하겠다. 회귀분석의 통계적 가정은 분산분석(ANOVA)의 통계적 가정과 거의 같다. 회귀분석의 통계적 가정으로 독립성, 정규성, 등분산성 등이 있다.

1) 독립성

독립성(independence) 가정을 충족시키려면 분석 단위 간에 관계성이 없어야 한다. 독립성 가정은 연구의 설계 단계에서 고려할 수 있다면 더 좋다. 이를테면 무선표집으로 얻은 표본을 분석한다면 독립성 가정을 충족한다고 볼 수 있다. 분석 단위 간 어떤 관계성이 있다면 독립성 가정을 위배하게 된다. 부부를 쌍으로 표집한 대응(paired, matched) 표본인데 그 관계를 무시하고 낱개로 취급하여 분석하는 것은 옳지 않다.

특히 종단연구와 같은 반복측정 자료를 OLS 회귀모형으로 분석할 때 독립성 가정 위배 문제가 발생할 수 있다. 종단연구에서는 같은 사람을 여러 번 측정하기 때문에 오차값들이 서로 독립적이지 않게 되며, 따라서 독립성 가정을 충족하지 못한다. 〈심화 6.3〉에서 반복측정 시 독립성 가정 위배 문제 해결을 위한 방안을 언급하였다.

심화 6.3 반복측정 시 독립성 가정 위배 문제 해결 방안

- 내재모형(nested model)을 설계에서부터 고려하기
- 무선효과(random effect)를 모형에 포함한 혼합선형모형(mixed linear models)으로 분석하기
- GEE(generalized estimating equations) 이용하여 분석하기
- 시계열 자료의 경우 자기상관(autocorrelation)을 고려하여 분석하기

2) 정규성

정규성(normality) 가정은 각 독립변수 수준에서 오차가 정규분포를 따른다는 것을 뜻한다. 정규성 가정의 경우 잔차에 대한 QQ plot이나 PP plot을 그려서 시각적으로 가정 위배 여부를 판단할 수 있다. 도표에서 관측확률과 기대확률 간 관계가 일차함수 모양이면 정규성 가정을 충족한다고 본다. QQ plot과 PP plot 간 차이점을 〈심화 6.4〉에서 설명하였다.

표본 크기에 따라서 Kolmogorov-Smirnov 검정 또는 Shapiro-Wilk 검정 등을 이용할 수 있다(강현철, 한상태, 최호식, 2010). 표본 크기가 30 이상이며 표본 평균에 관심이 있을 경우 중심극한정리(CLT)를 이용하여 정규성 가정 확인 절차를 생략할 수도 있다. 따라서 되도록 표본 크기를 크게 하는 것이 좋다. 정규성 가정 위배 시에도 변환(transformation)을 통해 정규분포에 근접하도록 만들어 통계적 가정을 충족시키려 노력할 수 있다. 그러나 변환 후 분석은 해석상 어려움이 따를 수 있다.

심화 6.4 QQ plot과 PP plot

QQ plot과 PP plot 모두 정규성 가정을 확인하기 위한 도표인데, 차이점은 다음과 같다. QQ plot이 자료의 분위수(quantiles)를 표준화된 이론적 분포의 분위수(quantiles)와 비교하는 반면, PP plot은 자료의 CDF(cumulative distribution function, 누적분포함수)를 이론적 CDF와 비교한다. 분포의 중심 부분에 관심이 있다면 PP plot을, 분포의 꼬리 부분에 관심이 있다면 QQ plot을 추천한다.

3) 등분산성

회귀모형에서 등분산성(equal variance 또는 homoscedasticity, 동변량성) 가정 또한 도표를 그려 시각적으로 판단한다. 표준화 잔차(standardized residual)와 표준화 추정치(standardized predicted) 간 도표에서 특정한 패턴이 나오지 않으면 등분산성 가정을 충족하는 것으로 볼 수 있다.

등분산성 가정이 위배될 경우 필수적인 독립변수가 제대로 모형화되었는지를 먼저 확인하는 것이 좋다. 엉뚱한 독립변수가 모형에 들어갔다거나 필요한 독립변수가 모형에 포함되지 못한 경우 등분산성이 위배될 수 있다. 이상점이 있다거나 표본 수가 적을 때도 그러하다. 그렇다면 이상점을 제거하거나 표본 수를 늘리면 된다. 또는 변수에 변환(transformation)을 적용할 수도 있다. 등분산성 가정 위배 시 해결 방안은 〈심화 6.5〉를 참고하면 된다.

등분산성 가정 위배 문제 해결 방안

- GLM(Generalized Linear Models) 이용하여 분석하기
- X 값이 증가함에 따라 분산도 증가한다거나 감소하는 패턴을 보일 경우 WLS(Weighted Least Squares: 가중최소제곱) 방법 이용하여 분석하기(Kutner, Nachtsheim, Neter, & Li, 2004)

3 가설검정

1) 회귀계수의 유의성 검정

일차함수에서의 Y 절편과 기울기를 회귀분석에서 β_0과 β_1으로 표기하고 이를 회귀계수(regression coefficients)라고 부른다. β_0은 X 값이 0일 때 Y 값을, β_1은 X 값이 한 단위 증가할 때 Y값의 변화량을 뜻한다. 회귀모형에서는 상대적으로 기울기인 β_1이 더 중요하게 해석된다. X가 0일 때 Y 값이 무엇인지보다는, X가 한 단위 증가할 때 Y가 어떻게 변하는지가 주된 관심사이기 때문이다.

β_1은 어떤 값도 가능하다. 앞선 예시에서는 β_1이 0.516이므로, 아버지의 키가 1인치 증가할 때 아들의 키가 0.516 증가한다고 해석할 수 있다. 이렇게 β_1 값이 양수일 때 X 값이 증가하면 Y 값도 증가하는 것을 말하며, 음수일 때 반대로 X 값이 증가할 때 Y 값이 감소한다고 해석한다. 그런데 β_1 값이 0인 경우 X 값에 관계없이 Y 값은 β_0으로 항상 일정하므로 회귀분석을 할 필요가 없다는 뜻이 된다. 따라서 회귀모형을 쓰려면 β_1이 0인지 아닌지 그 유의성(significance)을 통계적으로 검정할 필요가 있다. 즉, '$H_0 : \beta_1 = 0$'이라는 영가설이 통계적으로 유의하게 기각될 경우에 회귀모형을 쓰는 의의가 있다.

단순회귀분석의 영가설

$H_0 : \beta_1 = 0$

$H_0 : \beta_1 = 0$을 검정하기 위하여 다음과 같은 식을 이용한다.

$$t = \frac{\hat{\beta}_1 - \beta_1}{\sqrt{\frac{\hat{\sigma}^2}{\sum_{i=1}^{n}(X_i - \overline{X})^2}}} = \frac{\hat{\beta}_1 - 0}{\sqrt{\frac{\hat{\sigma}^2}{\sum_{i=1}^{n}(X_i - \overline{X})^2}}}$$

단, $\hat{\sigma}^2 = \frac{1}{n-2}\sum_{i=1}^{n}(y_i - \hat{y}_i)^2$

이때, β_1에 대한 $100(1-\alpha)\%$ 신뢰구간은 다음과 같다.

$$\left[\hat{\beta}_1 \pm t_{\frac{\alpha}{2}, n-2} \frac{\hat{\sigma}}{\sqrt{\sum_{i=1}^{n}(X_i - \overline{X})^2}}\right]$$

회귀계수의 유의성 검정에 대하여 더 자세한 설명을 원하는 독자는 Kutner et al. (2004) 등을 참고하기 바란다.

2) 제곱합 분해와 F-검정

종속변수에 대한 관측치(Y_i)들이 있을 때 별다른 모형을 만들지 않고 쉽게 생각할 수 있는 추정치는 대표값인 평균($\overline{Y.}$)이 될 수 있다. 그러나 평균은 그다지 정확하지 않은 추정치가 되기 때문에, 종속변수와 관련이 있는 독립변수를 모형화하여 종속변수의 추정치($\hat{Y}_i$)를 구하는 것이 좋다. 지금까지 언급된 종속변수 관측치(Y_i), 평균($\overline{Y.}$), 추정치($\hat{Y}_i$)로 식 (6.4)를 만들 수 있다.

$$(Y_i - \overline{Y.}) = (\hat{Y}_i - \overline{Y.}) + (Y_i - \hat{Y}_i) \quad \cdots\cdots (6.4)$$

좌변은 관측치에서 평균을 뺀 값인데, 이는 우변의 추정치에서 평균을 뺀 값과 다시 관측치에서 추정치를 뺀 값의 합과 같다. 식 (6.4)는 각 사례에 대하여 좌변과 우변이 모두 같기 때문에, 분산을 구할 때처럼 좌변과 우변을 각각 제곱해야 의미를 찾을 수 있다. 첫 번째 사례부터 n번째 사례까지 좌변과 우변을 제곱하여 모두 더한 식은 (6.5)와 같다.

$$\sum_{i=1}^{n}(Y_i - \overline{Y.})^2 = \sum_{i=1}^{n}(\hat{Y}_i - \overline{Y.})^2 + \sum_{i=1}^{n}(Y_i - \hat{Y}_i)^2 \quad \cdots\cdots (6.5)$$

$$SST \quad = \quad SSR \quad + \quad SSE$$

좌변의 관측치와 평균 차의 제곱을 모두 더한 값을 전체제곱합(Sum of Squares of the Total: SST)이라 하고, 우변의 첫 번째 항인 추정치와 평균 차의 제곱을 모두 더한 값을 회귀제곱합(Sum of Squares of the Regression: SSR), 우변의 두 번째 항인 관측치와 추정치 차의 제곱을 모두 더한 값을 잔차제곱합(Sum of Squares of the Error: SSE 또는 sum of squares of the residual)이라고 한다. 이를 제곱합 분해(sum of squares decomposition)라 한다.

이때 회귀제곱합인 SSR은 회귀모형이 설명하는 부분이며, SSE는 회귀모형에서 설명하지 못하고 남은 부분이다. SSR와 SSE를 모두 더하면 전체분산(SST)이 된다. SSR이 SSE에 대하여 상대적으로 크다면, 회귀모형이 설명하는 부분이 크다는 뜻이다. SSR과 SSE를 각각의 자유도로 나누면 평균제곱합(각각 MSR과 MSE)이 되며, 이 평균제곱합 간 비율이 F-분포를 따르므로 F-검정을 이용하여 모형의 통계적 유의성을 검정할 수 있다(〈심화 6.6〉).

〈단순회귀분석의 제곱합 분해와 F-검정〉

$$\sum_{i=1}^{n}(Y_i - \overline{Y_.})^2 = \sum_{i=1}^{n}(\widehat{Y_i} - \overline{Y_.})^2 + \sum_{i=1}^{n}(Y_i - \widehat{Y_i})^2$$

$$\begin{array}{ccccccl} SST & = & SSR & + & SSE & & : SS \\ n-1 & = & 1 & + & n-2 & & : \text{자유도} \\ \dfrac{SST}{n-1} & & \dfrac{SSR}{1} & & \dfrac{SSE}{n-2} & & : \dfrac{SS}{\text{자유도}} = MS \\ MST & & MSR & & MSE & & : MS \end{array}$$

$$F = \frac{MSR}{MSE} \sim F_\alpha(1, n-2)$$

기각역: $F > F_\alpha(1, n-2)$

심화 6.6 F-분포

ANOVA, ANCOVA, 선형 회귀분석 등에서 F-분포를 이용한다. ANOVA을 발전시킨 통계학자 Fisher의 첫 글자를 따서 F-분포라고 이름을 붙였다.

U와 V가 각각 자유도 r_1, r_2인 카이제곱분포[3]를 따르며 서로 독립이라고 할 때, F-값과 F-분포에서의 임계치는 다음과 같다(단, 자유도가 작은 쪽을 분자에 두며, 분모의 자유도(r_2)는 4보다 커야 한다).

$$F = \frac{\frac{U}{r_1}}{\frac{V}{r_2}} \sim F_\alpha(r_1, r_2) \quad \cdots\cdots (1)$$

F-분포는 두 카이제곱분포의 비율에 대한 분포이므로 F-값의 범위는 0부터 무한대까지 가능하다(식 (1)). F-분포는 단봉(unimodal)이며 비대칭인 정적 편포를 보이는 분포로, 분자와 분모의 자유도에 따라 그 모양이 달라진다.

3) 카이제곱 분포는 제12장에서 자세히 설명할 것이다.

이 분포의 평균과 분산은 다음과 같다.

$$E(F) = \frac{r_2}{r_2 - 2}, \; Var(F) = \frac{2r_2^2(r_1 + r_2 - 2)}{r_1(r_2 - 2)^2(r_2 - 4)}$$

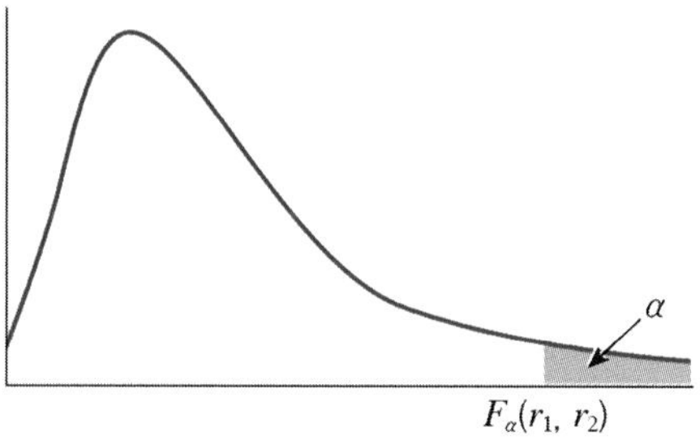

3) 결정계수

회귀모형에서 결정계수(coefficient of determination, R^2)는 전체제곱합(SST) 중 회귀제곱합(SSR)의 비율을 뜻한다. 결정계수는 관측값과 추정값 간 상관을 제곱한 것과 같다. 결정계수 공식은 다음과 같다.

$$R^2 = \frac{SSR}{SST} = 1 - \frac{SSE}{SST}$$

결정계수는 전체제곱합 중 회귀제곱합의 부분이 크면 클수록 더 커지지만, 1보다 클 수는 없다. 전체제곱합 중 잔차제곱합의 부분이 크면 클수록 0에 가까워지지만, 음수가 될 수도 없다. 즉, 결정계수는 0과 1 사이에서 움직이는데, 1에 가까울수록 회귀모형이 종속변수의 분산을 잘 설명한다고 할 수 있다. 어떤 회귀모형의 결정계수가 0.60이었다면, 이 모형이 종속변수 분산의 60%를 설명한다고 해석된다. 단순회귀분석의 경우 결정계수는 종속변수와 독립변수 간 피어슨 상관계수의 제곱과 동일한 값이 된다.

〈필수 내용: 결정계수〉

결정계수는 전체제곱합(SST) 중 회귀제곱합(SSR)의 비율이며, 회귀모형의 설명력을 뜻한다.

4 회귀모형 진단하기[4)]

이 장의 제1절과 제2절에서 회귀모형의 가정에 대하여 설명하였다. 그런데 이 외에도 회귀모형이 선형인지 아닌지, 혹시 이상점(outliers)으로 인하여 회귀모형이 크게 영향을 받았는지 등을 부가적으로 확인할 필요가 있다. 〈심화 6.7〉과 〈심화 6.8〉에서 각각 회귀모형을 진단하는 방법 및 이상점에 대한 주의사항을 설명하였다.

심화 6.7  레버리지, 잔차, Cook의 거리를 이용하여 회귀모형 진단하기

회귀모형을 진단하기 위한 다양한 통계치가 있는데, 이 책에서는 그중 레버리지(leverage), 잔차(residual), 영향력 통계량(influence)에 대하여 설명하겠다. 회귀모형 진단에 대한 자세한 설명은 Neter et al. (1996) 등을 참고하기 바란다.

1) 레버리지

레버리지(leverage)는 관측치가 독립변수(X)에 대하여 얼마나 극단적인 값인지를 측정한다. 레버리지가 크다는 말은, 그 관측치가 독립변수 공간에서 이상점이라는 뜻이다. 레버리지는 Hat matrix의 대각선 값이므로 관례적으로 h_{ii}로 표기한다. H matrix는 X 값만으로 구성된 행렬이므로 종속변수의 영향을 전혀 받지 않는다는 특징이 있다(〈심화 6.1〉 스튜던트화 잔차 참고).

레버리지 값이 얼마나 커야 극단적인 레버리지 값이라고 할 수 있는지에 대하여 통계적 검정 방법은 없다. 다만, 레버리지 값에 대한 유용한 기준은 다음과 같이 제시된다(Neter et al., 1996).

$$h_{ii} > \frac{2p}{n} \text{ 또는 } h_{ii} > 0.5,\ p\text{: 추정치 개수 } n\text{: 표본 수}$$

이때, 추정치 개수에 Y 절편값인 β_0도 포함된다는 것을 주의해야 한다. 만일 두 개의 독립변수에 대해 회귀모형을 만들었다면 $p=3$이 된다. R에서는 hatvalues() 함수로 레버리지를 구할 수 있다.

4) 이 절은 심화 내용을 다루므로 관심 있는 학습자만 읽어도 좋다.

2) 잔차

앞서 잔차(residual)는 관측치에서 추정치를 뺀 값이라고 하였다. 이를 비표준화 잔차(unstandardized residual)라 한다. 비표준화 잔차를 표준편차($\sqrt{\hat{\sigma}^2}$)로 나눈 값을 표준화 잔차(standardized residual), 그리고 표준화 잔차에 레버리지 값(h_{ii})을 적용한 것을 스튜던트화 잔차(studentized residual)라고 한다.

표준화 잔차와 스튜던트화 잔차는 관측치에 관계없이 동일한 표준편차 값을 쓰는데, 관측치에 따라 표준편차 값을 달리하여 잔차를 구할 수 있다. 즉, i번째 잔차를 구할 때 i번째 관측치를 빼고 추정된 표준편차를 활용하는 것이다. 이렇게 i번째 관측치를 빼고 구한 값은 $\sqrt{\hat{\sigma}^2_{(i)}}$ 로 표기하고, 잔차명에 '삭제(deleted)'라는 단어가 추가된다. 표준화 삭제 잔차(standardized deleted residual)와 스튜던트화 삭제 잔차(studentized deleted residual)는 각각 표준화 잔차와 스튜던트화 잔차의 변형이라는 것을 다음의 수식에서 확인할 수 있다.

이름	수식
비표준화 잔차(unstandardized residual)	$e_i = Y_i - \hat{Y}_i$
표준화 잔차(standardized residual)	$\frac{e_i}{\sqrt{\hat{\sigma}^2}}$
표준화 삭제 잔차(standardized deleted residual)	$\frac{e_i}{\sqrt{\hat{\sigma}^2_{(i)}}}$
스튜던트화 잔차(studentized residual)	$\frac{e_i}{\sqrt{\hat{\sigma}^2(1-h_{ii})}}$
스튜던트화 삭제 잔차(studentized deleted residual)	$\frac{e_i}{\sqrt{\hat{\sigma}^2_{(i)}(1-h_{ii})}}$

잔차 값이 얼마나 커야 이상점인지 아닌지를 판단하려면 스튜던트화 잔차를 이용할 수 있다. 스튜던트화 잔차는 표본의 크기가 충분히 클 때 근사적으로 정규분포를 따르기 때문에(〈심화 6.1〉) 5% 유의수준에서 그 절대값이 1.96보다 크면 이상점이 아닌지 의심하게 된다.

$$\frac{e_i}{\sqrt{\hat{\sigma}^2(1-h_{ii})}} > 1.96 \text{ 또는 } \frac{e_i}{\sqrt{\hat{\sigma}^2(1-h_{ii})}} < -1.96$$

R에서 비표준화 잔차, 스튜던트화 잔차, 스튜던트화 삭제 잔차는 각각 resid(), rstandard(), rstudent() 함수로 구할 수 있다. 표준화 잔차와 표준화 삭제 잔차의 경우 〈R 심화 6.1〉을 참고하면 된다.

3) 영향력 통계량

영향력 통계량(influence)는 각 관측치가 n개의 모든 회귀모형 추정치에 갖는 영향력을 측정한다. 대표적으로 Cook의 거리(Cook's distance; D_i)가 있다. Cook의 거리는 레버리지와 잔차를 모두 이용하여 각 관측치가 회귀계수에 얼마나 영향을 미치는지를 측정하여 보여 준다. 이 값이 클 경우 해당 측정치를 제거하면 회귀계수가 크게 바뀌게 된다. Cook의 거리는 각 관측치를 F-분포의 기각값(critical value, 임계값)과 비교하여 이용한다(Neter et al., 1996).

$$D_i = \frac{e_i^2}{p\widehat{\sigma^2}} \frac{h_{ii}}{(1-h_{ii})^2} \sim F_{p,n-p}$$

식에서 Cook의 거리는 잔차(e_i)가 클수록, 또는 레버리지(h_{ii})에 비례한다는 것을 알 수 있다. R에서 Cook의 거리는 cooks.distance() 함수로 구할 수 있다.

R 심화 6.1 표준화 잔차와 표준화 삭제 잔차 구하기

SPSS에서는 추가로 표준화 잔차와 표준화 삭제 잔차도 확인할 수 있다. R에서 이를 직접 구하는 함수가 없어서 다음과 같은 코드를 제시하였다. 단, lm.model은 회귀모형이며, for() 구문 내의 formula에 각자 자료에 맞게 종속변수와 독립변수를 지정해야 한다.

〈R 코드〉

```
R_RES <- resid(lm.model) ### 비표준화 잔차
R_SRE <- rstandard(lm.model) ### 스튜던트화 잔차
R_SDR <- rstudent(lm.model) ### 스튜던트화 삭제 잔차

R_ZRE <- lm.model$residuals/summary(lm.model)$sigma ### 표준화 잔차

### 표준화 삭제 잔차 계산 ###
d_sig <- numeric() # i 관측치 제외 표준오차
for(i in 1:nrow(mydata)){
  lm.model2 <-lm(formula, data = data[-i,])
  d_sig[i] <- summary(lm.model2)$sigma
}
R_ZDR <- resid(lm.model)/d_sig ### 표준화 삭제 잔차
```

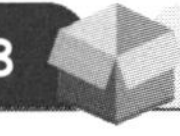

심화 6.8 이상점에 대한 주의사항

이상점(outlier)으로 인하여 회귀모형의 통계적 가정이 위배될 수 있으며, 특히 OLS 방법을 쓸 때 회귀모형이 크게 달라질 수 있다. 실수로 또는 기계 오작동으로 인한 자료 입력 오류로 이상점이 발생했다면 옳게 수정하거나 제거하고 분석해야 한다. 그러나 통계적인 판단만으로 이상점을 제거하는 것은 일반적으로 추천하지 않는다. 이상점을 단순히 제거되어야만 하는 사례로 볼 수는 없기 때문이다.

다른 측면으로 생각한다면 이상점을 통하여 연구자는 자신이 간과했을 법한 중요한 정보를 파악할 수 있다. 재직년수와 연봉 간 회귀모형을 적합할 때, 보통은 재직년수가 길수록 연봉이 많았는데 재직년수가 짧으면서 연봉이 많은 사례들이 있다고 하자. 재직년수가 짧은데 연봉이 많은 사례로 인하여 전체 사례에 대한 회귀모형이 크게 달라지므로 연구자는 이를 제거한 후 모형을 적합하는 것이 더 낫다고 판단할 수 있다. 그러나 이 사례들을 면밀히 살펴본 결과 이들이 임원이었다는 것을 알게 되었다면, 재직년수 변수 외 임원 여부(임원 또는 사원)에 대한 변수를 모형에 추가함으로써 전체 자료를 더 잘 설명하는 회귀모형을 도출할 수 있다. 즉, 통계적 판단만으로 이상점을 제거하기보다는 이상점으로 의심되는 각 사례에 대하여 면밀히 숙고한 후 결정을 내리는 것이 좋다.

5 R 예시

1) 실험집단과 통제집단의 사전 · 사후검사

〈분석 자료: 실험집단과 통제집단의 사전·사후검사 결과〉

연구자가 48명의 학생을 무선으로 표집하여 실험을 수행하였다. 연구자는 사전검사 점수로 사후검사 점수를 추정하고자 한다.

변수명	변수 설명
ID	학생 ID
pretest	사전검사 점수
posttest	사후검사 점수
group	집단(0: 통제집단, 1: 실험집단)

[data file: ANCOVA_real_example.csv]

<영가설과 대립가설>

$H_0 : \beta_1 = 0$

$H_A : \beta_1 \neq 0$

회귀모형을 적합하기 전에 모형이 통계적 가정을 충족하는지를 살펴봐야 한다. R에서 회귀모형을 진단할 때 lm의 plot() 함수를 실행하면 된다. lm() 함수는 기본 패키지에 포함된 함수이므로 따로 패키지를 불러올 필요가 없다.[5] lm() 함수 실행 후, 그 결과에 대해 plot()함수를 실행하면 네 개의 도표를 보여 준다. 순서대로 Residual vs Fitted(첫 번째), Normal QQ(두 번째), Scale-Location(세 번째), Residuals vs Leverage(네 번째) 도표 및 각 도표에서 이상점으로 의심되는 사례 번호를 함께 제시한다. 첫 번째와 세 번째 도표는 잔차와 추정치 간 관계에 대한 것이다. 도표에서 특별한 패턴이 없을 경우, 등분산성 가정을 충족한다고 본다. 도표에서 표시되는 실선의 기울기가 0일 때 가장 이상적이다. 두 번째 도표로는 정규성을 확인한다. QQ 도표의 점들이 점선으로 표시되는 45° 선 위에 있을수록 정규성 가정을 충족한다.

네 번째 도표는 표준화 잔차와 레버리지에 대한 산점도이며, 같은 도표에서 쿡의 거리(Cook's distance)가 0.5가 넘는 관측치 영역이 점선으로 표시된다(유진은, 2021). 쿡의 거리는 레버리지와 잔차를 이용하여 구한 값으로, 이상점 진단 지수 중 영향력 통계량(influence)으로 분류된다. 이 값이 클 경우 해당 사례를 제거하면 회귀모형이 크게 바뀌게 된다. 레버리지가 크다면 독립변수 값이 극단적인 값이므로 해당 사례를 이상점으로 의심할 수 있다. 네 번째 도표로 등분산성도 확인할 수 있다. 즉, 레버리지 값에 따라 잔차가 퍼져 있는 정도가 달라진다면 등분산성 가정을 충족한다고 말하기 어렵다.

---

5) 서장 제1절에서 R 패키지의 종류에 대하여 자세하게 설명하였다.

[R 6.1] 정규성과 등분산성 가정 확인 1

〈R 코드〉

```
##예시 1##
mydata <- read.csv('ANCOVA_real_example.csv')
reg.mod <- lm(posttest ~ pretest, data = mydata)
par(mfrow=c(2,2)) #도표를 화면에서 2×2로 분할 제시
plot(reg.mod)
par(mfrow=c(1,1)) #화면 분할 없음
```

〈R 결과〉

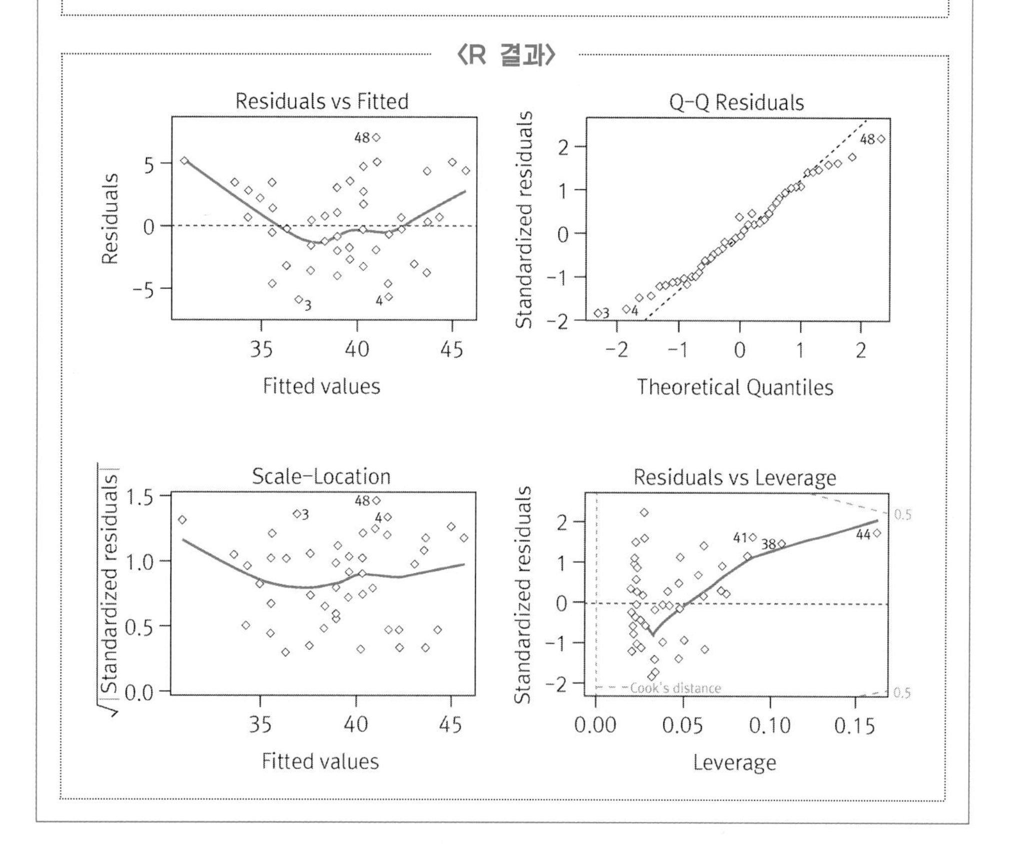

이 자료는 무선표집으로 얻은 자료이므로 독립성 가정을 충족한다. 정규성과 등분산성 가정을 확인하겠다. lm()으로 선형 회귀모형을 적합하고 그 결과를 reg.mod에 저장한 후, plot()으로 도표를 그려 회귀모형을 진단한 결과는 [R 6.1]과 같다. 첫 번째와 세 번째 도표에서 실선의 기울기가 0인 직선이 아니다. 등분산성 가정을 위배하는 것이 아닌지 의심할 수 있다. QQ 도표인 두 번째 도표에서도 이상점으로 의심되는 사례들이 있

다. 네 번째 도표에서 잔차 값에 따라 레버리지가 고르게 분포되어 있지 않다. 단, 쿡의 거리가 0.5가 넘는 사례는 없는 것으로 나타났다. 이상점으로 의심할 만한 사례가 있는지 〈심화 6.7〉을 참고하여 확인할 필요가 있다. 이상점이 있다고 판단할 경우, 이상점을 분석에서 제거한 후 다시 통계적 가정을 확인한다.

R 심화 6.2 회귀모형 진단

Cook의 거리는 각 관측치가 회귀모형 추정치에 가지는 영향력을 측정한다. 잔차(residual) 또는 레버리지(leverage) 값이 클수록 Cook의 거리 값이 커지게 되며, Cook의 거리 값이 큰 관측치를 제거할 경우 회귀계수가 크게 바뀌게 된다(〈심화 6.7〉). Cook의 거리와 관련하여 자세한 정보가 필요하다면, plot() 함수에 which=4와 which=6을 쓰면 된다. plot(reg.mod, which=)에서 which 뒤의 수치를 1부터 6까지 바꿔 주면 R은 순서대로 다음의 여섯 가지 도표를 제시한다.

① Residual vs Fitted
② Residual QQ plot
③ Scale−Location
④ Cook의 거리
⑤ Residual vs Leverage
⑥ Cook의 거리 vs Leverage/(1−Leverage)

[R 6.1]에서 plot() 함수를 which 없이 실행할 때 얻는 네 개의 도표는 순서대로 ①, ②, ③, ⑤였다. plot()에 which를 활용함으로써 Cook의 거리를 하나의 축으로 하는 ④번(which=4)과 ⑥번(which=6) 도표를 추가적으로 확인할 수 있다.

참고로 R에서는 SPSS에서의 기대 누적확률과 관측 누적확률 간 도표인 PP 도표를 제공하는 함수가 없다. ecdf() 함수를 실행할 경우[예: ecdf(reg.mod$residuals)] 세로축은 기대 누적확률인데 가로축에 관측 누적확률 대신 잔차가 들어간다는 차이가 있다.

이상점을 확인하기 위하여 레버리지, 스튜던트화 잔차, Cook의 거리 등을 구하고, 이상점으로 의심되는 사례를 제거하였다([R 6.2]).

[R 6.2] 회귀모형 진단 및 이상점 제거 1

〈R 코드〉

```
lev <- hatvalues(reg.mod)
st.resid <- rstandard(reg.mod)
cook.d <- cooks.distance(reg.mod)
which(lev > 0.083 | abs(st.resid) > 1.96 | cook.d > 3.2) #returns 5 obs
which(lev > 0.083 & abs(st.resid) > 1.96 & cook.d > 3.2) #returns 0 obs
mydata2 <- mydata[-c(36,38,41,44,48),]
dim(mydata)
dim(mydata2)
```

〈R 결과〉

```
> which(lev > 0.083 | abs(st.resid) > 1.96 | cook.d > 3.2) #returns 5 obs
36 38 41 44 48
36 38 41 44 48
> which(lev > 0.083 & abs(st.resid) > 1.96 & cook.d > 3.2) #returns 0 obs
named integer(0)
> mydata2 <- mydata[-c(36,38,41,44,48),]
> dim(mydata)
[1] 48  4
> dim(mydata2)
[1] 43  4
```

이 예시에서 레버리지 값이 0.083($p = 2, n = 48$)보다 크거나, 스튜던트화 잔차의 절대값이 1.96보다 클 경우, Cook의 거리가 $F_{2,46}$-값에 해당되는 3.2보다 클 경우 이상점으로 의심한다. 레버리지, 잔차, Cook의 거리를 'AND' 조건(코드에서 '&')으로 충족하는 관측치가 하나도 없으므로 이상점이 없다고 판단을 내릴 수 있다. [R 6.3]에서는 학습 목적으로 'OR' 조건을 적용하여 이상점으로 의심되는 5개 사례를 분석에서 제거하고 dim() 함수로 자료 정리가 제대로 되었는지 확인하였다.

dim() 함수는 행과 열로 데이터의 차원(dimension)을 보여 준다. 5개 사례를 제거하였기 때문에 mydata2의 사례 수가 48개(mydata)에서 43개로 줄었다는 것을 확인할 수 있다.

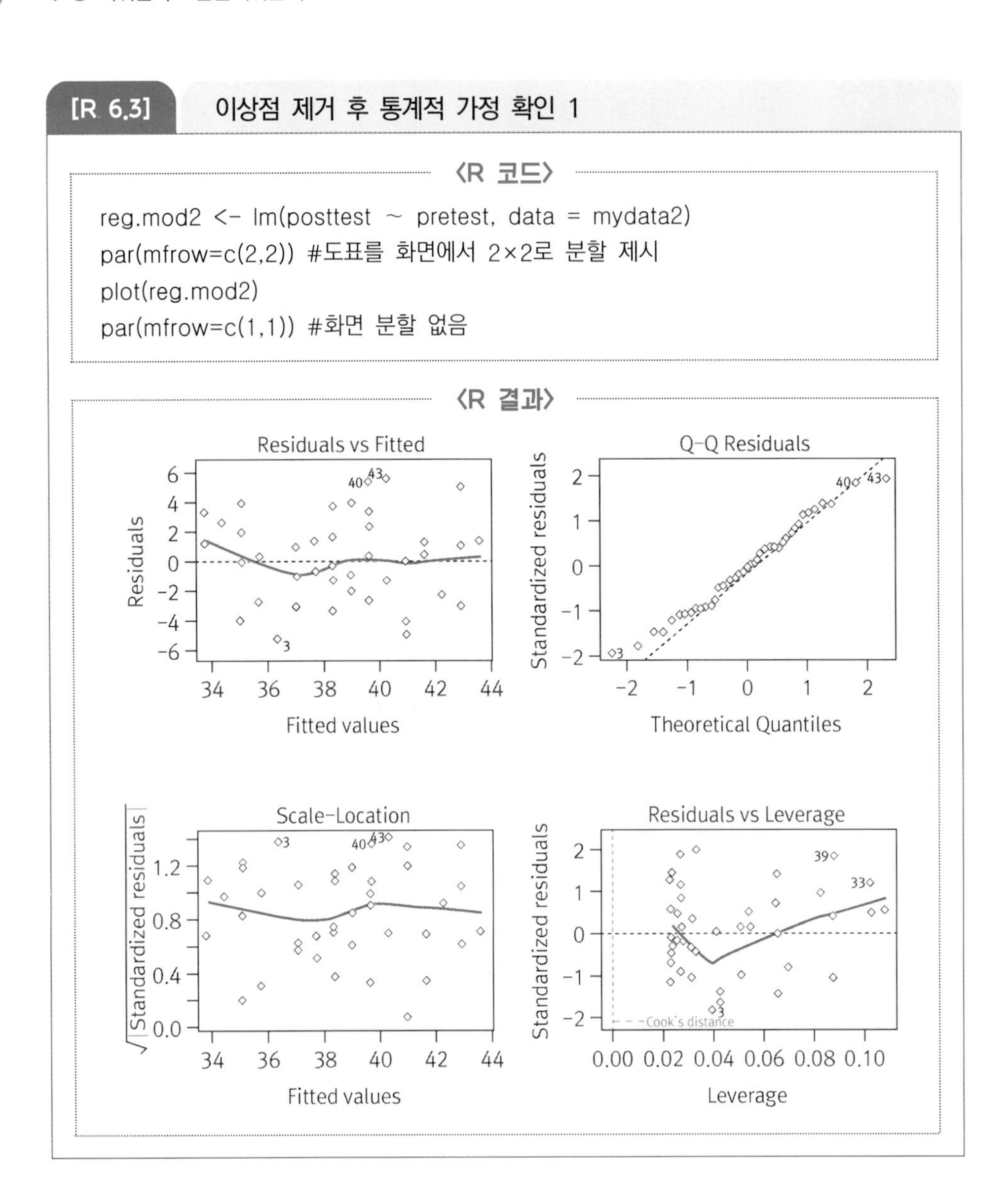

[R 6.3] 이상점 제거 후 통계적 가정 확인 1

〈R 코드〉

```
reg.mod2 <- lm(posttest ~ pretest, data = mydata2)
par(mfrow=c(2,2)) #도표를 화면에서 2×2로 분할 제시
plot(reg.mod2)
par(mfrow=c(1,1)) #화면 분할 없음
```

〈R 결과〉

이상점을 제거한 후 회귀모형을 진단한 결과는 [R 6.3]과 같다. 이상점 제거 전 결과인 [R 6.1]과 비교 시 첫 번째와 세 번째 도표에서 실선의 기울기가 0에 가까워졌다. QQ 도표인 두 번째 도표에서도 관측치가 45° 선에 더 가까워졌으며, 네 번째 도표에서도 잔차값에 따라 레버리지가 좀 더 고르게 분포된 점을 확인할 수 있다([그림 6.1]). 이상점 제거 후 도표가 향상되었으므로 이상점으로 의심되는 사례를 제거한 자료를 활용하여 단순회귀분석을 진행하겠다.

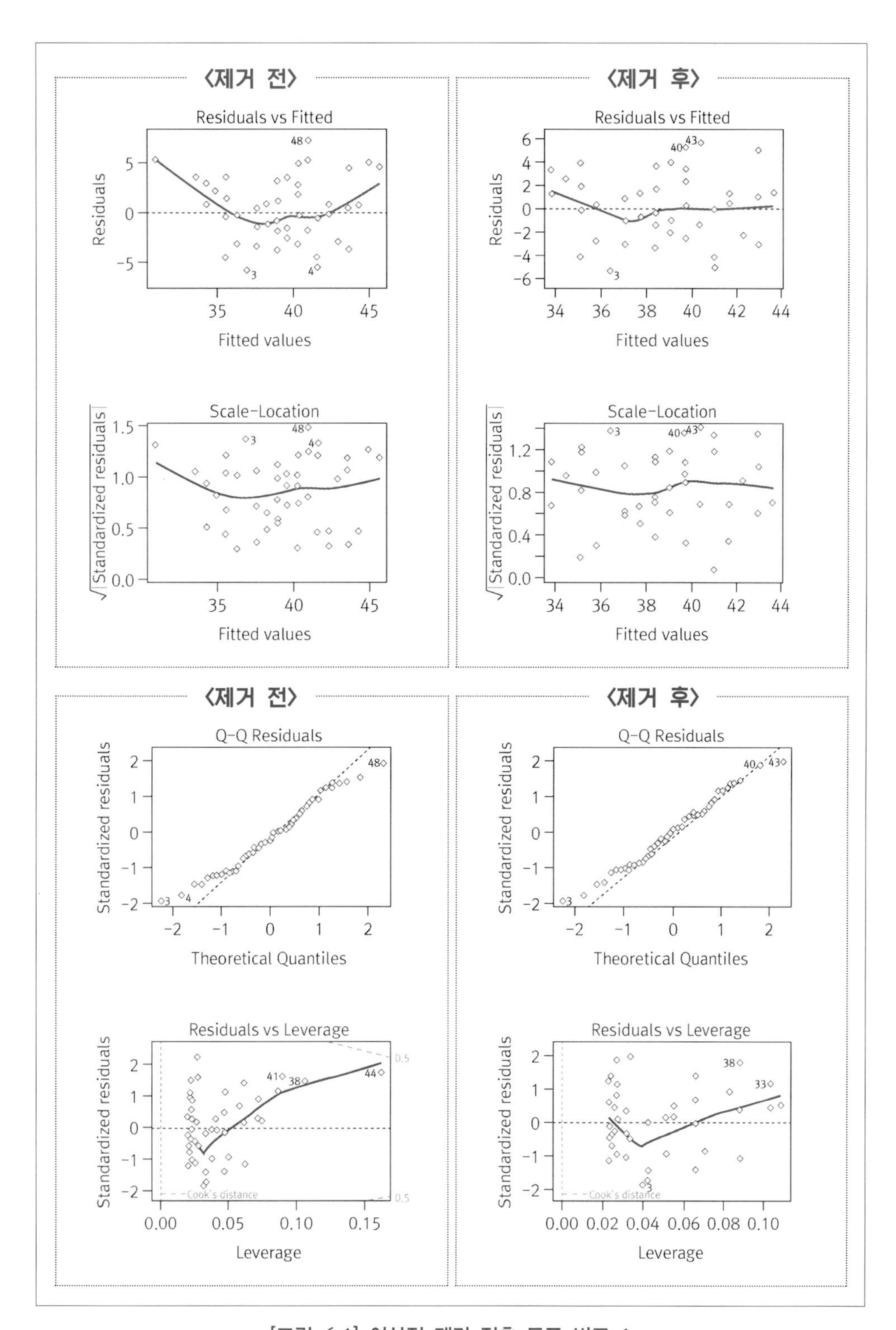

[그림 6.1] 이상점 제거 전후 도표 비교 1

[R 6.4] 이상점 제거 후 단순회귀분석 1

〈R 코드〉

```
summary(reg.mod2)
```

〈R 결과〉

```
> summary(reg.mod2)

Call:
lm(formula = posttest ~ pretest, data = mydata2)

Residuals:
   Min     1Q Median     3Q    Max
-5.410 -2.514 -0.014  1.761  5.644

Coefficients:
            Estimate Std. Error t value Pr(>|t|)
(Intercept)  14.0482     4.1730   3.366  0.00166 **
pretest       0.6577     0.1110   5.923 5.56e-07 ***
---
Signif. codes:  0 '***' 0.001 '**' 0.01 '*' 0.05 '.' 0.1 ' ' 1

Residual standard error: 2.891 on 41 degrees of freedom
Multiple R-squared:  0.4611,	Adjusted R-squared:  0.448
F-statistic: 35.09 on 1 and 41 DF,  p-value: 5.561e-07
```

[R 6.4] 결과의 Coefficients에서 회귀계수를 확인할 수 있다. 회귀모형의 절편(intercept)이 14.048, 독립변수인 pretest의 회귀계수가 0.658이며, 표준오차(Std. Error)가 각각 4.173과 0.111이다. 절편과 기울기 값을 각각의 표준오차로 나누면 t-값을 구할 수 있고, 이 값으로 t-검정을 하게 된다. 마지막 줄의 '1 and 41 DF'에서 잔차 자유도가 41이라는 것을 알 수 있다. 검정 결과, 5% 유의수준에서 기울기가 0이라는 영가설을 기각하게 된다.

회귀모형의 설명력은 [R 6.4] 결과의 아래 두 번째 줄에서 확인한다. R 제곱(Multiple R-squared)은 결정계수(coefficient of determination)로도 불린다. 이 값이 0.461이라는 것은 사전검사가 사후검사 분산의 46.1%를 설명한다는 뜻이다. 수정된 R 제곱(Adjusted R-squared)은 자유도까지 고려한 수정 결정계수로, 자유도까지 고려했을 때 사후검사 분산의 44.8%를 독립변수(사전검사 점수)가 설명한다는 것을 뜻한다. 수정 결정계수는 다음 장에서 더 자세히 설명하겠다.

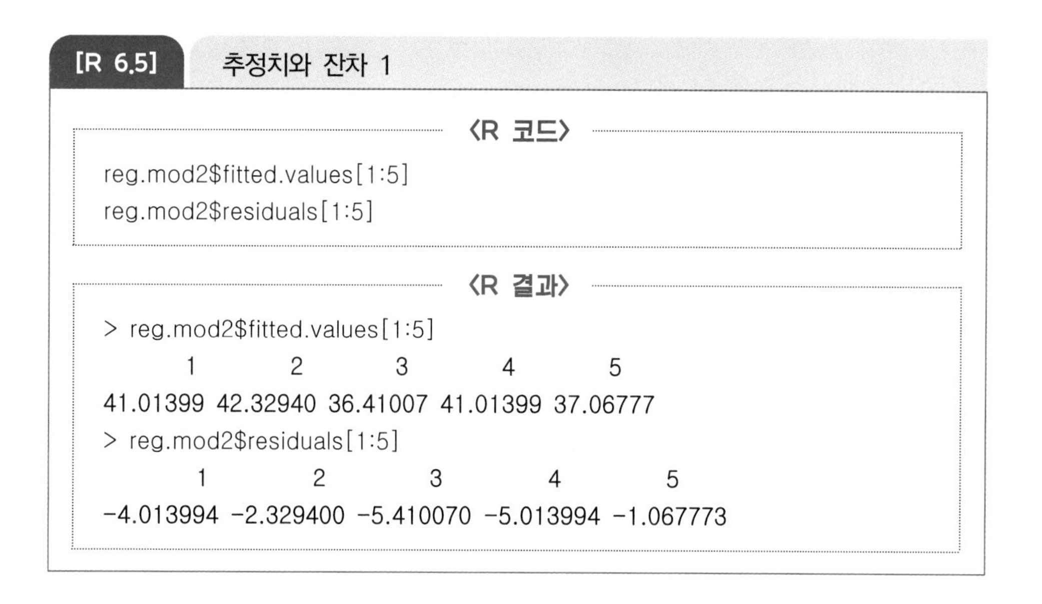

[R 6.5] 추정치와 잔차 1

〈R 코드〉

```
reg.mod2$fitted.values[1:5]
reg.mod2$residuals[1:5]
```

〈R 결과〉

```
> reg.mod2$fitted.values[1:5]
       1        2        3        4        5
41.01399 42.32940 36.41007 41.01399 37.06777
> reg.mod2$residuals[1:5]
        1         2         3         4         5
-4.013994 -2.329400 -5.410070 -5.013994 -1.067773
```

[R 6.4]의 회귀계수로 쓴 회귀모형식은 $\hat{Y} = 14.048 + .658X_{pre}$이다. 이 식의 X값에 사전검사 점수를 대입하여 사후검사 점수의 추정치를 구할 수 있다. 만약 사전검사 점수가 41점이라면, 사후검사 점수의 추정치는 41.026점이 된다. [R 6.5]에서 인덱싱으로 1번부터 5번 사람에 대해서만 사후검사 점수의 추정치와 잔차를 구하였다. 이 값과 회귀식으로 구한 값은 다소 차이가 있는데, 소수점 반올림 때문이다. 반올림하여 계산하지 않는 R의 값이 언제나 정확하다.

2) 내신점수와 수능점수

〈분석 자료: 내신점수와 수능점수〉

연구자가 100명의 학생을 무선으로 표집하여 수학 내신점수와 수능에서의 수학 표준점수를 조사하였다. 연구자는 내신점수(school_math)로 수능점수(KSAT_math)를 추정하는 모형을 만들고자 한다.

변수명	변수 설명
ID	학생 ID
KSAT_math	수능 수학점수
school_math	내신 수학점수

[data file: KSAT_math_example.csv]

〈영가설과 대립가설〉

$H_0 : \beta_1 = 0$

$H_A : \beta_1 \neq 0$

정규성과 등분산성 가정을 확인하겠다. [R 6.6] 결과에서 이상점이 의심되는 사례가 있다. 첫 번째와 세 번째 도표에서 실선의 기울기가 0인 직선이 아니다. 등분산성 가정을 위배하는 것이 아닌지 의심할 수 있다. QQ 도표인 두 번째 도표에서도 이상점으로 의심되는 사례들이 있다. 네 번째 도표에서 잔차 값에 따라 레버리지가 고르게 분포되어 있지 않다. 단, 쿡의 거리가 0.5가 넘는 사례는 없는 것으로 나타났다. 이상점을 찾아 분석에서 제거한 후에 다시 가정을 확인할 필요가 있다.

[R 6.6] 정규성과 등분산성 가정 확인 2

〈R 코드〉

```
##예시 2##
mydata <- read.csv('KSAT_math_example.csv')
reg.mod <- lm(KSAT_math ~ school_math, data = mydata)
par(mfrow=c(2,2)) #도표를 화면에서 2×2로 분할 제시
plot(reg.mod)
par(mfrow=c(1,1)) #화면 분할 없음
```

<R 결과>

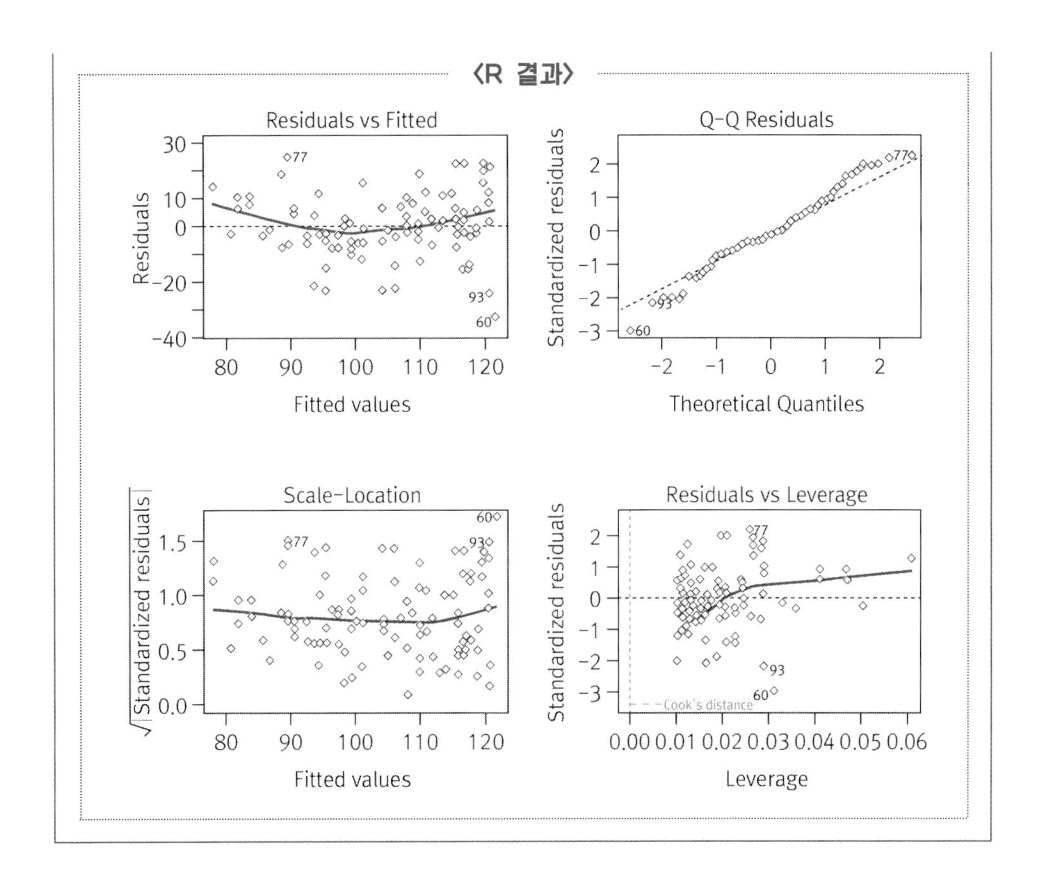

[R 6.7] 이상점 제거 2

<R 코드>

```
lev <- hatvalues(reg.mod)
st.resid <- rstandard(reg.mod)
cook.d <- cooks.distance(reg.mod)
outliers <- which(lev > 0.04 | abs(st.resid) > 1.96 | cook.d > 3.09)
mydata2 <- mydata[-outliers,]
dim(mydata)
dim(mydata2)
```

〈R 결과〉

```
> lev <- hatvalues(reg.mod)
> st.resid <- rstandard(reg.mod)
> cook.d <- cooks.distance(reg.mod)
> outliers <- which(lev > 0.04 | abs(st.resid) > 1.96 | cook.d > 3.09)
> mydata2 <- mydata[-outliers,]
> dim(mydata)
[1] 100   3
> dim(mydata2)
[1] 84  3
```

레버리지 값이 0.04($p=2, n=100$)보다 클 경우, 스튜던트화 잔차 절대값이 1.96보다 클 경우, Cook의 거리가 $F_{2,98}$-값에 해당되는 3.09보다 클 경우 이상점으로 의심할 수 있다. 이번에도 'OR' 조건을 적용하여 이상점으로 의심되는 16개 사례를 제거하였다. 이때 which() 함수 결과를 객체로 저장하여 인덱싱에 활용하였다([R 6.7]).

이상점을 제거한 후 회귀모형의 가정을 다시 확인하였다([R 6.8]). 이상점 제거 전과 비교 시, 잔차와 추정치 간 도표에서 실선의 기울기가 좀 더 0에 가깝게 변하였다. 즉, 이상점 제거 후 등분산성 가정을 충족할 확률이 높아진 것으로 보인다. QQ 도표의 경우 이상점 제거 전후와 차이를 파악하기 어려운데, 이는 QQ 도표가 분포의 꼬리 부분에 집중하여 도표를 제시하기 때문이다(〈심화 6.4〉). 마지막 도표에서도 레버리지 값이 큰 사례가 삭제되었으며, 잔차와 레버리지 간 대응값들이 이상점 제거 전보다 더 고르게 펴져 있다는 것을 확인할 수 있다(그림 6.2]). 이상점 제거 후 도표가 향상되었으므로 이상점으로 의심되는 사례를 제거하고 회귀분석을 진행하겠다.

[R 6.8] 이상점 제거 후 통계적 가정 확인 2

〈R 코드〉

```
reg.mod2 <- lm(KSAT_math ~ school_math, data = mydata2)
par(mfrow=c(2,2)) #도표를 화면에서 2×2로 분할 제시
plot(reg.mod2)
par(mfrow=c(1,1)) #화면 분할 없음
```

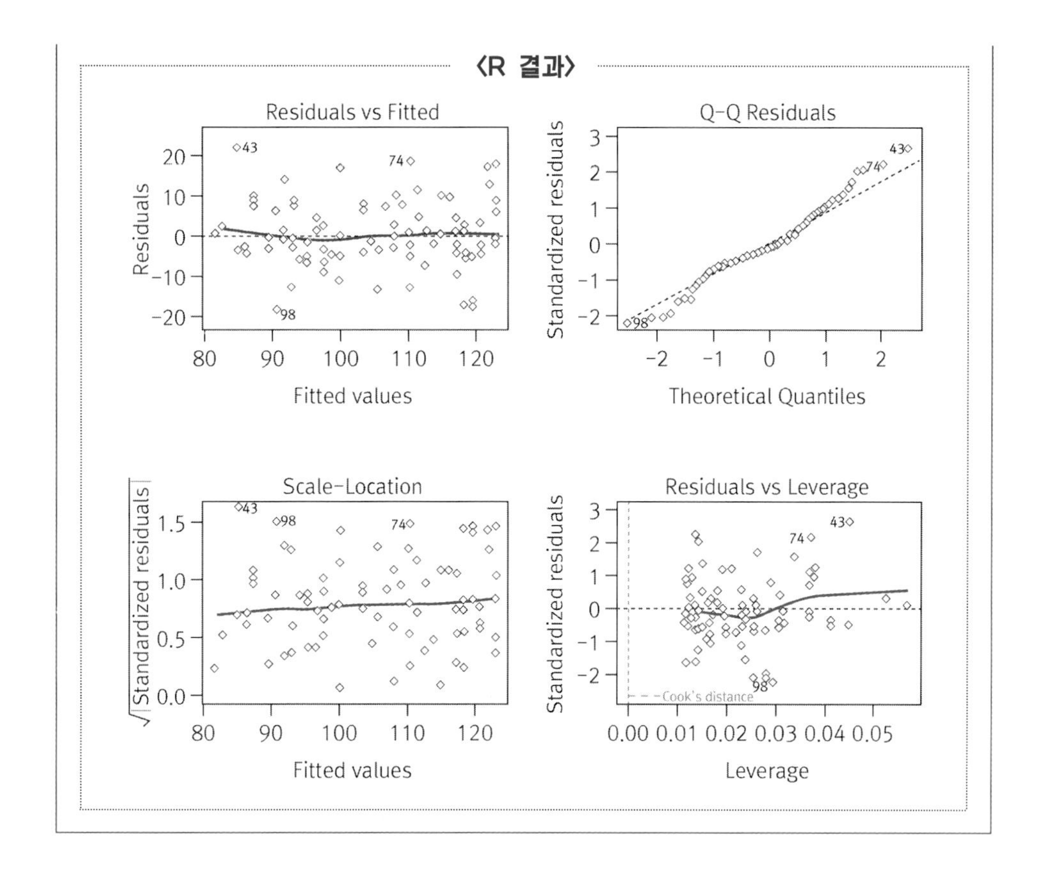
〈R 결과〉
Residuals vs Fitted
Residuals
Fitted values
Q-Q Residuals
Standardized residuals
Theoretical Quantiles
Scale-Location
√|Standardized residuals|
Fitted values
Residuals vs Leverage
Standardized residuals
Cook's distance
Leverage

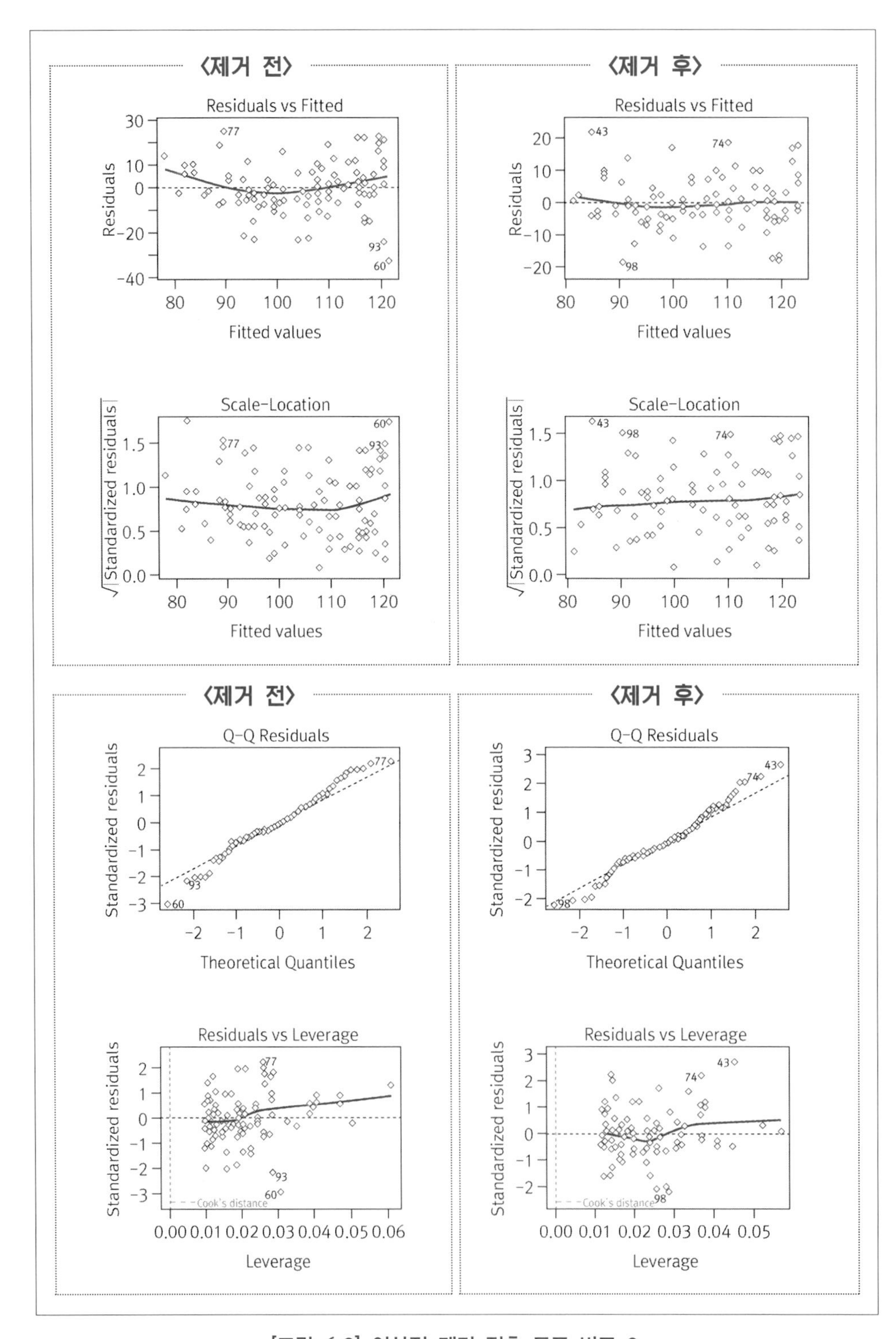

[그림 6.2] 이상점 제거 전후 도표 비교 2

[R 6.9] 이상점 제거 후 단순회귀분석 2

〈R 코드〉

```
summary(reg.mod2)
```

〈R 결과〉

```
> summary(reg.mod2)

Call:
lm(formula = KSAT_math ~ school_math, data = mydata2)

Residuals:
    Min      1Q  Median      3Q     Max
-18.797  -4.601  -1.030   4.938  21.979

Coefficients:
            Estimate Std. Error t value Pr(>|t|)
(Intercept)  8.77541    7.33488   1.196    0.235
school_math  1.15524    0.08698  13.281   <2e-16 ***
---
Signif. codes:  0 '***' 0.001 '**' 0.01 '*' 0.05 '.' 0.1 ' ' 1

Residual standard error: 8.459 on 82 degrees of freedom
Multiple R-squared:  0.6826,	Adjusted R-squared:  0.6788
F-statistic: 176.4 on 1 and 82 DF,  p-value: < 2.2e-16
```

[R 6.9] 결과의 Coefficients에서 회귀계수를 확인할 수 있다. 회귀모형의 절편(intercept)이 8.775, 독립변수인 school_math의 회귀계수가 1.155이며, 표준오차(Std. Error)가 각각 7.334와 0.087이다. 절편과 기울기 값을 각각의 표준오차로 나누면 t-값을 구할 수 있고, 이 값으로 t-검정을 하게 된다. 마지막 줄의 '1 and 82 DF'에서 잔차 자유도가 82이라는 것을 알 수 있다. 검정 결과, 5% 유의수준에서 기울기가 0이라는 영가설을 기각하게 된다. 또한 회귀모형 절편이 0이라는 영가설을 기각하지 못하였으나, 절편을 모형에서 삭제하지는 않았다(〈심화 6.9〉 참고).

회귀모형의 설명력은 [R 6.9] 결과의 아래 두 번째 줄에서 확인한다. R 제곱(Multiple R-squared)은 결정계수(coefficient of determination)로도 불린다. 이 값이 0.683이라는 것은 내신점수가 수능점수 분산의 68.3%를 설명한다는 뜻이다. 수정된 R 제곱(Adjusted R-squared)은 자유도까지 고려한 수정 결정계수로, 자유도까지 고려했을 때 수능점수 분산의 67.9%를 독립변수(내신점수)가 설명한다는 것을 뜻한다. 수정 결정계수는 다음 장에서 더 자세히 설명하겠다.

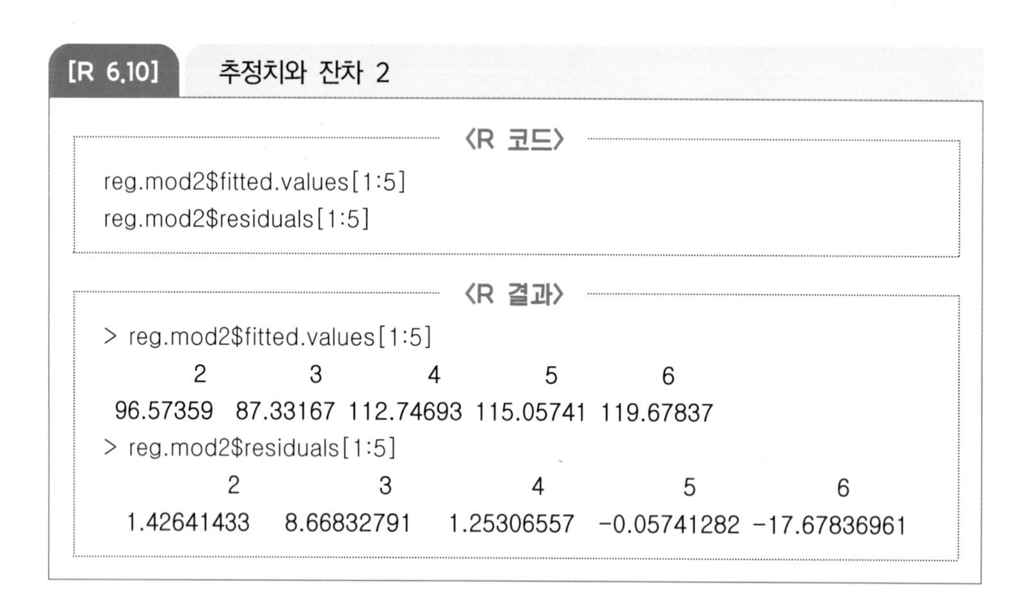

[R 6.10] 추정치와 잔차 2

〈R 코드〉

```
reg.mod2$fitted.values[1:5]
reg.mod2$residuals[1:5]
```

〈R 결과〉

```
> reg.mod2$fitted.values[1:5]
        2         3         4         5         6 
 96.57359  87.33167 112.74693 115.05741 119.67837 
> reg.mod2$residuals[1:5]
          2           3           4           5           6 
 1.42641433  8.66832791  1.25306557 -0.05741282 -17.67836961 
```

[R 6.9]의 회귀계수로 쓴 회귀모형식은 $\hat{Y} = 8.775 + 1.155X_{school}$이다. 이 식의 X값에 내신점수를 대입하여 수능점수의 추정치를 구할 수 있다. 만약 내신점수가 76점이라면, 수능점수의 추정치는 96.555점이 된다. [R 6.10]에서 인덱싱으로 1번부터 5번 사람에 대해서만 수능점수의 추정치와 잔차를 구하였다. 이 값과 회귀식으로 구한 값은 다소 차이가 있는데, 소수점 반올림 때문이다. 반올림하여 계산하지 않는 R의 값이 언제나 정확하다.

심화 6.9 유의하지 않은 절편 또는 변수를 모형에서 삭제해야 하나

[R 6.9]에서 회귀모형 절편의 유의확률이 0.235로 절편이 0이라는 영가설을 기각하지 못하였다. 그렇다면 모형에서 유의하지 않은 절편을 삭제해야 하는 것이 아닌지 의문을 가질 수 있다. 결론부터 말하면, 절편은 유의성 검정 결과에 관계없이 모형에 투입하는 것이 일반적이다. 절편이 0이라는 것은 상당히 강한 가정이기 때문이다. 절편이 0이라면, 독립변

수가 0일 때 종속변수도 0이며 종속변수의 평균 또한 0이어야 한다. 즉, 해당 예시에서 내신점수가 0일 때 수능점수도 0이고 수능점수의 평균이 0이어야 하는데, 이는 합리적이지 않은 가정이다. 이러한 가정이 합리적일 때만 모형에서 절편을 삭제할 수 있다.

같은 맥락에서 이론 및 선행연구에 근거하여 투입된 독립변수는 통계적으로 유의하지 않다고 하더라도 모형에서 뺄 필요는 없다. 연구 간 통계적 유의성 비교가 목적인 경우 특히 그러하다. 이론 및 선행연구에 근거하여 투입된 독립변수라면 모형에서 유지하는 것이 낫다.

연습문제

1. 다음 선형회귀분석에 대한 진술을 읽고 옳은 것은 T, 틀린 것은 F로 표시하시오.

1) 잔차(residual)는 관찰값과 예측값 간 차이다. ( )

2) 각 측정치에 대해 오차(error)는 서로 독립이다. ( )

3) 각 측정치에 대해 오차(error)는 분산이 같다. ( )

4) 최소제곱법은 잔차의 합을 최소화시켜 회귀모형의 절편과 기울기를 구하는 방법이다. ( )

2. 회귀모형의 결정계수 R^2에 대한 진술로 <u>틀린</u> 것은?

① -1에서 1까지 값을 가진다.

② 독립변수의 수가 늘어날수록 증가하는 경향이 있다.

③ 모든 측정값이 추정된 회귀선상에 있는 경우는 1이다.

④ 단순회귀모형에서 종속변수와 독립변수 간 상관계수 제곱과 같다.

3. 단순회귀모형 $Y_i = \beta_0 + \beta_1 X_i + \epsilon_i$에 대한 설명으로 옳은 것을 <u>모두</u> 고르시오. 단, 오차(ϵ_i)는 평균이 0이고 분산이 σ^2인 정규분포로부터 독립적으로 추출되었다고 가정한다.

ㄱ. Y가 종속변수이고 X는 독립변수이다.
ㄴ. $E(Y_i) = \beta_o + \beta_1 E(X_i)$이다.
ㄷ. β_o는 X가 $\overline{X}$일 경우 Y의 값이다.
ㄹ. 결정계수 R^2은 $\overline{Y}$와 $\hat{Y}$의 상관계수의 제곱과 같다.
ㅁ. β_1은 독립변수 X가 한 단위 변화할 때 Y가 변화하는 양이다.

4. 단순회귀모형 $Y_i = \beta_0 + \beta_1 X_i + \epsilon_i$에서 $\sum_{i=1}^{n}(Y_i - \widehat{Y_i})^2 = 400$, $\sum_{i=1}^{n}(\widehat{Y_i} - \overline{Y_i})^2 = 500$ 일 때 결정계수를 구하면? (단, $\widehat{y_i}$은 i번째 추정값을 나타냄)

5. 어느 초등학교 6학년 370명을 대상으로 독서시간과 국어점수 간의 회귀모형을 통계적으로 검정하였다. (A)~(E)의 빈칸을 채우시오.

모형	제곱합	자유도	평균제곱	F	유의확률
회귀모형	1269.816	1	(C)	(E)	.000
잔차	108.133	(A)	(D)		
합계	1377.949	(B)			

6. **(R 이용 문제)** 다음 자료를 R 데이터프레임으로 만드시오. 1학기 수학 점수를 종속변수로 할 때, 사이버 가정학습 시간(회귀모형1)과 자기주도적 학습 시간(회귀모형2)을 독립변수로 하는 회귀식을 각각 적고 해석하시오. 단, 수정된 R^2에 대하여 언급하시오.

변수	관측값														
1학기 수학점수	72	75	88	90	79	68	69	70	92	73	94	69	73	82	79
수학과 사이버 가정학습 시간 (주당 시간)	3	4	7	3	4	5	2	3	4	3	4	3	3	6	4
수학과 자기주도적 학습 시간 (주당 시간)	4	4	5	6	3	1	2	3	6	3	6	5	4	4	5

제 7 장

회귀분석 II: 다중회귀분석

필수 용어

다중공선성, 수정 결정계수, 변수 선택법, 더미변수, 중심화, 표준화 계수, 부분상관계수

학습목표

1. 다중회귀분석의 통계적 모형과 가정, 특징을 이해할 수 있다.
2. 다중회귀분석의 회귀식을 쓰고 해석할 수 있다.
3. 다중공선성 문제를 진단하고 해결할 수 있다.
4. 더미변수를 이용한 다중회귀모형을 해석할 수 있다.
5. 실제 자료에서 R을 이용하여 다중회귀분석을 실행할 수 있다.

할아버지의 재력, 아버지의 무관심, 엄마의 정보력, 동생의 희생이 있어야 대학 입시에서 좋은 결과를 얻을 수 있다는 우스갯소리가 있었다. 어떤 괴짜 연구자가 이것이 우스갯소리가 아닐 것이라고 생각하고, 연구에 돌입하고자 한다. 이 경우 회귀분석에 대한 기본 지식이 있다면 사실 통계분석 자체는 그리 힘들지 않을 수 있다. 다만, 각 변수의 구인(construct)을 얼마나 잘 정의하고 측정할 수 있느냐가 관건이 될 것이다.[1] 만약 할아버지의 재력, 아버지의 무관심, 엄마의 정보력, 동생의 희생을 조작적으로 정의하고 측정할 수 있다면, 이러한 변수들을 독립변수로, 그리고 수능점수를 종속변수로 두어 다중회귀분석(multiple regression analysis)을 실시할 수 있다. 다중회귀분석 결과로 그 모형이 통계적으로 유의하다면, 할아버지의 재력, 아버지의 무관심, 엄마의 정보력, 동생의 희생 변수 값들을 투입하였을 때 그 학생의 수능점수가 몇 점이 될 것인지 추정할 수 있다.

제6장에서 독립변수와 종속변수가 모두 하나인 단순회귀분석(simple regression)에 대하여 설명하였다. 단순회귀분석은 수리적으로도 간단하여 이해하기가 쉽다는 장점이 있으나, 실제 연구에서 독립변수를 하나만 쓰는 경우는 많지 않다. 이 장에서는 독립변수가 둘 이상인 다중회귀분석(multiple regression)을 설명할 것이다. 다중회귀분석은 통계적 가정 확인, 회귀계수의 유의성 검정 등에 있어 단순회귀분석과 큰 차이가 없으나, 독립변수가 보다 많아지면서 좀 더 고려해야 할 점이 있다. 즉, 변수 선택법, 다중공선성, 더미변수, 표준화 계수 등과 같이 단순회귀분석에서는 고려할 필요가 없었던 부분에 비중을 두어 설명하고, R을 활용한 실제 분석 예시를 보여 주겠다.

1) 구인타당도 위협요인은 제2장에서 설명하였다.

1 통계적 모형과 가정

독립변수가 두 개 이상인 경우 다중회귀분석이라고 부른다. 독립변수가 p개인 다중회귀분석의 통계적 모형은 식 (7.1)과 같다.

$$Y_i = \beta_0 + \beta_1 X_{1i} + \beta_2 X_{2i} + \cdots + \beta_p X_{\pi} + \epsilon_i \quad \cdots\cdots (7.1)$$

이 장을 시작할 때의 예시인 할아버지의 재력, 아버지의 무관심, 엄마의 정보력, 동생의 희생에 따라 수능점수를 추정할 수 있는지 분석하려면 다중회귀분석을 쓸 수 있다. 이 경우 독립변수가 네 개이므로 회귀모형을 다음과 같이 표기할 수 있다.

$$Y_i = \beta_0 + \beta_1 X_{1i} + \beta_2 X_{2i} + \beta_3 X_{3i} + \beta_4 X_{4i} + \epsilon_i$$

다중회귀분석의 통계적 가정과 그 확인 방법은 단순회귀분석과 동일하다. 즉, 잔차(residual) 분석을 통하여 통계적 가정을 확인하게 되므로 통계적 가정과 그 확인 방법이 독립변수 개수에 따라 달라지지 않는 것이다. 따라서 이 장에서는 통계적 가정에 대한 부분을 생략하였다. 잔차 분석을 통한 회귀모형의 통계적 가정을 다시 확인하고 싶다면 제6장 제2절을 참고하기 바란다.

2 가설검정

1) 제곱합 분해와 F-검정

다중회귀분석에서는 독립변수가 두 개 이상이므로 각 독립변수에 대한 회귀계수가 0인지 아닌지 검정하게 된다. 독립변수가 p개 있을 때의 영가설은 다음과 같다.

다중회귀분석의 영가설

$$H_0 : \beta_1 = \beta_2 = \cdots = \beta_p = 0$$

단순회귀분석의 영가설은 β_1이 0인지 아닌지에 대한 것인데, 다중회귀분석은 독립변수 개수만큼 β가 있고, 그것들이 각각 0인지 아닌지를 검정한다. p가 1인 경우, 즉 독립변수가 하나인 단순회귀분석은 다중회귀분석의 특수한 형태라 할 수 있다. 마찬가지로 다중회귀분석의 제곱합 분해와 F-검정에서도 p를 1로 바꿔 주면, 제6장의 단순회귀분석의 제곱합 분해 및 F-검정과 같게 된다.

〈다중회귀분석의 제곱합 분해와 F-검정〉

$$\sum_{i=1}^{n}(Y_i - \overline{Y}_.)^2 = \sum_{i=1}^{n}(\widehat{Y}_i - \overline{Y}_.)^2 + \sum_{i=1}^{n}(Y_i - \widehat{Y}_i)^2$$

SST	$=$	SSR	$+$	SSE	$: SS$
$n-1$	$=$	p	$+$	$n-p-1$	: 자유도
$\frac{SST}{n-1}$		$\frac{SSR}{p}$		$\frac{SSE}{n-p-1}$	$: \frac{SS}{\text{자유도}} = MS$
MST		MSR		MSE	$: MS$

$$F = \frac{MSR}{MSE} \sim F_\alpha(p, n-p-1)$$

기각역: $F > F_\alpha(p, n-p-1)$

2) 모형 절약성과 수정 결정계수

다중회귀분석에서 두 독립변수 간 상관이 매우 높은 경우가 있다. 한 독립변수가 설명하는 부분이 다른 독립변수가 설명하는 부분과 많이 겹치게 된다면, 두 변수를 모두 모형에 포함시키는 것이 적절하지 않다. 모형 절약성(model parsimony)을 고려한다면 더욱 그러하다. 변수를 되도록 적게 써서 간단한(simple) 모형을 만들 경우 모형 절약성이 높다고 한다.

이와 대조적으로 독립변수를 모형에 많이 투입하여 복잡한 모형을 만들게 되면 모형 절약성이 낮아지나, 모형 설명력은 높아질 수 있다. 특히 사례 수가 많을 경우 실제로는 유의하지 않은 변수도 통계적으로 유의하다는 결과를 얻을 수 있으며 이때 모형 설명력도 미세하게 높아질 수는 있다. 독립변수 3개로 구성된 모형(M1)의 설명력이 60%인데 독립변수 6개로 구성된 모형(M2)의 설명력이 63%라고 하자. 이 경우 설명력은 M1이 M2보다 3%p 낮지만, 절약성의 관점에서는 M1이 M2보다 상대적으로 높다. 독립변수 개수를 두 배로 늘렸는데도 모형 설명력은 단지 3%p만 증가했기 때문이다. 따라서 모형 설명력뿐만 아니라 모형 절약성까지 모두 고려하여 모형을 만들어야 한다.

제6장에서 결정계수를 설명하였는데, 결정계수는 모형 설명력만 고려한다. 모형 설명력뿐만 아니라 모형 절약성까지 고려한 수치는 바로 수정 결정계수(adjusted R^2)다. 수정 결정계수 공식은 식 (7.2)와 같다.

$$Adj\ R^2 = 1 - \frac{SSE/(n-p-1)}{SST/(n-1)} \quad \cdots\cdots (7.2)$$

수정 결정계수는 결정계수보다 클 수 없고, 보통 더 작다. 다중회귀분석에서는 모형 설명력뿐만 아니라 모형 절약성까지 고려한 수정 결정계수를 이용하는 것이 바람직하다.

3 변수 선택과 다중공선성

1) 변수 선택

다중회귀분석은 회귀계수 추정 방법, 통계적 가정, 잔차 분석 방법, 결과 해석 등에 있어 단순회귀분석과 차이가 없다. 다만, 다중회귀분석에서는 독립변수가 여러 개가 되므로 독립변수 간 관계를 고려하여 변수를 선택하고 모형을 선택해야 한다는 점을 염두에 두어야 한다.

모형 선택 시 통계적 유의성과 모형 설명력에 치중하는 것은 좋지 않은 접근법이다.

특히 표본 수가 클 때, 어떤 독립변수를 넣어도 그 변수가 통계적으로 유의할 수 있다. 표본 수가 몇십만 명인 자료로 시험 삼아 수십 개에 달하는 변수를 모형에 투입하였더니 거의 모든 변수가 통계적으로 유의하게 나왔던 경험이 있다. 심지어 학업성취도와 전혀 관련이 없는 학생 ID마저도 학업성취도를 유의하게 설명하는 변수였다! 기계적으로 해석하면, 학교번호와 학급번호가 뒷자리일수록 학생의 학업성취도가 높았다.[2] 명명척도인 '학생 ID' 변수를 연속형 변수인 것처럼 취급하여 회귀모형에 투입하는 것 자체가 잘못된 것인데, 부주의하게 모형을 선택하면 이렇게 우스꽝스러운 결과를 얻게 되는 것이다. 이 예시를 통하여 단순히 통계적 유의성만으로 모형을 선택하는 것이 얼마나 잘못될 수 있는지 명백하게 알 수 있다. 통계적 유의성만으로 모형을 만든다면, 학생 ID와 같은 변수도 모형에 포함시켜 학업성취도를 설명해야 하기 때문이다.

TIMSS(Trends in Mathematics and Science Study) 자료, PISA(Programme for International Student Assessment) 자료, 한국교육종단연구 자료 등의 기관이 모은 자료로 통계분석을 하는 경우가 많아지고 있다. 이렇게 연구자 본인이 모으지 않은 자료의 경우 모형 선택 시 각별히 더 주의해야 한다. 즉, 연구자는 각 변수가 어떤 변수인지 충분히 이해하고 독립변수 투입 여부를 고려해야 한다. 반대로 연구자가 설계하여 얻은 변수의 경우는 통계적으로 유의하지 않더라도 되도록 모형에 투입하는 것이 좋다. 단, 선행연구에 기반하여 세심하게 설계된 연구의 경우에 한하여 그러하다. 이론적으로 유의할 것이라고 보이는 변수가 연구자가 표집한 자료의 특이성으로 인하여 그 자료에서는 통계적으로 유의하지 않다고 나올 수도 있기 때문이다. 또한 다른 연구와의 비교 목적에서도 중요하다고 인정되는 변수는 통계적으로 유의하지 않다고 하더라도 모형에 포함시키는 것이 좋다.

연구자가 선택한 모든 변수를 모형에서 모두 포함시켜 분석하는 방법 외에도 '전진 선택법(forward selection)', '후진 소거법(backward elimination)', '단계적 방법(stepwise method)' 등이 가능한데, 연구 목적과 자료에 따라 필요한 방법을 선택하여 쓰면 된다(〈심화 7.1〉).

---

2) 이 자료에서 학생 ID는 학교번호와 학급 번호로 이루어진 숫자로, 학교번호 부여 방식에 별다른 규칙이 없었다.

심화 7.1 다중회귀분석에서의 변수 선택법[3]

- 연구자가 지정한 모든 독립변수를 통계적 유의성과 관계없이 그대로 이용하여 회귀분석을 시행한다.
- 전진 선택법(forward selection): 아무 독립변수도 없는 모형에서 시작하여 독립변수를 통계적 유의성에 따라 하나씩 투입해 가는 방법이다. 독립변수가 F값의 유의확률에 따라 모형에서 추가되며, 한 번 선택된 변수는 그대로 모형에 남아 있다. 즉, 변수 투입 순서로 인하여 다른 더 중요한 변수가 모형에 포함되지 못할 수 있다.
- 후진 소거법(backward elimination): 전진 선택법과 반대로, 모든 독립변수가 투입된 모형에서 시작하여 F값이 유의하지 않은 변수를 하나씩 모형에서 제거하는 방법이다. 전진 선택법에 비해 중요한 변수가 모형에서 누락될 확률은 낮으나, 한 번 제거된 변수는 다시 모형에 포함되지 못한다.
- 단계적 방법(stepwise method): 전진 선택법과 후진 소거법을 모두 이용하여 두 방법의 장점을 취합하려는 방법이다. 이 방법은 한 변수가 모형에 투입될 때마다 다른 변수들의 유의확률이 어떻게 변하는지를 확인하고 모형에서 제거할지 그대로 남길지를 결정한다.

2) 다중공선성

앞선 수능 예시에서 정보력이 높은 엄마는 동생에게 신경을 많이 쓸 수가 없고 따라서 동생이 희생할 수밖에 없는 상황인 반면, 정보력이 별로 높지 않은 엄마는 동생에게 신경을 많이 쓰는 엄마라고 하자. '엄마의 정보력'과 '동생의 희생' 변수가 매우 높은 상관을 보인다면(예: 0.99), 이 변수들을 모두 회귀모형에 투입할 때 회귀계수의 표준오차가 엄청나게 커지게 되며, 따라서 모형 추정치가 불안정해지고, 회귀계수 추정치의 신뢰도도 낮아지는 문제가 발생한다.

저자는 영어가 모국어가 아닌 학생의 영어능력에 대한 연구를 수행한 적이 있다. 수만 명의 학생에 대하여 수백 개 변수가 있어서 대략 중요해 보이는 변수들을 투입하여 회귀분석을 하였더니, 회귀계수 추정치가 해석하기 힘들게 나온 경험이 있다. 선행연구에 따르면 회귀계수 부호가 양수가 나와야 하는 변수에서 음수가 나오기도 하고, 중요한 변수로 알려진 변수가 통계적으로 유의하지 않는 등 해석하기 힘들었고 표준편차도 매우 컸

3) 그 외 벌점회귀(penalized regression) 기법을 활용하여 변수를 선택할 수도 있다. 자세한 내용은 유진은(2021) 등을 참고하면 된다.

다. 자세히 살펴보니, 몇몇 회귀계수의 표준오차가 상당히 커서 통계적으로 유의한 결과가 나올 수가 없었으며, 그 이유는 이 변수들이 서로 중복되는 양상을 보였기 때문이다. 즉, EI(English Index)라는 변수는 학생의 말하기(S), 듣기(L), 쓰기(W), 읽기(R) 성적으로 만든 변수로, S, L, W, R 변수만 알면 EI 값이 무엇인지 알 수 있는 상황이었다. 구체적으로 S와 L 점수의 가중치가 5%, W와 R의 가중치가 각각 15%와 75%였다.

$$0.05S + 0.05L + 0.15W + 0.75R = EI$$

이를 좀 더 일반적인 수식으로 바꾸면 식 (7.3)과 같다. 이렇게 독립변수 사이에 선형종속(linearly dependent) 관계가 있을 때, 완벽한 다중공선성(perfect multicollinearity)이 존재한다고 한다.

$$a_0 + a_1X_{1i} + a_2X_{2i} + a_3X_{3i} + \dots + a_PX_{Pi} = 0 \quad \cdots\cdots (7.3)$$

다중공선성은 OLS가 추정법인 분석에서 공통된 문제로, 〈심화 7.2〉의 $(\boldsymbol{X}^T\boldsymbol{X})^{-1}$ 부분에서 $(\boldsymbol{X}^T\boldsymbol{X})$ 행렬의 역행렬을 구하기 어렵기 때문에 발생한다. 더 자세히 설명하면, OLS 알고리즘 시행 시 $(\boldsymbol{X}^T\boldsymbol{X})^{-1}$은 독립변수 간 선형성으로 인한 상관(다중공선성) 또는 소수점 반올림과 같은 자료의 근소한 차이 등에 매우 민감하게 반응하여 회귀계수의 표준오차가 불안정해진다. 따라서 다중공선성 문제가 발생할 경우 회귀분석의 결과를 신뢰하기 힘들게 된다.

심화 7.2 행렬을 활용한 회귀계수 유의성 검정

$y = \boldsymbol{X}\beta + \epsilon$

y: n행의 관측치 벡터(vector)
$\boldsymbol{X}$: $n \times (p+1)$의 관측치 행렬(matrix)
β: $p+1$행의 모수치 벡터
ϵ: n행의 오차

$\hat{\beta}$ (β 추정치):
$\hat{\beta}= (\boldsymbol{X}^T\boldsymbol{X})^{-1}\boldsymbol{X}^T y$

$\hat{\beta}$의 분산-공분산 행렬:
$S_{\hat{\beta}}^2 = MSE(\boldsymbol{X}^T\boldsymbol{X})^{-1}$

$\hat{\beta}$과 $S_{\hat{\beta}}^2$으로 $\hat{\beta}$에 대한 유의성 검정을 실시한다.

여러 개의 독립변수를 이용하는 다중회귀분석에서 특히 다중공선성을 주의해야 한다. 다중공선성을 확인하는 방법으로 VIF(Variance Inflation Factor) 또는 공차한계(Tolerance)가 있다. VIF와 공차한계는 서로 역수 관계이므로, 이 중 하나만 보고하면 된다. VIF 식에서 R_p^2은 독립변수 X_p를 종속변수로 놓고 나머지 독립변수들로 회귀분석을 했을 때의 결정계수를 뜻한다(7.4). R_p^2 값이 크다는 것은 X_p의 분산을 나머지 독립변수들이 많이 설명하는 것이다. 따라서 어떤 독립변수의 VIF 값이 클 경우 다중공선성을 의심할 수 있으며, 해당 변수는 불필요한 변수일 가능성이 높다.

$$VIF_p = \frac{1}{1-R_p^2} \quad \cdots\cdots (7.4)$$

(Tolerance=$1-R_p^2$)

보통 VIF가 10보다 큰 경우 다중공선성을 의심할 수 있다. 이때 쉬운 해결책은 그 독립변수를 모형에서 제거하는 것이다. 앞선 예시의 경우 EI(English Index) 변수를 제거하였더니 다중공선성 문제가 해소되었다. 독립변수를 표준화시키거나, 중심화(centering)하는 것도 방법이 될 수 있다. 다른 방법으로 벌점회귀모형(penalized regression), 주성분회귀(principal components regression) 등을 이용할 수도 있으나, 기초통계에서는 다루지 않는 방법들이다. 벌점회귀모형에 대하여 더 알고 싶다면 유진은(2021)의 제12, 13장을 참고하면 된다.

4 기타 주요 개념

1) 더미변수 만들기

더미변수(dummy variable, 가변수)는 명명척도 또는 서열척도로 측정된 변수, 즉 질적 변수를 회귀모형에서 쓰기 위하여 만드는 변수다. 명명척도인 성별 변수를 남자는 1, 여자는 2로 입력했다고 하자. 회귀모형에서는 독립변수가 연속형이어야 하므로, 1과 2로 입력된 변수를 바로 쓸 수 없다. 남자가 1, 여자가 2인 것은 편의상 그렇게 입력한 것이지, 여자가 남자보다 더 크다거나, 남자가 여자보다 크기가 1만큼 작다고 할 수 없기 때문이다. 질적변수를 회귀모형에서 이용하려면 더미변수로 바꿔야 한다.

더미변수는 수준(level)의 수에서 1을 뺀 수만큼 만들면 된다. 성별의 경우 남자, 여자의 두 개 수준이 있으므로 더미변수는 하나만 만들면 된다. 더미변수는 보통 1 또는 0으로 구성되는데, 남자를 1로 하고 여자를 0으로 해도 되고, 반대로 여자를 1로, 남자를 0으로 해도 된다. 어떻게 입력을 하든 회귀계수가 달라져서 해석이 달라지는 것뿐, 통계적 추정과 검정은 모두 같다. 단, 0으로 입력이 되는 수준이 회귀계수 해석 시 기준이 된다는 것만 유념하면 된다.

좀 더 수준이 많은 변수의 예를 들어 보겠다. 종교를 개신교, 천주교, 불교, 기타로 놓고 각각 1, 2, 3, 4로 입력했다고 하자. 당연히 천주교가 개신교보다 1만큼 크다거나 기타가 불교보다 1만큼 크다고 말할 수 없다. 즉, 종교는 명명척도로 측정되는 변수이므로, 회귀모형에서 이용하려면 더미변수를 만들어야 한다. 이때 범주가 네 개이므로 세 개의 더미변수(d_1, d_2, d_3)를 만들면 된다. 마찬가지로 기준이 되는 변수는 모두 0으로 입력하면 된다. 다음의 입력 예시에서 기타를 모두 0으로 입력했기 때문에 '기타'가 기준이 된다.

종교	d_1	d_2	d_3
개신교	1	0	0
천주교	0	1	0
불교	0	0	1
기타	0	0	0

이렇게 자료 입력을 한다면, d_1이 1이고 d_2와 d_3가 0인 경우는 개신교, d_2가 1이고 d_1과 d_3가 0인 경우 천주교, d_3가 1, d_1과 d_2가 0인 경우 불교가 된다. d_1, d_2, d_3가 모두 0인 경우 기타를 뜻하며, 참조집단이 된다. 만일 참조집단을 개신교로 하고자 한다면, d_1, d_2, d_3가 모두 0인 경우를 개신교로 바꾸도록 입력을 하면 된다. 다음 절에서 R을 활용한 실제 더미코딩 예시를 다루겠다.

2) 표준화 계수

표준화 계수(standardized coefficient)는 종속변수와 독립변수에 대해 각각 그 편차점수를 표준편차로 나누어 얻은 변수로 회귀분석을 하여 얻은 회귀계수 값이다. 변수를 표준화하는 공식은 식 (7.5)와 같다.

$$X_k^* = \frac{X_k - \overline{X_k}}{S_k} \quad \cdots\cdots (7.5)$$

표준화된 변수로 회귀분석을 하는 경우 Y 절편은 자연스럽게 0이 된다. 표준화된 변수로 회귀분석을 하게 되는 경우의 장점으로 측정 단위에 구애받지 않는다는 것이 있다. 예를 들어 키를 인치, 센티미터, 미터 중 어느 것으로 측정하든 표준화 계수는 변하지 않는다. 또한 독립변수가 여러 개 있는 다중회귀분석에서 어느 독립변수가 종속변수에 상대적으로 더 큰 영향을 미치는지를 표준화 계수의 절대값을 비교하여 알 수 있다. 즉, 회귀분석에서의 표준화 계수는 효과크기(effect size)[4]이므로 필히 보고해야 한다. 그러나 표준화 계수의 분포는 알려져 있지 않기 때문에 표준화 계수에 대한 유의성 검정은 불가능하다. 회귀계수에 대한 유의성 검정은 비표준화 계수에 대하여 적용된다는 것을 유념해야 한다.

3) 중심화

단순회귀분석에서 β_0과 β_1은 각각 Y 절편과 기울기다. 제6장의 키 예시에서 β_0 값이

---

4) 효과크기는 제8장에서 자세히 설명하였다.

33.73이었다. β_0은 X값이 0일 때의 Y값이므로, 아버지의 키가 0인치일 때 아들의 키가 33.73인치라는 것을 뜻한다. 일반적으로 분석 시 실제 자료에서 포함되지 않은 구간의 값은 외삽(extrapolation)을 통해 자료를 해석해야 한다. 그런데 키가 0인치일 수 없기 때문에 이때의 Y절편값은 전혀 의미가 없는 값이다. Y절편을 의미 있게 해석하려면, 모든 X관측치를 X의 평균값으로 뺀 후 회귀분석을 하면 된다. 즉, 전체 평균으로 중심화(centering)를 한 후 회귀분석을 실시하는 것이다. 이렇게 중심화 이후 얻은 Y절편은 아버지의 키가 평균일 때 아들 키의 추정값이 되므로 해석하기 좋다.

정리하면, β_0은 X값이 중심화 등을 통하여 바뀌면 같이 바뀌는 값이다. 예를 들어 X값에서 모두 5를 빼고 회귀분석을 하면 β_0 값도 원래 값에서 5를 뺀 값으로 추정된다. 반면, β_1은 X값이 한 단위 증가할 때 Y값의 변화량으로, 중심화를 해도 바뀌지 않는다.

심화 7.3 중심화에 대한 보충 설명

위계적 선형모형(Hierarchical Linear Model: HLM)에서 전체 평균 또는 집단 평균으로 중심화를 한다. 그런데 언제나 평균을 쓸 필요는 없고, 변수 해석 시 중요한 값이 있다면 그 값을 중심화에서 쓸 수 있다. 예를 들어 '정규교육 기간'이라는 변수 값이 6년이라면 초등학교 졸업, 9년과 12년은 각각 중학교와 고등학교 졸업을 뜻한다고 하자. 이 변수에서 12를 뺀 후 회귀분석을 실시한다면, 해당 회귀모형의 Y 절편은 고교 졸업자의 평균 값에 대한 정보를 준다.

5 R 예시

다중회귀분석은 통계적 가정 확인과 회귀계수의 유의성 검정, 해석 방법 등이 단순회귀분석과 큰 틀에서 같다. 단, 독립변수가 2개 이상이 되면서 모형 절약성, 다중공선성, 표준화 계수 등에 주의를 기울여야 하며, 범주형 변수를 독립변수로 쓰는 경우 더미변수를 만드는 방법을 부가적으로 학습할 필요가 있다.

1) 수능 국어영역 점수

<분석 자료: 수능 국어영역 점수, 9월 모의고사, 성별, 사회탐구 선택과목>

연구자가 어느 일반계 고등학교 문과 학생들의 국어영역 점수와 모의고사 국어영역 점수, 성별, 사회탐구 선택과목 간 관계가 있다고 생각하였다. 연구자는 학생 50명의 9월 모의고사 점수, 성별, 사회탐구 선택과목을 조사하여 다음과 같이 입력하였다. 학생 50명의 수능 국어영역 성적을 조사할 수 있었다. 이 학생들의 9월 모의고사 국어 영역 점수, 성별, 사회탐구 선택과목을 함께 조사하여 다음과 같이 입력하였다.

변수명	변수 설명
ID	학생 ID
KSAT_Korean	수능 국어영역 점수
pretest	9월 모의고사 국어영역 점수
gender	성별(0: 남학생, 1: 여학생)
opt	사회탐구 선택과목(1: 생활과 윤리, 2: 사회 · 문화, 3: 한국지리)

[data file: Korean2.csv]

<연구가설>

9월 모의고사 국어영역 점수 수능(pretest), 성별(gender), 사회탐구 선택과목(opt)이 수능 국어영역 점수(KSAT_Korean)와 관련이 있을 것이다.

<영가설과 대립가설>

$H_0 : \beta_1 = \beta_2 = \beta_3 = \beta_4 = 0$

$H_A : Otherwise$

범주형 변수인 성별과 사회탐구 선택과목 중 성별은 이분형 변수이며 그 값이 0과 1로 코딩되어 있으므로 더미변수를 구성할 필요가 없다. 따라서 수준이 세 개인 사회탐구 선택과목 변수만 더미코딩하면 된다. 수준(또는 집단)이 세 개이므로 더미변수를 두 개 생성한다. 생활과 윤리 과목(opt=1)을 참조집단으로 둘 때, 두 개의 더미변수 코딩은 다음과 같다.

opt(사회탐구 선택과목)	opt2	opt3
1(생활과 윤리)	0	0
2(사회 · 문화)	1	0
3(한국지리)	0	1

[R 7.1]에서 직접 더미변수를 생성하는 방법과 fastDummies 라이브러리를 사용하는 방법을 제시하고 각 결과를 mydata2와 mydata3에 저장하였다. 이후 분석에서는 mydata2를 사용하였다. fastDummies 패키지 활용 시 해당 라이브러리에 저장된 dummy_cols() 함수를 사용하여 더미변수를 생성한다. dummy_cols() 함수의 select_columns 인자에 더미변수 변수명을 넣고, remove_first_dummy 인자로 변수의 첫 범주를 삭제한다. 만약 다른 범주를 삭제하고 싶다면 relevel() 함수를 사용하여 참조변수를 변경하면 된다. [R 7.1]에서 더미변수를 생성하는 두 가지 방법을 보여 주었는데, 제5장에서 설명한 recode() 함수를 이용하는 등 다른 방법도 가능하다.

[R 7.1] 더미변수 만들기

〈R 코드〉

```
##예시 1##
mydata <- read.csv('Korean2.csv')
##직접 변수 생성_인덱스 활용##
mydata2 <-  mydata
mydata2$opt2 <- 0
mydata2$opt2[mydata2$opt == 2] <- 1
mydata2$opt3 <- 0
mydata2$opt3[mydata2$opt == 3] <- 1
##fastDummies 라이브러리 활용##
library(fastDummies)
mydata3 <- dummy_cols(mydata, select_columns = c('opt'),
                        remove_first_dummy = TRUE)
```

이제 정규성과 등분산성 가정을 확인하겠다. [R 7.2]에서 lm() 함수를 사용하여 reg.mod에 다중회귀모형을 저장한 후, plot() 함수로 회귀모형을 진단하였다. 첫 번째와 세 번째 도표는 잔차와 추정치 간 관계를 보여 주며, 특별한 패턴이 없으면 등분산성 가정을 충족한다고 본다. 첫 번째와 세 번째 도표에 표시되는 실선의 기울기가 0일 때 가장 이상적이다. 두 번째 QQ 도표는 점선으로 표시되는 45° 선 위에 점들이 가까울수록 정규성 가정을 충족한다고 본다.

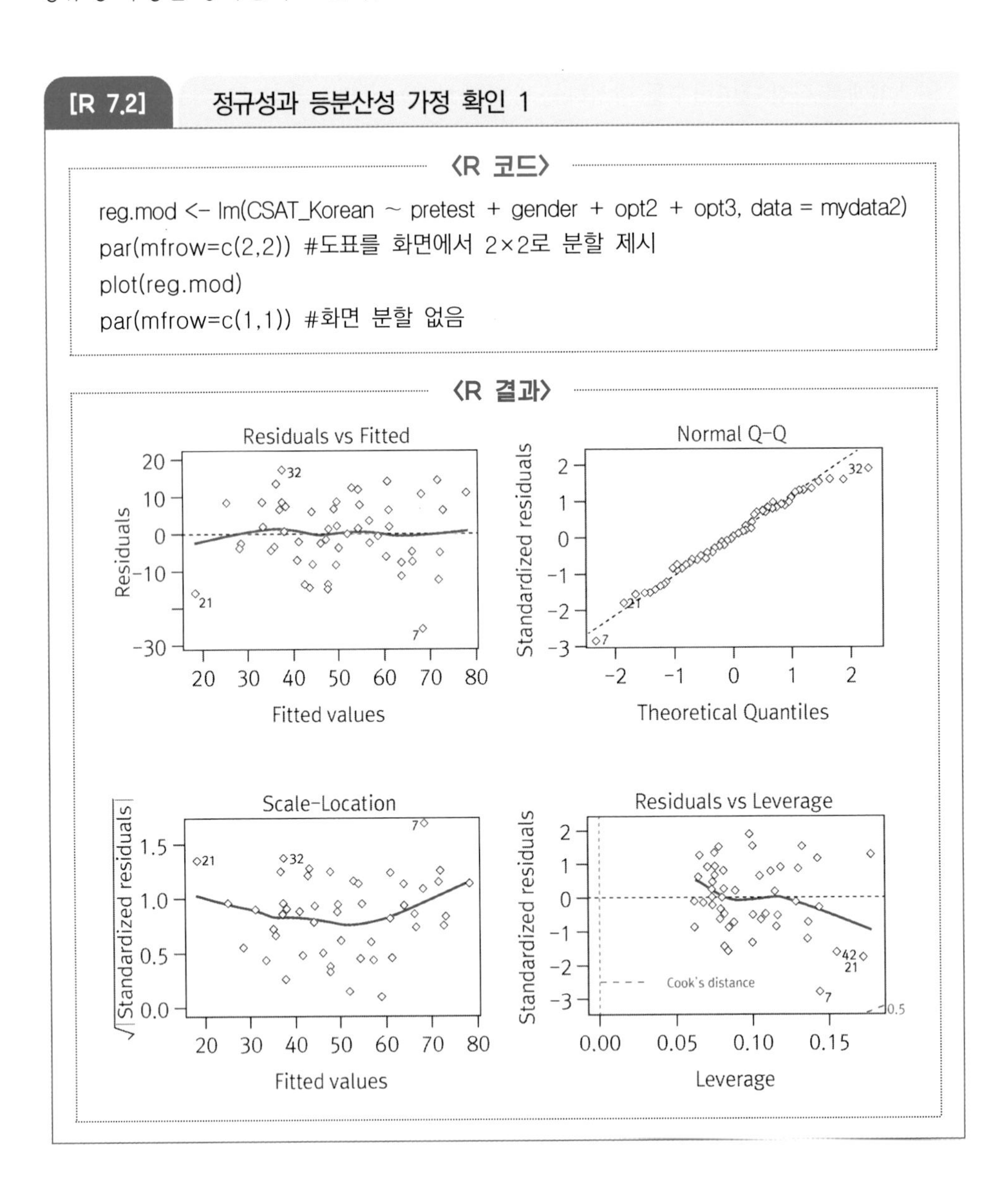

[R 7.2] 정규성과 등분산성 가정 확인 1

〈R 코드〉

```
reg.mod <- lm(CSAT_Korean ~ pretest + gender + opt2 + opt3, data = mydata2)
par(mfrow=c(2,2)) #도표를 화면에서 2×2로 분할 제시
plot(reg.mod)
par(mfrow=c(1,1)) #화면 분할 없음
```

〈R 결과〉

[R 7.3] 다중공선성 확인 1

〈R 코드〉

```
library(car)
vif(reg.mod)
```

〈R 결과〉

```
> library(car)
> vif(reg.mod)
  pretest   gender     opt2     opt3
1.153689 1.014075 1.356067 1.239403
```

사례 수가 50으로 작은 편인 점을 고려할 때, 정규성과 등분산성 가정을 크게 위배하지 않다는 것을 시각적으로 확인하였다([R 7.2]). 따라서 후속 조치[5] 없이 다중공선성을 확인하였다.

다중공선성을 확인하기 위하여 car 라이브러리의 vif() 함수를 사용하였다([R 7.3]). VIF 값이 모두 1에 가까운 작은 값이므로 이 자료에서의 변수들이 전달하는 정보가 서로 크게 겹치지 않는다고 볼 수 있다. 즉, 다중공선성을 우려할 필요가 없으므로 그대로 다중회귀분석을 진행하였다.

5) 레버리지, 잔차, Cook의 거리 등을 이용하여 회귀모형을 진단할 수 있다(제6장 참고).

[R 7.4] 다중회귀분석 1

〈R 코드〉

```
summary(reg.mod)
```

〈R 결과〉

```
> summary(reg.mod)

Call:
lm(formula = CSAT_Korean ~ pretest + gender + opt2 + opt3, data = mydata2)

Residuals:
     Min       1Q   Median       3Q      Max
-25.6841  -5.9200   0.0563   7.8691  17.4632

Coefficients:
            Estimate Std. Error t value Pr(>|t|)
(Intercept)  3.37241    5.49944   0.613 0.542813
pretest      0.64010    0.06945   9.216 6.29e-12 ***
gender       9.64565    2.80604   3.437 0.001275 **
opt2        14.49927    4.04311   3.586 0.000823 ***
opt3         1.88608    3.18533   0.592 0.556737
---
Signif. codes:  0 '***' 0.001 '**' 0.01 '*' 0.05 '.' 0.1 ' ' 1

Residual standard error: 9.82 on 45 degrees of freedom
Multiple R-squared:  0.6792,	Adjusted R-squared:  0.6507
F-statistic: 23.82 on 4 and 45 DF,  p-value: 1.266e-10
```

[R 7.4]의 Coefficients에서 다중회귀모형의 회귀계수를 확인할 수 있다. 회귀모형의 절편(intercept)이 3.372, 독립변수인 pretest, gender, opt2, opt3의 회귀계수가 0.640, 9.646, 14.499, 1.886이며, 표준오차(Std. Error)가 각각 5.499, 0.069, 2.806, 4.043, 3.185다. 절편과 각 변수들의 t-값은 계수를 표준오차로 나눠 구할 수 있고, 이 t-값으로 t-검정을 한다. 모의고사 국어영역 성적, 성별, 그리고 사회탐구 선택과목의 첫 번째 더미변수가 5% 유의수준에서 통계적으로 유의하다. 즉, 각 변수의 회귀계수 기울기가 0이라는 영가설을 기각하게 된다. 사회탐구 선택과목에 대한 마지막 더미변수는 영가설

을 기각하지 못하지만, 더미변수의 경우 하나라도 유의하다면 모형에서 전체 더미변수 세트를 그대로 이용한다(〈심화 6.9〉 참고).

R 제곱(Multiple R-squared) 값은 결정계수(coefficient of determination)로, 회귀모형의 설명력을 의미한다. 모의고사 국어영역 점수, 성별, 더미코딩된 사회탐구 선택과목이 수능 국어영역 점수 분산의 약 67.9%를 설명한다는 것을 알 수 있다. 자유도까지 고려한 수정된 R 제곱(Adjuste R-squared) 값은 0.651로, 이 모형이 자유도까지 고려했을 때 종속변수 분산의 약 65.1%를 설명한다는 것을 보여 준다. 선형 회귀분석 시 평균제곱합의 비율이 F-분포를 따른다. 마지막 줄에서 모형의 F-값이 23.82, 분자와 분모의 자유도가 각각 4와 45, 그리고 유의확률(p-value)이 0.05보다 작다는 것을 확인할 수 있다. 즉, 5% 유의수준에서 회귀모형이 통계적으로 유의하다. 이 모형의 회귀식은 식 (7.6)과 같다.

$$\hat{Y} = 3.372 + 0.640X_{pretest} + 9.646X_{gender} + 14.499opt_2 + 1.886opt_3 \quad \cdots (7.6)$$

식 (7.6)의 더미변수 부분은 사회탐구 선택과목에 따라 다음과 같은 세 개의 회귀모형 식으로 다시 정리할 수 있다.

opt	회귀모형
1	$\hat{Y} = 3.372 + 0.640X_{pretest} + 9.646X_{gender}$
2	$\hat{Y} = 3.372 + 0.640X_{pretest} + 9.646X_{gender} + 14.499$ $= 17.871 + 0.640X_{pretest} + 9.646X_{gender}$
3	$\hat{Y} = 3.372 + 0.640X_{pretest} + 9.646X_{gender} + 1.866$ $= 5.258 + 0.640X_{pretest} + 9.646X_{gender}$

통계적으로 유의한 회귀계수 값 해석 방법은 다음과 같다. 다른 모든 독립변수의 값이 고정되었을 때, X가 한 단위 증가하면 Y가 회귀계수 값만큼 증가한다고 해석한다. 회귀계수 해석 시 이렇게 '다른 독립변수 값이 고정되었을 때'라는 구절이 붙는 이유는, 회귀계수가 부분상관계수(semipartial correlation coefficient)이기 때문이다. 제5장에서 설명한 바와 같이 다중회귀분석에서의 회귀계수는 부분상관계수다.

〈필수 내용: 회귀계수 해석 방법〉

통계적으로 유의한 회귀계수에 대하여:

다른 모든 독립변수의 값이 고정되었을 때 X가 한 단위 증가하면 Y가 회귀계수 크기만큼 증가/감소한다(회귀계수가 양수인 경우 증가, 회귀계수가 음수인 경우 감소).

이 예시에서는 성별과 사회탐구 선택과목이 고정되었을 때 모의고사 국어영역 점수가 1점 높아지면 수능 국어영역 점수가 0.640점 높았다. 다른 독립변수 값이 고정되었을 때, 여학생(성별=1)의 수능 국어영역 점수가 남학생(성별=0)보다 9.646점 높았다.

더미변수에 대한 해석은 다소 주의할 필요가 있다. 이 예시에서 첫 번째 더미변수만이 5% 유의수준에서 통계적으로 유의하였다. 첫 번째 더미변수의 회귀계수가 14.499였는데, 이는 참조집단인 사회탐구 선택과목이 '생활과 윤리'일 때와 비교 시(opt=1) 사회탐구 선택과목이 '사회 · 문화'인 집단의 수능 국어영역 점수가 통계적으로 유의하게 14.499점 높았다는 뜻이다. 반면, 사회탐구 선택과목이 '한국지리'인 경우 사회탐구 선택과목이 '생활과 윤리'인 경우와 비교 시(opt=1) 수능 국어영역 점수가 1.886점 더 높았으나, 통계적으로 유의하지는 않았다.

독립변수 간 상대적 효과를 비교하려면 표준화 계수를 확인하면 된다. 표준화 계수는 독립변수와 종속변수의 편차점수를 각 변수의 표준편차로 나눈 표준화 변수를 회귀모형에 적합시켜 얻은 회귀계수 값이다(식 (7.5) 참고). lm() 함수는 표준화 계수를 제공하지 않기 때문에 [R 7.5]에서 apply() 함수를 이용하여 표준화 계수를 직접 계산하였다.

apply()는 특정 데이터의 행 또는 열에 함수를 적용하는 함수로 세 가지 인자로 구성된다. 첫 번째 인자에는 사용할 데이터/행렬이 들어간다. 두 번째 인자에서 해당 함수를 적용할 행/열을 설정하는데, 1과 2는 각각 행과 열을 뜻한다. 함수의 마지막 인자에는 적용할 함수가 들어간다. 예를 들어 [R 7.5]의 sy 객체는 apply() 함수를 활용하여 종속변수 열의 sd를 구한 값이다.

[R 7.5] 표준화 계수 1

〈R 코드〉

```
sx <- apply(reg.mod$model[-1], 2, sd)
sy <- apply(reg.mod$model[1], 2, sd)
beta <- reg.mod$coefficients[-1]
stdbeta <- beta*(sx/sy)
round(stdbeta, digit = 3)
```

〈R 결과〉

```
> sx <- apply(reg.mod$model[-1], 2, sd)
> sy <- apply(reg.mod$model[1], 2, sd)
> beta <- reg.mod$coefficients[-1]
> stdbeta <- beta*(sx/sy)
> round(stdbeta, digit = 3)
pretest  gender   opt2    opt3
 0.836   0.292   0.353   0.056
```

[R 7.5]에서 절대값이 가장 큰 변수는 모의고사 국어영역 점수(pretest)로 그 값이 0.836이었다. 다음으로 절대값이 큰 변수는 사회탐구 선택과목의 첫 번째 더미변수(opt2)로 0.353, 통계적으로 유의한 회귀계수 중 절대값이 가장 작은 변수는 성별(gender)로 0.292였다. 가장 작은 표준화 계수는 사회탐구 선택과목의 두 번째 더미변수(opt3)로 표준화 계수 값이 0.056이었다.

2) 사이버비행 경험

〈분석 자료: 사이버비행 경험과 친구관계 및 공격성〉

연구자가 사이버비행과 성별, 친구관계, 공격성 간 관계가 있다고 생각하였다. 연구자는 2018년 한국아동청소년패널조사(KCYPS2018)를 활용하여 중학교 1학년 학생 300명을 대상으로 사이버비행 경험과 성별, 친구관계, 공격성을 조사하였다. 문항 내용과 조사항목은 다음과 같다.

조사항목	조사내용
사이버비행 경험 (CYDLQ)	1) 누군가에게 욕이나 험한 말을 직접 보낸 적이 있다
	2) 누군가에 대한 욕이나 나쁜 소문을 다른 사람들에게 퍼뜨린 적이 있다
	3) 상대방이 싫다는데 계속해서 말, 글, 그림 등을 보내 스토킹한 적이 있다
	4) 당사자가 원치 않는 사진, 엽사, 이미지, 동영상을 보내거나 몰래 다른 사람들에게 전달한 적이 있다
	5) 다른 사람 아이디를 도용해 가짜 계정을 만들거나 사이버상에서 그 사람인 것처럼 행동한 적이 있다
	6) 누군가의 개인정보(이름, 나이, 학교, 전화번호 등)를 인터넷에 올리는 신상털기를 한 적이 있다
	7) 게임머니, 게임아이템, 사이버머니, 돈을 뺏은 적이 있다
	8) 와이파이 셔틀이나 핫스팟 셔틀(데이터를 무료로 제공하게 시키는 것)을 시킨 적이 있다
	9) 상대방이 원하지 않는 성적인 글이나 말, 야한 사진, 동영상 등을 보낸 적이 있다
	10) 인터넷 대화방에서 누군가를 퇴장하지 못하도록 하거나 싫다는데 반복적으로 초대한 적이 있다
	11) 일부러 시비를 걸어 상대방이 먼저 욕하게 하거나 성격에 문제 있어 보이게 유도한 적이 있다
	12) 스마트폰 등을 이용해 상대방이 원하지 않는 행동을 시키거나 (담배) 심부름을 시킨 적이 있다
	13) 누군가를 괴롭힐 목적으로 저격글을 올려 여러 사람이 볼 수 있게 한 적이 있다
	14) 사이버상에서 누군가를 집중공격을 한 적이 있다
	15) 대화방에 일부러 상대방을 초대하지 않거나 댓글이나 말을 무시한 적이 있다
공격성 (AGRESS)	1) 작은 일에도 트집을 잡을 때가 있다
	2) 남이 하는 일을 방해할 때가 있다
	3) 내가 원하는 것을 못하게 하면 따지거나 덤빈다
	4) 별것 아닌 일로 싸우곤 한다
	5) 하루 종일 화가 날 때가 있다
	6) 아무 이유 없이 울 때가 있다

친구관계 (FRIENDS)	1) 친구들과 함께 시간을 보낸다
	2) 친구들은 속상하고 힘든 일을 나에게 털어놓는다
	3) 친구들에게 내 이야기를 잘한다
	4) 친구들에게 내 비밀을 이야기할 수 있다
	5) 내가 무슨 일을 할 때 친구들은 나를 도와준다
	6) 친구들은 나를 좋아하고 잘 따른다
	7) 친구들은 나에게 관심이 있다
	8) 친구들과의 관계가 좋다
	*9) 친구들과 의견 충돌이 잦다
	*10) 친구와 싸우면 잘 화해하지 않는다
	*11) 친구가 내 뜻과 다르게 행동하면 화를 내거나 짜증을 낸다
	*12) 나와 다른 아이들과는 친해질 생각이 없다
	*13) 친구들은 나의 어렵고 힘든 점에 대해 관심이 없다

변수명	변수 설명
ID	학생 ID
CYDLQ	사이버비행 경험(6점 Likert식 척도로 구성된 15개 문항들의 평균) 1: 전혀 없다, 2: 1년에 1~2번, 3: 한 달에 1번, 4: 한 달에 2~3번, 5: 일주일에 1번, 6: 1주일에 여러 번
GENDER	학생의 성별 0: 남학생, 1: 여학생
AGRESS	정서문제–공격성(4점 Likert식 척도로 구성된 6개 문항들의 평균) 1: 전혀 그렇지 않다~4: 매우 그렇다
FRIENDS	친구관계(4점 Likert식 척도로 구성된 13개 문항들의 평균, 마지막 5개 문항은 역코딩됨) 1: 전혀 그렇지 않다~4: 매우 그렇다

[data file: cyber.csv]

〈연구 가설〉

성별(GENDER), 공격성(AGRESS), 친구관계(FRIENDS)가 사이버비행 경험(CYDLQ)과 관련 있을 것이다.

〈영가설과 대립가설〉

$H_0 : \beta_1 = \beta_2 = \beta_3 = 0$

$H_A : Otherwise$

GENDER를 제외한 변수들은 모두 Likert 척도로 측정되었다. 신뢰도가 일정 수준 이상일 경우, 서열척도인 Likert 척도로 측정된 문항들의 평균을 구하여 동간척도인 것처럼 취급하는 것이 일반적이다. 이 예시에서도 하위 영역에 대한 문항 평균을 구하여 연속형 변수로 취급하였다.

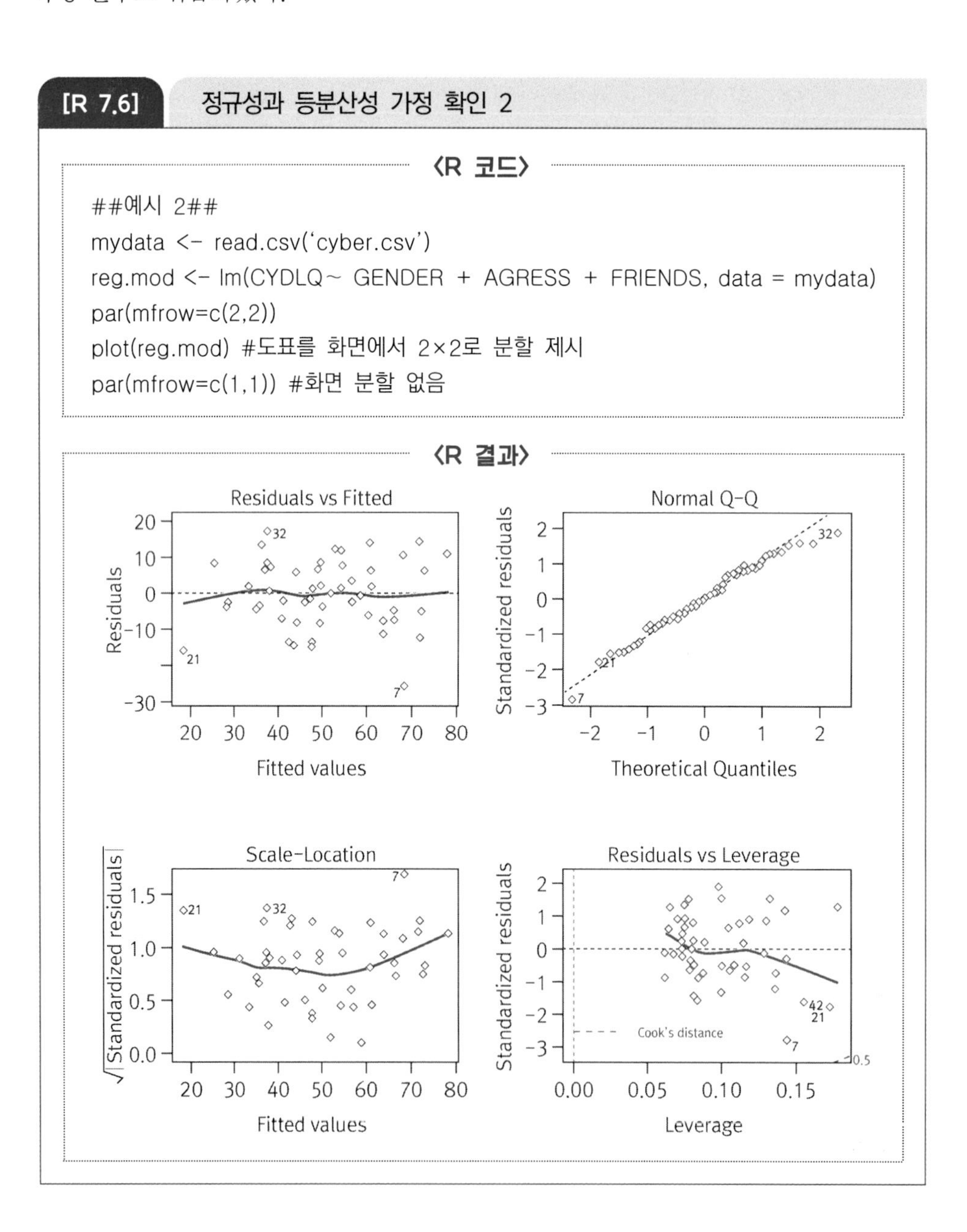

[R 7.6] 정규성과 등분산성 가정 확인 2

〈R 코드〉

```
##예시 2##
mydata <- read.csv('cyber.csv')
reg.mod <- lm(CYDLQ~ GENDER + AGRESS + FRIENDS, data = mydata)
par(mfrow=c(2,2))
plot(reg.mod) #도표를 화면에서 2×2로 분할 제시
par(mfrow=c(1,1)) #화면 분할 없음
```

〈R 결과〉

정규성과 등분산성 가정을 확인하기 위하여 lm() 결과를 reg.mod에 저장한 후 plot() 함수를 사용하였다([R 7.6]). 1번과 3번 도표로 등분산성을, 2번 도표로 정규성을 확인할 수 있다. 1번과 3번의 경우 특정 패턴이 보이지 않으면 등분산성 가정이 충족된다. 또한 실선의 기울기가 0에 가까울수록 좋다. 2번의 경우 45° 점선에 점들이 가까울수록 정규성 가정이 충족된다.

[R 7.6]에서 이 자료가 정규성과 등분산성 가정을 위배하지 않다는 것을 시각적으로 확인하였다. 다음으로 다중공선성을 확인하였다.

[R 7.7] 다중공선성 확인 2

〈R 코드〉

```
library(car)
vif(reg.mod)
```

〈R 결과〉

```
> library(car)
> vif(reg.mod)
  GENDER    AGRESS   FRIENDS
1.003005 1.119997 1.123089
```

다중공선성을 확인하기 위하여 VIF 값을 확인한 결과, 모두 1에 가까운 값이었다. 즉, 다중공선성을 의심할 필요가 없다([R 7.7]).

[R 7.8] 다중회귀분석 2

〈R 코드〉

```
summary(reg.mod)
```

〈R 결과〉

```
> summary(reg.mod)

Call:
lm(formula = CYDLQ ~ GENDER + AGRESS + FRIENDS, data = mydata)

Residuals:
     Min       1Q   Median       3Q      Max
-1.77675 -0.29831 -0.00895  0.32489  1.28515

Coefficients:
            Estimate Std. Error t value Pr(>|t|)
(Intercept)  0.09680    0.27341   0.354    0.724
GENDER      -0.27467    0.06214  -4.420 1.39e-05 ***
AGRESS       0.84379    0.06656  12.678  < 2e-16 ***
FRIENDS      0.33089    0.06587   5.023 8.80e-07 ***
---
Signif. codes:  0 '***' 0.001 '**' 0.01 '*' 0.05 '.' 0.1 ' ' 1

Residual standard error: 0.5373 on 296 degrees of freedom
Multiple R-squared:  0.3787,	Adjusted R-squared:  0.3724
F-statistic: 60.14 on 3 and 296 DF,  p-value: < 2.2e-16
```

[R 7.8]의 Coefficients에서 다중회귀모형의 회귀계수를 확인할 수 있다. 회귀모형의 절편(intercept)이 0.097, 독립변수인 GENDER, AGRESS, FRIENDS의 기울기가 각각 −0.275, 0.844, 0.331이었다. 독립변수의 표준오차가 각각 0.062, 0.067, 0.066이라는 것도 확인할 수 있다. 회귀계수 값을 각각의 표준오차로 나누면 t−값을 구할 수 있고, 이 값을 잔차 자유도에 대한 t−분포로 검정한 결과 또한 제시되었다. [R 7.8]의 마지막 줄에서 잔차 자유도가 296이라는 것을 알 수 있다. GENDER, AGRESS, FRIENDS 변수 모두 5% 유의수준에서 통계적으로 유의하다. 즉, 각 변수의 회귀계수 기울기가 0이라는 영가

설을 기각하게 된다.

R 제곱(Multiple R-squared) 값은 결정계수(coefficient of determination)로, 회귀모형의 설명력을 의미한다. 즉, 성별, 공격성, 친구관계가 사이버비행 경험 분산의 약 37.9%를 설명한다는 것을 알 수 있다. 자유도까지 고려한 수정된 R 제곱(Adjusted R-squared) 값은 0.372로, 자유도까지 고려했을 때 이 회귀모형이 종속변수 분산의 약 37.2%를 설명한다. 선형 회귀분석 시 평균제곱합의 비율이 F-분포를 따른다. 마지막 줄에서 모형의 F-값이 60.14, 분자와 분모의 자유도가 각각 3과 296, 그리고 유의확률(p-value)이 0.05보다 작다는 것을 확인할 수 있다. 즉, 5% 유의수준에서 회귀모형이 통계적으로 유의하다. 이 모형의 회귀식은 식 (7.7)과 같다.

$$\hat{Y} = 0.097 + 0.844X_{AGRESS} + 0.331X_{FRIENDS} - 0.275X_{GENDER} \quad \cdots\cdots (7.7)$$

식 (7.7)은 성별에 따라 다음과 같은 두 개의 회귀모형 식으로 정리할 수 있다.

GENDER	회귀모형
0(남학생)	$\hat{Y} = 0.097 + 0.844X_{AGRESS} + 0.331X_{FRIENDS}$
1(여학생)	$\hat{Y} = 0.097 + 0.844X_{AGRESS} + 0.331X_{FRIENDS} - 0.275$ $= -0.178 + 0.844X_{AGRESS} + 0.331X_{FRIENDS}$

앞선 예시에서 설명하였듯이 회귀계수는 '다른 모든 독립변수의 값이 고정되었을 때, X가 한 단위 증가하면 Y가 회귀계수 값만큼 증가한다'고 해석한다. 그 이유는, 제5장에서 설명한 바와 같이 다중회귀분석에서의 회귀계수가 부분상관계수이기 때문이다.

성별과 친구관계가 어떤 값으로 고정되었을 때, 공격성이 1점 높아지면 사이버비행 경험은 0.844만큼 높아졌다. 마찬가지로 성별과 공격성이 어떤 값으로 고정되었을 때, 친구관계가 1점 높아지면 사이버비행 경험은 0.331점 높아졌다. 반면, 공격성과 친구관계가 일정한 값으로 고정되었을 때 여학생(GENDER=1)의 사이버비행 경험이 남학생(GENDER=0)보다 0.275만큼 감소하였다.

[R 7.9] 표준화 계수 2

〈R 코드〉

```
sx <- apply(reg.mod$model[-1],2,sd)
sy <- apply(reg.mod$model[1],2,sd)
beta <- reg.mod$coefficients[-1]
stdbeta <- beta*(sx/sy)
round(stdbeta,digit=3)
```

〈R 결과〉

```
> sx <- apply(reg.mod$model[-1],2,sd)
> sy <- apply(reg.mod$model[1],2,sd)
> beta <- reg.mod$coefficients[-1]
> stdbeta <- beta*(sx/sy)
> round(stdbeta,digit=3)
 GENDER  AGRESS FRIENDS
 -0.203   0.615   0.244
```

[R 7.9]에서 독립변수 간 상대적 효과를 비교하기 위하여 표준화 계수를 산출하였다. 절대값이 가장 큰 변수는 공격성(AGRESS)으로 그 값이 0.615였다. 다음으로 친구관계(FRIENDS), 성별(GENDER) 순으로 표준화 계수 절대값이 각각 0.244, 0.203이었다.

연습문제

1. 다음 회귀분석 결과표로 결정계수를 구하면?

구분	제곱합	자유도	평균제곱	F
회귀	3060	3	1020	51.0
잔차	1940	97	20	
전체	5000	100		

① 60.0% ② 60.7% ③ 61.2% ④ 62.1%

2. 독립변수가 5개(절편항 제외)인 100개의 자료로 회귀분석을 추정할 때 표준오차의 자유도는?

① 4 ② 5 ③ 94 ④ 95

3. 모형의 설명력과 절약성을 모두 고려할 때, 어느 모형이 상대적으로 더 낫다고 할 수 있나?

	R^2	adjusted R^2(수정된 R^2)
모형 A	.91	.80
모형 B	.87	.85

4. 다음은 수학성적을 종속변수로 두고 영어성적, 수학의 4개 하위 영역(확률과 통계, 측정, 수와 연산, 규칙성과 함수) 성적과 학업만족도를 독립변수로 하여 얻은 결과 중 일부다.

모형	제곱합	자유도	평균제곱	F	유의확률
회귀모형	488,739.758	6	(A)	(C)	.000[a]
잔차	10,523.519	199	(B)		
합계	499,263.277	205			

a. 예측값: (상수), 학업만족도, 영어성적, 확률과 통계, 측정, 수와 연산, 규칙성과 함수

1) (A), (B), (C)를 구하라.

2) 다음 모형요약 예시를 이용하여 회귀모형의 R제곱과 수정된 R 제곱 값에 대해 설명하시오.

모형요약[b]

모형	R	R^2	수정된 R^2	추정값의 표준오차
1	.907[a]	.823	.817	7.272

a. 예측값: (상수), 학업만족도, 영어성적, 확률과 통계, 측정, 수와 연산, 규칙성과 함수

b. 종속변수: 수학성적

5. 다음은 K 대학교 E 학과의 졸업생 300명의 수능점수(X_1), IQ 점수(X_2) 주당 학습시간, 대학 평점에 대한 설명이다.

변수명	변수설명
ID	학생 ID
GPA	대학 평점 평균
주당 학습시간	1: 2시간 미만, 2: 2시간 이상~3시간 미만, 3: 3시간 이상~4시간 미만, 4: 4시간 이상~5시간 미만, 5: 10시간 이상
X_1	수능점수
X_2	IQ 점수

1) 졸업생의 주당 학습시간, X_1, X_2를 독립변수, 학점평균을 종속변수로 하여 다중회귀분석을 실시하고자 한다. 주당 학습시간 변수를 더미변수로 만들어 분석하는 이유를 설명하고, 이때의 더미변수 값을 제시하시오.

2) 다중회귀분석을 실시한 결과표를 완성하고, 회귀식을 쓰시오.

계수

모형	비표준화계수		표준화계수	t	유의확률
	B	표준오차	베타		
(상수)	6.996	0.784		(A)	.000
X_1	−0.038	0.018	−.036	(B)	.032
X_2	1.022	0.045	.393	(C)	.000
D_1	1.053	0.045	.403	(D)	.000
D_2	1.036	0.045	.391	(E)	.000
D_3	1.031	0.045	.382	(F)	.000
D_4	0.295	0.083	.059	(G)	.000

3) 주당 학습시간에 따른 5개의 회귀 모형식을 각각 쓰시오(D_1부터 D_4까지 더미변수다).

제 8 장

ANOVA I: 일원분산분석 (one-way ANOVA)

필수 용어

주효과, 변수와 수준, 대비, 사후비교, 효과크기, 다중검정 오류

학습목표

1. 분산분석의 통계적 모형과 가정, 특징을 이해할 수 있다.
2. 분산분석과 사후비교의 관계를 이해할 수 있다.
3. 다중검정 오류에 대하여 설명할 수 있다.
4. 분산분석에서 Hedges' g 효과크기를 구할 수 있다.
5. 실제 자료에서 R을 이용하여 분산분석을 실행할 수 있다.

어느 예비 고등학교 3학년 학생의 학부모가 수학 사교육에 대하여 고민이라고 하자. 수학은 꾸준히 공부해야 하는 과목이기 때문에 마지막 학년에서의 수학 사교육이 얼마나 효과가 있을지 이 학부모는 의문을 가지고 있다. 그러나 입시에서 수학의 비중이 크기 때문에 아예 사교육을 안 시킬 수는 없다고 생각한다. 그렇다면 학원을 보낼지, 과외를 시킬지, 아니면 학원도 보내고 과외도 시킬지를 결정해야 한다. 이때 고등학교 3학년 학생을 대상으로 사교육 유형에 따라 수학 성취도가 어떻게 다른지에 대한 연구가 있다면, 이 학부모는 귀가 솔깃해질 것이다. 이렇게 사교육 유형에 따라 수학 성취도에 차이가 있는지를 분석할 때 ANOVA(ANalysis Of VAriance, 분산분석 또는 변량분석)를 이용할 수 있다.

ANOVA는 주로 독립변수가 세 개 이상의 집단으로 구성되었을 때, 집단 간 종속변수에 차이가 있는지를 알아보는 분석 방법이다. 두 집단을 비교할 때도 t-검정뿐만 아니라 ANOVA를 이용할 수 있다(〈심화 8.1〉). 이를테면 처치 여부(실험집단과 통제집단)에 따라 학업적 자기효능감이 달라지는지, 영어 성취도에 성별 차이가 있는지 등은 두 집단을 비교하는 예시가 된다. 학원을 가는 집단(A), 과외를 받는 집단(B), 그리고 학원과 과외를 병행하는 집단(C) 간 수학 성취도에 차이가 있는지 연구한다면, 이는 세 집단을 비교하는 예시다. 제4장의 t-검정은 두 집단만을 비교하는 기법이다. 만일 A, B, C의 세 집단을 비교하려면 t-검정을 세 번 실시해야 한다. 즉, A와 B를 비교하고 A와 C, 그리고 B와 C를 비교해야 세 집단 간 차이를 알 수 있게 된다. 그런데 집단이 세 개 이상인 경우라도 이렇게 여러 번 검정을 할 필요 없이 한 번의 분석으로 집단 간 차이가 있는지 아닌지를 알 수 있다는 것이 ANOVA의 큰 장점이다.

ANOVA는 수리적으로는 회귀분석과 동일하다. 따라서 회귀분석에서와 마찬가지로 F-검정을 실시한다. 독립변수가 연속형이었던 회귀분석과 달리, ANOVA의 독립변수는 범주형이다. ANOVA의 독립변수가 범주형이기 때문에 통계적 가정 확인 방법이 다소 달라지기는 하지만, 모수 추정, 회귀계수 해석 등의 큰 틀에서는 회귀분석과 그다지 차이가 없다. 이 장에서는 회귀분석과의 차이점에 초점을 맞추어 설명하겠다. 특히 대비(contrast), 사후비교(post hoc comparison), 다중검정 오류(multiple testing error), 그리고 효과크기(effect size) 등에 비중을 두어 설명하고 실제 분석 예시를 제시하겠다. 참고로 제8, 9, 10장에서는 고정효과(fixed effect)를 지니는 범주형 독립변수를 다룰 것이며, 무선효과(random effect)는 제11장 rANOVA에서 설명할 것이다.

심화 8.1 t-검정과 F-검정 비교

두 집단을 비교하는 경우에 t−검정과 F−검정(ANOVA) 중 어느 것을 쓰는 것이 좋은지 궁금할 수 있다. 결론적으로는 두 집단을 비교하는 경우 t−검정과 F−검정은 차이가 없다.

F−분포에서 분자 자유도가 1인 경우가 t−검정의 두 집단을 비교하는 경우가 된다. 이 경우 t−검정과 F−검정을 각각 실시하고 F−값과 t−값을 비교하면, t−값을 제곱한 것이 F−값이 된다는 것을 알 수 있다. 즉, 두 집단을 비교하는 경우 t−값과 F−값은 서로 제곱(또는 제곱근; $t^2 = F$) 관계에 있으며, 잔차 자유도인 F−분포의 분모 자유도가 t−검정에서의 자유도와 같고, 유의확률 또한 같다.

1 통계적 모형과 가정

범주형 독립변수가 하나인 ANOVA를 one−way ANOVA, 즉 일원분산분석이라고 부른다. 일원분산분석에서는 독립변수의 집단 간 차이가 있는지를 통계적으로 검정한다. 예를 들어 학원을 가는 집단, 과외를 받는 집단, 그리고 학원과 과외를 병행하는 집단 간 수학 성취도에 차이가 있는지를 알아보고자 한다면, 일원분산분석을 쓸 수 있다. 이와 같이 ANOVA의 주로 명명척도인 독립변수를 이용하는데, 서열척도인 독립변수도 가능하다.

단순회귀분석과 일원분산분석은 독립변수가 하나라는 점이 같은데, 집단 구분이 없는 단순회귀분석과 달리 일원분산분석에서는 집단이 두 개 이상 있으므로 집단 간 구분이 필요하다. 따라서 일원분산분석의 통계적 모형에서는 몇 번째 집단의 몇 번째 관측치인지를 구분하도록 아래첨자가 두 개 필요하다.

집단이 두 개($a=2$)이며, 각 집단에 5명씩 관측치($n=5$)가 있다면 다음과 같은 표로 정리할 수 있다. 각각의 관측치를 Y_{ij}로 쓴다면, 첫 번째 아래첨자는 몇 번째 집단인지에 대한 것이고, 두 번째 아래첨자는 그 집단 중 몇 번째 관측치인지에 대한 것이다. 예를 들어 Y_{21}은 두 번째 집단의 첫 번째 관측치를 뜻한다.

수준	
	Y_{11}
	Y_{12}
A_1	Y_{13}
	Y_{14}
	Y_{15}
	Y_{21}
	Y_{22}
A_2	Y_{23}
	Y_{24}
	Y_{25}

이렇게 i번째 집단의 j번째 관측치의 종속변수 값을 Y_{ij}라고 표기하며, 각 집단의 효과와 모평균을 각각 α_i와 μ_i로 쓴다(8.1). 이때 각 집단의 평균에서 전체 평균을 뺀 값인 α_i를 독립변수의 주효과(main effect)라고 한다. 고정효과(fixed effect)인 독립변수를 이용하는 분산분석에서 각 집단의 효과를 모두 더하면 0이 된다는 구속(constraints) 조건이 있다. i번째 집단의 j번째 관측치의 오차 값을 ϵ_{ij}라고 하는데, 회귀분석에서와 마찬가지로 오차는 평균이 0이고 분산이 σ^2인 정규분포를 따르며 서로 독립이라고 가정한다.

$$Y_{ij} = \mu_i + \epsilon_{ij} = \mu_. + \alpha_i + \epsilon_{ij}\ ,\ i = 1,\ \cdots, a;\ j = 1, \cdots, n \quad \cdots (8.1)$$

$\sum \alpha_i = 0,\ \epsilon_{ij} \overset{\text{iid}}{\sim} N(0, \sigma^2)$

Y_{ij}: i번째 집단, j번째 관측치의 종속변수 값

$\mu_.$: 전체 모평균

μ_i: i번째 집단의 모평균

$\alpha_i (= \mu_i - \mu_.)$: i번째 집단의 효과; 독립변수의 주효과

ϵ_{ij}: i번째 집단의 j번째 관측치의 오차 값

2 가설검정

1) 통계적 가정 확인: 잔차 분석

ANOVA의 통계적 가정은 회귀모형에서의 통계적 가정 확인과 비슷하다. 독립성, 정규성, 등분산성, 독립변수의 고정효과 가정 등을 충족시키면 된다. ANOVA에서는 독립변수의 고정효과 가정이 쉽게 충족되므로 신경 쓸 필요가 없다. 다른 특징으로 ANOVA에서는 선형성 가정을 시각적으로 확인하기가 쉽지 않다는 것이 있다. ANOVA의 독립변수가 명명척도 또는 서열척도이기 때문이다. 만일 독립변수가 동간척도 또는 비율척도라면 ANOVA 모형은 회귀모형과 같게 되며, 이때 선형성 가정을 산점도와 같은 도표로 확인할 수 있다. 따라서 ANOVA에서는 독립성, 정규성, 등분산성 가정을 확인하면 된다. 통계적 가정에 대해서는 제6장 제2절에서 자세하게 설명하였다. 이 장에서는 R 예시에서 ANOVA의 특징적인 부분을 강조하여 제시할 것이다.

2) 제곱합 분해와 F-검정

ANOVA의 영가설은 집단 간 차이가 없다는 것이다. 즉, a개 집단의 모평균이 모두 같다는 것이 영가설이다(8.2). 만일 영가설이 기각된다면, a개 집단 중 어떤 한 쌍의 모평균이 다를 수도 있고, 어떤 두 쌍의 모평균이 다를 수도 있고, 모든 집단의 모평균이 각기 다를 수도 있다. 즉, ANOVA 자체로는 영가설 기각 시 어느 집단의 모평균이 다를지는

알 수 없다. 이러한 ANOVA를 옴니버스 검정(omnibus test)이라고 한다. 옴니버스 검정과 관련되는 ANOVA의 특징은 제3절 대비와 사후비교에서 자세히 다룰 것이다.

one-way ANOVA의 영가설

$H_0 : \mu_1 = \mu_2 = \cdots = \mu_a = \mu$ (또는 $H_0 : \alpha_1 = \alpha_2 = \cdots = \alpha_a = 0$) ⋯ (8.2)
$H_A : otherwise$

일원분산분석의 제곱합 분해와 F-검정은 단순회귀분석의 제곱합 분해와 비슷하다. 일원분산분석에 대한 식 (8.3)과 단순회귀분석에 대한 식 (6.4)를 비교하면, ANOVA에서는 회귀모형의 추정치($\hat{Y}_i$) 대신 집단별 평균($\overline{Y_{i.}}$)을 이용한다는 점이 큰 차이점이다. 제곱합 분해에서의 차이점으로, 집단을 표기하는 아래첨자가 추가되면서 $\sum$ 기호가 두 번 나온다는 점과 집단(수준) 수를 a개로 표기한다는 점 등이 있다.

$$(Y_{ij} - \overline{Y_{..}}) = (\overline{Y_{i.}} - \overline{Y_{..}}) + (Y_{ij} - \overline{Y_{i.}}) \quad \cdots\cdots (8.3)$$
$$(Y_i - \overline{Y_.}) = (\hat{Y}_i - \overline{Y_.}) + (Y_i - \hat{Y}_i) \quad \cdots\cdots (6.4)$$

〈one-way ANOVA의 제곱합 분해와 F-검정〉

$$\sum_{i=1}^{a}\sum_{j=1}^{n}(Y_{ij} - \overline{Y_{..}})^2 = \sum_{i=1}^{a} n(\overline{Y_{i.}} - \overline{Y_{..}})^2 + \sum_{i=1}^{a}\sum_{j=1}^{n}(Y_{ij} - \overline{Y_{i.}})^2$$

SST	=	SSA	+	SSE	: SS
$an-1$	=	$a-1$	+	$a(n-1)$	: 자유도
$\frac{SST}{an-1}$		$\frac{SSA}{a-1}$		$\frac{SSE}{a(n-1)}$	: $\frac{SS}{\text{자유도}} = MS$
MST		MSA		MSE	: MS

$$F = \frac{MSA}{MSE} \sim F_\alpha(a-1,\ a(n-1))$$

기각역: $F > F_\alpha(a-1, a(n-1))$

3 대비와 사후비교

ANOVA에서는 수준이 세 개 이상인 경우에도 한 번의 통계적 검정을 통하여 집단 간 차이가 있는지를 알 수 있다고 하였다. 집단이 두 개일 때 통계적으로 유의한 결과가 나온다면, 간단하게 기술통계에서의 평균값을 비교하여 어느 집단의 평균이 더 높은지 알 수 있다. 그런데 집단이 세 개 이상인 경우 통계적으로 유의한 ANOVA 결과는 단순히 집단 간 차이가 있다는 것만 알려 줄 뿐, 어떤 집단 간 평균이 다른지는 알 수 없다. ANOVA의 영가설이 각 집단의 모평균이 모두 같다는 것이므로 집단 중 어느 한 쌍의 비교라도 다르다면 영가설을 기각하기 때문이다. 즉, 수준이 셋 이상인 독립변수에 대한 ANOVA의 영가설이 기각된다면, ANOVA 결과만으로는 한 쌍의 평균이 다른지 두 쌍의 평균이 다른지 아니면 모든 집단의 평균이 모두 다 다른지 알 수 없다.

이러한 특징을 가진 검정을 옴니버스 검정(omnibus test)이라고 한다. ANOVA에서는 대비(contrast) 또는 사후비교(post hoc comparison)를 통해 옴니버스 검정의 한계를 극복하려 한다. 대비의 경우 옴니버스 검정 결과에 관계없이 분석 전부터 알고 싶은 집단 간 비교에 대해 정하고 분석을 시작한다. 사후비교는 옴니버스 검정 결과에 대한 추가적인 분석으로, 옴니버스 검정의 영가설이 기각되는 경우 사후비교를 통해 그 결과를 더 자세히 알아보게 된다. 다시 말해, 사후비교는 옴니버스 검정의 영가설이 기각될 경우에만 진행한다.

1) 대비

대비는 가중치(weight)를 통하여 집단 간 평균 차이를 비교하는 것이다. 각 대비의 가중치 합은 0이 되어야 하며, 비교하고자 하는 집단은 가중치의 부호를 다르게 하고 비교를 원치 않는 집단은 가중치를 0으로 한다는 조건이 있다.

과외, 학원, 기타라는 세 집단이 있다고 하자. 과외와 학원 간 비교를 하고자 한다면, 가중치는 $(1, -1, 0)$이 되고, 과외와 기타를 비교한다면 가중치는 $(1, 0, -1)$이 된다. 만일 과외와 학원의 평균과 기타를 비교한다면, 가중치를 $(\frac{1}{2}, \frac{1}{2}, -1)$로 하면 된다.

〈표 8.1〉 직교 대비 예시

	과외	학원	기타
대비 1	1	−1	0
대비 2	$\frac{1}{2}$	$\frac{1}{2}$	−1

대비가 여러 개가 있을 때 대비 간 가중치를 서로 곱한 값의 합이 0이 되는 직교 대비(orthogonal contrast)를 이용하는 것이 좋다. 이때 독립변수의 자유도만큼 대비가 가능하다는 점을 주의해야 한다. 세 집단의 경우 자유도가 2이므로 대비도 두 개만 가능하다. 〈표 8.1〉에서 과외, 학원, 기타의 세 집단이므로 대비 1과 대비 2의 두 가지 대비가 가능하다. 같은 표에서 대비 1과 대비 2는 각각 더하여 0이 되고, 대비 간 가중치를 서로 곱하여 합해도 0이 되는 것을 알 수 있다($1\times\frac{1}{2}-1\times\frac{1}{2}+0\times(-1)=0$). 즉, 〈표 8.1〉의 대비는 직교 대비다.

R은 pairwise, consec, poly 등의 다양한 직교 대비를 제공하기 때문에 연구자가 직접 대비를 설정할 필요 없이 그중 하나를 골라 쓰면 된다. 많이 쓰이는 직교 대비를 정리하면 다음과 같다. 먼저, pairwise, revpairwise, tukey는 모든 가능한 쌍별 비교를 수행한다. pairwise와 revpairwise는 집단별 EMM(Estimated Marginal Mean, 추정된 주변 평균) 차를 구할 때 그 추정치의 부호가 달라질 뿐이다. A, B, C의 세 집단이 있다면, pairwise는 A−B, A−C, B−C 대비를, revpairwise는 B−A, C−A, C−B 대비를 수행한다. tukey는 reverse 옵션에 따라 revpairwise('reverse=T'), pairwise('reverse=F')와 같은 결과를 도출한다.

consec은 집단 순서대로 대비를 수행한다(세 집단의 경우 A−B, B−C). trt.vs.ctrl은 실험설계에서 주로 활용되는 방식으로, 통제집단과 같은 하나의 집단에 대하여 여러 개의 실험집단을 비교한다. dunnett과 결과가 같다.

poly는 자유도만큼의 차수에 대하여 추세(trend)를 분석한다. 자유도가 1인 경우 선형(1차) 추세가 있는지를 검정할 수 있고, 자유도가 2인 경우 선형과 2차함수 추세가 있는지를, 자유도가 3인 경우 선형, 2차함수, 3차함수 추세까지 검정할 수 있다([그림 8.1]). 5개의 집단이 있는 자유도가 4인 경우에는 선형, 2차함수, 3차함수에 4차함수까지 검정할 수 있다. 〈R 심화 8.2〉에서 대비 예시를 제시하였으니 참고하면 된다.

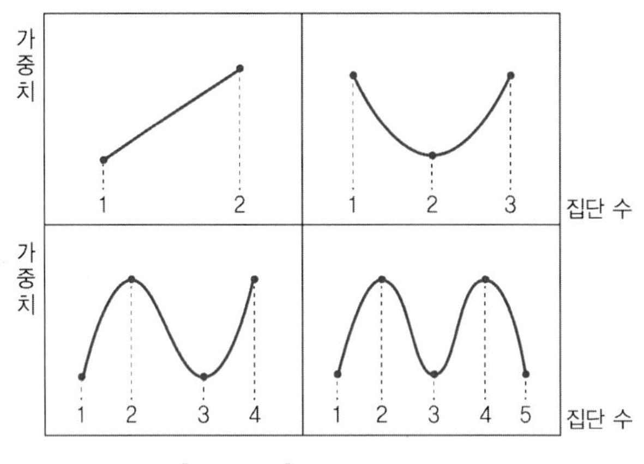

[그림 8.1] 다항 대비 예시

2) 사후비교

여러 다양한 사후비교(post hoc comparison)가 있는데, 그중 가장 많이 이용하는 Bonferroni, Tukey, Scheffe 방법을 중심으로 설명하겠다. 먼저 Bonferroni 방법에서는 유의수준을 쌍 비교 개수만큼 미리 나누어 조정하고, 그 조정된 유의수준 값을 t-분포를 이용하여 비교한다. 이 방법은 쌍 비교 개수가 많을 때 매우 보수적이 되므로 기각을 잘 못하게 된다는 단점이 있다. 따라서 쌍 비교 개수가 비교적 적은 경우에 쓰는 것이 좋다. 또한 Bonferroni 방법은 쌍 비교가 독립적이라는 현실적이지 못한 가정으로 만들어진 방법이므로 비교 시 적용되는 유의수준이 연구에서 의도한 유의수준보다 더 낮아진다는 단점이 있다(박광배, 2003).

Tukey 방법은 쌍 비교가 독립적이지 않다는 현실을 고려한 방법으로, 'Studentized range distribution'이라는 특별한 분포를 만들고 이 분포에 근거하여 모든 가능한 쌍별 비교를 수행한다. Tukey가 이 방법을 만들 때 집단의 표본 수가 모두 같은 경우로 모의실험을 하였는데, 집단 간 표본 수가 다른 경우에는 조화평균(harmonic mean)을 이용하여 검정한다.

Scheffe 방법은 모든 가능한 대비를 고려하는 방법이다. 쌍 비교를 하는 다른 사후비교 방법과 비교 시 가장 보수적인 방법으로, Scheffe 검정에서 유의한 결과를 얻는다면, 다른 사후비교 방법에서도 유의하게 된다. Scheffe 방법은 F-분포를 이용하며, 직교 대비가 아닌 경우에도 문제없이 이용할 수 있다는 장점이 있다.

이러한 방법들은 모두 등분산성 가정이 충족되는 경우에만 의미가 있다. 등분산성 가정이 충족되지 않는 경우는 다른 사후비교 방법을 써야 한다. 이 중 Games-Howell 방법이 집단 간 표본 수가 다를 때에도 정확하며 검정력이 좋다고 알려져 있다(Field, 2009).

참고로, 사후비교는 수준(집단)이 셋 이상인 ANOVA의 주효과(main effects)에 대하여만 가능하다는 점을 주의해야 한다. 수준이 둘인 ANOVA의 경우는 사후비교를 할 필요가 없이 바로 어느 집단의 평균값이 더 큰지 알 수 있기 때문이다. 제9장에서 설명될 상호작용 효과(interaction effects)를 포함하는 모형 및 제10장의 ANCOVA(공분산분석) 모형에서도 사후비교를 할 수 없다.

4 기타 주요 개념

1) 변수와 수준

ANOVA 분석에서 변수(variable)와 수준(level)을 혼동하는 경우가 종종 있다. 변수는 기본적으로 둘 이상의 수준이 있어야 한다. 즉, 하나의 수준으로 이루어진 변수는 불가능하다. 명명척도나 서열척도로 측정된 변수는 두 개 이상의 수준이 있고, 동간척도나 비율척도로 측정된 변수는 더 많은 수준이 가능하다. 예를 들어 '성별' 변수의 경우 남자 또는 여자의 두 수준이 있고, 개신교, 천주교, 불교, 기타로 나뉘는 '종교' 변수의 경우 네 가지 수준이 있다.

일원분산분석(one-way ANOVA)에서는 한 변수의 여러 수준에 대해 비교한다. 예를 들어 남자와 여자 집단 간 비교는 두 개의 변수를 비교하는 것이 아니라, '성별'이라는 한 변수의 두 수준을 비교하는 것임을 알아야 한다. 앞선 과외, 학원, 과외와 학원의 예시에서도 '사교육 유형'이라는 한 변수의 세 가지 수준을 비교하는 것이다. 이는 다원분산분석(multi-way ANOVA)에서도 마찬가지로 적용된다.

〈주의사항: ANOVA에서의 변수와 수준〉

- ANOVA에서는 독립변수(variable)가 하나인 경우에 대해서도 분석할 수 있다.
- 하나의 변수는 둘 이상의 수준(level)을 가진다.
- 남자와 여자 집단을 비교하는 것은 한 변수(성별)의 두 수준(남/여)에 대해 비교하는 것이다.

2) 다중검정 오류

다중검정(multiple testing)을 하는 상황에서 통계적 가설검정의 판정 오류가 증가하는 문제가 생긴다. 검정 숫자가 늘어날수록 적어도 한 번의 제1종 오류가 일어날 확률 또한 증가하는 것이다. 여러 개의 검정에서 하나 이상의 제1종 오류가 일어날 확률을 실험단위 1종 오류(experiment-wise Type I error rate, α^*)라고 하며, 검정 간 직교 관계를 이룬다고 가정하면 (8.4)와 같이 계산할 수 있다.[1)]

$$\alpha^* = 1-(1-\alpha)^m \quad \cdots\cdots (8.4)$$

이때 m은 검정 횟수가 된다. 예를 들어 집단이 세 개 있을 때 집단 간 비교를 위하여 t-검정을 세 번 하는 경우라면, m은 3이 된다. 제1종 오류 확률을 0.05로 할 때 α^*는 다음과 같이 계산된다.

$$\alpha^* = 1-(1-0.05)^3 \approx 0.14$$

즉, 실험단위 1종 오류 확률 값이 약 0.14로, 원래 제1종 오류 확률인 0.05보다 약 세 배 증가하게 되는 것이다. 영가설이 참인데 기각하는 확률이 5%여야 하는데 여러 번 검정을 실시함으로써 이 오류 확률 값이 14%로 증가하는 것이다. 따라서 다중검정 시 유의수준을 조정해야 한다. 그런데 다중검정 오류를 간과하는 경우를 실제 논문에서 자주 보았다. 40개의 문항으로 이루어진 검사지를 남녀 학생에게 실시하고, 각 문항에 대하여 남녀 차이가 있는지 알아보기 위하여 40번 t-검정을 실시한 논문을 본 적이 있다. 이 경우 실험단위 1종 오류 확률은 약 .87($=1-(1-0.05)^{40} \approx 0.87$)이 된다. 즉, 제1종 오류 확률이 약 18배나 증가하는 것이다. 이러한 분석 방식은 옳지 않다는 것을 알 수 있다.

---

1) P(제1종 오류)$=\alpha$

P(m개 검정 중 하나라도 1종 오류)

$=1-$P(m개 검정 모두 1종 오류가 없는 경우)

$=1-(1-\alpha)^m$

$\alpha = 1-(1-\alpha)^1$: 검정을 한 번 하는 경우 실험단위 1종 오류

$\alpha^* = 1-(1-\alpha)^m$: 검정을 m번 하는 경우 실험단위 1종 오류

다중검정 오류 문제를 막기 위하여 유의수준을 조정할 수 있다. 가장 많이 쓰이는 방법으로 Bonferroni(본페로니) 교정이 있다. Bonferroni 교정을 FWER(family-wise error rate)이라고 한다. 이 방법은 검정 횟수인 m으로 α를 나누어 이용한다(8.5).

$$\alpha' = \frac{\alpha}{m} \quad \cdots\cdots (8.5)$$

예를 들어 5% 유의수준에서 20번 검정을 한다면 Bonferroni 교정 이후 유의수준은 0.0025가 된다. 유의확률이 0.0025보다 작거나 같지 않다면 영가설을 기각하지 못하는 것이다. 이렇게 Bonferroni 교정은 m이 클수록 매우 보수적이라는 문제가 있다. 즉, 검정 횟수가 커질수록 α 값이 매우 작아져서 거의 기각하지 못하게 되므로 제2종 오류 확률이 증가하게 된다. Bonferroni 교정에 대한 대안으로 FDR(false discovery rate)을 활용하는 BH 교정 방법(Benjamini-Hochberg procedure) 등이 제안된 바 있다. 〈심화 8.2〉에서 이를 설명하였다. 관련하여 〈심화 8.3〉에서 FDR과 정밀도 등을 설명하였다.

심화 8.2 FDR과 BH 교정

Bonferroni와 같은 실험단위 1종 오류 확률을 통제하는 FWER 방법이 불필요할 정도로 너무 엄격하다는 비판이 있었다. Benjamini & Hochberg(1995)가 실험단위 1종 오류 확률 대신 FDR을 통제함으로써 다중검정 오류를 교정하는 방법을 제안하였다. 이를 BH(Benjamini-Hochberg) 교정으로 부른다. FDR은 오류를 어떤 값 아래로 하면서 검정력을 증가시키는 방법이다.

Bonferroni와 같은 FWER이 영가설을 잘못 기각하는 확률을 구한다면, FDR은 기각된 영가설(TP+FP, 즉 positives) 중 잘못 기각된 영가설(false positives: FP) 비율의 기대값을 구한다. R의 p.adjust() 함수에서 BH(Benjamini-Hochberg)뿐만 아니라 holm, hochberg, bonferroni, BY(Benjamini-Hochberg under dependence) 등의 옵션을 제공한다.

정리하면, BH 교정 방법은 Bonferroni 방법 등과 비교 시 덜 보수적이면서도 실험단위 1종 오류 확률을 잘 통제한다. BH 교정 방법에 대한 더 자세한 설명은 Benjamini & Hochberg (1995) 등을 참고하면 된다.

심화 8.3 FDR과 정밀도

FDR은 기계학습(machine learning)의 모형평가(model assessment)에서도 중요한 개념이다. 제3장의 가설검정에서 진실과 결정의 두 축으로 2×2표를 구성하고, 네 개 셀(cell) 중 두 개가 제1종 오류와 제2종 오류라고 명시하였다. 마찬가지로 모형평가에서도 진실(true)과 예측(predicted)의 두 축으로 2×2표를 구성하면 네 개 셀 중 두 개는 잘못 예측한 경우가 된다.

아래 혼동행렬(confusion matrix) 표는 TP, FP, FN, TN의 네 개 셀로 구성된다. 이 중 TP(true positive)와 TN(true negative)은 옳게 예측한 경우를 뜻한다. TP는 실제로 ⊕인데 예측도 ⊕로 한 경우이고, TN은 실제로 ⊖이며 예측도 ⊖인 경우이다. 반대로 FP(false positive)는 실제로는 ⊖인데 ⊕로, FN(false negative)은 실제로는 ⊕인데 ⊖로 예측한 경우다. 가설검정에서의 제1종 오류와 제2종 오류는 각각 FP, FN과 연결되는 개념이다.

True \ Pred	positive(⊕)	negative(⊖)
positive(⊕)	TP	FP(Type I error)
negative(⊖)	FN(Type II error)	TN

기계학습 모형평가에서의 중요한 측도 중 정확도, 민감도, 특이도, 정밀도를 설명하겠다. 정확도(accuracy)는 전체 사례 중 옳게 예측한 비율이다(1). 민감도(sensitivity)는 실제로 ⊕인데 예측도 ⊕로 하는 경우의 확률이고(2), 반대로 특이도는 실제로 ⊖인데 예측도 ⊖로 하는 경우의 확률이다(3). 민감도를 재현률(recall)이라고도 부른다. 정밀도(precision)는 ⊕로 예측한 사례 중 실제로 ⊕인 확률이다(4). FDR은 ⊕로 예측한 사례 중 실제로 ⊖인 확률이므로 '1−정밀도'와 같은 값이다(5). 기계학습에서의 모형평가 측도에 대한 더 자세한 설명은 유진은(2021)의 책 제9장을 참고하면 된다.

$$\text{정확도(accuracy)} = \frac{TP+TN}{TP+TN+FP+FN} \quad \cdots\cdots (1)$$

$$\text{민감도(sensitivity)} = P(\hat{Y}=\oplus \mid Y=\oplus) = \frac{TP}{P} = \frac{TP}{TP+FN} \quad \cdots\cdots (2)$$

$$\text{특이도(specificity)} = P(\hat{Y}=\ominus \mid Y=\ominus) = \frac{TN}{N} = \frac{TN}{FP+TN} \quad \cdots\cdots (3)$$

$$\text{정밀도(precision)} = P(Y=\oplus \mid \hat{Y}=\oplus) = \frac{TP}{\hat{P}} = \frac{TP}{TP+FP} \quad \cdots\cdots (4)$$

$$FDR = P(Y=\ominus \mid \hat{Y}=\oplus) = \frac{FP}{\hat{P}} = \frac{FP}{TP+FP} = 1-\frac{TP}{TP+FP} \quad \cdots\cdots (5)$$

3) 효과크기

통계적 가설검정이 유의확률(p-value)과 유의수준(significance level)의 비교에만 치중한다는 비판이 있다. 이때 효과크기(effect size)가 통계적 가설검정을 보완할 수 있다. 효과크기는 관계의 크기에 대한 값이라고 할 수 있다. ANOVA에서 집단 간 차이를 연구할 때, 효과크기는 집단 간 차이를 표준편차 단위로 표현한 것이다. 즉, 효과크기는 모집단 특성을 추론하는 것이 아니라, 표본의 기술통계치를 이용하여 관계의 크기에 대한 정보를 제공한다.

모든 양적연구에서 효과크기를 보고하는 것이 좋다(Wilkinson and APA Task Force on Statistical Inference, 1999). 효과크기는 주로 메타분석(meta-analysis), 검정력 분석(power analysis) 등의 연구에서 많이 이용된다. 효과크기는 다양한 통계분석에서 다양하게 구할 수 있는데, 이 장에서는 부분에타제곱(partial eta-squared)과 더불어 가장 많이 쓰이는 효과크기인 Hedges' g에 대하여 설명하겠다.

(1) 부분에타제곱

부분에타제곱(partial eta-squared)은 제곱합의 비율에 대한 것으로, 각 독립변수에 대하여 구할 수 있다. 공식은 식 (8.6)과 같다.

$$partial\ \eta^2 = \frac{SS_{group}}{SS_{group} + SS_{error}} \qquad (8.6)$$

이를테면 독립변수 'group'에 대한 부분에타제곱은 그 독립변수의 제곱합을 분자로 하고 분자값과 오차 제곱합을 더한 값을 분모로 하여 구한다. 부분에타제곱 값은 0에서 1 사이가 가능하며, 부분에타제곱 값이 클수록 해당 독립변수의 설명량이 크다고 할 수 있다.

(2) Hedges' g

부분에타제곱은 독립변수의 수준(집단) 간 차이에 대한 정보를 주지 않는다. 따라서 집단 간 효과크기인 Hedges' g 값을 구해야 한다. 집단 1과 집단 2에 대해 Hedges' g를 구하는 공식은 식 (8.7)과 같다.

$$g = \frac{\overline{Y_1} - \overline{Y_2}}{\sqrt{\frac{(n_1-1)S_1^2 + (n_2-1)S_2^2}{n_1+n_2-2}}},\ S_k^2 = \frac{1}{n_k-1}\sum_i^{n_k}(Y_i - \overline{Y_k})^2 \quad \cdots\cdots (8.7)$$

Hedges' g 값을 표본의 기술통계치인 평균($\overline{Y_1}$과 $\overline{Y_2}$), 표본 크기(n_1과 n_2), 분산(S_1^2과 S_2^2)을 대입하여 쉽게 구할 수 있다. Cohen's d 공식은 Hedges' g 공식과 거의 비슷한 식이므로 Hedges' g 값을 해석할 때 Cohen의 기준을 이용하면 된다.[2] Cohen(1998)은 Cohen's d라는 효과크기 공식에 대하여 0.2, 0.5, 0.8을 작은(small), 중간(medium), 큰(large) 효과크기의 기준으로 제시하였다.

앞서 언급한 것처럼 효과크기는 메타분석(meta-analysis)에서도 이용된다. 집단의 분산과 평균을 모르는 경우 t-값이나 F-값만으로도 다음과 같이 계산할 수 있다.

t-검정의 경우: $g = t\sqrt{\frac{n_1+n_2}{n_1 n_2}}$

F-검정(ANOVA)의 경우: $g = F\sqrt{\frac{F(n_1+n_2)}{n_1 n_2}}$

5 R 예시

이 장의 R 예시는 등분산성 가정을 충족하는 경우와 충족하지 못하는 경우로 나누어 제시하겠다. 먼저 등분산성 가정을 충족하는 경우는 집단이 둘일 때와 셋 이상일 때에 대하여 각각 보여 줄 것이다. 집단이 둘일 때의 예시는 제4장의 t-검정, 그리고 제6장의 단순회귀분석과 같은 R 자료를 분석한다. 등분산성 가정을 충족하지 못하는 경우는 실

---

2) Cohen's d 식은 다음과 같다: $d = \frac{\overline{Y_1} - \overline{Y_2}}{\sqrt{\frac{(n_1-1)S_1^2 + (n_2-1)S_2^2}{n_1+n_2}}}$

제 논문을 참고하여 세 개 이상 집단을 비교하는 예시를 보여 주겠다.

1) 등분산성 가정 충족 시

(1) 두 개 집단의 평균 비교

〈분석 자료: 실험집단, 통제집단의 사전검사, 사후검사 결과〉

연구자가 실험집단과 통제집단의 사후검사 점수 평균이 다를 것이라고 생각하고 실험집단 26명, 통제집단 22명의 학생을 무선으로 표집하여 실험을 수행한 후 사전 · 사후검사 점수를 구하고 자료를 입력하였다.

변수명	변수 설명
ID	학생 ID
pretest	사전검사 점수
posttest	사후검사 점수
group	집단(0: 통제집단, 1: 실험집단)

[data file: ANCOVA_real_example.csv]

〈영가설과 대립가설〉

$H_0 : \mu_1 = \mu_2$

$H_A : \mu_1 \neq \mu_2$

의도적으로 제4장의 두 독립표본 t-검정과 같은 예시 자료를 이용하였다. 집단이 둘일 때 t-검정과 one-way ANOVA의 결과가 어떻게 같고 다른지 비교할 수 있다.

정규성 가정은 이전 장의 두 독립표본 t-검정 예시에서는 간과된 부분이다. 통계적 가정을 충족시키지 못한다면 정규성 가정을 충족시키기 위한 조치를 취한 후 분석을 진행해야 한다(제6장 참고). 이 절에서는 두 독립표본 t-검정과의 비교를 위하여 그대로 ANOVA 분석을 진행하였다. 영가설은 두 독립표본 t-검정의 영가설과 동일하다.

[R 8.1] ANOVA의 통계적 가정 확인 1

〈R 코드〉

```
##예시 1##
mydata <- read.csv('ANCOVA_real_example.csv')
library(car)
leveneTest(posttest ~ as.factor(group), data = mydata, center = mean)
anv.mod <- lm(posttest ~ as.factor(group), data = mydata)
shapiro.test(anv.mod$residuals) #Shapiro-Wilk 검정
plot(anv.mod, which = 2) #QQ plot 확인
```

〈R 결과〉

```
> ##예시 1##
> mydata <- read.csv('ANCOVA_real_example.csv')
> library(car)
> leveneTest(posttest ~ as.factor(group), data = mydata, center = mean)
Levene's Test for Homogeneity of Variance (center = mean)
      Df F value Pr(>F)
group  1  1.0806  0.304
      46
> anv.mod <- lm(posttest ~ as.factor(group), data = mydata)
> shapiro.test(anv.mod$residuals) #Shapiro-Wilk 검정
         Shapiro-Wilk normality test

data:  anv.mod$residuals
W = 0.94187, p-value = 0.01917

> plot(anv.mod, which = 2) #QQ plot 확인
```

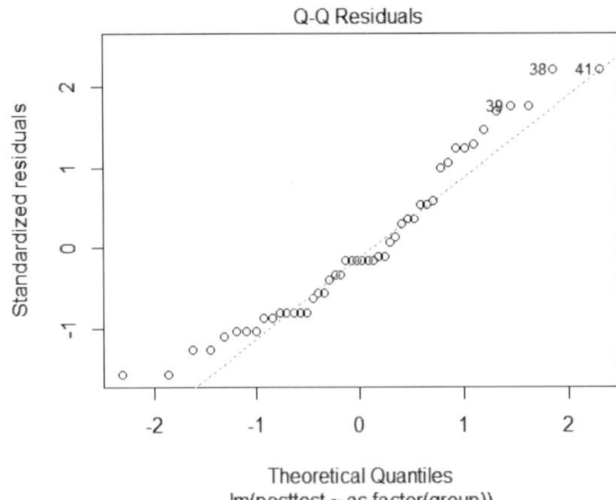

leveneTest()로 ANOVA의 등분산성 가정을 검정하였다. 이때 group이 실험집단과 통제집단을 구분하는 범주형 변수이므로 as.factor()로 명시해야 한다. Levene 검정의 영가설이 등분산성을 충족하는 것이므로 유의확률이 0.05보다 크게 나올 경우 등분산성 검정을 충족한다고 해석한다. [R 8.1]에서 유의확률이 0.304로 영가설을 기각하지 못하므로 등분산성 가정을 충족한다. 이어서 shapiro.test()로 ANOVA의 정규성 가정을 검정하였다. lm()으로 ANOVA 모형을 적합한 결과를 anv.mod 객체에 저장하고, 그 모형의 잔차(residual) 정규성 가정을 검정하였다([R 8.1]). 정규성 검정(Shapiro-Wilk 검정)의 영가설 또한 정규성을 충족한다는 것인데, 5% 유의수준에서 영가설을 기각하였다($p = .019$). 추가로 plot(anv.mod, which=2)으로 QQ 도표를 확인할 수 있다.

[R 8.2] one-way ANOVA 1

〈R 코드〉

```
Anova(anv.mod, type = 3)
tapply(mydata$posttest, mydata$group, mean)
library(emmeans)
emmeans(anv.mod, ~ group)
anv.mod$coefficients
summary(anv.mod)[8:9] #8, 9번 객체가 R-squared
```

〈R 결과〉

```
> Anova(anv.mod, type = 3)
Anova Table (Type III tests)
Response: posttest
                  Sum Sq Df   F value  Pr(>F)
(Intercept)      31313.6  1 1624.2517 < 2e-16 ***
as.factor(group)    89.1  1    4.6212 0.03687 *
Residuals          886.8 46
---
Signif. codes:  0 '***' 0.001 '**' 0.01 '*' 0.05 '.' 0.1 ' ' 1

> tapply(mydata$posttest, mydata$group, mean)
       0        1
37.72727 40.46154
```

```
> library(emmeans)
> emmeans(anv.mod, ~ group)
 group emmean    SE df lower.CL upper.CL
     0   37.7 0.936 46     35.8     39.6
     1   40.5 0.861 46     38.7     42.2
Confidence level used: 0.95

> anv.mod$coefficients
      (Intercept)      as.factor(group)1
        37.727273              2.734266

> summary(anv.mod)[8:9] #8, 9번 객체가 R-squared
$r.squared
[1] 0.09129006

$adj.r.squared
[1] 0.0715355
```

anv.mod 객체([R 8.1])에 저장된 ANOVA 결과를 car 패키지의 Anova()로 확인하였다(〈R 심화 8.1〉 참고). [R 8.2]에서 group의 유의확률이 0.037로 5% 유의수준에서 통계적으로 유의하다. 즉, 집단 간 평균 차이가 없다는 영가설을 기각하게 된다. 이렇게 집단이 둘 뿐일 때는 사후검정 없이 어느 집단의 평균이 더 큰지를 간단하게 알아볼 수 있다. tapply() 함수로 계산한 기술통계 결과로 확인해도 되고, 공변수가 없는 모형이므로 EMM 값으로 확인해도 된다. [R 8.2]의 emmeans()로 계산한 EMM 값이 기술통계의 평균과 동일하다는 것을 확인할 수 있다.

단, EMM과 기술통계 평균이 같은 ANOVA와 달리, 공변수가 모형에 포함되는 ANCOVA에서는 그 두 값이 달라지게 된다. EMM은 제10장 ANCOVA에서 자세하게 설명할 것이다. 단, emmeans 패키지는 R version 4.1 이상에서 지원된다. 만약 패키지가 설치되지 않는다면 R version 문제일 수 있어 업데이트가 필요하다(서장 참고).

R 심화 8.1 **제I유형과 제III유형 제곱합 분해(aov()와 Anova() 함수 비교)**

ANOVA를 비롯한 회귀모형 적합 시 제I, II, III, IV의 네 가지 제곱합 분해법이 있다(Neter et al., 1996). 그중 제I유형과 제III유형 제곱합 분해가 주로 쓰인다. 제I유형 제곱합 분해는 독립변수의 투입 순서에 따라 제곱합 분해가 달라지는 반면, 제III유형 제곱합 분해는 독립변수의 투입 순서와 관계없이 제곱합 분해가 같다.

따라서 독립변수가 하나인 one-way ANOVA는 어떤 방법을 쓰든 결과가 같지만, 독립변수의 수가 둘 이상일 때 제I유형 제곱합 분해 결과는 변수의 투입 순서에 따라 달라지게 된다. 변수 투입 순서에 따른 제곱합 분해 결과 비교가 목적이라면 제I유형 제곱합 분해를 선택할 수 있는데, 일반적으로는 제III유형 제곱합 분해를 쓴다. 대부분의 통계 프로그램에서도 제III유형 제곱합 분해를 기본값(default)으로 한다. 단, 어느 유형의 제곱합 분해를 쓰든 오차 제곱합은 동일하다.

R에서 ANOVA를 수행하는 여러 함수가 있다. 그중 aov() 함수는 그 이름 그대로 ANOVA를 뜻하기 때문에 이 함수를 선택하기 쉽다. 그런데 aov()는 제I유형 제곱합 분해를 쓰며, 제III유형 제곱합 분해로 바꾸는 옵션이 없다는 문제가 있다. 반면, Anova() 함수는 제II유형과 제III유형 중 선택할 수 있다. 이 책에서는 제III유형 제곱합 분해법으로 분석하기 위하여 Anova() 함수에 'type = 3'인자를 명시하여 활용하였다.

이 장의 ANOVA 결과를 제4장의 t-검정 결과와 비교하면 다음과 같다. ANOVA의 group에 대한 F-값이 4.621로, [R 4.3]에서의 t-값인 -2.150을 제곱한 값인 4.623과 소수점 둘째 자리까지 동일하다. 자유도 또한 46으로 같고, 유의확률도 0.037로 동일하다. 즉, 집단이 둘일 때는 t-검정을 하든 ANOVA를 하든 결과가 같다는 것을 알 수 있다.

다음은 계수(coefficient)를 확인하였다. ANOVA 모형의 독립변수는 범주형 변수이므로 ANOVA에서의 회귀식은 더미변수를 쓰는 회귀모형의 회귀식과 같은 방법으로 구한다. 이 자료에서 Y 절편이 37.727이며, 집단이 0일 때 계수는 -2.734, 그리고 집단이 1일 때는 0으로 ANOVA에서는 실험집단을 참조집단으로 한 것을 알 수 있다. 따라서 다음과 같은 회귀식으로 집단별 평균을 정리할 수 있다.

$$\hat{Y} = 37.727 - 2.734X_G$$

집단	회귀식
0(통제집단)	$\hat{Y} = 37.727 - 2.734 = 34.993$
1(실험집단)	$\hat{Y} = 37.727$

즉, 통제집단과 실험집단의 사후검사 추정치가 각각 34.993과 37.727이라는 것을 알 수 있다. 이 값은 기술통계의 평균값과 같다.

마지막으로 모형의 설명력을 확인하기 위하여 R 제곱과 수정된 R 제곱을 구하였다. anv.mod 객체에 summary() 함수를 적용하였다. 수정된 R 제곱이 0.072로 이 모형은 사후검사 점수 분산의 7.2%만을 설명한다는 것을 알 수 있다. 설명력이 작은 편이므로 가능하다면 독립변수를 더 추가하거나 공변수를 이용하는 ANCOVA로 분석하는 것을 고려할 수 있다. ANCOVA는 제10장에서 다룰 것이다.

[R 8.3] one-way ANOVA: 효과크기 1

〈R 코드〉

```
library(effectsize)
eta_squared(anv.mod)
hedges_g(posttest ~ group, data = mydata, pooled_sd = FALSE)
```

〈R 결과〉

```
> library(effectsize)
> eta_squared(anv.mod)
as.factor(group)
       0.09129006
> hedges_g(posttest~group, data = mydata, pooled_sd = FALSE)
Hedges' g |           95% CI
--------------------------
-0.62       | [-1.18, -0.05]
- Estimated using un-pooled SD.
```

effectsize 패키지로 효과크기 중 부분에타제곱과 Hedges' g 값을 구하겠다([R 8.3]). 먼저 부분에타제곱이다. eta_squared() 함수로 구하는 부분에타제곱은 0에서 1 사이로 가능하며, 이 값이 클수록 해당 독립변수의 설명량이 크다(8.6). 참고로 독립변수가 하나인 ANOVA에서의 부분에타제곱은 전체 모형에 대한 R 제곱(R-squared)과 동일하며, 독립변수가 하나인 회귀모형에서의 R 제곱은 독립변수와 종속변수 간 상관을 제곱한 값과 같다(제5장 참고). eta_squared() 함수로 구한 부분에타제곱 값 0.09는 [R 8.2]의 집단 간 제곱합과 잔차 제곱합으로 직접 계산한 값과 일치한다.

$$partial\ \eta^2 = \frac{SS_{group}}{SS_{group} + SS_{error}} = \frac{89.1}{89.1 + 886.8} \approx 0.09$$

다음으로 Hedges' g는 하나의 독립변수의 집단(수준) 간 효과크기를 보여 준다. effectsize 패키지의 hedges_g() 함수를 활용하는데, 이때 'pooled_sd' 인자를 FALSE로 설정해야 한다. 그 결과로 산출된 Hedges' g 값(−0.62)도 집단의 평균과 표준편차로 직접 계산한 값과 일치한다.

$$g = \frac{37.7 - 40.5}{\sqrt{\frac{21 \times 4.0^2 + 25 \times 4.7^2}{22 + 26 - 2}}} \approx -0.62$$

Cohen(1998)은 0.2, 0.5, 0.8을 작은(small), 중간(medium), 큰(large) 효과크기의 기준으로 제시하였다. Cohen의 기준에 의하면, 이 자료는 효과크기의 절대값이 0.62로 중간보다 약간 큰 효과크기라고 할 수 있다. 효과크기의 부호가 음수가 나오는 것은 통제집단의 평균에서 실험집단의 평균을 뺐기 때문인데, 순서는 상관없으므로 실험집단의 평균에서 통제집단의 평균을 뺄 수도 있다. t-검정에서도 효과크기를 구하는 것이 원칙인데, 제4장의 t-검정 예시에서는 효과크기를 구하지 않았다. 같은 자료이므로 이 장에서 구한 0.62가 t-검정에서의 효과크기가 된다.

(2) 세 개 이상 집단의 평균 비교

〈분석 자료: 학교급별 50m 달리기 기록〉

연구자는 초·중·고등학생의 50m 달리기 기록이 다를 것이라고 연구가설을 세웠다. 집단별로 200명, 총 600명의 학생을 무선으로 표집하여 50m 달리기 기록을 측정하고 자료를 입력하였다.

변수명	변수 설명
ID	학생 ID
sec	50m 달리기 기록
group	학교급(1: 초등학교 4학년, 2: 중학교 1학년, 3: 고등학교 1학년)

[data file: m50.csv]

〈영가설과 대립가설〉

$H_0 : \mu_1 = \mu_2 = \mu_3$

$H_A : otherwise$

집단이 셋 이상일 때는 t-검정을 여러 번 실시하는 것보다 one-way ANOVA를 한 번 실시하여 다중검정 오류(multiple comparison error)를 줄일 수 있다. 초·중·고등학생의 달리기 기록 평균을 비교하는 예시의 영가설은 세 집단의 (달리기 기록) 평균이 모두 같다는 것이다. 대립가설은 세 집단 중 어떤 한 집단이라도 다른 집단과 차이가 있는 것이다. 즉, 집단 1과 2, 집단 1과 3, 집단 2와 3의 평균 비교 중 하나라도 차이가 있다면 영가설을 기각하게 된다.

[R 8.4] ANOVA의 통계적 가정 확인 2

〈R 코드〉

```
##예시 2##
mydata <- read.csv('m50.csv')
library(car)
leveneTest(sec ~ as.factor(group), data = mydata, center = mean)
anv.mod <- lm(sec ~ as.factor(group), data = mydata)
shapiro.test(anv.mod$residuals) #Shapiro-Wilk 검정
plot(anv.mod, which = 2) #QQ plot 확인
```

〈R 결과〉

```
> ##예시 2##
> mydata <- read.csv('m50.csv')
> library(car)
> leveneTest(sec ~ as.factor(group), data = mydata, center = mean)
Levene's Test for Homogeneity of Variance (center = mean)
       Df F value Pr(>F)
group   2  0.3122 0.7319
      597
> anv.mod <- lm(sec ~ as.factor(group), data = mydata)
> shapiro.test(anv.mod$residuals) #Shapiro-Wilk 검정

        Shapiro-Wilk normality test

data:  anv.mod$residuals
W = 0.99459, p-value = 0.03219
> plot(anv.mod, which = 2) #QQ plot 확인
```

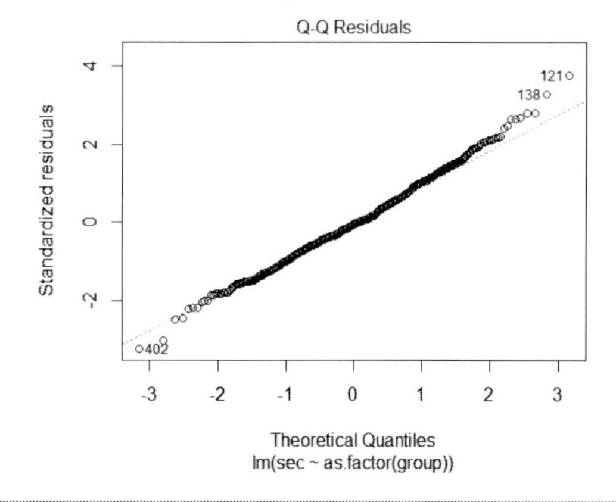

leveneTest()로 ANOVA의 등분산성 가정을 검정하였다([R 8.4]). 이때 group이 실험집단과 통제집단을 구분하는 범주형 변수이므로 as.factor()로 명시해야 한다. Levene 검정의 영가설이 등분산성을 충족하는 것이므로 유의확률이 0.05보다 클 경우 등분산성 가정을 충족한다. 예시에서 유의확률이 0.732로 영가설을 기각하지 못하므로 등분산성 가정을 충족한다.

이어서 shapiro.test()로 ANOVA의 정규성 가정을 검정하였다. lm()으로 ANOVA 모형의 적합한 결과를 anv.mod 객체에 저장하고, 그 모형의 잔차(residual)로 정규성 가정을 검정하였다([R 8.4]). 정규성 검정(Shapiro-Wilk 검정)의 영가설 또한 정규성을 충족한다는 것인데, 5% 유의수준에서 영가설을 기각하였다(유의확률=0.032). 그러나 사례 수가 각각 30 이상인 두 집단의 평균을 비교하는 예시이므로 중심극한정리를 적용할 수 있다. 추가로 plot(anv.mod, which=2)으로 QQ 도표를 확인할 수 있다.

[R 8.5] one-way ANOVA 2

〈R 코드〉

```
Anova(anv.mod, type = 3)
tapply(mydata$sec, mydata$group, mean)
tapply(mydata$sec, mydata$group, sd)
library(emmeans)
emmeans(anv.mod, ~ group)
anv.mod$coefficients
summary(anv.mod)[8:9] #8, 9번 객체가 R-squared
```

〈R 결과〉

```
> Anova(anv.mod, type = 3)
Anova Table (Type III tests)

Response: sec
                  Sum Sq  Df F value    Pr(>F)
(Intercept)      21083.4   1 86291.5 < 2.2e-16 ***
as.factor(group)   522.2   2  1068.6 < 2.2e-16 ***
Residuals          145.9 597
---
Signif. codes:  0 '***' 0.001 '**' 0.01 '*' 0.05 '.' 0.1 ' ' 1
```

```
> tapply(mydata$sec, mydata$group, mean)
        1         2         3
10.267268  8.292474  8.284134
> tapply(mydata$sec, mydata$group, sd)
        1         2         3
0.5039820 0.4822177 0.4964367
> library(emmeans)
> emmeans(anv.mod, ~ group)
 group emmean    SE  df lower.CL upper.CL
     1  10.27 0.035 597    10.20    10.34
     2   8.29 0.035 597     8.22     8.36
     3   8.28 0.035 597     8.22     8.35

Confidence level used: 0.95
> anv.mod$coefficients
      (Intercept) as.factor(group)2 as.factor(group)3
        10.267268         -1.974794         -1.983134
> summary(anv.mod)[8:9] #8, 9번 객체가 R-squared
$r.squared
[1] 0.7816561

$adj.r.squared
[1] 0.7809246
```

anv.mod 객체([R 8.4])에 저장된 ANOVA 결과를 car 패키지의 Anova()로 확인하였다(〈R 심화 8.1〉 참고). [R 8.5]에서 초・중・고등학생 집단을 구분하는 group의 유의확률이 0.05보다 작다. 즉, 5% 수준에서 통계적으로 유의하며, 집단 간 차이가 없다는 영가설을 기각하게 된다. 집단별 평균은 tapply() 함수로 계산한 기술통계 결과 또는 EMM 값으로 확인할 수 있다. 초등학교 4학년 집단(group=1)의 평균이 10.267, 중학교 1학년 집단(group=2)의 평균이 8.292, 그리고 고등학교 1학년 집단(group=3)의 평균이 8.284다.

다음은 계수(coefficient)를 확인하였다. 범주형 변수인 독립변수에 대하여 자동으로 더미코딩한 결과를 제시한다. 즉, ANOVA에서의 회귀식은 더미변수를 쓰는 회귀모형의 회귀식과 같다. ANOVA 모형의 독립변수는 범주형 변수이므로 ANOVA에서의 회귀식은 더미변수를 쓰는 회귀모형의 회귀식과 같은 방법으로 구한다. 이 자료에서 Y 절편은

10.267이며, group이 2일 때 계수가 −1.975, 그리고 group이 3일 때 계수가 −1.983이다. 첫 번째 집단인 초등학교 4학년 집단이 참조집단으로, 이 집단의 계수는 0이다. 이를 이용하여 세 집단에 대한 회귀식을 정리하면 다음과 같다.

집단	회귀식
1(초등학교 4학년)	$\hat{Y} = 10.267$
2(중학교 1학년)	$\hat{Y} = 10.267 - 1.975 = 8.292$
3(고등학교 1학년)	$\hat{Y} = 10.267 - 1.983 = 8.284$

즉, 초등학교 4학년의 50m 달리기 기록 추정치는 10.267, 중학교 1학년의 50m 달리기 기록 추정치는 8.292, 고등학교 1학년의 50m 달리기 기록 추정치는 8.284인데, 이 값들은 기술통계의 평균값과 같다.[3] 이 모형에서는 학교급을 나누는 집단 변수만 투입하였기 때문에 회귀식은 각 집단의 추정치 또는 평균값으로 정리된다는 것을 확인할 수 있다.

anv.mod 객체에 summary() 함수를 적용하여 모형의 설명력을 확인하였다. 수정된 R 제곱이 0.781로, 이 모형은 달리기 기록 분산의 78.1%를 설명한다.

[R 8.6] one-way ANOVA: 효과크기 2

〈R 코드〉

```
library(effectsize)
eta_squared(anv.mod)
hedges_g(sec ~ group, data = mydata[mydata$group != 2,], pooled_sd = FALSE)
```

〈R 결과〉

```
> library(effectsize)
> eta_squared(anv.mod)
as.factor(group)
        0.7816561
> hedges_g(sec ~ group, data = mydata[mydata$group != 2,], pooled_sd = FALSE)
```

3) 계산상 반올림으로 인한 근소한 값 차이는 가능하다.

```
Hedges' g |       95% CI
-------------------------
3.96      | [3.62, 4.29]

- Estimated using un-pooled SD.
```

effectsize 패키지로 효과크기 중 부분에타제곱과 Hedges' g 값을 구하겠다([R 8.6]). 먼저 부분에타제곱이다. eta_squared() 함수로 구하는 부분에타제곱 값은 0에서 1 사이로 가능하며, 이 값이 클수록 해당 독립변수의 설명량이 크다(8.6). 참고로 독립변수가 하나인 ANOVA에서의 부분에타제곱 값은 전체 모형에 대한 R 제곱 값(R-squared)과 동일하며, 독립변수가 하나인 회귀모형에서의 R 제곱 값은 독립변수와 종속변수 간 상관을 제곱한 값과 같다(제5장 참고). 부분에타제곱 값 0.78은 [R 8.5]의 집단 간 제곱합과 잔차 제곱합으로 직접 계산한 값과 일치한다.

$$\text{partial } \eta^2 = \frac{SS_{group}}{SS_{group} + SS_{error}} = \frac{522.2}{522.2 + 145.9} = 0.78$$

다음으로 Hedges' g로 하나의 독립변수에 대하여 집단(수준) 간 효과크기를 구한다. effectsize 패키지의 hedges_g() 함수를 활용하는데, 이때 'pooled_sd=FALSE' 인자를 명시해야 한다. Hedges' g 가 쌍별 비교를 수행하므로 초등학교-중학교, 중학교-고등학교, 초등학교-고등학교 간 세 개의 Hedges' g 값을 구할 수 있는데, [R 8.6]에서는 초등학교(group=1)와 고등학교(group=3) 간 효과크기를 구하였다. group 2를 제외하고 group 1과 3을 사용하므로, 데이터에 인덱스로 이를 표현하였다. [mydata$group != 2,] 에서 '!=' 기호는 제외한다는 뜻이다. 즉, group=2인 중학교를 제외한다. hedges_g() 함수로 구한 값(3.96)은 집단의 평균과 표준편차를 계산하여 직접 계산한 값과 일치한다.

$$g = \frac{10.27 - 8.28}{\sqrt{\dfrac{199 \times 0.50^2 + 199 \times .50^2}{200 + 200 - 2}}} \approx 3.96$$

Cohen(1998)은 0.2, 0.5, 0.8을 작은(small), 중간(medium), 큰(large) 효과크기의 기준으로 제시하였다. 효과크기의 절대값이 3.96이므로 Cohen의 기준에 의하면 매우 큰 효과크기라고 할 수 있다. 이 예시에서 확인할 수 있듯이, Hedges' g 효과크기는 1보다 클 수 있다.

[R 8.7] one-way ANOVA: 사후비교

〈R 코드〉

```
em <- emmeans(anv.mod, ~ group)
pairs(em, adjust = 'tukey')
pairs(em, adjust = 'bonferroni')
pairs(em, adjust = 'scheffe')
```

〈R 결과〉

```
> em <- emmeans(anv.mod, ~ group)
> pairs(em, adjust = 'tukey')
 contrast        estimate     SE  df t.ratio p.value
 group1 - group2  1.97479 0.0494 597  39.952  <.0001
 group1 - group3  1.98313 0.0494 597  40.120  <.0001
 group2 - group3  0.00834 0.0494 597   0.169  0.9844

P value adjustment: tukey method for comparing a family of 3 estimates
> pairs(em, adjust = 'bonferroni')
 contrast        estimate     SE  df t.ratio p.value
 group1 - group2  1.97479 0.0494 597  39.952  <.0001
 group1 - group3  1.98313 0.0494 597  40.120  <.0001
 group2 - group3  0.00834 0.0494 597   0.169  1.0000

P value adjustment: bonferroni method for 3 tests
> pairs(em, adjust = 'scheffe')
 contrast        estimate     SE  df t.ratio p.value
 group1 - group2  1.97479 0.0494 597  39.952  <.0001
 group1 - group3  1.98313 0.0494 597  40.120  <.0001
 group2 - group3  0.00834 0.0494 597   0.169  0.9859

P value adjustment: scheffe method with rank 2
```

옴니버스 검정인 ANOVA 결과([R 8.5])만으로는 세 집단 중 어느 집단 간 차이가 통계적으로 유의한지를 알 수가 없다. 따라서 사후검정이 필요하다. [R 8.7]에서 세 집단의 각 쌍에 대하여 emmeans() 함수와 pairs() 함수를 사용하여 사후비교를 실시하였다. em 객체에 emmeans() 함수의 결과를 저장하고, pairs() 함수의 'adjust' 인자에 각각 'tukey, bonferroni, scheffe'를 넣어 주면 된다. Tukey, Bonferroni, Scheffe 중 어떤 결과를 보더라도 초등학교-중학교, 초등학교-고등학교 쌍의 평균 차는 5% 유의수준에서 통계적으로 유의한데, 중학교-고등학교 간 평균 차는 유의하지 않다는 것을 확인할 수 있다.

[R 8.8] one-way ANOVA: 대비

〈R 코드〉

```
contrast(em, method = 'consec', reverse = TRUE)
```

〈R 결과〉

```
> contrast(em, method = 'consec', reverse = TRUE)
 contrast          estimate     SE  df t.ratio p.value
 group1 - group2    1.97479 0.0494 597  39.952 <.0001
 group2 - group3    0.00834 0.0494 597   0.169 0.9793

P value adjustment: mvt method for 2 tests
```

emmeans 패키지의 contrast() 함수를 활용하여 학교급 간 대비를 실시할 수 있다. contrast() 함수는 다양한 대비 방법을 제시하는데, [R 8.8]에서는 그중 집단별 효과를 다음 집단의 효과와 비교하는 방법인 'consec'을 선택하였다. 첫 번째 대비는 초등학생(group1)과 중학생(group2)을 비교하고, 두 번째 대비는 중학생(group2)과 고등학생(group3)을 비교한다. 초-중 간 유의확률이 5% 유의수준에서 통계적으로 유의했는데, 중-고 간 유의확률이 0.979로 유의하지 않다. 앞서 설명한 바와 같이, 대비는 옴니버스 검정 결과와 관계없이 쓸 수 있다.

R 심화 8.2 R의 대비 예시

```
> contrast(em, method = 'pairwise', reverse = TRUE)
 contrast          estimate     SE  df  t.ratio p.value
 group1 - group2  1.97479 0.0494 597  39.952  <.0001
 group1 - group3  1.98313 0.0494 597  40.120  <.0001
 group2 - group3  0.00834 0.0494 597   0.169  0.9844

P value adjustment: tukey method for comparing a family of 3 estimates
> contrast(em, method = 'revpairwise', reverse = TRUE)
 contrast          estimate     SE  df  t.ratio p.value
 group2 - group1 -1.97479 0.0494 597 -39.952  <.0001
 group3 - group1 -1.98313 0.0494 597 -40.120  <.0001
 group3 - group2 -0.00834 0.0494 597  -0.169  0.9844

P value adjustment: tukey method for comparing a family of 3 estimates
> contrast(em, method = 'tukey', reverse = TRUE)

 contrast          estimate     SE  df  t.ratio p.value
 group2 - group1 -1.97479 0.0494 597 -39.952  <.0001
 group3 - group1 -1.98313 0.0494 597 -40.120  <.0001
 group3 - group2 -0.00834 0.0494 597  -0.169  0.9844

P value adjustment: tukey method for comparing a family of 3 estimates
> contrast(em, method = 'tukey', reverse = FALSE)
 contrast          estimate     SE  df  t.ratio p.value
 group1 - group2  1.97479 0.0494 597  39.952  <.0001
 group1 - group3  1.98313 0.0494 597  40.120  <.0001
 group2 - group3  0.00834 0.0494 597   0.169  0.9844

P value adjustment: tukey method for comparing a family of 3 estimates
> contrast(em, method = 'poly', reverse = FALSE)
 contrast  estimate     SE  df  t.ratio p.value
 linear       -1.98 0.0494 597 -40.120  <.0001
 quadratic     1.97 0.0856 597  22.969  <.0001

> contrast(em, method = 'trt.vs.ctrl', reverse = FALSE)
 contrast         estimate     SE  df  t.ratio p.value
 group2 - group1     -1.97 0.0494 597 -39.952  <.0001
 group3 - group1     -1.98 0.0494 597 -40.120  <.0001
```

```
P value adjustment: dunnettx method for 2 tests
> contrast(em, method = 'trt.vs.ctrl', reverse = TRUE)
 contrast          estimate     SE  df  t.ratio  p.value
 group1 - group2       1.97 0.0494 597   39.952  <.0001
 group1 - group3       1.98 0.0494 597   40.120  <.0001

P value adjustment: dunnettx method for 2 tests
```

참고로 R은 대비 종류에 맞춰 유의확률 값을 조정(adjust)한다. 이를테면 R은 'consec' 대비에서 다변량 t-분포를 활용하여 유의확률을 조정한다(P value adjustment: mvt method for 2 tests). 따라서 같은 대비인데도 SPSS 또는 Python과 그 결과가 다소 다를 수 있다. 예를 들어, [R 8.8]의 'consec' 두 번째 대비의 유의확률이 .979인데, SPSS(유진은, 2022)에서는 .866이었다. SPSS와 같은 결과를 얻으려면 다음과 같이 adjust = 'none' 또는 adjust = 'fdr'을 추가하면 된다.

```
contrast(em, method = 'consec', reverse = TRUE, adjust = 'none')
```

2) 등분산성 가정 미충족 시

〈분석 자료: ICT 유용성에 대한 인식〉

연구자는 교사 연령에 따라 ICT(Information and Communication Technology) 유용성에 대한 인식이 다를 것이라고 생각하고, 351명의 초등학교 교사를 대상으로 ICT 유용성에 대한 인식을 조사하였다.

변수명	변수 설명
ID	교사 ID
Age	연령(1: 21–30, 2: 31–40, 3: 41–50, 4: 51–60)
R3	ICT 유용성에 대한 인식

[data file: Julius.csv]

〈연구 가설〉

교사 연령(age)에 따라 ICT 유용성에 대한 인식(R3)이 다를 것이다.

〈영가설과 대립가설〉

$H_0 : \mu_1 = \mu_2 = \mu_3 = \mu_4$ (또는 $H_0 : \alpha_1 = \alpha_2 = \alpha_3 = \alpha_4 = 0$)

$H_A : otherwise$

독립변수는 교사 연령(age)이고 종속변수는 ICT 유용성에 대한 인식(R3)이다.[4] 이 자료는 ANOVA의 정규성 가정과 등분산성 가정을 충족하지 못한다. 정규성 가정의 경우 각 집단의 사례 수가 모두 30 이상이므로 중심극한정리를 활용할 수 있다. 등분산성 가정을 위배하므로 Welch 또는 Brown-Forsythe 검정을 실시한다([R 8.9]).

[R 8.9] one-way ANOVA: 등분산성 가정 위배 시 검정

〈R 코드〉

```
##예시 3##
mydata <- read.csv('Julius.csv')
library(car)
leveneTest(R3 ~ as.factor(Age), data = mydata, center = mean)
# welch's one-way
oneway.test(R3 ~ as.factor(Age), data = mydata, var.equal = FALSE)
#Brown-Forsythe's one-way
library(onewaytests)
bf.test(R3 ~ as.factor(Age), data = mydata)
```

〈R 결과〉

```
> mydata <- read.csv('Julius.csv')
> library(car)
> leveneTest(R3 ~ as.factor(Age), data = mydata, center = mean)
Levene's Test for Homogeneity of Variance (center = mean)
       Df  F value    Pr(>F)
group    3  6.0474 0.000505 ***
      347
---
Signif. codes:  0 '***' 0.001 '**' 0.01 '*' 0.05 '.' 0.1 ' ' 1
> # welch's one-way
> oneway.test(R3 ~ as.factor(Age), data = mydata, var.equal = FALSE)

        One-way analysis of means (not assuming equal variances)

data:  R3 and as.factor(Age)
F = 9.1566, num df = 3.00, denom df = 145.33, p-value = 1.372e-05
```

4) Murithi & Yoo(2021)의 자료를 수정하여 활용하였다.

```
> #Brown-Forsythe's one-way
> library(onewaytests)
> bf.test(R3 ~ as.factor(Age), data = mydata)

  Brown-Forsythe Test (alpha = 0.05)
-------------------------------------------------------------
  data : R3 and as.factor(Age)

  statistic    : 7.501822
  num df       : 3
  denom df     : 227.0476
  p.value      : 8.266078e-05

  Result       : Difference is statistically significant.
-------------------------------------------------------------
```

leveneTest()로 ANOVA의 등분산성 가정을 검정하였다. 이때 group이 실험집단과 통제집단을 구분하는 범주형 변수이므로 as.factor()로 명시해야 한다. Levene 검정의 영가설이 등분산성을 충족하는 것이므로 유의확률이 0.05보다 클 경우 등분산성 가정을 충족한다. [R 8.9]에서 유의확률이 0.05보다 작으므로 영가설을 기각한다($p < .001$). 즉, 이 자료는 등분산성 가정을 충족하지 못한다.

따라서 등분산성 가정 위배 시 쓸 수 있는 Welch 검정과 Brown-Forsythe 검정을 실시하였다. Welch 검정은 oneway.test() 함수로 사용하며, 등분산성 가정이 충족되지 않았으므로 var.equal=FALSE 인자를 명시하였다. Brown-Forsythe 검정은 onewaytests 패키지에 포함된 bf.test() 함수를 사용한다. 두 검정의 영가설은 집단 간 평균 차가 없다는 것인데, 두 검정 모두 5% 유의수준에서 영가설을 기각한다. 즉, 네 집단을 비교하는 여섯 쌍 중 적어도 어느 한 쌍은 평균이 통계적으로 유의하게 다르다.

[R 8.10] Games-Howell 사후비교

〈R 코드〉

```
library(rstatix)
mydata$age <- as.factor(mydata$Age)
games_howell_test(mydata, R3 ~ Age)
library(psych)
describeBy(R3 ~ Age, data = mydata, mat = TRUE, digit = 3)[c(2,4:6,10:12)]
```

〈R 결과〉

```
> library(rstatix)
> mydata$Age <- as.factor(mydata$Age)
> games_howell_test(mydata, R3 ~ Age)
# A tibble: 6 × 8
  .y.   group1 group2 estimate conf.low conf.high     p.adj p.adj.signif
* <chr> <chr>  <chr>     <dbl>    <dbl>     <dbl>     <dbl> <chr>
1 R3    1      2       -0.0755  -0.256     0.105  0.691     ns
2 R3    1      3        0.130   -0.0567    0.317  0.269     ns
3 R3    1      4       -0.142   -0.339     0.0537 0.236     ns
4 R3    2      3        0.206    0.0802    0.331  0.000196  ***
5 R3    2      4       -0.0669  -0.207     0.0729 0.599     ns
6 R3    3      4       -0.272   -0.421    -0.124  0.0000283 ****
> library(psych)
> describeBy(R3 ~ Age, data = mydata, mat = TRUE, digit =
3)[c(2,4:6,10:12)]
    group1   n  mean    sd min max range
R31      1  53 3.274 0.445 2.5   4   1.5
R32      2 154 3.198 0.389 1.5   4   2.5
R33      3  83 3.404 0.335 2.5   4   1.5
R34      4  61 3.131 0.340 2.5   4   1.5
```

집단 간 모분산이 같지 않기 때문에 Tukey와 같은 사후비교 방법을 쓸 수 없다. 제4장에서 등분산성을 충족하지 않을 때 자유도를 교정하는 Welch-Aspin 검정에 대하여 설명한 바 있다. 마찬가지로 Games-Howell 사후비교도 자유도를 교정하는 방법으로, Tukey 사후비교에 대응되는 비모수 검정 방법이다. 즉, Games-Howell은 정규성, 등분산성 등의 가정을 충족할 필요가 없다. 비모수 검정에 대해서는 제13장에서 더 자세하게 설명할 것이다.

[R 8.10]에서 네 집단 중 어느 집단의 평균이 서로 다른지 알아보기 위하여 Games-Howell 사후비교를 실시하였다. 네 집단을 둘씩 비교하기 때문에 총 여섯 개의 비교가 가능하다($_4C_2 = 6$). rstatix 패키지의 games_howell_test() 함수를 사용하여 Games-Howell 사후비교를 실시하였다. 해당 함수는 사용할 데이터를 먼저 넣어 주고, 다음에 수식(R3 ~ Age)을 넣어 주면 된다.5) tibble과 data frame 간 비교는 〈R 심화 8.3〉을 참고하면 된다.

games_howell_test() 결과의 네 번째 열에 제시되는 estimate은 집단 간 평균 차로, group2 열의 집단 평균에서 group1 열의 집단 평균을 뺀 값이다. 집단 2와 3, 그리고 집단 3과 4 간 평균 차가 5% 유의수준에서 통계적으로 유의하다. 구체적으로 집단 3의 평균이 집단 2의 평균보다 0.206 높고, 집단 4의 평균보다 0.272 높았다. 이렇게 games_howell_test()에서 집단 평균 간 차만 알려 주기 때문에 추가로 psych 패키지에 포함된 함수인 describeBy()를 사용하여 집단별 기술통계를 확인하였다. describeBy()는 여러 기술통계치를 제공하는데, 지면 관계상 인덱스를 지정하여([c(2,4:6,10:12)]) 평균, 표준편차, 최소값, 최대값, 사례 수 등만 확인하였다. [R 8.9]와 [R 8.10]의 결과를 표로 정리하면 다음과 같다. 윗줄은 Welch, 아랫줄은 Brown-Forsythe 검정 결과다.

		df_1	df_2	p	20s (1; n=53)	30s (2; n=154)	40s (3; n=83)	50s (4; n=61)	G-H
W	9.157	3	145.33	.000	3.274	3.198	3.404	3.131	2, 4<3
B-F	7.502	3	227.05	.000	(.445)	(.389)	(.335)	(.340)	

Note: W=Welch, B-F=Brown-Forsythe, G-H=Games-Howell.

5) 참고로 lm(), leveneTest() 등에서 수식 내에서 as.factor()로 독립변수가 범주형임을 명시할 수 있는 반면, games_howell_test()는 수식 내에서 as.factor()를 사용할 수 없다.

R 심화 8.3 tibble과 data frame 비교

tidyverse를 기반으로 하는 rstatix 등의 패키지는 tibble 형태로 결과/데이터를 제시한다. 이를테면 rstatix 패키지를 활용한 Games-Howell 결과의 첫 번째 줄에 'tibble: 6 x 8' 이라는 문구가 나타난다. 이는 결과가 6개 행과 8개 열로 이루어진 tibble 형태로 제공된다는 뜻이다. 마찬가지로 data frame도 행과 열로 구성되는데, 그렇다면 tibble은 data frame과 어떤 차이가 있을지 궁금할 수 있다.

단적으로 말하면, tibble은 data frame의 비일관성을 개선한 것이다. 예를 들어 [ ]을 활용하여 변수 하나를 인덱싱한다고 하자. data frame에서는 같은 data frame이 아니라 벡터를 반환하기 때문에 종종 오류가 발생한다.[6] 반면, tibble은 변수 개수에 관계없이 일관되게 tibble 객체를 반환한다는 장점이 있다.

또한 print 방식이 다르다. data frame이 모든 데이터 행을 제시하는 반면, tibble은 결과의 첫 번째 줄에서 몇 개의 행과 열로 구성된 자료인지를 알려 주며, 최대 10개 행만 출력하도록 한다. Julius.csv 예시를 활용하여 data frame(왼쪽)과 tibble(오른쪽)을 비교하면 다음과 같다.

```
> as.data.frame(mydata)
   id Age  R3 age
1   1   1 3.0   1
2   2   2 3.5   2
3   3   4 3.0   4
4   4   4 3.0   4
5   5   4 3.0   4
6   6   2 3.5   2
7   7   3 2.5   3
8   8   1 4.0   1
9   9   3 3.0   3
10 10   2 1.5   2
11 11   4 3.0   4
12 12   2 3.5   2
13 13   3 2.5   3
...
[ reached 'max' / getOption("max.print") -- omitted 101 rows ]
```

```
> tidyr::as_tibble(mydata)
tidyr::as_tibble(mydata)
# A tibble: 351 × 4
      id   Age    R3 age
   <int> <int> <dbl> <fct>
 1     1     1   3   1
 2     2     2   3.5 2
 3     3     4   3   4
 4     4     4   3   4
 5     5     4   3   4
 6     6     2   3.5 2
 7     7     3   2.5 3
 8     8     1   4   1
 9     9     3   3   3
10    10     2   1.5 2
# i 341 more rows
# i Use 'print(n = ...)' to see more rows
```

6) data frame에서도 df[, 1, drop=FALSE]와 같은 코드를 추가하여 data frame 객체를 반환하도록 옵션을 변경하여 사용할 수는 있다.

그 외 차이점을 정리하겠다. 존재하지 않는 변수에 대해 $로 호출을 시도할 때 data frame이 해당 변수명으로 시작하는 다른 변수를 대신 불러오는 반면, tibble은 그러한 partial matching을 시도하지 않는다. 또한 colnames와 rownames가 객체에 메타데이터로 포함될 수 있는 data frame과 달리, tibble에서 rownames는 메타데이터로 포함될 수 없다. tibble 및 tidyverse 패키지에 대하여 더 공부하고 싶다면 Wickham & Grolemund(2019) 등을 참고하면 된다.

연습문제

1. 다음 분산분석표에 근거하여 답하시오.

요인	제곱합	자유도
처치	107	3
오차	119	20
합계	226	23

1) 통계적 영가설과 대립가설을 쓰시오.

2) [부록 1]의 F-분포표를 참고하여 5% 유의수준에서 F-검정 결과를 해석하시오.

2. 중학교 1~3학년 학생을 대상으로 수학 자신감에 학년 차이가 있는지를 검정한 결과표가 다음과 같다.

요인	제곱합	자유도	평균제곱합	F	p
집단 간	47.425	2	23.712	3.622	.027
집단 내	9817.533	1500	6.545		
전체	9864.958	1502			

1) 분산분석 모형식을 쓰시오.

2) 통계적 영가설과 대립가설을 쓰고, 어떤 통계적 가정이 필요한지 기술하시오.

3) 5% 유의수준에서 검정한 결과를 해석하시오.

4) 이후 필요한 통계분석에 대하여 설명하시오.

3. D 고교 졸업생의 내신 평균이 세 가지 계열에 따라 차이가 있는지 분석하고 다음과 같은 ANOVA 표를 작성하였다. 〈보기〉에서 옳은 진술을 모두 고르시오.

요인	제곱합	자유도	평균제곱합	F	p
집단 간	51268.662	2	25634.331	2.642	.0003
집단 내	2881306.231	297	9701.368		
합계	2932574.893	299			

보기

ㄱ. 분산분석에서 이용된 집단의 수는 2개다.
ㄴ. 분산분석에서 이용된 학생 수는 모두 300명이다.
ㄷ. F 값은 집단 간 평균제곱합을 집단 내 평균제곱합으로 나눠 준 값이다.
ㄹ. 평균제곱합은 제곱합을 자유도로 나눈 값이다.
ㅁ. F 값이 기각값보다 크면 영가설을 기각한다.
ㅂ. 유의확률이 .003이므로 집단 간 평균 차이가 없다.

4. A 초등학교 6학년 학생을 대상으로 세 가지 교수법에 따라 수학점수 차이가 있는지 검정한 결과는 다음과 같다.

요인	제곱합	자유도	평균제곱	F
집단 간	99.99	2	49.995	(A)
집단 내	986.825	27	36.550	
합계	1,086.815	29		

1) 통계적 영가설과 대립가설을 쓰시오.

2) (A)에 들어갈 F-검정 값을 쓰시오.

3) 유의수준 $\alpha = .05$에서 검정하고 결과를 해석하시오. [단, $F_{.05}(2, 26) = 3.37$, $F_{.05}(2, 27) = 3.35$, $F_{.05}(2, 28) = 3.34$]

5. 다음 분석 결과를 보고 답하시오.

개체-간 요인

		변수값 설명	N
group	0	통제집단	22
	1	실험집단	26

기술통계량

종속 변수: score

group	평균	표준편차	N
통제집단	.3182	1.58524	22
실험집단	1.7692	2.56605	26
합계	1.1042	2.27137	48

오차 분산의 동일성에 대한 Levene의 검정[a]

종속 변수: score

F	df1	df2	유의확률
2.628	1	46	.112

여러 집단에서 종속변수의 오차 분산이 동일한 영가설을 검정합니다.

a. Design: 절편 + group

개체-간 효과 검정

종속 변수: score

소스	제 III 유형 제곱합	자유도	평균 제곱	F	유의확률	부분 에타 제곱
수정 모형	25.091[a]	1	25.091	5.309	.026	.103
절편	51.924	1	51.924	10.987	.002	.193
group	25.091	1	25.091	5.309	.026	.103
오차	217.388	46	4.726			
합계	301.000	48				
수정 합계	242.479	47				

a. R 제곱 = .103 (수정된 R 제곱 = .084)

1) 분산분석 가정 중 어느 가정을 검정하였는가? 검정 결과를 해석하시오.

2) 실험집단과 통제집단 간 차이가 있는가? 5% 유의수준에서 검정하시오.

3) Hedges' g 값을 구하고 Cohen(1988)의 기준에 따라 해석하시오.

제 9 장

ANOVA II: 이원분산분석 (two-way ANOVA)

필수 용어

상호작용 효과

학습목표

1. 이원분산분석의 통계적 모형과 가정, 특징을 이해할 수 있다.
2. 상호작용 효과의 통계적 유의성을 검정하고 해석할 수 있다.
3. 실제 자료에서 R을 이용하여 이원분산분석을 실행할 수 있다.

김 교사는 수업 방식(강의식, 토론식, 실습식)에 따라 학업성취도가 달라지는지 궁금하다. 같은 과목을 가르치는 옆 반 이 교사는 성별(남학생, 여학생)에 따라 학업성취도에 차이가 있다고 생각한다. 김 교사와 이 교사의 대화를 듣고, 박 교사는 여학생의 경우 강의식 수업이 효과적이고, 남학생의 경우 토론식 수업이 효과적일 것이며, 실습식 수업은 그다지 효과가 없을 것이라고 주장한다. 어느 교사의 의견이 옳은지 알아보려면, 수업 방식과 성별을 모두 독립변수로 하는 이원분산분석(two-way ANOVA)을 쓰면 된다.

만일 수업 방식 변수만 통계적으로 유의하였다면 김 교사의 의견이 옳은 것이고, 성별 변수만 통계적으로 유의하다면 이 교사의 의견이 옳다고 할 수 있다. 이때 수업 방식과 성별은 독립변수로서 각각의 주효과(main effect)를 알아볼 수 있으며, 이는 제8장의 일원분산분석(one-way ANOVA)에서와 마찬가지다. 그런데 이원분산분석에서부터는 박 교사의 주장과 같이 독립변수의 한 수준(예: 여학생)과 다른 독립변수의 한 수준(예: 강의식 수업)으로 구성된 집단 간 차이를 알아볼 수 있다. 이를 두 독립변수 간의 상호작용 효과(interaction effect)라고 한다. 상호작용 효과는 독립변수가 둘 이상 있어야 하므로 일원분산분석에서는 확인할 수 없다.

통계를 처음 접하는 학생의 경우 상호작용과 상관계수를 헷갈려하는 것을 보았다. 지금까지 착실히 따라온 독자들은 모두 알다시피, 이 둘은 전혀 다른 개념이다. 상호작용은 독립변수가 둘 이상일 때 각 독립변수의 수준들로 구성된 집단들이 종속변수 평균에서 얼마나 차이가 있는지에 대한 것이다. 반면, 기초통계에서의 상관계수는 주로 연속형인 종속변수 간에 얼마나 연관성이 있는지를 ±1 사이의 숫자로 나타내는 통계값이다. 상관계수에 대해 다시 읽고 싶다면, 제5장을 참고하면 된다. 이원분산분석의 특징 중 하나인 상호작용 효과는 이 장의 제3절에서 주효과와 비교하여 자세히 설명할 것이다.

1 통계적 모형과 가정

범주형 독립변수가 둘인 경우 이원분산분석(two-way ANOVA)이라고 하고, 셋인 경우 삼원분산분석(three-way ANOVA), 이를 통틀어 독립변수가 여러 개 있을 때 다원분산분석(multi-way ANOVA)이라 한다. 독립변수가 둘인 이원분산분석부터는 독립변수 간 상호작용 효과(interaction effect)를 검정할 수 있다는 점이 일원분산분석과 크게 대비되는 점이다. 상호작용 효과와 구분하기 위하여 독립변수 하나의 효과는 주효과(main effect)라고 부른다.

이원분산분석에서는 아래첨자가 세 개 필요하다. 첫 번째 아래첨자는 독립변수 A의 수준을, 두 번째 아래첨자는 독립변수 B의 수준을 알려 준다. 세 번째 아래첨자는 독립변수 A와 독립변수 B로 구성된 각 집단에서 몇 번째 관측치인지를 보여 준다. 독립변수 A의 수준이 3개($a = 3$)이고 독립변수 B의 수준이 2개($b = 2$)이며 각 집단에서 5명씩($n = 5$) 관측치가 있다면 다음과 같은 표로 정리할 수 있다.

수준	B_1	B_2
	Y_{111}	Y_{121}
	Y_{112}	Y_{122}
A_1	Y_{113}	Y_{123}
	Y_{114}	Y_{124}
	Y_{115}	Y_{125}
	Y_{211}	Y_{221}
	Y_{212}	Y_{222}
A_2	Y_{213}	Y_{223}
	Y_{214}	Y_{224}
	Y_{215}	Y_{225}
	Y_{311}	Y_{321}
	Y_{312}	Y_{322}
A_3	Y_{313}	Y_{323}
	Y_{314}	Y_{324}
	Y_{315}	Y_{325}

이원분산분석에서 두 독립변수를 각각 A, B로, 각각의 효과를 α와 β로, 그리고 독립변수 간 상호작용 효과를 $\alpha\beta$로 표기하면 식 (9.1)과 같다. 일원분산분석에서와 마찬가지로 고정효과(fixed effect)를 지닌 독립변수에 대하여 각 주효과의 합이 0이 된다는 구속(constraints) 조건이 있다. 이원분산분석에서는 상호작용 효과의 합이 0이 된다는 구속 조건이 추가된다. 이원분산분석의 통계적 가정은 독립성, 정규성, 등분산성이다. 일원분산분석의 통계적 가정과 같으므로 일원분산분석 부분을 참고하면 된다. R 예시에서 통계적 가정 확인에 대하여 더 자세히 보여 줄 것이다.

$$Y_{ijk} = \mu_{..} + \alpha_i + \beta_j + (\alpha\beta)_{ij} + \epsilon_{ijk},\ i=1,\ \cdots, a;\ j=1,\ \cdots, b;\ k=1,\ \cdots, n \cdots (9.1)$$

$$\sum_{i=i}^{a}\alpha_i = 0,\ \sum_{j=1}^{b}\beta_j = 0,\ \sum_{i=1}^{a}(\alpha\beta)_{ij} = \sum_{j=1}^{b}(\alpha\beta)_{ij} = 0,\ \epsilon_{ijk} \overset{\text{iid}}{\sim} N(0, \sigma^2)$$

Y_{ijk}: 독립변수 A의 i번째 집단과 독립변수 B의 j번째 집단의 k번째 반복에서 얻은 종속변수 관측치

$\mu_{..}$: 전체 모평균

$\alpha_i = \mu_{i.} - \mu_{..}$: 독립변수 A의 i번째 집단의 효과; 독립변수 A의 주효과

$\beta_j = \mu_{.j} - \mu_{..}$: 독립변수 B의 j번째 집단의 효과; 독립변수 B의 주효과

$(\alpha\beta)_{ij} = \mu_{ij} - \mu_{i.} - \mu_{.j} + \mu_{..}$: 독립변수 A와 B의 상호작용 효과

ϵ_{ijk}: 독립변수 A의 i번째 집단과 독립변수 B의 j번째 집단의 k번째 반복에서 얻은 종속변수 관측치의 오차 값

2 가설검정

1) 통계적 가정 확인: 잔차 분석

ANOVA의 통계적 가정은 회귀모형에서의 통계적 가정 확인과 비슷하다. 독립성, 정규성, 등분산성, 독립변수의 고정효과 가정 등을 충족시키면 된다. ANOVA에서는 독립변수의 고정효과 가정이 쉽게 충족되므로 신경 쓸 필요가 없다. 다른 특징으로 ANOVA

에서는 선형성 가정을 확인하기 어렵다는 것이 있다. ANOVA의 독립변수가 명명척도 또는 서열척도이기 때문이다. 만일 독립변수가 동간척도 또는 비율척도라면 ANOVA 모형은 회귀모형과 같게 되며, 이때 선형성 가정을 산점도와 같은 도표로 확인할 수 있다. 따라서 ANOVA에서는 독립성, 정규성, 등분산성 가정을 확인하면 된다. 통계적 가정에 대해서는 제6장 제2절에서 자세하게 설명하였다.

2) 제곱합 분해와 F-검정

이원분산분석에서도 각 독립변수에 대해 집단 간 차이가 없다는 것이 영가설이다. 예를 들어 남학생과 여학생 간 학업성취도 차이가 없다는 것이 영가설이고, 차이가 있다는 것이 대립가설이 된다.

H_0: 집단 간 차이가 없다.
H_A: 집단 간 차이가 있다.

그런데 이원분산분석에서는 독립변수가 두 개이며, 독립변수 간 상호작용 효과도 검정할 수 있다. 각 독립변수의 주효과와 상호작용 효과에 대한 영가설과 대립가설을 기호로 쓰면 다음과 같다.

〈two-way ANOVA의 영가설과 대립가설〉

독립변수 A의 주효과: $H_0 : \alpha_1 = \alpha_2 = \cdots = \alpha_a (= 0)$, $H_A : otherwise$

독립변수 B의 주효과: $H_0 : \beta_1 = \beta_2 = \cdots = \beta_b (= 0)$, $H_A : otherwise$

독립변수 A와 B의 상호작용 효과: $H_0 : (\alpha\beta)_{ij} = 0,\ i = 1, 2, \cdots, a;\ j = 1, 2, \cdots, b,$
$H_A : otherwise$

이원분산분석의 경우 독립변수 각각에 대해 어떤 집단인지를 표시하는 아래첨자(i와 j)가 필요하고, 각 집단에서 몇 번째 관측치인지를 표시하는 아래첨자(k)도 필요하다. 식 (9.2)의 좌변은 독립변수 A의 i번째 집단과 독립변수 B의 j번째 집단의 k번째 반복에서 얻은 종속변수 관측치 Y_{ijk}에서 전체 평균을 뺀 값이다. 이 값은 우변의 첫 번째 항인 독립변수 A의 i번째 집단의 효과와 우변의 두 번째 항인 독립변수 B의 j번째 집단의 효과, 우변의 세 번째 항인 독립변수 A와 B의 상호작용 효과, 그리고 우변의 마지막 항인 오차항을 모두 더한 값과 같다(9.2).

$$(Y_{ijk}-\overline{Y_{...}})=(\overline{Y_{i..}}-\overline{Y_{...}})+(\overline{Y_{.j.}}-\overline{Y_{...}})+(\overline{Y_{ij.}}-\overline{Y_{i..}}-\overline{Y_{.j.}}+\overline{Y_{...}})+(Y_{ijk}-\overline{Y_{ij.}}) \quad \cdots\cdots (9.2)$$

이를 모두 제곱하여 더하면 이원분산분석의 제곱합 분해가 된다. 이원분산분석의 제곱합 분해에서는 세 개의 아래첨자(i, j, k)에 대해 모두 더해야 하므로 Σ 기호 또한 세 번 이용된다.

〈two-way ANOVA의 제곱합 분해와 F-검정: 상호작용 효과가 있는 경우〉

$$\sum_{i=1}^{a}\sum_{j=1}^{b}\sum_{k=1}^{n}(Y_{ijk}-\overline{Y_{...}})^2 = bn\sum_{i=1}^{a}(\overline{Y_{i..}}-\overline{Y_{...}})^2 + an\sum_{i=1}^{b}(\overline{Y_{.j.}}-\overline{Y_{...}})^2$$

$$SST = SSA + SSB$$

$$abn-1 = a-1 + b-1$$

$$\frac{SST}{abn-1} \qquad \frac{SSA}{a-1} \qquad \frac{SSB}{b-1}$$

$$MST \qquad MSA \qquad MSB$$

$$+\, n\sum_{i=1}^{a}\sum_{j=1}^{b}(\overline{Y_{ij.}}-\overline{Y_{i..}}-\overline{Y_{.j.}}+\overline{Y_{...}})^2 + \sum_{i=1}^{a}\sum_{j=1}^{b}\sum_{k=1}^{n}(Y_{ijk}-\overline{Y_{ij.}})^2$$

$$+ \quad SSAB \quad + \quad SSE \quad : SS$$

$$+ \quad (a-1)(b-1) \quad + \quad ab(n-1) \quad : \text{자유도}$$

$$\frac{SSAB}{(a-1)(b-1)} \qquad \frac{SSE}{ab(n-1)} \qquad : \frac{SS}{\text{자유도}} = MS$$

$$MSAB \qquad MSE \qquad : MS$$

$$F_A = \frac{MSA}{MSE} \sim F_{\alpha}(a-1,\, ab(n-1))$$

$$F_B = \frac{MSB}{MSE} \qquad \sim F_\alpha(b-1,\ ab(n-1))$$

$$F_{AB} = \frac{MSAB}{MSE} \qquad \sim F_\alpha((a-1)(b-1),\ ab(n-1))$$

3 주효과와 상호작용 효과

1) 주효과

일원분산분석에서는 하나의 독립변수에 대한 효과인 주효과를 분석한다. 주효과의 분산이 오차의 분산보다 통계적으로 유의하게 큰지 검정하는 것이 일원분산분석의 주된 목적이다. 독립변수가 두 개 이상인 경우에도 각 독립변수에 대한 주효과가 통계적으로 유의한지 검정할 수 있다. 주효과란 한 독립변수의 집단(수준) 평균에서 전체 평균을 뺀 값으로, 그 집단이 전체 평균에서 얼마나 떨어져 있는지를 알려 준다(9.3). 즉, 주효과가 크면 그 집단 평균과 전체 평균 간 차이가 크다는 것을 알 수 있다.

$$\alpha_i = \mu_{i.} - \mu_{..}$$
$$\beta_j = \mu_{.j} - \mu_{..} \quad \cdots\cdots (9.3)$$

2) 상호작용 효과가 없는 경우

독립변수가 둘이며 상호작용 효과가 없는 경우, 주효과는 가산적으로(additively) 작용한다. 즉, 주효과를 더하면 된다. 독립변수 A로는 i번째이고 독립변수 B로는 j번째인 집단의 평균(μ_{ij})을 구하려면, 전체 집단의 평균에 각 주효과를 합하면 된다(9.4). 식 (9.3)을 대입하면, 식 (9.4)는 각 집단의 평균을 더한 후 전체 평균을 뺀 것으로도 쓸 수 있다(9.5).

$$\mu_{ij} = \mu_{..} + \alpha_i + \beta_j \quad \cdots\cdots (9.4)$$

$$\mu_{ij} = \mu_{i.} + \mu_{.j} - \mu_{..} \quad \cdots\cdots (9.5)$$

3) 상호작용 효과가 있는 경우

독립변수 간 상호작용 효과가 있는지 알아보려면, 모든 집단 평균에 대하여 식 (9.4) 또는 식 (9.5)를 구한 후 그 값이 일치하는지를 보면 된다. 상호작용 효과가 없다면 집단 평균은 전체 평균에 각 주효과 값을 더한 값과 일치한다. 상호작용 효과가 있다면, 이 값이 일치하지 않는다. 즉, 상호작용 효과가 있는 경우 집단 평균을 구하면 (9.4)나 (9.5)로 구한 평균값과 다르다는 것을 알 수 있다.

상호작용 효과($\alpha\beta_{ij}$)는 식 (9.6)과 같이 정의된다. 식 (9.3)을 대입하면 독립변수 A로는 i번째이고 독립변수 B로는 j번째인 집단의 평균(μ_{ij})에 각 집단의 평균을 빼고 전체 평균을 더한 값이 된다(9.7).

$$(\alpha\beta)_{ij} = \mu_{ij} - (\mu_{..} + \alpha_i + \beta_j) \quad \cdots\cdots (9.6)$$

$$(\alpha\beta)_{ij} = \mu_{ij} - \mu_{i.} - \mu_{.j} + \mu_{..} \quad \cdots\cdots (9.7)$$

(9.2)에서 상호작용 효과는 ($\overline{Y_{ij.}} - \overline{Y}_{i..} - \overline{Y}_{.j.} + \overline{Y}_{...}$)부분으로 (9.7)과 비슷하다. 두 수식을 비교하면, (9.2)는 추정치로 식을 구성하였고 (9.7)은 모수치로 식을 구성한 점이 차이점이다. 반복하여 설명하면, 독립변수 A가 i번째 집단이며 독립변수 B가 j번째 집단인 관측치들의 평균에서 독립변수 A의 i번째 집단 평균과 독립변수 B의 j번째 집단의 평균을 각각 빼고 전체 평균을 더한 값이 독립변수 A와 독립변수 B의 상호작용 효과가 된다. 만일 상호작용 효과가 없다면 (9.6)의 $(\alpha\beta)_{ij}$는 언제나 0이 된다는 것을 주의해야 한다.

4 상호작용 효과 예시

A_1, A_2, A_3를 각각 강의식, 토론식, 실습식 수업이라고 하고, B_1과 B_2를 남학생과 여학생이라고 하자. 수업 방식(강의식, 토론식, 실습식: A)과 성별(남학생, 여학생: B)의 효과를 알아보려면, 여섯 개($6 = 3 \times 2$) 집단이 구성되며, 이때 각 집단의 모평균을 다음이 같이 표기한다.

	남(B_1)	여(B_2)	평균
강의식(A_1)	μ_{11}	μ_{12}	$\mu_{1.}$ (강의식 수업 평균)
토론식(A_2)	μ_{21}	μ_{22}	$\mu_{2.}$ (토론식 수업 평균)
실습식(A_3)	μ_{31}	μ_{32}	$\mu_{3.}$ (실습식 수업 평균)
평균	$\mu_{.1}$ (남학생 평균)	$\mu_{.2}$ (여학생 평균)	$\mu_{..}$ (전체 평균)

1) 상호작용 효과가 없는 경우

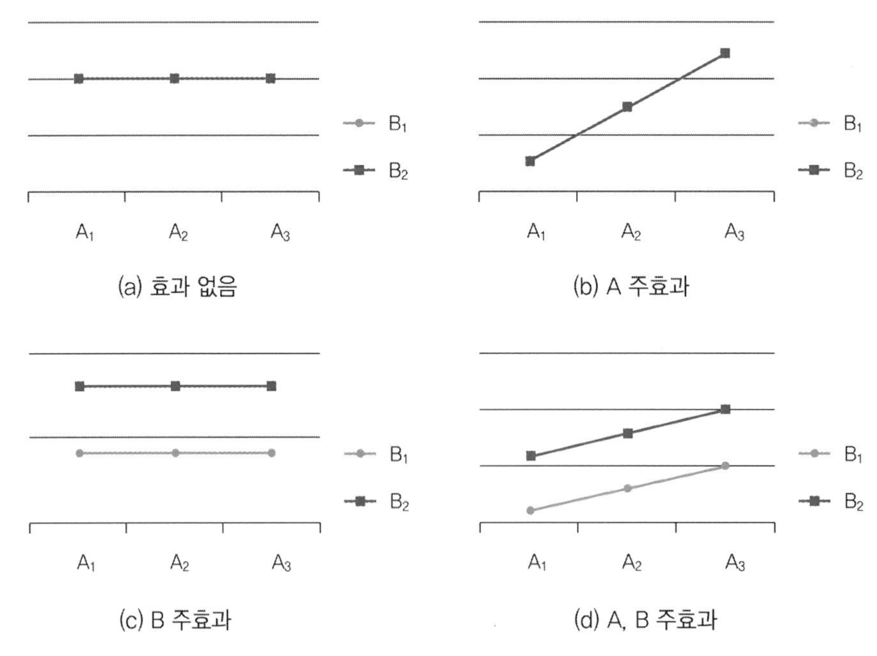

[그림 9.1] 수업 방식과 성별: 상호작용 효과가 없는 경우

[그림 9.1]은 상호작용 효과가 없는 경우를 보여 준다. 세로축은 동간척도로 측정되는 해당 집단의 학업성취도를 뜻한다. 가로축은 명명척도로, 독립변수의 수준(집단)을 뜻한다. [그림 9.1] (a)는 B_1과 B_2가 겹친 그림으로, 변수 A의 각 수준(A_1, A_2, A_3)과 변수 B의 각 수준(B_1, B_2)에 대하여 학업성취도가 모두 동일하다는 것을 알 수 있다.

[그림 9.1] (b) 역시 B_1과 B_2가 겹치므로, 성별에 따른 학업성취도 차이가 없다는 것을 알 수 있다. 반면, 수업 방식의 경우 성별에 관계없이 실습식, 토론식, 강의식 순으로 학업성취도가 높다. 성별에 관계없이 A_1의 학업성취도가 가장 낮고, A_3인 경우 학업성취도가 가장 높기 때문이다. [그림 9.1] (c)의 경우 성별에 관계없이 수업 방식에 따른 성취도 차이가 없다. 왜냐하면 남학생(B_1), 여학생(B_2) 집단이 강의식, 토론식, 실습식 수업에 대해 학업성취도가 각각 같기 때문이다. 그러나 B_1이 항상 B_2 아래에 평행하게 있으므로 성별 차이가 있다는 것을 알 수 있다. 즉, 수업 방식에 관계없이 여학생(B_2)이 남학생(B_1)보다 학업성취도가 높다.

[그림 9.1] (d)는 두 변수의 주효과가 모두 유의한 경우를 뜻한다. 즉, 수업 방식의 경우 성별에 관계없이 강의식 수업이 가장 효과가 낮고, 실습식 수업의 효과가 가장 높기 때문이다. 성별의 경우 여학생이 남학생보다 수업 방식에 관계없이 성취도가 높기 때문이다. 이렇게 상호작용이 없는 경우 '…에 관계없이'라는 문구가 들어간다.

정리하면, [그림 9.1]은 상호작용이 없는 경우를 보여 준다. [그림 9.1] (a)는 주효과가 없는 경우, (b)와 (c)는 각각 독립변수 A와 B의 주효과가 있는 경우, 그리고 (d)는 독립변수 A와 B의 주효과가 모두 있는 경우를 제시한다. 상호작용 효과가 없는 경우 그래프가 평행하다는 것을 알 수 있다. 단, 실제 자료 분석 시 그래프의 축을 어떻게 잡느냐에 따라서 상호작용 효과가 통계적으로 유의하지 않는데도 그래프가 평행하게 나올 수 있다. 따라서 상호작용 효과가 통계적으로 유의할 때만 그래프를 그려야 한다는 점을 주의해야 한다.

〈필수 내용: 상호작용이 없는 경우〉

결과 해석 시 '…에 관계없이'라는 문구가 들어간다.

※ 주의: 상호작용 효과가 통계적으로 유의하지 않을 때는 상호작용 관련 그래프를 그리지 않는다.

2) 상호작용 효과가 있는 경우

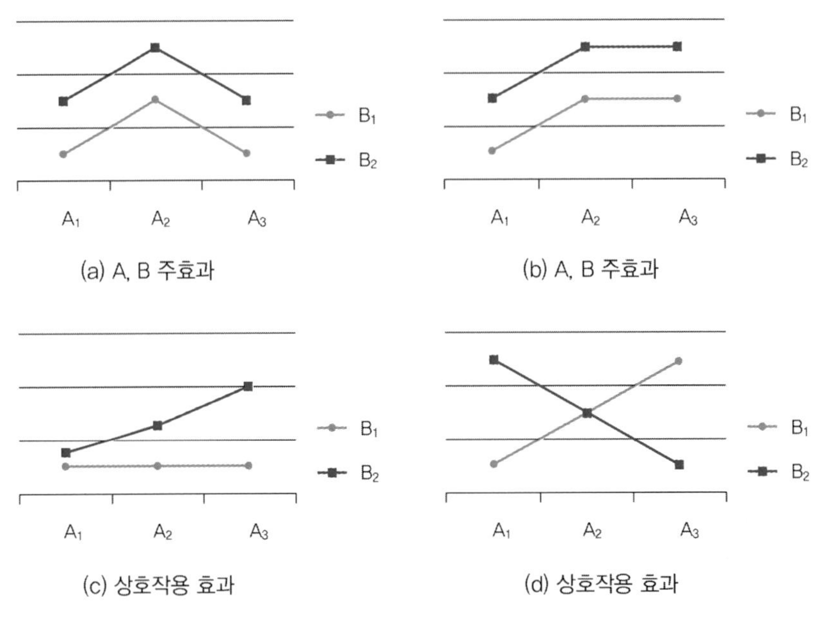

[그림 9.2] 수업 방식과 성별: 상호작용 효과 유무에 따른 비교

[그림 9.2] (a)와 (b) 모두 수업 방식에 관계없이 여학생의 학업성취도가 더 높다. 즉, 독립변수 B의 주효과가 있다는 것을 알 수 있다. 독립변수 A의 주효과도 존재한다. 성별에 관계없이 (a)의 경우 언제나 토론식 수업인 경우 학업성취도가 가장 높고, (b)의 경우 강의식 수업의 학업성취도가 가장 낮다. 즉, (a)와 (b)는 모두 독립변수 A와 B의 주효과가 있는 경우를 제시한다.

반면, [그림 9.2] (c)의 경우, 남학생은 수업 방식에 관계없이 학업성취도가 같은데, 여학생의 경우 실습식 수업이 가장 효과가 있다는 것을 알 수 있다. (d)의 경우에는 남학생은 실습식 수업이, 여학생은 강의식 수업이 가장 효과 있다는 것을 알 수 있다.

정리하면, [그림 9.2] (a)와 (b)는 상호작용 효과가 없는 경우를, (c)와 (d)는 상호작용 효과가 있는 경우를 제시한다. 상호작용 효과가 있는 경우 그래프가 평행하지 않는 양상을 보인다.

〈필수 내용: 상호작용이 있는 경우〉

결과 해석 시 '…인 경우에 …이(가) 효과 있다'라는 문구가 들어간다.

그래프가 평행하지 않다.

※ 주의: 상호작용 효과가 통계적으로 유의할 때만 그래프를 그려야 한다.

5 R 예시

1) 상호작용 효과가 유의하지 않은 경우: 사교육 여부와 수학 성적

〈분석 자료: 사교육 여부와 수학 성적〉

연구자가 인문계 고등학교 3학년 학생을 대상으로 사교육 유형, 사교육 기간, 수학 성취도를 조사한 후 다음과 같이 입력하였다.

변수명	변수 설명
ID	학생 ID
type	사교육 유형(1: 학원, 2: 과외, 4: 학원+인터넷 강의)
length	사교육 기간(2: 2개월 이상 4개월 미만, 3: 4개월 이상 6개월 미만, 4: 6개월 이상 8개월 미만, 5: 8개월 이상)
Y2	9월 모의고사 수학 점수

[data file: ANOVA_real_example_2way.csv]

〈연구 가설〉

사교육 유형(type)과 사교육 기간(length)이 2학기 수학 성취도(Y2)에 영향을 미칠 것이다.

〈영가설과 대립가설〉

$H_0 : \alpha_1 = \alpha_2 = \alpha_3 (= 0),\ H_A : otherwise$

$H_0 : \beta_1 = \beta_2 = \beta_3 = \beta_4 (= 0),\ H_A : otherwise$

$H_0 : (\alpha\beta)_{ij} = 0\ (\text{for } i = 1,2,3;\ j = 1,2,3,4),\ H_A : otherwise$

이 이원분산분석 예시는 사교육 유형(type, 3개 수준)과 사교육 기간(length, 4개 수준)이 독립변수이며 2학기 수학 성취도(Y2)가 종속변수다. 실험설계로 얻은 자료가 아니므로 집단 간 사례 수가 크게 차이 날 수 있다. 정규성 가정과 등분산성 가정 검정 절차는 일원분산분석과 같다.

[R 9.1] two-way ANOVA: 통계적 가정 확인 1

〈R 코드〉

```
mydata <- read.csv('ANOVA_real_example_2way.csv')
mydata$type <- as.factor(mydata$type)
mydata$length <- as.factor(mydata$length)
library(car)
leveneTest(Y2 ~ type*length, data = mydata, center = mean) #등분산성 검정
anv.mod <- lm(Y2 ~ length + type + length*type, data = mydata)
shapiro.test(anv.mod$residuals) #Shapiro-Wilk 검정
plot(anv.mod, which = 2) #QQ plot 확인
```

〈R 결과〉

```
> ##예시 1##
> mydata <- read.csv('ANOVA_real_example_2way.csv')
> mydata$type <- as.factor(mydata$type)
> mydata$length <- as.factor(mydata$length)
> library(car)
> leveneTest(Y2 ~ type*length, data = mydata, center = mean) #등분산성 검정
Levene's Test for Homogeneity of Variance (center = mean)
       Df F value Pr(>F)
group  11  1.3243  0.214
      180
> anv.mod <- lm(Y2 ~ length + type + length*type, data = mydata)
> shapiro.test(anv.mod$residuals) #Shapiro-Wilk 검정

        Shapiro-Wilk normality test

data:  anv.mod$residuals
W = 0.99084, p-value = 0.2622
> plot(anv.mod, which = 2) #QQ plot 확인
```

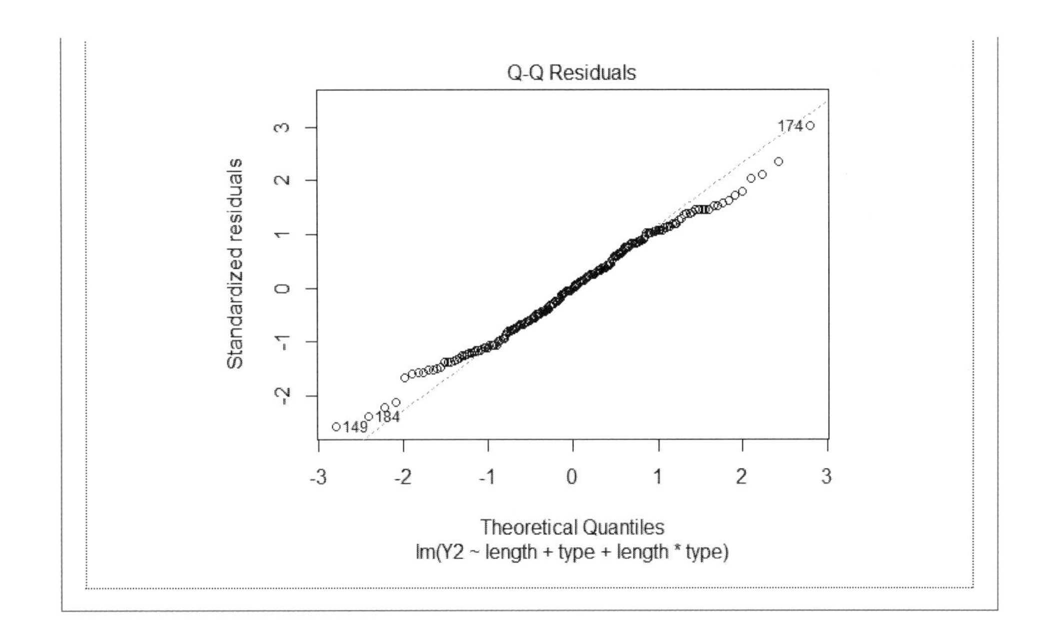

leveneTest()로 이원분산분석의 등분산성 가정을 검정하였다([R 9.1]). 독립변수가 하나였던 제8장 예시에서는 수식 내에서 as.factor()로 독립변수가 범주형 변수임을 명시했는데, 이 장에서는 데이터에서 미리 독립변수를 범주형 변수로 지정하였다. 두 개의 독립변수에 대하여 수식에서 반복하여 as.factor()를 쓰는 것이 번거롭기 때문이다. leveneTest()의 독립변수 자리('~' 뒷부분)에는 집단을 구분하는 요인이 들어가야 하므로 type*length만 넣으면 된다. Levene 검정 결과, 유의확률이 0.214였으므로 등분산성 가정을 충족한다.

이어서 shapiro.test()로 이원분산분석의 정규성 가정을 검정하였다. 잔차(residual) 정규성 가정을 검정하는 것이므로 lm()으로 이원분산분석을 적합하고 그 결과를 anv.mod 객체에 저장하였다. lm() 함수의 수식(Y2 ~ type + length + type*length)에서 독립변수 두 개와 상호작용 효과항을 명시하였다. 참고로 독립변수 자리에 type*length만 넣어도 주효과인 type, length, 그리고 상호작용 효과인 type*length를 모두 포함하는 ANOVA 모형을 적합한다. 정규성 검정(Shapiro-Wilk 검정) 결과 유의확률이 0.262로 정규성 가정을 충족하였다. 추가로 plot(anv.mod, which=2)으로 QQ 도표를 확인할 수 있다. 이원분산분석의 통계적 가정이 충족된다는 것을 확인했기 때문에 two-way ANOVA를 실시한다.

[R 9.2] two-way ANOVA: 모형 설명력 1

〈R 코드〉

```
Anova(anv.mod, type = 3)
summary(anv.mod)[8:9] #8, 9번 객체가 R-squared
```

〈R 결과〉

```
> Anova(anv.mod, type = 3)
Anova Table (Type III tests)

Response: Y2
             Sum Sq  Df  F value    Pr(>F)
(Intercept) 137641    1 536.0298 < 2.2e-16 ***
type          1012    2   1.9702  0.142420
length        5250    3   6.8152  0.000224 ***
type:length   1590    6   1.0319  0.406112
Residuals    46220  180
---
Signif. codes:  0 '***' 0.001 '**' 0.01 '*' 0.05 '.' 0.1 ' ' 1
> summary(anv.mod)[8:9] #8, 9번 객체가 R-squared
$r.squared
[1] 0.1582274

$adj.r.squared
[1] 0.1067857
```

anv.mod 객체에 저장된 ANOVA의 결과를 Anova()로 확인하고, summary() 함수로 R 제곱과 수정된 R 제곱을 구하였다([R 9.2]). 수정된 R 제곱이 0.107로 이 모형은 9월 수학 성취도 분산의 약 10.7%를 설명한다는 것을 알 수 있다. 사교육 유형($p = .142$)과 독립변수 간 상호작용($p = .406$)은 유의하지 않으나, 사교육 기간($p < .001$)은 5% 유의수준에서 통계적으로 유의하였다.

R과 SPSS의 ANOVA 결과 차이

[R 9.2]의 two-way ANOVA에서 사교육 기간만 유의한 변수인 반면, SPSS(유진은, 2022)에서는 사교육 유형과 기간 모두 통계적으로 유의하여 그 결과가 다르다. 그 이유는 프로그램별로 범주형 변수에 대하여 기본값(default)으로 설정된 대비(contrast)가 다르기 때문이다. R은 순서가 없는(unordered) 범주형 변수에 대한 대비 행렬로 각 수준의 기준(첫 번째 범주)을 다른 범주들과 비교하는 형태의 대비를 사용한다. 반면, SPSS는 Helmert 대비를 사용한다. 즉, 두 번째 수준을 첫 번째 수준과 비교하고 세 번째 수준을 처음 두 수준의 평균과 비교하는 식으로 대비를 준다. 다음과 같이 R에서 Helmert 대비를 활용할 경우 SPSS와 같은 결과를 얻게 된다.

〈R 결과〉

```
> ctr.list <- list(type = 'contr.helmert', length = 'contr.helmert')
> anv.mod2 <- lm(Y2 ~ type*length, mydata, contrasts = ctr.list)
> Anova(anv.mod2, type = 3)
Anova Table (Type III tests)

Response: Y2
             Sum Sq  Df   F value    Pr(>F)
(Intercept)  1392832   1  5424.2525  < 2.2e-16 ***
type            1600   2     3.1153   0.046768 *
length          3366   3     4.3695   0.005362 **
type:length     1590   6     1.0319   0.406112
Residuals      46220 180
---
Signif. codes:  0 '***' 0.001 '**' 0.01 '*' 0.05 '.' 0.1 ' ' 1
```

옴니버스 검정인 ANOVA 결과가 통계적으로 유의하므로 사교육 유형과 사교육 기간의 수준 중 어느 수준이 서로 차이가 있는지 사후비교를 통해 살펴볼 필요가 있다. 또는 옴니버스 검정 결과와 관계없이 대비를 이용할 수도 있다. emmeans 패키지의 contrast() 함수가 제공하는 다양한 대비 중 연구 목적에 맞게 선택하면 된다. 연구자가 각 사교육 집단의 효과를 전체 효과와 비교하기를 원한다면 'method' 인자를 eff로 설정할 수 있다. 사교육 기간의 경우 추세 분석을 하고자 한다면 'method' 인자를 poly로 설정하여 대비를 이용할 수 있다. 그 절차 및 결과는 [R 9.3]과 같다.

[R 9.3] two-way ANOVA: 대비

〈R 코드〉

```
library(emmeans)
anv.mod2 <- lm(Y2 ~ type + length, data = mydata)
em1 <- emmeans(anv.mod2, ~ type)
contrast(em1, method = 'eff', reverse = TRUE)
em2 <- emmeans(anv.mod2, ~ length)
contrast(em2, method = 'poly', reverse = TRUE)
```

〈R 결과〉

```
> library(emmeans)
> anv.mod2 <- lm(Y2 ~ type + length, data = mydata)
> em1 <- emmeans(anv.mod2, ~ type)
> contrast(em1, method = 'eff', reverse = TRUE)
 contrast      estimate   SE  df  t.ratio p.value
 type1 effect     0.581 1.56 186   0.372  0.7103
 type2 effect    -4.481 1.91 186  -2.351  0.0442
 type4 effect     3.899 1.78 186   2.194  0.0442

Results are averaged over the levels of: length
P value adjustment: fdr method for 3 tests
> em2 <- emmeans(anv.mod2, ~ length)
> contrast(em2, method = 'poly', reverse = TRUE)
 contrast  estimate    SE  df t.ratio p.value
 linear      42.641 10.52 186   4.053  0.0001
 quadratic   -0.958  5.35 186  -0.179  0.8581
 cubic        8.335 13.33 186   0.625  0.5326

Results are averaged over the levels of: type
```

대비를 쓸 경우 주효과만으로 모형을 구성해야 한다. 즉, anv.mod에서 상호작용 효과를 뺀 모형을 anv.mod2 객체에 저장하였다([R 9.3]). 이후 emmeans()으로 type과 length를 각각 독립변수로 놓고 그 결과를 em1과 em2 객체에 저장하였다. 다음으로 사교육 유형의 경우 전체 효과와 각 집단의 효과를 비교하는 대비(method="eff")를, 사교육 기간의 경우 다항 대비(method="poly")를 선택하였다.

사교육 유형의 경우, 전체 평균과 비교 시 첫 번째 집단(수준 1)이 통계적으로 유의하지 않은 반면($p = .710$), 두 번째 집단과 세 번째 집단은 5% 유의수준에서 통계적으로 유의하였다(둘 다 $p = .044$). 이 자료는 실제 고등학교 3학년 학생들이 답한 자료이므로 어떤 수준의 사례 수가 0인 경우가 있었다는 점을 주의해야 한다. 이를테면 사교육 유형 1, 2, 3, 4 중 유형 '3'을 선택한 학생이 아무도 없었고, 사교육 기간의 경우에도 1, 2, 3, 4, 5 중 기간 '1'을 선택한 학생이 아무도 없었다.

네 집단(수준)으로 구성된 사교육 기간 변수는 3차 모형까지 다항 대비를 검정할 수 있는데, 1차 모형(linear)인 선형모형만 5% 수준에서 통계적으로 유의하였고($p < .001$), 2차 모형(quadratic)과 3차 모형(cubic)은 통계적으로 유의하지 않았다. 기술통계 결과(estimate 열)까지 고려하여 판단하면, 사교육 기간이 길어질수록 수학 성취도가 증가하는 선형성을 확인할 수 있다. 이어서 R에서의 사후비교 절차를 보여 주겠다.

[R 9.4] two-way ANOVA: 사후비교

〈R 코드〉

```
#사교육 유형
pairs(em1, adjust = 'tukey')
#사교육 기간
pairs(em2, adjust = 'tukey')
```

〈R 결과〉

```
> #사교육 유형
> pairs(em1, adjust = 'tukey')
 contrast        estimate   SE  df t.ratio p.value
 type1 - type2       5.06 3.00 186   1.688  0.2125
 type1 - type4      -3.32 2.75 186  -1.206  0.4509
 type2 - type4      -8.38 3.34 186  -2.511  0.0343

Results are averaged over the levels of: length
P value adjustment: tukey method for comparing a family of 3 estimates
> #사교육 기간
> pairs(em2, adjust = 'tukey')
 contrast            estimate   SE  df t.ratio p.value
 length2 - length3      -6.41 4.06 186  -1.579  0.3933
 length2 - length4      -8.17 4.15 186  -1.970  0.2032
```

```
 length2 - length5   -13.63 3.18 186  -4.279  0.0002
 length3 - length4    -1.76 4.32 186  -0.408  0.9770
 length3 - length5    -7.22 3.41 186  -2.116  0.1519
 length4 - length5    -5.45 3.48 186  -1.565  0.4010

Results are averaged over the levels of: type
P value adjustment: tukey method for comparing a family of 4 estimates
```

사후비교를 실시하기 위하여 [R 9.3]의 객체인 em1과 em2에 대하여 pairs() 함수를 사용하였다([R 9.4]). 인자에 'adjust=tukey'를 입력하여 Tukey 방법을 제시하였는데, Scheffe, Bonferroni 등의 다른 사후비교 방법을 사용할 수도 있다(제7장 참고).

사교육 유형의 경우, 집단 1, 2, 4에 대하여 1−2, 1−4, 2−4 집단 간 비교 결과를 확인하면 된다. 집단 1−2와 집단 1−4는 평균 차가 통계적으로 유의하지 않았다. 옴니버스 검정에서 사교육 유형이 유의했던 이유가, 집단 2와 집단 4 간 평균 차가 5% 유의수준에서 통계적으로 유의하기 때문임을 사후비교를 통하여 확인할 수 있다. 이때 평균차가 −8.38이므로 집단 4의 평균이 더 높다. 즉, 학원과 인터넷 강의를 병행하는 집단(집단 4)의 수학 성취도가 과외를 받는 집단(집단 2)보다 성취도 평균이 8.38점 더 높았다.

4개 집단으로 구성된 사교육 기간의 경우, 집단 간 비교를 6번(= $_4C_2$) 실시한다. 즉, 2−3, 2−4, 2−5, 3−4, 3−5, 4−5를 비교하면 된다. 사후비교 결과, 집단 2와 집단 5만 통계적으로 유의한 평균 차가 있었다($p < .001$). 사교육을 2~4개월 받은 집단(집단 2)이 사교육을 8개월 이상 받은 집단(집단 5)보다 수학 성취도 평균이 13.63점 낮았다.

R 심화 9.2 emmeans와 가중치

[R 9.4]의 사후비교에서 1−2, 1−4, 2−4 집단 간 평균 차가 각각 5.06, −3.32, −8.38이었는데, 이는 SPSS(유진은, 2022)의 6.42, −2.68, −9.11과 다르다. 그 이유는 표본 가중치 때문이다. SPSS는 집단 간 표본 수에 대해 가중치를 둔다. 반면, 실험설계 상황을 기반으로 개발된 R의 emmeans() 함수는 표본 가중치가 같다고 보는 것이 기본값(default)이다.

그러나 특히 조사연구(비실험연구)의 경우 보통 집단 간 표본 수가 다르기 때문에 평균 산출 시 표본 가중치를 고려하는 것이 낫다. emmeans() 함수에 weight='cells'를 추가하여 표본 가중치를 투입하면 SPSS와 동일한 평균 차 값을 얻게 된다. 다음 사후비교는 표본 가중치를 투입한 것으로, 유진은(2022)의 SPSS 결과와 동일하다.

〈R 결과〉

```
> em1 <- emmeans(anv.mod2, ~ type, weight = 'cells')
> pairs(em1, adjust = 'tukey')
 contrast       estimate   SE  df t.ratio p.value
 type1 - type2      6.42 2.96 186   2.169  0.0793
 type1 - type4     -2.68 2.74 186  -0.980  0.5906
 type2 - type4     -9.11 3.31 186  -2.749  0.0179

Results are averaged over the levels of: length
P value adjustment: tukey method for comparing a family of 3 estimates
```

[R 9.5] two-way ANOVA: 효과크기 1

〈R 코드〉

```
library(effectsize)
hedges_g(Y2 ~ type, data = mydata[mydata$type == 2 | mydata$type == 4,],
pooled_sd = FALSE)
hedges_g(Y2 ~ length, data = mydata[mydata$length == 2 | mydata$length == 5,],
pooled_sd = FALSE)
```

〈R 결과〉

```
> library(effectsize)
> hedges_g(Y2 ~ type, data = mydata[mydata$type == 2 | mydata$type
== 4,], pooled_sd = FALSE)
Hedges' g |         95% CI
----------------------------
-0.53     | [-0.94, -0.12]

- Estimated using un-pooled SD.
> hedges_g(Y2 ~ length, data = mydata[mydata$length == 2 | mydata$length
== 5,], pooled_sd = FALSE)
Hedges' g |         95% CI
----------------------------
-0.87     | [-1.29, -0.45]

- Estimated using un-pooled SD.
```

[R 9.5]에서 효과크기를 확인하였다. 효과크기는 tapply() 함수를 활용한 기술통계 결과[1])로 직접 계산할 수 있고, 또는 effectsize 패키지의 hedges_*g*() 함수로 산출할 수도 있다. Hedges' *g* 효과크기는 모든 집단별 비교에 대하여 보고하는 것이 좋은데, 지면 제약상 통계적으로 유의한 집단 간 효과크기만을 구하겠다. 이를 위하여 hedges_*g*() 함수의 데이터에 인덱싱([ ])으로 사용할 집단을 선택하였다. 인덱싱에서 바 기호(|)는 'or'를 의미한다.

효과크기를 계산한 결과, 사교육 유형 중 집단 2와 집단 4 간 Hedges' *g*는 −0.53이며, 사교육 기간 중 집단 2와 집단 5 간 Hedges's *g*는 −0.87이다. 즉, Cohen의 기준에 따르면 사교육 유형 중 과외를 받는 집단(집단 2)과 학원과 인터넷 강의를 병행하는 집단(집단 4)의 효과크기는 중간 정도이며, 사교육 기간이 2개월 미만인 집단과 8개월 이상인 집단의 효과크기는 크다.

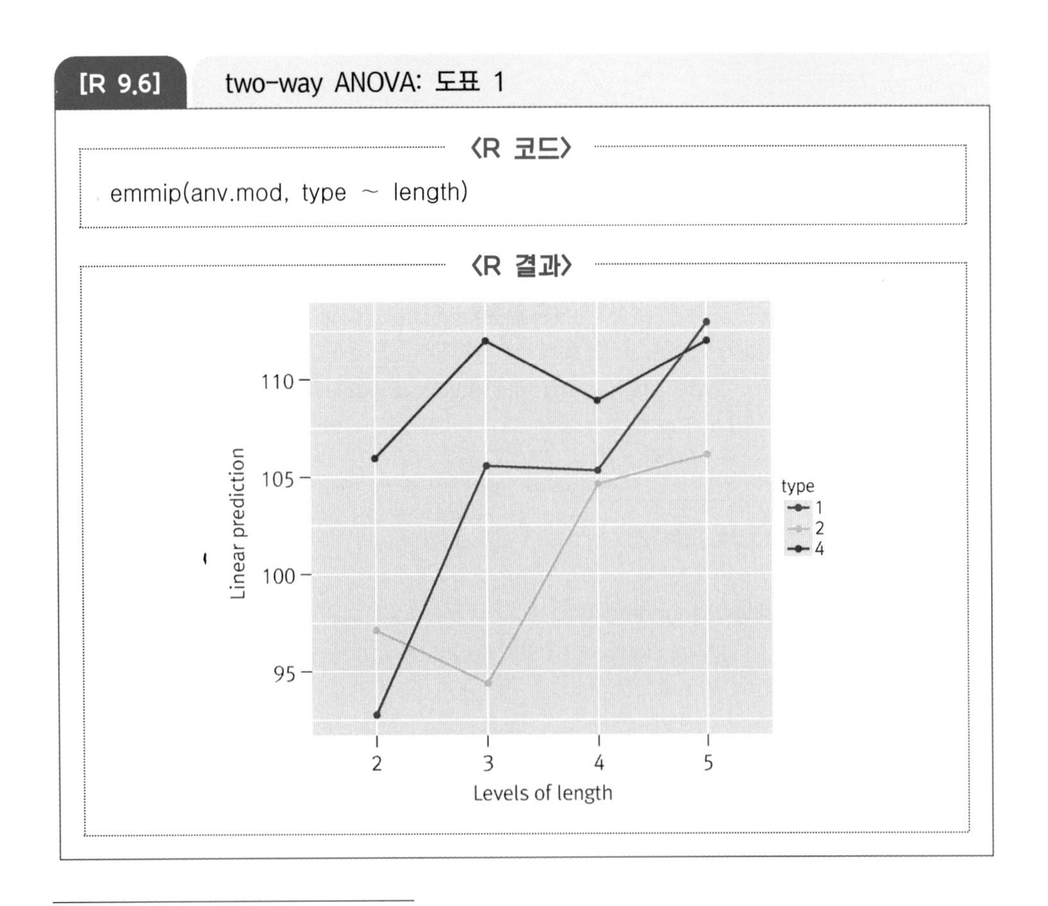

1) tapply(mydata$Y2,mydata$type,mean)

[R 9.6]에서 emmeans 패키지의 emmip() 함수를 사용하여 도표를 그려 보았다. [R 9.1]에서 상호작용항이 포함된 anv.mod 객체에 대하여 type(사교육 유형)의 범주별 length(사교육 기간) 간 관계에 대한 도표인데, 선들이 서로 평행하지 않으므로 상호작용 효과가 있는 것처럼 보인다. 그러나 도표는 축 간격에 따라서 완전히 다른 결과인 것처럼 보일 수 있으므로 상호작용 효과가 유의할 때만 그려야 한다. 즉, 상호작용 효과가 통계적으로 유의하지 않은 이 예시에서는 도표를 그리지 않는 것이 옳다. [R 9.6]은 학습 목적으로 참고하면 된다.

2) 상호작용 효과가 유의한 경우: 줄넘기 기록

〈분석 자료: 두 가지 보상에 따른 남·여학생의 줄넘기 기록〉

고등학교 교사인 최 교사는 보상 유형, 즉 학기말 축구대회를 열어 주는 것과 생활기록부 세부능력 및 특기사항(이하 세특)을 기입하는 것에 따라 학생들의 줄넘기 기록 평균에 차이가 있을 것이라고 생각하였다. 구체적으로 남학생의 경우 축구대회가, 여학생의 경우 세특 기입이 효과적일 것이라고 생각하였다.

최 교사의 실험설계는 다음과 같다. 학기 초 고등학교 1학년 남학생 반과 여학생 반을 두 반씩 무선으로 표집하고, 역시 무선으로 두 가지 보상 유형을 각 반에 할당하였다. 즉, 네 반이 각각 남학생과 축구대회, 남학생과 세특 기입, 여학생과 축구대회, 여학생과 세특 기입 집단이 되었다. 최 교사는 이후 한 학기 동안 학생들의 줄넘기 기록을 조사하고 R 파일에 입력하였다.

변수명	변수 설명
id	학생 ID
JMPROP	한 학기 줄넘기 기록의 평균
GENDER	성별(0: 남학생, 1: 여학생)
REWARD	보상(0: 기록 향상 시 학기말 축구대회 약속, 1: 기록 향상 시 생활기록부 세특 기입 약속)

[data file: jumprope.csv]

〈연구 가설〉

성별(GENDER)과 보상(REWARD)에 따라 한 학기 줄넘기 기록의 평균(JMPROP)에 차이가 있을 것이다.

〈영가설과 대립가설〉

$H_0 : \alpha_1 = \alpha_2 (= 0)$, $H_A : otherwise$

$H_0 : \beta_1 = \beta_2 (= 0)$, $H_A : otherwise$

$H_0 : (\alpha\beta)_{ij} = 0$ (for $i = 1,2; j = 1,2$), $H_A : otherwise$

이 이원분산분석 예시는 성별(GENDER, 2개 수준)과 보상(REWARD, 2개 수준)이 독립변수이고 한 학기 줄넘기 기록의 평균이 종속변수다. [R 9.7]에서 정규성 가정과 등분산성 가정을 확인하였다.

[R 9.7] two-way ANOVA: 통계적 가정 확인 2

〈R 코드〉

```
##예시 2##
mydata <- read.csv('jumprope.csv')
mydata$GENDER <- as.factor(mydata$GENDER)
mydata$REWARD <- as.factor(mydata$REWARD)
library(car)
leveneTest(JMPROP ~ GENDER*REWARD, data = mydata, center = mean)
#등분산성 검정
anv.mod <- lm(JMPROP ~ GENDER + REWARD + GENDER*REWARD, data
= mydata)
shapiro.test(anv.mod$residuals) #Shapiro-Wilk 검정
plot(anv.mod, which = 2) #QQ plot 확인
```

〈R 결과〉

```
> ##예시 2##
> mydata <- read.csv('jumprope.csv')
> mydata$GENDER <- as.factor(mydata$GENDER)
> mydata$REWARD <- as.factor(mydata$REWARD)
> library(car)
> leveneTest(JMPROP ~ GENDER*REWARD, data = mydata, center = mean)
#등분산성 검정

Levene's Test for Homogeneity of Variance (center = mean)
      Df F value Pr(>F)
```

```
group   3   1.5423 0.2089
        92
> anv.mod <- lm(JMPROP ~ GENDER + REWARD + GENDER*REWARD, data
= mydata)
> shapiro.test(anv.mod$residuals) #Shapiro-Wilk 검정

        Shapiro-Wilk normality test

data:   anv.mod$residuals
W = 0.99188, p-value = 0.8314

> plot(anv.mod, which = 2) #QQ plot 확인
```

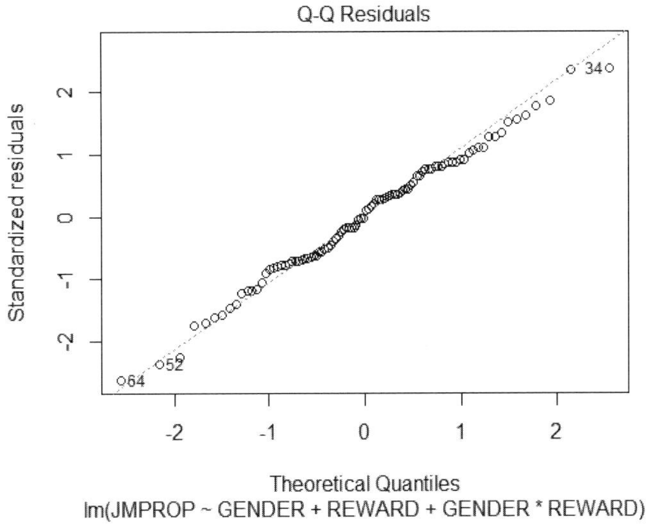

Q-Q Residuals

Standardized residuals

Theoretical Quantiles
lm(JMPROP ~ GENDER + REWARD + GENDER * REWARD)

leveneTest()로 이원분산분석의 등분산성 가정을 검정하였다([R 9.7]). 독립변수가 하나였던 제8장 예시에서는 수식 내에서 as.factor()로 독립변수가 범주형 변수임을 명시했는데, 이 장에서는 데이터에서 미리 독립변수를 범주형 변수로 지정하였다. 두 개의 독립변수에 대하여 수식에서 반복하여 as.factor()를 쓰는 것이 번거롭기 때문이다. leveneTest()의 독립변수 자리('~' 뒷부분)에는 집단을 구분하는 요인이 들어가야 하므로 GENDER*REWARD만 넣으면 된다. Levene 검정 결과, 유의확률이 0.209로 등분산성 가정을 충족한다.

이어서 shapiro.test()로 이원분산분석의 정규성 가정을 검정하였다. 잔차(residual) 정

규성 가정을 검정하는 것이므로 aov()로 이원분산분석을 적합하고 그 결과를 anv.mod 객체에 저장하였다. aov() 함수의 수식(JMPROP~ GENDER + REWARD + GENDER*REWARD)에서 독립변수 두 개와 상호작용 효과항을 명시하였다. 참고로 독립변수 자리에 GENDER*REWARD만 넣어도 주효과인 GENDER, REWARD, 그리고 상호작용 효과인 GENDER*REWARD 모두 포함하는 ANOVA 모형을 적합한다. 정규성 검정(Shapiro-Wilk 검정) 결과, 유의확률이 0.831로 정규성 가정을 충족하였다. 추가로 plot(anv.mod, which=2)으로 QQ 도표를 확인할 수 있다. 이원분산분석의 통계적 가정이 충족된다는 것을 확인했기 때문에, two-way ANOVA를 실시한다([R 9.8]).

[R 9.8] two-way ANOVA: 모형 설명력 2

〈R 코드〉

```
Anova(anv.mod, type = 3)
summary(anv.mod)[8:9] #8, 9번 객체가 R-squared
```

〈R 결과〉

```
> Anova(anv.mod, type = 3)
Anova Table (Type III tests)

Response: JMPROP
              Sum Sq Df  F value    Pr(>F)
(Intercept)  11993.0  1 2885.596 < 2.2e-16 ***
GENDER         358.1  1   86.153 7.406e-15 ***
REWARD          46.8  1   11.262  0.001151 **
GENDER:REWARD  422.1  1  101.560 < 2.2e-16 ***
Residuals      382.4 92
---
Signif. codes:  0 '***' 0.001 '**' 0.01 '*' 0.05 '.' 0.1 ' ' 1
> summary(anv.mod)[8:9] #8, 9번 객체가 R-squared
$r.squared
[1] 0.6022189

$adj.r.squared
[1] 0.5892477
```

anv.mod 객체에 저장된 ANOVA의 결과를 Anova()로 확인하고, summary() 함수로 수정된 R 제곱을 구하였다([R 9.8]). 수정된 R 제곱이 0.589로, 이 모형은 종속변수인 줄넘기 평균의 분산 중 58.9%를 설명한다는 것을 알 수 있다. 성별(GENDER) 변수의 주효과와 성별과 보상(REWARD) 변수의 상호작용 효과는 통계적으로 유의하였고($p < .001$), 보상 변수의 주효과 또한 통계적으로 유의하였다($p = .001$). 이렇게 독립변수 간 상호작용 효과가 유의할 때는 상호작용에 초점을 맞추어 해석해야 한다.

[R 9.9] two-way ANOVA: 계수 추정

〈R 코드〉

```
anv.mod$coefficients
tapply(mydata$JMPROP, mydata$GENDER, mean)
tapply(mydata$JMPROP, mydata$GENDER, sd)
tapply(mydata$JMPROP, mydata$REWARD, mean)
tapply(mydata$JMPROP, mydata$REWARD, sd)
```

〈R 결과〉

```
> anv.mod$coefficients
    (Intercept)        GENDER1         REWARD1  GENDER1:REWARD1
       22.35417       -5.46250        -1.97500          8.38750
> tapply(mydata$JMPROP, mydata$GENDER, mean)
       0        1
21.36667 20.09792
> tapply(mydata$JMPROP, mydata$GENDER, sd)
       0        1
2.236005 3.824973
> tapply(mydata$JMPROP, mydata$REWARD, mean)
       0        1
19.62292 21.84167
> tapply(mydata$JMPROP, mydata$REWARD, sd)
       0        1
3.468290 2.430903
```

상호작용이 유의하므로 회귀식을 작성할 경우 상호작용항을 모형에 포함시켜야 한다. [R 9.9]에서 anv.mod 객체에 저장된 계수(coefficients)를 확인하였다. 성별(GENDER) 변수의 경우 GENDER=0(남학생) 집단이, 보상(REWARD) 변수의 경우 REWARD=0(축구대회) 집단이 참조수준으로 0의 계수를 가진다. 이 모형의 회귀식은 다음과 같다.

$$\hat{Y} = 22.354 - 5.463 I_{GENDER=1} - 1.975 I_{REWARD=1} + 8.388 I_{GENDER=1 \text{and } REWARD=1}$$

이 식을 네 집단에 대한 회귀식으로 정리하였다. 두 개의 범주형 독립변수로 구성된 ANOVA 모형이므로 범주형 독립변수 값(0 또는 1)을 넣어 주면, 그 결과가 각 집단에 대한 평균과 같다는 것을 확인할 수 있다.

〈표 9.1〉 상호작용항이 유의한 모형의 회귀식

집단	회귀식
GENDER=남학생 REWARD=축구대회	$\hat{Y} = 22.354$
GENDER=남학생 REWARD=세특	$\hat{Y} = 22.354 - 1.975 = 20.379$
GENDER=여학생 REWARD=축구대회	$\hat{Y} = 22.354 - 5.463 = 16.891$
GENDER=여학생 REWARD=세특	$\hat{Y} = 22.354 - 5.463 - 1.975 + 8.388 = 23.304$

[R 9.8]에서 모든 주효과와 상호작용 효과가 5% 유의수준에서 통계적으로 유의하였다. 연구자가 기대한 바와 같이, 남학생의 경우 보상으로 축구대회를 열어 주는 것(평균=22.354)이 세특 기입(평균=20.379)보다 더 효과적이었고, 반대로 여학생의 경우 축구대회(평균=16.891)보다 세특 기입(평균=23.304)이 더 효과적이었다(〈표 9.1〉). 성별의 경우 여학생(평균=20.098)보다 남학생(평균=21.367)이 줄넘기를 더 많이 했고, 보상의 경우 축구(19.623)보다는 세특(21.842)이 더 효과적이었다. 이를 다시 〈표 9.2〉에서 각 집단의 평균으로 정리하였다.

〈표 9.2〉 네 집단의 평균 정리

GENDER	REWARD	$\hat{Y}$	$\hat{Y}_{GENDER}$	$\hat{Y}_{REWARD}$
0(남학생)	0(축구대회)	22.354	21.367(남학생) =(22.354+20.379)/2	19.623(축구대회) =(22.354+16.891)/2
0(남학생)	1(세특)	20.379		
1(여학생)	0(축구대회)	16.891	20.098(여학생) =(16.891+23.304)/2	21.842(세특) =(20.379+23.304)/2
1(여학생)	1(세특)	23.304		

참고로, two-way ANOVA 논문에서 〈표 9.1〉과 〈표 9.2〉와 같은 회귀식을 구하고 제시해야 하는 것은 아니다. 회귀식으로 구한 집단 평균이 tapply() 함수를 사용한 기술통계에서의 평균과 같기 때문에 굳이 회귀식을 쓰고 회귀계수 값을 입력하여 평균값을 구할 필요가 없는 것이다. 〈표 9.1〉과 〈표 9.2〉의 도출 과정은 학습 목적으로 이해하고 넘어가면 된다.

이제 집단별 비교를 위하여 효과크기를 Hedges' g로 구하겠다. 효과크기는 [R 9.9]의 tapply() 함수를 활용한 기술통계 결과로 직접 계산할 수 있고, 또는 effectsize 패키지의 hedges_g() 함수로 산출할 수도 있다. 지면 관계상 남학생 집단의 축구와 세특 간 효과크기와 여학생 집단의 축구와 세특 간 효과크기를 구해 보겠다. 이를 위해 hedges_g() 함수의 데이터에 인덱싱([ ])으로 사용할 집단을 표기하였다([R 9.10]).

[R 9.10] two-way ANOVA: 효과크기 2

〈R 코드〉

```
library(effectsize)
hedges_g(JMPROP ~ REWARD, data = mydata[mydata$GENDER == 0,],
pooled_sd = FALSE)
hedges_g(JMPROP ~ REWARD, data = mydata[mydata$GENDER == 1,],
pooled_sd = FALSE)
```

〈R 결과〉

```
> library(effectsize)
> hedges_g(JMPROP ~ REWARD, data = mydata[mydata$GENDER == 0,],
pooled_sd = FALSE)
Hedges' g |           95% CI
-------------------------
0.96      |     [0.36, 1.55]

- Estimated using un-pooled SD.

> hedges_g(JMPROP ~ REWARD, data = mydata[mydata$GENDER == 1,],
pooled_sd = FALSE)
Hedges' g |           95% CI
---------------------------
-3.06     |     [-3.92, -2.19]

- Estimated using un-pooled SD.
```

효과크기를 계산한 결과, 남학생 집단에서 축구대회와 세특 간 Hedges' g는 0.96이며, 여학생 집단에서 축구대회와 세특 간 Hedges' g는 −3.06이다([R 9.10]). Cohen(1988)의 기준에 따르면 두 성별 모두 보상에 따른 효과크기가 크다. 남학생의 경우 학기말 축구대회가, 그리고 여학생의 경우 세특이 보상으로 효과적임을 알 수 있다. 또한 남학생에 비해 여학생의 보상의 차이에 따른 효과크기가 상대적으로 더 컸다.

[R 9.11] two-way ANOVA: 도표 2

〈R 코드〉

```
emmip(anv.mod, GENDER ~ REWARD)
```

〈R 결과〉

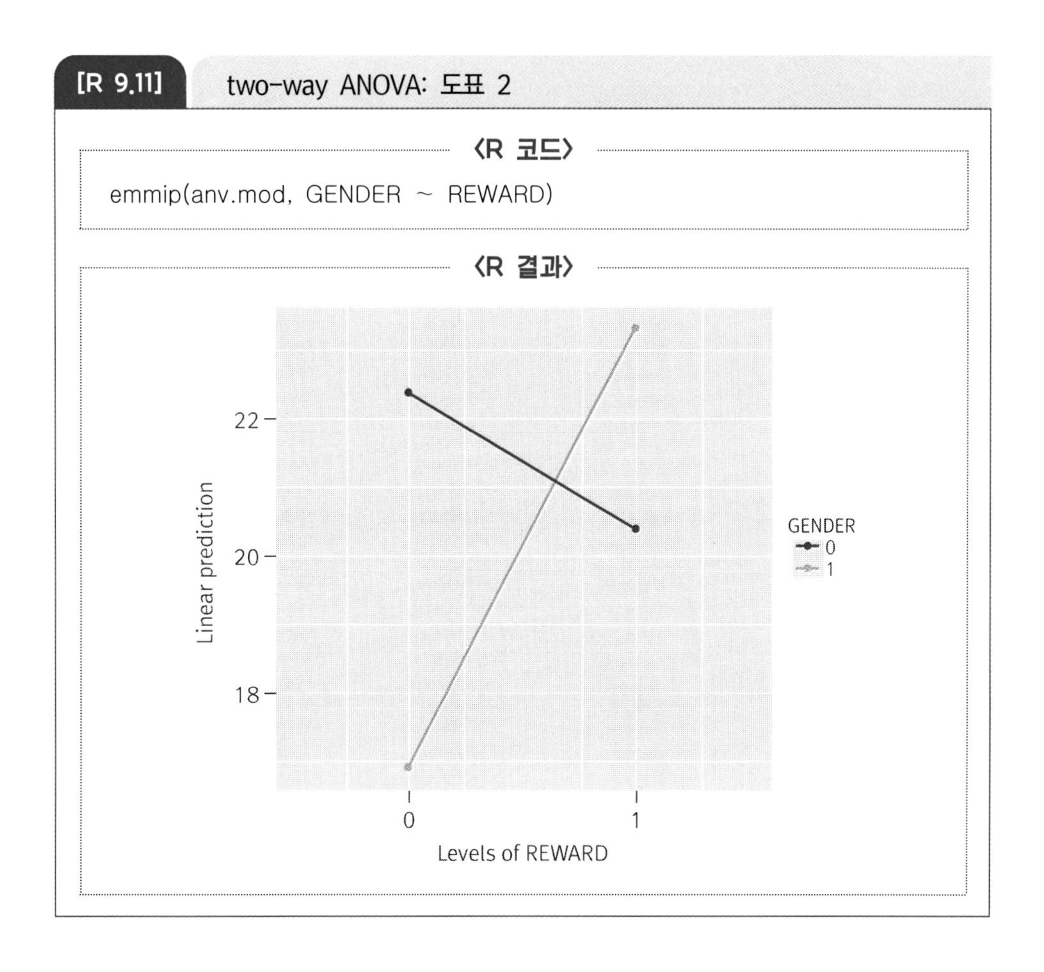

독립변수 간 상호작용이 5% 수준에서 통계적으로 유의했기 때문에([R 9.8]) 상호작용 양상을 도표로 그릴 수 있다. [R 9.11]에서 emmeans 패키지의 emmip() 함수를 사용하여 도표를 그렸다. 성별(GENDER)과 보상(REWARD) 간 상호작용항이 포함된 anv.mod 객체에 대한 도표로, 남학생일 때 학기말 축구대회가, 여학생일 때 세특이 효과적이었음을 시각적으로 확인할 수 있다.

연습문제

1. 다음은 토론식 강의의 선호도에 대한 성별과 수준별 이원분산분석표다.

변동 요인	제곱합	자유도	평균제곱합	F
성별(남, 여)	18.897	1	18.897	7.017
수준별(우수, 보통)	3.894	1	3.894	1.446
상호작용	0.382	1	0.382	0.142
오차	409.322	152	2.693	
전체	432.495	155		

1) 분산분석 모형식을 쓰시오.

2) 통계적 영가설과 대립가설을 쓰고, 어떤 통계적 가정이 필요한지 기술하시오.

3) 5% 유의수준에서 검정한 결과를 해석하시오(부록 1의 F-분포표 참고할 것).

4) 이후에 필요한 통계분석에 대하여 설명하시오.

2. 다음 성별(남=0, 여=1)과 계열(인문계=0, 자연계=1)에 따라 학업성취도에 차이가 있는지 결과표에 근거하여 해석하시오.

개체-간 요인

		N
gender	0	92
	1	114
field	0	68
	1	138

기술통계량

종속 변수: Y1

gender	field	평균	표준편차	N
0	0	99.90	16.095	20
	1	105.88	14.871	72
	합계	104.58	15.257	92
1	0	103.25	16.311	48
	1	109.89	15.651	66
	합계	107.10	16.200	114
합계	0	102.26	16.201	68
	1	107.80	15.326	138
	합계	105.97	15.797	206

오차 분산의 등일성에 대한 Levene의 검정[a]

종속 변수: Y1

F	df1	df2	유의확률
.528	3	202	.664

여러 집단에서 종속변수의 오차 분산이 동일한 영가설을 검정합니다.

개체-간 효과 검정

종속 변수: Y1

소스	제 III 유형 제곱합	자유도	평균 제곱	F	유의확률	부분 에타 제곱
수정 모형	2108.893[a]	3	702.964	2.895	.036	.041
절편	1757149.401	1	1757149.401	7236.237	.000	.973
gender	543.699	1	543.699	2.239	.136	.011
field	1594.389	1	1594.389	6.566	.011	.031
gender * field	4.480	1	4.480	.018	.892	.000
오차	49050.933	202	242.826			
합계	2364504.000	206				
수정 합계	51159.825	205				

a. R 제곱 = .041 (수정된 R 제곱 = .027)

1) 분산분석 가정 중 어느 가정을 검정하였는가? 검정 결과를 해석하시오.

2) 영가설과 대립가설을 쓰고, 5% 유의수준에서 검정하시오.

3) 계열(field)에 대한 Hedges' g 값을 구하고 Cohen(1988)의 기준에 따라 해석하시오.

제 10 장

ANCOVA (공분산분석)

필수 용어

공변수, EMM(추정된 주변평균), 실험 처치와 실험 단위의 혼재 (confounding)

학습목표

1. 공분산분석의 통계적 모형과 가정 및 특징을 이해할 수 있다.
2. 공변수의 개념을 이해하고 공변수에 대한 가정을 확인할 수 있다.
3. 실제 자료에서 R을 이용하여 공분산분석을 실행할 수 있다.

제8장의 첫 번째 ANOVA 예시에서 실험집단과 통제집단 간 사후검사 점수 차이를 검정하였는데, 모형의 설명력이 7.2%에 불과하였다. 이 예시에서 사전검사 점수는 모형에서 쓰지 않았다. 그러나 사전검사 점수는 사후검사 점수와 상관이 높은 변수이므로 모형에 투입하게 되면 모형의 설명력과 검정력을 높일 수 있다. 다시 말해, 사전 · 사후검사를 행하는 실험설계의 경우 사전검사 점수를 공변수(covariate)로 하는 공분산분석(ANalysis of COVAriance: ANCOVA, 공변량분석)이 사전검사 점수를 활용하지 않는 ANOVA보다 낫다.

ANCOVA는 원래 ANOVA를 보완하기 위해 나온 방법이라는 것에 주목할 필요가 있다. ANOVA는 무선할당을 하는 실험설계 자료 분석에서 많이 이용되는데, 무선할당 후에도 존재하는 집단 간 공변수(예: 사전검사 점수) 차이를 통계적으로 조정하는 방법이 바로 ANCOVA인 것이다. ANCOVA에서 공변수는 연속형이므로 회귀항으로 모형에 투입된다. 자세한 내용은 통계적 모형에서 설명하겠다. 정리하면, ANCOVA는 연속형인 공변수의 영향을 통계적으로 통제하며 집단을 비교하기 위하여 ANOVA와 회귀모형을 모두 이용하는 방법이다. 이 장에서는 공변수 선택과 측정, EMM(Estimated Marginal Means, 추정된 주변평균)과 같은 ANCOVA의 특징적인 개념에 초점을 맞추어 설명하고, R을 활용한 실제 분석 예시를 보여 줄 것이다.

1 통계적 모형과 가정

1) 통계적 모형

$$Y_{ij} = \mu_{.} + \alpha_i + \beta(X_{ij} - \overline{X}) + \epsilon_{ij} \quad \cdots\cdots (10.1)$$

$$\sum \alpha_i = 0,\ \epsilon_{ij} \overset{\text{iid}}{\sim} N(0, \sigma^2)$$

Y_{ij}: i번째 집단, j번째 관측치의 종속변수 값

$\mu_{.}$: 전체 모평균

$\alpha_i (= \mu_i - \mu_{.})$: i번째 집단의 효과, 독립변수의 주효과

X_{ij}: i번째 집단, j번째 관측치의 공변수 값

$\overline{X}$: 공변수 평균

β: 공변수에 대한 기울기

ϵ_{ij}: i번째 집단, j번째 관측치의 오차 값

ANCOVA는 ANOVA 모형에 연속형 변수인 공변수 부분이 추가된 모형으로, ANOVA와 회귀모형을 합한 것과 같다. 보통 공변수는 실험설계에서 조작하기 힘든 변수가 된다. 교육 연구에서 대표적인 공변수로 사전검사 점수, SES(Social Economic Status, 부모의 사회경제적 지위), 나이, 적성과 같은 것들이 있다. 실험설계에서 실험집단과 통제집단 중 어느 집단으로 할당할 것인지는 연구자가 쉽게 조작할 수 있으며, 두 집단 간 차이를 알아보는 것이 연구 목적이므로 집단은 훌륭한 독립변수가 된다. 그런데 집단 간 사전검사 점수 차이를 알아보는 것은 일반적으로 연구 목적이 아니며, 참가자가 사전검사 점수를 일부러 높게 받게 하거나 낮게 받도록 연구자가 조작할 수도 없다. 이렇게 종속변수와 관련이 있으나 연구의 관심사는 아닌 연속형 변수를 공변수(covariate)라고 하며,[1] ANOVA 모형에 공변수를 추가하여 분석하는 방법을 ANCOVA라고 한다.

식 (10.1)은 독립변수와 종속변수가 하나씩 있는 가장 기본적인 ANCOVA 모형이다.

---

1) 통계 프로그램에서는 연구 관심사와 무관하게 연속형 변수를 공변수로 투입할 수 있다.

Y_{ij}는 집단 i의 j번째 사람의 종속변수 값이고, X_{ij}는 집단 i의 j번째 사람의 공변수 값이다. $\mu_{.}$는 종속변수 Y의 평균으로 전체 평균을 뜻한다. 제8장과 제9장의 ANOVA에서와 마찬가지로, 제10장의 ANCOVA에서도 독립변수는 고정효과(fixed effect)이며, 처치효과를 모두 더하면 0이 되는 구속(constraint) 조건이 있다고 가정한다. 즉, α_i는 집단 i의 효과이며 각 집단의 주효과를 모두 더하면 0이 된다고 가정한다. ϵ_{ij}는 집단 i의 j번째 사람에 대한 오차 값으로 독립적인 무선 오차를 뜻한다. ANCOVA 모형에서의 오차 또한 ANOVA 모형에서와 같이 평균이 0이고 분산이 σ^2인 동일한 정규분포로부터 독립적으로 추출되었다고 가정한다.

ANCOVA 모형이 ANOVA 모형과 구분되는 가장 중요한 특징은 $\beta(X_{ij}-\overline{X})$ 부분이다. β는 공변수에 대한 회귀계수이며, $\overline{X}$는 공변수 X의 평균이다. ANCOVA에서는 공변수 X_{ij}를 측정하여 평균값으로 뺀 다음 회귀계수 β를 구한다. 회귀계수 β는 실험집단의 회귀계수 값과 통제집단의 회귀계수 값을 통합하여 추정된 값이다. 이때 실험집단과 통제집단의 회귀계수가 같다는 가정(회귀계수의 동일성 가정)이 들어간다. 만일 회귀계수가 같지 않다면 통합된 회귀계수 값이 유효하지 않으므로 ANCOVA 모형을 쓸 수 없다. 다음 통계적 가정 검정에서 더 자세하게 설명할 것이다.

2) 통계적 가정

ANCOVA 가정으로 선형성, 독립성, 정규성, 등분산성, 회귀계수의 동일성, 공변수에 대한 가정 등이 있다. 이 중 선형성, 독립성, 정규성, 등분산성은 ANOVA 가정과 동일하다. 따라서 ANCOVA에만 적용되는 회귀계수의 동일성 가정과 공변수에 대한 가정을 중심으로 살펴보겠다.

(1) 회귀계수의 동일성

'회귀계수의 동일성' 가정은 ANCOVA를 분산분석과 대비시키는 가장 중요한 가정 중 하나로, 집단별 회귀계수가 같아야 한다는 뜻이다. 예리한 독자는 ANCOVA 모형식 (10.1)에서부터 회귀계수에 아래첨자가 없는 것을 눈여겨보았을 것이다. 즉, 집단과 관계없이 회귀계수가 같다는 것을 모형식에서부터 알 수 있다. ANCOVA에서는 집단별 회귀계수가 같다고 가정하며 전체에 대한 통합된(pooled) 회귀계수를 추정하여 이용한다.

즉, 회귀계수의 동일성을 가정하기 때문에 이를 충족시키지 못한다면 ANCOVA를 진행시킬 수 없다. ANCOVA의 핵심이 되는 EMM(Estimated Marginal Means, 추정된 주변평균)은 공변수와 종속변수 간 관계가 집단에 관계없이 같아야 의미가 있기 때문이다. EMM에 대하여는 제3절 '주요 개념'에서 자세하게 설명할 것이다. 회귀계수의 동일성 가정을 검정하기 위하여 집단과 공변수 간 상호작용항을 모형에 투입시켜 이 상호작용항이 통계적으로 유의한지 알아본다. 상호작용이 통계적으로 유의하지 않을 때 회귀계수의 동일성 가정을 충족한다. 〈심화 10.1〉에서 상호작용이 유의할 때 기법을 언급하였다.

심화 10.1 Wilcox Procedure

집단과 공변수 간 상호작용이 통계적으로 유의하다면 Johnson-Neyman Procedure를 수정한 Wilcox Procedure를 쓸 수 있다(Wilcox, 1987). 이 방법을 통하여 공변수의 어느 범위에서 집단 간 차이가 있고 어느 범위에서는 차이가 없는지 알아볼 수 있다.

(2) 공변수에 대한 가정

ANCOVA에서 공변수 값의 범위가 집단별로 같다는 가정을 충족해야 한다. 만일 공변수 범위가 집단별로 다르다면 두 집단 비교 시 외삽(extrapolation)을 해야 하므로 ANCOVA 적용 시 무리가 생긴다. 공변수에 대한 집단 간 효과크기가 0.05~0.25 표준편차 사이이면 대략 이 가정을 충족한다고 본다(What Works Clearinghouse, 2013, [그림 10.1]).[2] 집단 간 효과크기가 0.25 이상일 경우, 각 집단에서 공변수 값이 너무 크거나 너무 작은 관측치를 제거해 볼 수 있다. 이렇게 해도 공변수의 효과크기가 차이가 난다면 ANCOVA를 쓰지 않는 것이 좋다.

[그림 10.1] 공변수에 대한 효과크기 범위

2) What Works Clearinghouse의 논문 분류 기준은 〈부록 2〉를 참고하면 된다.

2 가설검정

ANCOVA의 가설검정, 제곱합 분해, F-검정 모두 ANOVA의 가설, 제곱합 분해, F-검정과 비슷하다. ANCOVA는 공변수의 영향을 통계적으로 조정한 후 ANOVA 분석을 하는 것이라고 볼 수 있기 때문이다. ANCOVA의 가설검정, 제곱합 분해와 F-검정은 ANOVA 부분을 참고하면 된다.

3 주요 개념

1) 공변수

(1) 공변수 선택 및 측정

ANCOVA에서 공변수가 설명하는 부분이 클수록 오차 분산이 줄어들게 되므로, 적절한 공변수를 모형에서 이용한다면 모형의 검정력을 높일 수 있다. 그런데 ANCOVA 결과 공변수가 통계적으로 유의하지 않을 수 있다. 통계적으로 유의하지 않은 공변수는 오차 분산을 유의하게 감소시키지 못한다. 이 경우 공변수를 모형에서 유지하느라 자유도를 하나 쓰면서까지 ANCOVA를 쓸 필요가 없다. 즉, 공변수를 제거하고 분산분석(ANOVA)을 실시하는 것이 나을 수 있다. 또는 다른 연구와의 비교를 위하여 공변수를 유지하는 것이 좋을 수도 있다. 어떤 공변수를 선택할 것인지는 연구자 재량으로 선택할 문제다.[3]

또한 실험설계에서 실험 처치로 인해 공변수가 영향을 받지 않도록 처치 전에 공변수를 측정해야 한다. 처치 후 공변수를 측정할 경우 처치 효과 분산의 일부가 공변수 분산으로 잡힐 수 있어 처치 효과가 과소평가될 수 있기 때문이다. SES와 같은 공변수는 쉽게 변하는 공변수가 아니므로 크게 관계없지만, '공부 시간'이 공변수라면 이런 공변수는 처

3) ANCOVA에서 종속변수와 상관이 적어도 0.3 이상이 되는 변수를 공변수로 택하는 것이 좋다는 의견이 있는데(임시혁, 2002), 선행연구를 고려하여 연구자가 판단하는 것을 추천한다.

치에 의해 바뀔 수 있다. 예를 들어 토론식 교수법으로 수업을 받은 학생이 더 공부를 많이 하게 되었는데 '공부 시간'을 처치가 시작된 후에 측정한다면, 처치 효과의 일부가 '공부 시간'으로 흘러갈 수 있다는 것이다. 이러한 문제가 예측된다면 필히 공변수를 처치 전에 측정해야 한다.

(2) 여러 개의 공변수가 있는 모형

여러 개의 공변수를 ANCOVA 모형에 투입할 수 있다. 그러나 각 공변수에 대하여 지금까지 설명했던 가정들을 충족시키는지 확인해야 하므로 여러 개의 공변수가 있으면 분석이 복잡해진다. 이를테면 회귀계수의 동일성 가정을 생각해 보자. 공변수가 하나 있을 때는 이 공변수가 각 집단에 대하여 같은 회귀계수를 가지는지를 단순한 직선인 회귀선으로 생각해 볼 수 있고, 검정도 간단하다. 그런데 공변수가 두 개 이상일 때 회귀계수의 동일성 가정 검정은 고차면(higher-dimensional planes)으로 확장되므로 그리 단순하지 않다. 마찬가지로 각각의 공변수에 대하여 공변수와 처치변수 간 상호작용을 검정하여 상호작용이 통계적으로 유의하지 않아야 ANCOVA를 시행할 수 있다. 또한 공변수 간 상관이 매우 높은 경우 다중공선성(multicollinearity) 문제가 발생할 수 있기 때문에 혹시 겹치는 공변수가 있는지 확인할 필요가 있다. 여러 개의 공변수가 있을 때, 공변수로 다변량 함수를 만들어 이용하는 방법도 고려해 볼 수 있다.

2) EMM

ANCOVA에서는 공변수의 영향을 통계적으로 조정한 후 집단 간 차이를 검정한다고 하였다. ANCOVA는 공변수 평균이 큰 집단은 조정 전에 비해 평균이 더 작아지도록, 그리고 공변수 평균이 작은 집단은 조정 전에 비해 평균이 더 커지도록 조정한다. 집단 간 공변수 평균 차이가 클수록 조정을 더 많이 하게 된다. 이렇게 공변수의 영향을 통계적으로 조정한 후 얻은 평균을 EMM(Estimated Marginal Means, 추정된 주변평균)이라고 한다. 따라서 ANCOVA의 EMM은 보통 기술통계에서의 평균과 다르며, ANCOVA에서는 EMM으로 결과를 해석해야 한다. 참고로 ANOVA에서는 공변수가 없기 때문에 EMM과 기술통계에서의 평균이 동일하다.

이해를 돕기 위하여 EMM을 구하는 과정을 식으로 예를 들어 설명하겠다.[4] EMM ($\overline{Y_i}'$)을 구하려면 ANCOVA 모형의 회귀계수, 실험집단과 통제집단에 대한 공변수 평균($\overline{X_i}$) 및 조정 전 종속변수 평균($\overline{Y_i}$)이 필요하다. EMM 값의 도출 절차는 다음과 같다. 먼저, 회귀계수를 식 (10.1)에 대입하여 ANCOVA 모형에서의 회귀식을 쓴다(step 1). X는 공변수, Y는 종속변수이며, 더미변수인 D_G는 1이 실험집단, 0이 통제집단으로 코딩되었다.[5] ANCOVA 모형에서 각 집단은 Y 절편만 다르고 회귀계수는 같다(ANCOVA에서 회귀계수의 동일성 가정 참고). 회귀식에 더미코딩 값을 넣어 집단별 회귀식을 구한다(step 2). 공변수의 전체 평균을 구한 후, 그 값을 집단별 회귀식에 대입한 결과가 바로 EMM 값이다(step 3).

step 1: 회귀식 구하기

$\hat{Y} = 11.309 - 1.479 D_G + 0.784 X$

step 2: 집단별 회귀식 구하기

실험집단($D_G = 1$): $\hat{Y_T} = 11.309 - 1.479 D_G + 0.784 X = 9.83 + 0.784 X$

통제집단($D_G = 0$): $\hat{Y_C} = 11.309 + 0.784 X$

step 3: 공변수 전체 평균 구하고 집단별 회귀식에 대입하여 EMM 구하기

$\overline{X} = 36.46$

실험집단: $\overline{Y_T}' = 9.83 + 0.784 \times 36.46 = 38.41$

통제집단: $\overline{Y_C}' = 11.309 + 0.784 \times 36.46 = 39.89$

〈표 10.1〉 EMM

집단	$\overline{X_i}$ (공변수 평균)	$\overline{Y_i}$ (조정 전 종속변수 평균)	$\overline{Y_i}'$ (EMM)
실험	35.59	37.73	38.41
통제	37.19	40.46	39.89

4) ANCOVA_real_example.csv 자료는 집단별 공변수 평균의 차이가 크지 않아 EMM 예시로 적절하지 않다고 판단하여 다른 자료를 이용하였다.

5) 더미변수에 대한 자세한 설명은 제7장을 참고하면 된다.

〈표 10.1〉에서 공변수 평균, 조정 전 종속변수 평균, 그리고 EMM을 정리하였다. 이 예시에서 통제집단의 공변수 평균이 실험집단의 공변수 평균보다 1.6점 더 높았고, 조정 전의 종속변수 평균(기술통계 평균)인 $\overline{Y_i}$는 실험집단와 통제집단이 각각 37.73과 40.46으로 통제집단이 실험집단보다 2.73점 높았다. 공변수 평균값으로 조정된 종속변수 평균, 즉 EMM은 실험집단 38.41, 통제집단 39.89로 그 차이가 1.48점으로 줄어들었다. 즉, 조정 전 높았던 통제집단의 평균은 낮게 조정되고, 낮았던 실험집단의 평균은 높게 조정된 것이다.

정리하면, EMM은 어떤 특정한 공변수 값(주로 평균)으로 공변수를 통제한 후의 종속변수 평균값을 뜻한다. 따라서 ANCOVA에서 EMM은 기술통계에서의 평균과 다르며, ANCOVA 결과 해석 시 꼭 EMM을 이용하여야 한다. EMM은 다른 통계프로그램인 SAS에서는 'lsmeans' command로 얻는 평균으로, 조정평균(adjusted means)으로 불리기도 한다. 또한 EMM은 독립변수 간 상호작용항이 유의할 때는 쓸 수 없다.

3) ANCOVA의 효과크기

ANCOVA의 Hedges' g 공식은 식 (10.2)와 같다.

$$g = \frac{\overline{Y_1'} - \overline{Y_2'}}{\sqrt{\frac{(n_1-1)S_1^2 + (n_2-1)S_2^2}{n_1+n_2-2}}} \quad \cdots\cdots (10.2)$$

$\overline{Y_1'}$, $\overline{Y_2'}$: 실험집단과 통제집단의 EMM(**조정 후** 평균)
n_1, n_2: 실험집단과 통제집단의 표본 크기
S_1^2, S_2^2: 실험집단과 통제집단의 **조정 전** 사후검사 분산

ANOVA의 효과크기 공식 (8.7)과 비교하면, 사후검사 점수의 평균 대신 조정된 사후검사 점수 평균인 EMM을 이용한다는 것을 알 수 있다. 그 외 표본 크기와 분산은 ANOVA에서와 같다. 효과크기 해석도 ANOVA에서와 마찬가지로 0.2, 0.5, 0.8을 기준으로 하면 된다.

4 ANCOVA 연구 시 유의 사항

1) ANCOVA와 동질집단

ANCOVA에서 공변수의 영향이 통계적으로 통제되는 것을 통제집단과 실험집단이 '동질집단'이 되는 것으로 오해하는 경우를 보았다. 동질집단(equivalent groups)은 실험집단과 통제집단이 모든 면에서 차이가 없다는 뜻으로, 무선할당을 하는 진실험설계(true-experimental design)에서만 가능하다. 즉, 무선할당(random assignment, 또는 무선배정)을 통하여 통제집단과 실험집단을 구성하지 않고서는 동질집단이라고 부를 수 없다. 또는 ANCOVA를 이용한다고 하여 동질집단을 만들어 주는 것이 아니다.

이와 관련된 무선할당에 대한 흔한 오해 중 하나로, 무선할당을 실시하면 집단 간 사전검사 점수 차가 통계적으로 유의하지 않아야 한다고 생각하는 것이 있다. 그러나 무선할당은 변수들의 기대값(expectation)이 집단별로 차이가 없도록 하는 것이다(Shadish et al., 2002). 따라서 한 번의 무선할당으로 구성된 두 집단의 사전검사 점수는 통계적으로 유의한 차이를 보일 수 있다. 특히 표본 크기가 작은 경우 그러할 수 있으므로 가능하다면 표본 크기를 늘리는 것이 좋다. 그리고 무선할당 후 발생하는 사전검사 점수 차를 통제하기 위하여 ANCOVA를 쓸 수 있다.

2) 사전검사 점수에 대한 t-검정

무선할당을 하지 않은 준실험설계에서 사전검사 점수를 종속변수로 하고 실험집단과 통제집단 간 t-검정을 실시한 후, 그 결과가 유의하지 않으면 동질집단이라고 부르는 경우를 보았다. 그러나 앞서 설명하였듯이 동질집단은 무선할당을 통해서만 가능하다. 무선할당은 모든 측정된 변수와 심지어 측정되지 않은 변수에 대하여도 그 기대값이 집단 간 차이가 없도록 하는 방법이다. 무선할당을 하지 않은 자료에서 운 좋게 사전검사 점수가 집단 간 차이가 없다고 하더라도, 다른 측정치에 있어서 또는 다른 표본의 경우 집단 간 차이가 있을 수 있다. 즉, 동질집단 여부는 집단 간 사전검사 점수의 t-검정 결과와 관계없으며, 사전검사 점수의 t-검정 결과가 통계적으로 유의하지 않다고 하더라도 준실험설계에서의 실험집단과 통제집단을 동질집단이라고 부를 수 없다.

3) 집단 간 사전검사 점수 차이가 큰 경우의 ANCOVA

사전 · 사후검사 설계에서 사전검사 점수를 공변수로 쓰는 ANCOVA를 이용할 경우, ANCOVA를 썼기 때문에 집단 간 사전검사 차이가 교정되었다고 오해하기도 한다. 실험집단의 사전검사 점수가 높고 통제집단의 사전검사 점수가 낮아서 공변수 범위가 다르며 집단별 공변수 평균도 다른 경우를 생각해 보자. 이때 공변수 범위가 집단별로 다르지 않아야 한다는 가정을 위배하였기 때문에 ANCOVA를 쓰는 것부터가 문제다. 즉, ANCOVA는 공변수 범위가 다른 집단을 교정하는 목적으로 쓸 수 없다.

4) ANCOVA와 집단별 표본 크기

ANCOVA로 분석 시 각 집단의 표본 크기(sample size, 사례 수)가 똑같아야 한다고 생각하는 경우가 있다. 집단의 표본 크기가 같다면, 정규성 가정이나 등분산성 가정을 다소 위배해도 결과에 심각하게 영향을 미치지 않는다는 연구가 있다(Murray, 1998). 이렇게 집단별로 표본 크기가 다른 것보다는 같은 것이 더 좋지만, 표본 크기가 다르다고 하여 ANCOVA를 쓸 수 없는 것은 아니다. 집단별로 표본 크기가 다른 경우 Type III SS (sum of squares)를 이용하면 된다. Type III SS는 많은 통계 프로그램에서의 디폴트이므로 별다르게 신경 쓸 필요가 없다. 물론 집단의 표본 크기가 크게 차이가 난다면 문제가 될 수 있다. 그러나 두 집단 비교 시 대략 2:1 정도까지는 표본 크기가 차이 나도 통계적 검정력에 별다른 영향을 끼치지 않는다고 한다(Pocock, 1983; Shadish et al., 2002). 다만, 집단별 표본 크기가 다른 경우 추정치의 표준오차가 과소추정 또는 과대추정될 수 있다는 점은 주의해야 한다.

5) 실험 처치와 실험 단위의 혼재

이미 형성된 기존 집단을 있는 그대로 이용하여 ANCOVA 분석을 할 때 독립성 가정이 위배될 수 있다. 이러한 집단을 intact groups이라고 부른다. 예를 들어 학급 단위로 표집을 하고 한 반을 실험집단, 다른 반을 통제집단으로 구성한다면, 같은 반에 소속된 학생들은 서로 독립이라고 말하기 어렵다. 설상가상으로, 실험 단위(experimental unit)가 처치 단위(treatment unit)로 그대로 혼재(confounding)되는 경우가 있는데, 이때 처치 효과와 실험 단위 효과가 섞여 버리게 되어 실험 결과의 타당도가 크게 훼손될 수 있다. 만일 1반이 베테랑 교사를 담임으로 하여 수업 분위기도 좋고 학생들의 열의도 충만한 반면, 2반은 기간제 교사가 임시로 담임을 맡아 어수선하고 산만한 분위기라고 하자. 그런데 연구자가 이 사실을 모르고 1반을 실험집단으로 하고 2반을 통제집단으로 실험을 진행할 경우, 실험 처치와 실험 단위(이 경우 학급)가 혼재되기 때문에, 실험집단의 성취도가 높다는 실험 결과가 나와도 그것이 처치 효과로 인한 것인지 아니면 실험 단위(이 경우 학급)의 특성 때문인지 알기 어렵게 된다.

이렇게 실험 단위와 실험 처치가 혼재될 때 이를 해결할 수 있는 통계적 방법은 없다. 실험집단과 통제집단 모두가 실험 단위와 혼재되는 경우는 물론이고, 그중 한 집단이라도 실험 단위와 혼재되는 경우 이러한 해결할 수 없는 문제가 발생한다. ANOVA의 경우에도 마찬가지다. 무선할당으로 집단을 구성한다면 실험 단위와 실험 처치가 혼재되는 문제가 발생하지 않지만, 무선할당은 학교 현장을 고려할 때 현실적으로 쉽지 않은 해결책이다.

5 R 예시

1) 사전 · 사후검사

〈분석 자료: 실험집단과 통제집단의 사전·사후검사 결과〉

연구자가 실험집단과 통제집단의 사후검사 점수 평균이 다를 것이라고 생각하고 실험집단 26명, 통제집단 22명의 학생을 무선으로 표집하여 사전검사와 사후검사를 구하고 자료를 입력하였다.[6]

변수명	변수 설명
id	학생 ID
pretest	사전검사 점수
posttest	사후검사 점수
group	집단(0: 통제집단, 1: 실험집단)

[data file: ANCOVA_real_example.csv]

6) t-검정, 회귀분석, ANOVA 결과와 비교할 목적으로 제4, 6, 8장과 같은 예시 자료를 이용하였다.

〈영가설과 대립가설〉

$H_0 : \mu_1 = \mu_2$ (집단 간 차이가 없다)

$H_A : \mu_1 \neq \mu_2$ (집단 간 차이가 있다)

ANCOVA의 영가설과 대립가설은 ANOVA와 동일하다. 즉, 영가설은 집단 간 차이가 없다, 대립가설은 집단 간 차이가 있다는 것이 된다. 이제 ANCOVA의 통계적 가정을 확인하겠다.

[R 10.1] ANCOVA: 회귀계수 동일성 가정과 공변수에 대한 가정 1

〈R 코드〉

```
##예시 1##
mydata <- read.csv('ANCOVA_real_example.csv')
mydata$group <- as.factor(mydata$group)
anv.mod <- lm(posttest ~ group + pretest + group*pretest, data = mydata)
library(car)
Anova(anv.mod, type = 3) #회귀계수의 동일성 가정
library(psych)
describeBy(pretest ~ group, data = mydata,
           mat = TRUE, digit = 3)[c(2,4:6,10:12)] #공변수에 대한 가정
```

〈R 결과〉

```
> ##예시 1##
> mydata <- read.csv('ANCOVA_real_example.csv')
> mydata$group <- as.factor(mydata$group)
> anv.mod <- lm(posttest ~ group + pretest + group*pretest, data = mydata)
> library(car)
> Anova(anv.mod, type = 3) #회귀계수의 동일성 가정
Anova Table (Type III tests)

Response: posttest
              Sum Sq Df F value    Pr(>F)
(Intercept)     9.26  1  1.1506    0.2893
group          11.24  1  1.3972    0.2435
pretest       182.13  1 22.6358  2.137e-05 ***
group:pretest   4.47  1  0.5561    0.4598
Residuals     354.03 44
---
Signif. codes:  0 '***' 0.001 '**' 0.01 '*' 0.05 '.' 0.1 ' ' 1
> library(psych)
> describeBy(pretest ~ group, data = mydata,
+            mat = TRUE, digit = 3)[c(2,4:6,10:12)] #공변수에 대한 가정
         group1  n   mean    sd min max range
pretest1      0 22 37.818 3.621  32  45    13
pretest2      1 26 37.000 5.628  25  47    22
```

ANCOVA를 실시하기 전에 ANCOVA의 통계적 가정을 검정해야 한다. 먼저, 회귀계수의 동일성 가정을 검정하기 위하여 ANOVA 모형에 독립변수와 공변수, 그리고 그 둘 간의 상호작용 효과까지 추가한다. 그 결과로 독립변수와 공변수 간 상호작용 효과가 유의하지 않다면, 회귀계수의 동일성 가정이 충족된다. lm() 함수를 활용하여 anv.mod 객체에 상호작용항이 포함된 모형을 저장하고 car 패키지의 Anova() 함수로 제III유형 제곱합 분해로 검정한 결과, group*pretest 간 유의확률이 .460이므로 이 자료는 회귀계수의 동일성 가정을 충족한다([R 10.1]).

다음으로 공변수의 범위가 각 집단에 대해 같아야 한다는 가정이 있다. psych 패키지의 describeBy() 함수를 활용하여 집단별 사전검사 점수의 평균, 표준편차, 최소값, 최대값, 범위 등을 구하였다. 통제집단의 공변수 범위는 32~45인데, 실험집단의 공변수 범위는 25~47로 실험집단의 사전검사 점수 범위가 더 넓었다. 집단 간 평균 차가 0.82이며 통제집단의 표준편차가 3.621이므로, 통제집단을 기준으로 한 사전검사 점수에 대한 효과크기는 약 0.23(=0.82/3.621)이다.[7] 효과크기가 0.05에서 0.25 사이면 ANCOVA를 쓸 수 있다(What Works Clearinghouse, 2013). 따라서 이 자료가 공변수에 대한 가정을 크게 위배하는 것으로 보이지 않는다. 그러나 실험집단 중 사전검사 점수가 31 이하 또는 45 초과인 관측치 중 몇 개를 제거하는 것도 고려할 수 있다고 판단되었다. 이제 정규성과 등분산성 가정 충족 여부를 확인하겠다.

[R 10.2] ANCOVA: 정규성 가정 1

〈R 코드〉

```
anv.mod2 <- lm(posttest ~ group + pretest, data = mydata)
shapiro.test(anv.mod2$residuals) #Shapiro-Wilk 검정
plot(anv.mod2, which = 2) #QQ plot 확인
```

〈R 결과〉

```
> anv.mod2 <- lm(posttest ~ group + pretest, data = mydata)
> shapiro.test(anv.mod2$residuals) #Shapiro-Wilk 검정

        Shapiro-Wilk normality test

data:  anv.mod2$residuals
W = 0.97466, p-value = 0.3801

> plot(anv.mod2, which = 2) #QQ plot 확인
```

7) 두 집단의 통합분산(pooled variance)을 구하여 얻은 효과크기는 0.17(=0.82/4.817)이다.

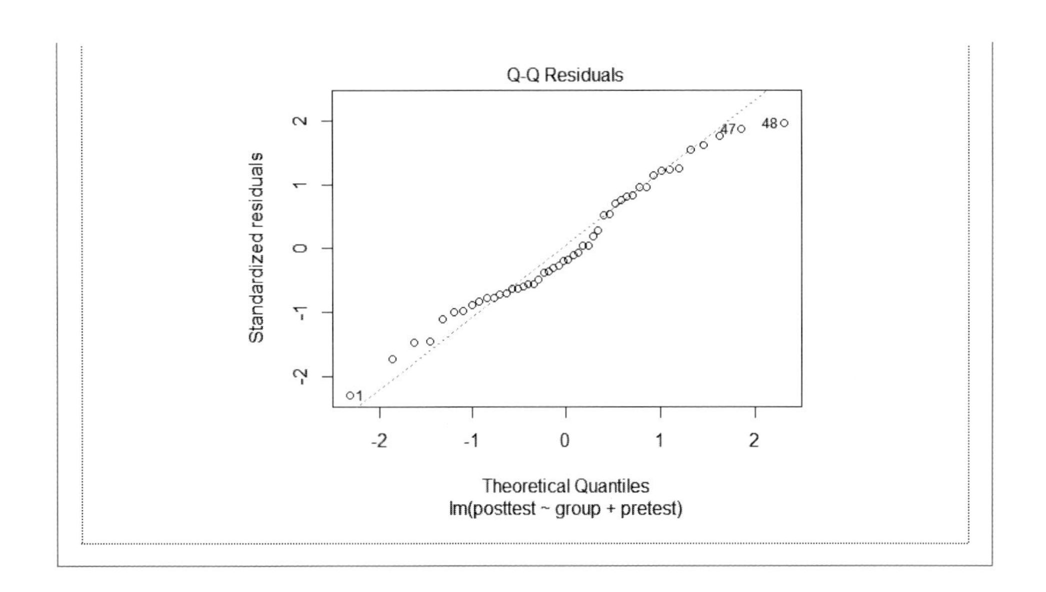

이후 ANCOVA는 상호작용항이 포함되지 않은 모형에 대해 실시한다. 정규성과 등분산성 가정을 검정하기 위하여 상호작용항이 없는 모형을 anv.mod2 객체에 저장하였다. shapiro.test()로 정규성 가정을 검정한 결과, 유의확률이 0.38로 정규성 가정을 위배하지 않는 것으로 나타났다([R 10.2]). 추가로 plot(anv.mod2, which=2)으로 QQ 도표를 확인할 수 있다.

[R 10.3] ANCOVA: 등분산성 가정 1

〈R 코드〉

```
leveneTest(anv.mod2$residuals ~ mydata$group, center = mean) #등분산성 검정
plot(anv.mod2, which = 1)
```

〈R 결과〉

```
> leveneTest(anv.mod2$residuals ~ mydata$group, center = mean)
#등분산성 검정
Levene's Test for Homogeneity of Variance (center = mean)
      Df F value Pr(>F)
group  1  0.1767 0.6762
      46
> plot(anv.mod2, which = 1)
```

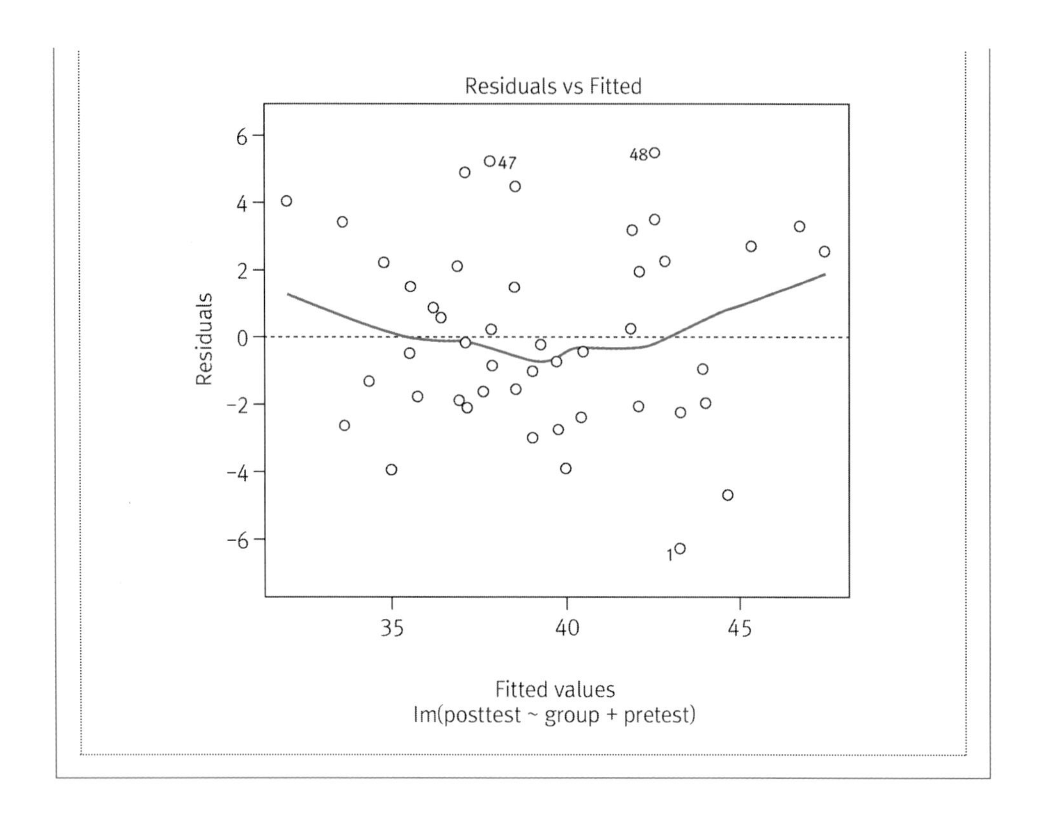

ANCOVA의 등분산성 가정 검정의 경우, ANOVA와 달리 leveneTest() 수식의 종속변수 자리에 모형의 잔차(residuals)가 들어간다는 점을 주의할 필요가 있다. [R 10.3]에서 등분산성을 검정한 결과, 유의확률이 0.676이므로 오차 분산이 동일하다는 영가설을 기각할 수 없다. 즉, Levene 검정에서 이 자료는 등분산성 가정을 충족한다.

잔차와 예측값 간 산점도로 등분산성 가정을 확인할 수도 있다. [R 10.3]의 산점도에서 특정한 패턴을 찾을 수 없으므로 등분산성 가정을 위배한다고 볼 수 없다. 그러나 이상점으로 의심되는 관측치가 몇 개 감지되었다. 앞서 공변수에 대한 가정 확인 시, 실험집단의 공변수가 31 이하인 관측치가 공변수에 대한 범위 가정을 다소 벗어나는 것으로 보였다. 따라서 스튜던트화 잔차(studentized residual)의 절대값이 1.96(약 2 표준편차) 이상이거나[8] 사전검사 점수가 31 이하인 관측치인 7명의 자료를 제거한 후 다시 정규성과 등분산성 가정을 검정하였다. 그 결과는 [R 10.4]와 같다. 원래 실험집단과 통제집단은 각각 26명과 22명이었는데, 이상점으로 의심되는 7명을 분석에서 제외했더니 실험집단

8) 〈심화 6.7〉의 레버리지, 스튜던트화 잔차, Cook의 거리를 이용할 수 있다.

과 통제집단이 각각 19명과 22명으로 줄었다. [R 10.3]와 비교 시 [R 10.4]의 이상점을 제거한 후 등분산성 도표는 개선된 것으로 보인다. 그러나 총 48명의 자료에서 41명으로 자료가 감소한 것에 비하여 다른 지표가 크게 달라지지는 않았다고 판단하여 원래 자료로 ANCOVA 분석을 진행하였다.

[R 10.4] ANCOVA: 이상점 삭제 후 도표 확인

〈R 코드〉

```
st.resid <- rstandard(anv.mod2)
mydata2 <- mydata[-which(abs(st.resid) > 1.96 | mydata$pretest <= 31),]
anv.mod3 <- lm(posttest ~ group + pretest, data = mydata2)
par(mfrow = c(2,2)) #도표를 화면에서 2×2로 분할 제시
plot(anv.mod3, which = c(1,2))
par(mfrow = c(1,1)) #화면 분할 없음
```

〈R 결과〉

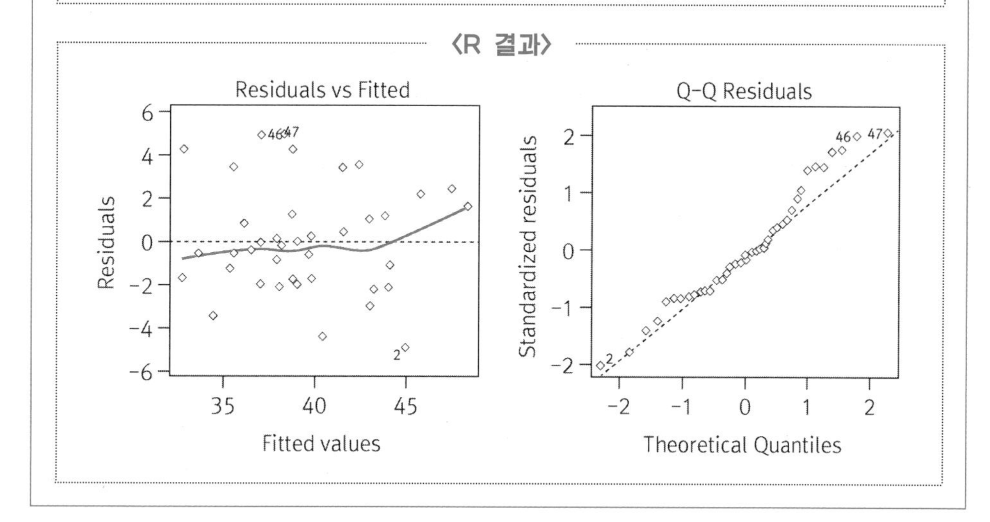

[R 10.5] ANCOVA: 최종 모형 1

〈R 코드〉

```
Anova(anv.mod2, type = 3)
summary(anv.mod2)[8:9] #8, 9번 객체가 R-squared
```

〈R 결과〉

```
> Anova(anv.mod2, type = 3)
Anova Table (Type III tests)

Response: posttest
            Sum Sq Df F value    Pr(>F)
(Intercept)  89.24  1  11.201 0.0016583 **
group       129.59  1  16.266 0.0002104 ***
pretest     528.32  1  66.316 2.133e-10 ***
Residuals   358.50 45
---
Signif. codes:  0 '***' 0.001 '**' 0.01 '*' 0.05 '.' 0.1 ' ' 1
> summary(anv.mod2)[8:9] #8, 9번 객체가 R-squared
$r.squared
[1] 0.6326506

$adj.r.squared
[1] 0.6163239
```

최종 ANCOVA 모형인 anv.mod2를 Anova()를 활용하여 검정한 결과, 사전검사 점수(pretest)와 집단(group) 변수 모두 5% 수준에서 통계적으로 유의하였다([R 10.5]). summary() 함수를 활용하여 수정된 R 제곱 값이 0.616이라는 것을 확인하였다. 자유도를 고려할 때 이 모형은 사후검사 점수 분산의 61.6%를 설명한다. 같은 예시 자료를 이용한 제8장의 ANOVA 모형의 설명력이 약 7.2%에 불과하였으며 집단 변수에 대한 유의확률이 0.037이었던 것에 비하면, 사전검사 점수를 공변수로 이용하는 ANCOVA 모형의 설명력과 검정력이 크게 높아진 것을 확인할 수 있다. 특히 모형 설명력은 약 9배 가까이 상승하였다.

[R 10.6] ANCOVA: EMM 1

〈R 코드〉

```
library(emmeans)
em <- emmeans(anv.mod2, ~ group + pretest)
em
tapply(mydata$posttest, mydata$group, mean)
tapply(mydata$pretest, mydata$group, mean)
pairs(em, adjust = 'sidak')
```

〈R 결과〉

```
> library(emmeans)
> em <- emmeans(anv.mod2, ~ group+pretest)
> em
 group pretest emmean    SE df lower.CL upper.CL
 0        37.4   37.4 0.603 45     36.2     38.6
 1        37.4   40.7 0.554 45     39.6     41.8

Confidence level used: 0.95
> tapply(mydata$posttest, mydata$group, mean)
       0        1
37.72727 40.46154
> tapply(mydata$pretest, mydata$group, mean)
       0        1
37.81818 37.00000
> pairs(em, adjust = 'sidak')
 contrast          estimate    SE df t.ratio p.value
group0 - group1      -3.31 0.821 45  -4.033  0.0002
```

ANCOVA에서는 ANOVA의 '사후검정'을 쓸 수 없는 대신, 집단 차를 알아보기 위해 EMM을 이용한다. emmeans 패키지의 emmeans() 함수로 적합한 모형을 em 객체에 저장하였다([R 10.6]). 그 결과, 공변수 평균이 37.4이며, 통제집단과 실험집단의 EMM이 37.4와 40.7로 나타났다. 기술통계와 EMM 값을 비교하기 위하여 tapply() 함수로 집단별 사후검사와 사전검사 점수를 확인하였다. 사후검사의 기술통계 평균값이었던 37.7과 40.5와 비교할 때, 통제집단의 EMM이 낮아지고 실험집단의 EMM은 높아진 것을 확인할 수 있다. 공변수인 사전검사의 기술통계 평균은 통제집단 37.8, 실험집단 37.0으로,

통제집단의 공변수 평균이 약간 더 높았다. 따라서 ANCOVA에서는 통제집단의 EMM을 원래 값보다 낮춰 주고 실험집단의 EMM을 원래 값보다 높게 조정한 것이다.

다음으로 집단별 Sidak 다중비교를 실시하였다. 다중비교에 대한 Sidak 조정 후 실험집단과 통제집단 간 차이는 3.31이며, 5% 유의수준에서 통계적으로 유의하다($p < .001$).[9] 다시 말해, ANCOVA 분석 후 실험집단의 사후검사 점수 평균이 통제집단의 사후검사 점수 평균보다 3.31점 높았다.

이제 집단 간 효과크기를 계산하면 된다. 집단 간 효과크기는 Hedges' g로 구한다. [R 10.6]의 EMM과 표준편차[10] 값을 Hedges' g 공식에 대입하여 실험집단과 통제집단 간 효과크기를 구한 결과는 다음과 같다(〈R 심화 10.1〉 참고).

$$g = \frac{40.7 - 37.4}{\sqrt{\dfrac{25 \times (4.71)^2 + 21 \times (3.98)^2}{26 + 22 - 2}}} = 0.75$$

ANOVA에서와 마찬가지로 Hedges' g 공식은 Cohen's d에 자유도를 고려한 것이므로 해석 시 Cohen's d 기준을 따르면 된다. 작은 효과크기, 중간 효과크기, 큰 효과크기의 기준은 0.2, 0.5, 0.8이다(Cohen, 1988). 실험집단과 통제집단 간 사후검사 점수에 대한 효과크기가 0.754이므로, 집단 간 사후검사 점수 차이는 큰 편이라고 할 수 있다.

R 심화 10.1 ANCOVA에서 Hedges' g 구하기

제8장과 제9장에서는 effectsize 패키지의 hedges_g() 함수를 사용하는 방법과 식에 대입하는 방법을 모두 제시하였다. 그런데 effectsize 패키지의 hedges_g() 함수는 dataframe에서 평균과 표준편차를 구할 뿐, EMM을 구하지 않는다. 또한 hedges_g() 함수는 emmeans() 함수로 계산한 EMM 결과를 객체로 처리하여 효과크기를 구하는 기능이 없다. 따라서 ANCOVA의 경우 emmeans() 함수로 계산한 EMM 값을 Hedges' g 식에 대입하는 편이 낫다.

9) pairs() 함수 결과 중 불필요한 부분을 제외하고 간략하게 제시하였다.

10) 표준편차는 tapply(mydata$posttest,mydata$group,sd)로 산출하였다.

2) 계열별 학업 열의

〈분석 자료: 계열별 학업 열의〉

연구자가 대학생의 학업 열의가 전공에 따라 다를 것이라고 생각하고, 인문 · 사회과학, 자연과학, 공학 계열 전공 대학생을 각각 56명, 41명, 53명, 총 150명을 무선으로 표집하였다. 그리고 이들의 평소 학습시간과 학업 열의를 측정하고 자료를 입력하였다.

변수명	변수 설명
id	학생 ID
AE	학업 열의 척도 점수
studytime	학습시간(분)
course	1: 인문 · 사회과학, 2: 자연과학, 3: 공학

[data file: AE.csv]

〈영가설과 대립가설〉

$H_0 : \mu_1 = \mu_2 = \mu_3$ (집단 간 차이가 없다)

$H_A : otherwise$ (집단 간 차이가 있다)

ANCOVA의 영가설과 대립가설은 ANOVA와 동일하다. 즉, 영가설은 집단 간 평균 차이가 없다는 것이고, 대립가설은 집단 간 평균 차이가 있다는 것이다. 이제 ANCOVA의 통계적 가정을 검정하겠다.

[R 10.7] ANCOVA: 회귀계수 동일성 가정과 공변수에 대한 가정 2

〈R 코드〉

```
##예시 2##
mydata <- read.csv('AE.csv')
mydata$course <- as.factor(mydata$course)
anv.mod <- lm(AE ~ course + studytime + course*studytime, data = mydata)
library(car)
Anova(anv.mod, type = 3) #회귀계수의 동일성 가정
library(psych)
describeBy(studytime ~ course, data = mydata,
           mat = TRUE, digit = 3)[c(2,4:6,10:12)] #공변수에 대한 가정
```

〈R 결과〉

```
> ##예시 2##
> mydata <- read.csv('AE.csv')
> mydata$course <- as.factor(mydata$course)
> anv.mod <- lm(AE ~ course + studytime + course*studytime, data =
mydata)
> library(car)
> Anova(anv.mod, type = 3) #회귀계수의 동일성 가정
Anova Table (Type III tests)

Response: AE
                 Sum Sq  Df F value    Pr(>F)
(Intercept)       175.0   1  1.7949   0.18244
course            169.5   2  0.8694   0.42139
studytime        2652.0   1 27.2042 6.251e-07 ***
course:studytime  472.3   2  2.4224   0.09231 .
Residuals       14037.7 144
---
Signif. codes:  0 '***' 0.001 '**' 0.01 '*' 0.05 '.' 0.1 ' ' 1
> library(psych)
> describeBy(studytime ~ course, data = mydata,
+              mat = TRUE, digit = 3)[c(2,4:6,10:12)] #공변수에 대한 가정
           group1  n    mean     sd     min     max   range
studytime1      1 56 181.727 34.832 109.347 273.841 164.494
studytime2      2 41 177.743 32.269 103.177 239.024 135.847
studytime3      3 53 180.096 28.614 125.410 246.940 121.530
```

ANCOVA를 실시하기 전에 ANCOVA의 통계적 가정을 검정해야 한다. 먼저, 회귀계수의 동일성 가정을 검정하기 위하여 ANOVA 모형에 독립변수와 공변수, 그리고 그 둘 간의 상호작용 효과까지 추가한다. 그 결과로 독립변수와 공변수 간 상호작용 효과가 유의하지 않다면, 회귀계수의 동일성 가정이 충족된다. lm() 함수를 활용하여 anv.mod 객체에 상호작용항이 포함된 모형을 저장하고 car 패키지의 Anova() 함수로 제III유형 제곱합 분해로 검정한 결과, course*studytime 간 유의확률이 0.092이다. 따라서 이 자료는 회귀계수의 동일성 가정을 충족한다([R 10.7]).

다음으로 공변수의 범위가 각 집단에 대해 같아야 한다는 가정이 있다. psych 패키지

의 describeBy() 함수를 활용하여 집단별 사전검사 점수의 평균, 표준편차, 최소값, 최대값, 범위 등을 구하였다. 인문 · 사회과학(studytime1), 자연과학(studytime2), 공학(studytime3)의 범위는 각각 109~274, 103~239, 125~247이다. 집단이 세 개이므로 총 세 번(= ${}_3C_2$)의 집단비교를 해야 한다. 인문 · 사회과학과 자연과학 집단 간 평균 차가 3.99(=181.73-177.74), 인문 · 사회과학 집단의 표준편차가 34.83이므로 인문 · 사회과학 집단을 기준으로 한 사전검사 점수에 대한 효과크기는 약 0.12(=3.99/34.83)다. 효과크기가 0.05에서 0.25 사이면 ANCOVA를 쓸 수 있다(What Works Clearinghouse, 2013). 마찬가지로 인문 · 사회과학과 공학 집단 간 평균 차는 1.63(=181.73-180.10)이다. 공학 집단의 표준편차가 28.61이므로, 공학 집단을 기준으로 한 사전검사 점수에 대한 효과크기는 약 0.06(=1.63/28.61)이다. 마지막으로 자연과학과 공학 집단 간 평균 차는 -2.36(=177.74-180.10)이며 자연과학 집단의 표준편차가 32.27이므로, 자연과학 집단을 기준으로 한 사전검사 점수에 대한 효과크기는 약 -0.07(=-2.36/32.27)이다.[11] 따라서 이 자료가 공변수에 대한 가정을 위배하는 것으로 보이지 않는다. 이제 정규성과 등분산성 가정 충족 여부를 알아보겠다.

[R 10.8] ANCOVA: 정규성 가정 2

〈R 코드〉

```
anv.mod2 <- lm(AE ~ course + studytime, data = mydata)
shapiro.test(anv.mod2$residuals) #Shapiro-Wilk 검정
plot(anv.mod2, which = 2) #QQ plot 확인
```

〈R 결과〉

```
> anv.mod2 <- lm(AE ~ course + studytime, data = mydata)
> shapiro.test(anv.mod2$residuals) #Shapiro-Wilk 검정

        Shapiro-Wilk normality test

data:  anv.mod2$residuals
W = 0.99201, p-value = 0.5658
```

11) 두 집단의 통합분산(pooled variance)을 구하여 얻은 효과크기는 각각 0.12(=3.99/33.78), -0.05(=-1.63/31.96), -0.08(=-2.36/30.26)로 큰 차이가 없다.

```
> plot(anv.mod2, which = 2) #QQ plot 확인
```

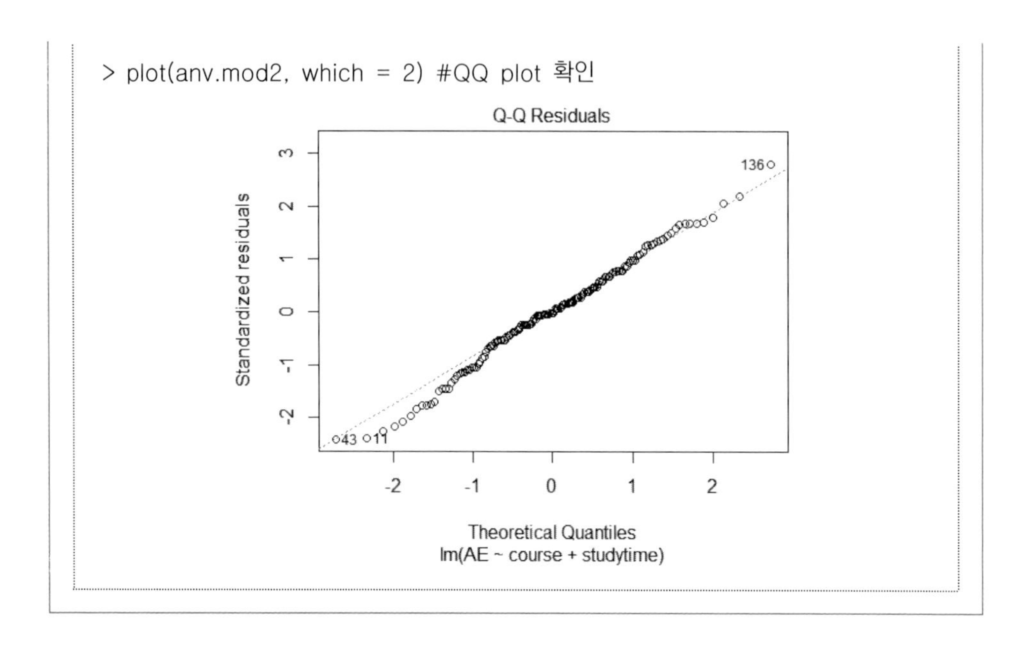

이후 ANCOVA는 상호작용항이 포함되지 않은 모형에 대해 실시한다. 정규성과 등분산성 가정을 검정하기 위하여 상호작용항이 없는 모형을 anv.mod2 객체에 저장하였다. shapiro.test()로 정규성 가정을 검정한 결과, 유의확률이 0.565로 정규성 가정을 위배하지 않는 것으로 나타났다([R 10.8]). 추가로 plot(anv.mod2, which=2)으로 QQ 도표를 확인할 수 있다.

[R 10.9] ANCOVA: 등분산성 가정 2

〈R 코드〉

```
leveneTest(anv.mod2$residuals ~ mydata$course, center = mean)
#등분산성 검정
plot(anv.mod2, which = 1)
```

〈R 결과〉

```
> leveneTest(anv.mod2$residuals ~ mydata$course, center = mean)
#등분산성 검정
Levene's Test for Homogeneity of Variance (center = mean)
       Df F value Pr(>F)
group   2  0.1419 0.8678
      147
```

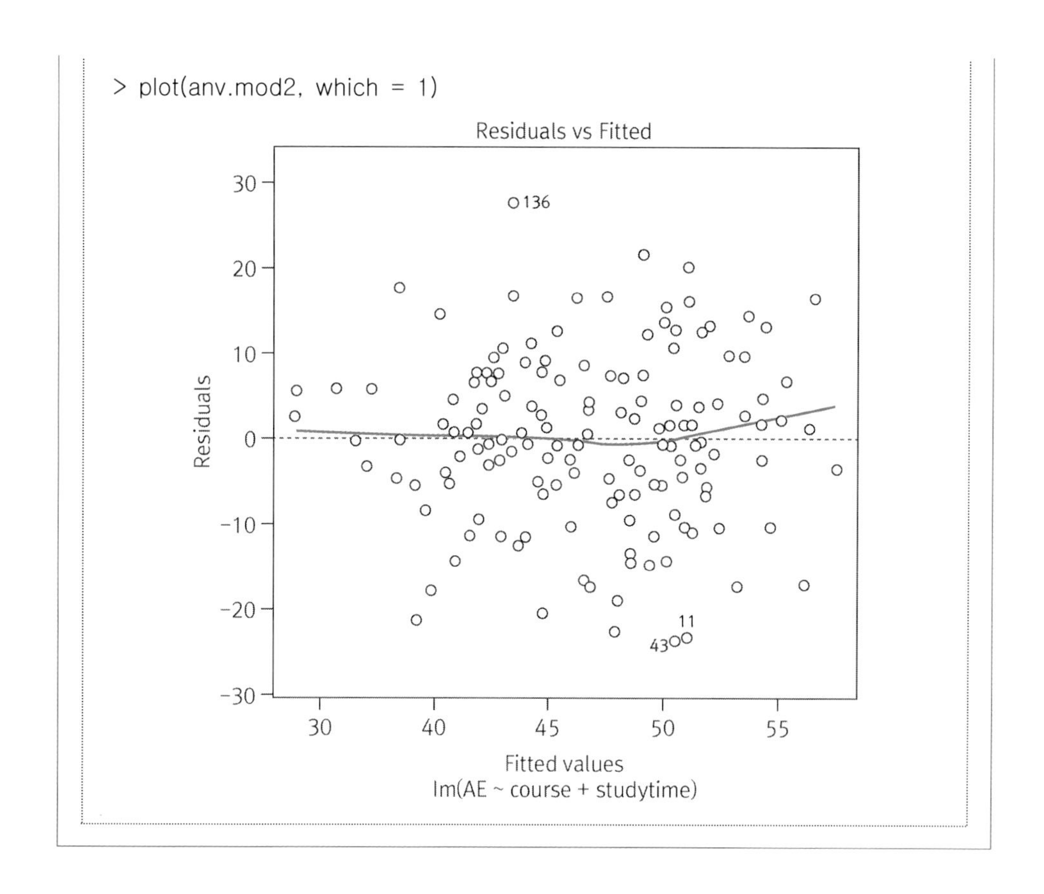

ANCOVA의 등분산성 가정 검정의 경우, ANOVA와 달리 leveneTest() 수식의 종속변수 자리에 모형의 잔차(residuals)가 들어간다는 점을 주의할 필요가 있다. [R 10.9]에서 등분산성을 검정한 결과, 유의확률이 0.868이므로 오차 분산이 동일하다는 영가설을 기각할 수 없다. 즉, Levene 검정에서 이 자료는 등분산성 가정을 충족한다. 잔차와 예측값 간 산점도로 등분산성 가정을 확인할 수도 있다. [R 10.9]의 잔차와 예측값 간 산점도 결과 또한 특정한 패턴이 보이지 않아 등분산성 가정을 위배한다고 볼 수 없다.

[R 10.10] ANCOVA: 최종 모형 2

〈R 코드〉

```
Anova(anv.mod2, type = 3)
summary(anv.mod2)[8:9] #8, 9번 객체가 R-squared
```

〈R 결과〉

```
> Anova(anv.mod2, type = 3)
Anova Table (Type III tests)

Response: AE
             Sum Sq  Df F value    Pr(>F)
(Intercept)     0.6   1   0.006    0.9385
course       6149.5   2  30.938  6.28e-12 ***
studytime    9390.5   1  94.487 < 2.2e-16 ***
Residuals   14510.0 146
---
Signif. codes:  0 '***' 0.001 '**' 0.01 '*' 0.05 '.' 0.1 ' ' 1
> summary(anv.mod2)[8:9] #8, 9번 객체가 R-squared
$r.squared
[1] 0.507458

$adj.r.squared
[1] 0.4973372
```

최종 ANCOVA 모형인 anv.mod2를 Anova()를 활용하여 검정한 결과, 학업 열의(AE)와 전공(course) 모두 5% 수준에서 통계적으로 유의하였다([R 10.10]). summary() 함수를 활용하여 수정된 R 제곱 값이 0.497이라는 것을 확인하였다. 자유도를 고려할 때 이 모형은 학업 열의 분산의 49.7%를 설명한다.

[R 10.11] ANCOVA: EMM 2

〈R 코드〉

```
library(emmeans)
em <- emmeans(anv.mod2, ~ course + studytime)
em
tapply(mydata$AE, mydata$course, mean)
tapply(mydata$studytime, mydata$course, mean)
pairs(em, adjust = 'sidak')
```

〈R 결과〉

```
> library(emmeans)
> em <- emmeans(anv.mod2, ~ course + studytime)
> em
 course studytime emmean   SE  df lower.CL upper.CL
 1            180   45.3 1.33 146     42.7     47.9
 2            180   58.7 1.56 146     55.6     61.8
 3            180   58.4 1.37 146     55.7     61.1

Confidence level used: 0.95
> tapply(mydata$AE, mydata$course, mean)
       1        2        3
45.69970 58.11862 58.41080
> tapply(mydata$studytime, mydata$course, mean)
       1        2        3
181.7274 177.7428 180.0960
> pairs(em, adjust = 'sidak')
 contrast          estimate   SE  df t.ratio p.value
 course1 - course2  -13.413 2.05 146  -6.538  <.0001
 course1 - course3  -13.118 1.91 146  -6.865  <.0001
 course2 - course3    0.295 2.07 146   0.142  0.9986

P value adjustment: sidak method for 3 tests
```

ANCOVA에서는 ANOVA의 '사후검정'을 쓸 수 없는 대신, 집단 차를 알아보기 위해 EMM을 이용한다. emmeans 패키지의 emmeans() 함수로 적합한 모형을 em 객체에 저장하였다([R 10.11]). 그 결과, 공변수 평균 값이 180이며, 이 값으로 조정한 세 집단의

EMM 값이 각각 45.3, 58.7, 58.4라는 것을 알 수 있다. 기술통계와 EMM 값을 비교하기 위하여 tapply() 함수로 집단별 학업 열의를 확인하였다. 학업 열의의 기술통계 평균값이었던 45.7, 58.1, 58.4와 비교할 때, 인문 · 사회과학(첫 번째 집단)의 EMM은 낮아지고 자연과학(두 번째 집단)의 EMM은 높아진 것을 확인할 수 있다. 공변수인 학습시간의 기술통계 평균은 181.7, 177.7, 180.1로 공변수 평균이 인문 · 사회과학 집단이 가장 높았고 자연과학 집단이 가장 낮았다. 따라서 ANCOVA에서는 인문 · 사회과학 집단의 EMM을 원래 값보다 낮춰 주고 자연과학 집단의 EMM을 원래 값보다 높게 조정한 것이다.

다음으로 집단별 Sidak 다중비교를 실시하였다.[12] 인문 · 사회과학과 자연과학 집단 간 차는 −13.413이며, 5% 유의수준에서 통계적으로 유의하다($p < .001$). 즉, 인문 · 사회과학 집단의 학업 열의가 자연과학 집단의 학업 열의보다 평균 13.413점 낮았다는 뜻이다. 인문 · 사회과학 집단과 공학 집단 간 차가 −13.118로 역시 5% 유의수준에서 통계적으로 유의하다($p < .001$). 그러나 자연과학과 공학 집단 간 차는 0.295로 통계적으로 유의하지 않다($p = .999$). 즉, 자연과학과 공학 집단은 학업 열의 점수 차가 통계적으로 유의하지 않다.

이제 집단 간 효과크기를 계산하면 된다. 집단 간 효과크기는 Hedges' g로 구한다. [R 10.6]의 EMM과 표준편차[13] 값을 Hedges'g 공식에 대입하여 실험집단과 통제집단 간 효과크기를 구한 결과는 다음과 같다(〈R 심화 10.1〉 참고).

$$g_{1vs2} = \frac{45.3 - 58.7}{\sqrt{\frac{55 \times (11.84)^2 + 40 \times (14.53)^2}{56 + 41 - 2}}} = -1.03$$

$$g_{1vs3} = \frac{45.3 - 58.4}{\sqrt{\frac{55 \times (11.84)^2 + 52 \times (12.20)^2}{56 + 53 - 2}}} = -1.09$$

$$g_{2vs3} = \frac{58.7 - 58.4}{\sqrt{\frac{40 \times (14.53)^2 + 52 \times (12.20)^2}{41 + 53 - 2}}} = 0.02$$

12) pairs() 함수 결과 중 불필요한 부분을 제외하고 간략하게 제시하였다.

13) 표준편차는 tapply(mydata$AE,mydata$course,sd)로 산출하였다.

ANOVA에서와 마찬가지로 Hedges' g는 Cohen's d에 자유도를 고려한 것으로, 해석 시 Cohen's d 기준을 따르면 된다. 즉, 작은 효과크기, 중간 효과크기, 큰 효과크기의 기준은 0.2, 0.5, 0.8이다(Cohen, 1988). 인문·사회과학과 자연과학 집단 간, 인문·사회과학과 공학 집단 간 학업 열의 효과크기가 −1.03, −1.09이므로, 집단 간 학업 열의 차이는 크다고 할 수 있다. 반면, 자연과학과 공학 집단 간 학업 열의 효과크기는 0.02로 두 집단의 효과크기는 0에 가깝다.

연습문제

1. 다음 공분산분석(ANCOVA)에 대한 진술 중 틀린 것은?

① 공분산분석에서 공변수는 양적 변수다.

② 공분산분석은 분산분석과 회귀분석이 결합된 것이다.

③ 진실험설계에서 사전검사 차이를 통계적으로 조정하기 위하여 ANCOVA를 이용한다.

④ $\hat{Y} = b_0 + b_1 G + b_2 X + b_3 GX$ (G: 집단, X: 공변수, GX: 상호작용)에서 b_3이 통계적으로 유의할 경우 회귀계수의 동일성 가정을 충족시킨다.

2. P 교사는 방과후 체육활동의 종목(육상, 축구, 배드민턴)이 학생의 학교생활 적응도에 미치는 영향이 다를 것이라고 가설을 세웠다. P 교사는 15명의 학생을 표집하여 5명씩 무선으로 세 종목에 할당하고, 방과후 체육활동 프로그램 전후로 사전검사와 사후검사를 실시하였다. 사전검사 점수를 공변수로 하는 ANCOVA 분석 결과는 다음과 같다.

기술통계량

종속변수: 학교생활 적응도

종목	평균	표준편차	n
사전검사	23	1.80476	15
육상	24.6000	1.14018	5
축구	27.4000	1.14018	5
배드민턴	25.8000	0.44721	5

모수 추정값

종속변수: 학교생활 적응도

모수	B	표준오차	t	유의확률	95% 신뢰구간		부분에타 제곱
					하한값	상한값	
절편	27.021	6.010	4.496	.001	13.793	40.249	.648
사전검사	−0.053	0.258	−0.204	.842	−0.621	0.516	.004
육상	−1.242	0.670	−1.855	.091	−2.716	0.232	.238
축구	1.611	0.639	2.520	.028	0.204	3.017	.366
배드민턴	0[a]	.	.	.	.	.	.

a. 이 모수는 중복되었으므로 0으로 설정됩니다.

1) 공분산분석에 필요한 가정을 모두 쓰시오.

2) 회귀식을 쓰고, 추정된 주변평균을 종목별로 구하시오.

3) 다음 대응별 비교 결과표를 해석하시오.

대응별 비교

종속변수: 학교생활 적응도

(I) 종목	(J) 종목	평균차(I−J)	표준오차	유의확률[a]	차이에 대한 95% 신뢰구간[a]	
					하한값	상한값
육상	축구	−2.853*	0.687	.005	−4.785	−0.921
	배드민턴	−1.242	0.670	.248	−3.124	0.640
축구	육상	2.853*	0.687	.005	0.921	4.785
	배드민턴	1.611	0.639	.083	−0.186	3.407
배드민턴	육상	1.242	0.670	.248	−.640	3.124
	축구	−1.611	0.639	.083	−3.407	0.186

추정된 주변평균을 기준으로

a. 다중비교에 대한 조정: Sidak

*: α=.05

4) 통계적으로 유의한 비교에 대하여 Hedges' g 효과크기를 구하고 Cohen(1988)의 기준에 따라 해석하시오.

3. 다음 결과를 보고 해석하시오.

개체-간 요인

		변수값 설명	N
group	0	통제집단	22
	1	실험집단	26

기술통계량

종속 변수: a2

group	평균	표준편차	N
통제집단	35.59	4.250	22
실험집단	37.19	4.195	26
합계	36.46	4.252	48

오차 분산의 동일성에 대한 Levene의 검정[a]

종속 변수: a2

F	df1	df2	유의확률
.740	1	46	.394

여러 집단에서 종속변수의 오차 분산이 동일한 영가설을 검정합니다.

a. Design: 절편 + a1 + group

개체-간 효과 검정

종속 변수: a2

소스	제 III 유형 제곱합	자유도	평균 제곱	F	유의확률	부분 에타 제곱
수정 모형	639.025[a]	2	319.513	68.178	.000	.752
절편	11.101	1	11.101	2.369	.131	.050
a1	608.465	1	608.465	129.834	.000	.743
group	25.571	1	25.571	5.456	.024	.108
오차	210.891	45	4.686			
합계	64652.000	48				
수정 합계	849.917	47				

a. R 제곱 = .752 (수정된 R 제곱 = .741)

추정된 주변평균

group

종속 변수: a2

group	평균	표준오차	95% 신뢰구간	
			하한값	상한값
통제집단	35.665[a]	.462	34.735	36.594
실험집단	37.130[a]	.425	36.275	37.985

a. 모형에 나타나는 공변량은 다음 값에 대해 계산됩니다.: a1 = 35.35.

1) 공분산분석 가정 중 어느 가정을 검정하였는가? 검정 결과를 해석하시오.

2) 실험집단과 통제집단 간 차이가 있는가? 5% 유의수준에서 검정하시오.

3) Hedges' g 값을 구하고 Cohen(1988)의 기준에 따라 해석하시오.

제 11장

rANOVA (반복측정 분산분석)

필수 용어

무선효과, 고정효과, 내재설계, 교차설계, 구형성 가정, 구획

학습목표

1. 내재설계와 교차설계, 무선효과와 고정효과를 대비하여 설명할 수 있다.
2. 반복측정 분산분석의 통계적 모형과 가정, 특징을 이해할 수 있다.
3. 실제 자료에서 R을 이용하여 반복측정 분산분석을 실행할 수 있다.

사전 · 사후검사 설계와 같이 시간 간격을 두고 같은 학생을 여러 번 측정하는 설계를 반복측정설계(repeated measures design)라고 하며, 양적연구에서 빈번하게 쓰인다. 제10장에서 두 집단을 두 번 반복측정한 자료를 ANCOVA로 분석하는 예시를 보여 주었다. 종속변수(사후검사 점수)와 상관이 높은 사전검사 점수를 공변수로 활용하는 ANCOVA는, 공변수를 쓰지 않는 ANOVA보다 모형의 설명력과 검정력이 높다. 사전 · 사후검사 설계와 같이 두 번 반복측정하는 경우는 ANCOVA로 분석하는 것이 가능하다. 그런데 사전 · 사후검사에 추후검사(follow-up test)까지 들어가는 설계라면 더 이상 ANCOVA로 분석하기 힘들다. 이렇게 세 번 이상 반복측정할 경우 반복측정 분산분석(repeated measures ANOVA, 이하 rANOVA)으로 분석해야 한다. rANOVA로 분석하면 ANCOVA와 비교 시 상대적으로 오차분산이 작아지므로 모형 검정력을 더 높일 수 있다는 장점도 있다. 따라서 사전 · 사후검사 실험설계 자료를 rANOVA로 분석하는 연구가 늘어나고 있다.

rANOVA는 mixed-ANOVA(혼합 분산분석)라고도 불린다. 'mixed-ANOVA'라는 이름이 붙은 이유는, ANOVA가 모형에서 고정효과(fixed effect)와 무선효과(random effect)를 같이 활용하기 때문이다. rANOVA에서는 실험 참가자 한 명 한 명을 구획(block)으로 하여 반복적으로 측정하는데, 이러한 구획은 모형에서 무선효과로 설정된다. 반면, 실험집단 또는 통제집단과 같은 집단 구분은 고정효과로 설정된다. 이렇게 한 모형에서 무선효과와 고정효과가 같이 있는 것을 혼합효과(mixed effect)라고 하고, 혼합효과를 다루는 ANOVA를 mixed-ANOVA라고 한다. 즉, rANOVA는 mixed-ANOVA로도 불린다. 이 장에서는 rANOVA의 특징이 되는 무선효과(random effect), 내재설계(nested design), 구획(block), 구형성 가정(sphericity assumption) 등에 초점을 맞추어 설명한 후, R을 활용한 실제 분석 예시를 제시할 것이다.

1 필수 용어 정리

지금까지의 장에서는 주요 개념을 나중에 설명하였으나, 이 장에서는 필수 용어를 먼저 정리하는 것이 낫다고 판단하였다. 필수 용어에 대한 이해가 선행되어야 통계적 모형을 이해할 수 있기 때문이다. 이 장에서는 내재설계와 교차설계, 그리고 무선효과와 고정효과를 대조하고 구획에 대하여 설명한 후, 통계적 모형 설명으로 나아가겠다.

1) 내재설계 vs 교차설계

이전 장에서 다룬 ANOVA와 ANCOVA는 교차설계(crossed design)로 얻은 자료를 분석한다. 제9장에서 교수법과 성별에 따라 성취도에 차이가 있는지를 two-way ANOVA로 분석하는 예시를 들었다. 이때 교수법(A_1, A_2, A_3)과 성별(B_1, B_2) 요인(factor)은 서로 교차되어(crossed) 있다. 요인이 교차될 경우, 한 요인의 모든 수준에 다른 요인이 나타난다. 즉, 남학생도 세 가지 교수법으로 수업을 받고 여학생도 세 가지 교수법으로 수업을 받는 것이지, 토론식 교수법은 여학생만을 대상으로 한다거나 설명식 수업은 남학생만을 대상으로 하지는 않는다([그림 11.1a]). 따라서 교차설계의 경우 교수법과 성별 간 상호작용 효과를 검정할 수 있다.

반면, 내재설계(nested design)에서는 한 요인의 모든 수준에 다른 요인이 나타나지 않는다. 교수법(A_1, A_2, A_3)과 교사 요인에 따라 성취도에 차이가 있는지 연구하는 예시를 들어 보겠다. 모든 교사가 세 가지 교수법으로 능숙하게 수업을 할 수 있는 것이 아니기 때문에 각 교수법으로 수업을 할 수 있는 교사 두 명씩을 표집하는 설계를 했다고 하자. 즉, 첫 번째 교수법으로 수업을 할 수 있는 교사 두 명(B_1, B_2), 두 번째 교수법으로 수업을 할 수 있는 교사 두 명(B_3, B_4), 그리고 세 번째 교수법으로 수업을 할 수 있는 교사 두 명(B_5, B_6)을 각각 표집한다([그림 11.1b]). 따라서 한 요인의 모든 수준에 다른 요인이 나타나는 것이 아니다. 이때 교사 요인(B)이 교수법 요인(A)에 내재되어(nested) 있다고 한다. 교수법 요인에 교사 요인이 속해 있기 때문이다. '교수법 요인에 내재된 교사 요인'을 식으로 쓸 때 'B'가 아니라 'B(A)'로 표기하고, '교사 요인(B)이 교수법 요인(A)에 내재되어 있다'고 읽는다.

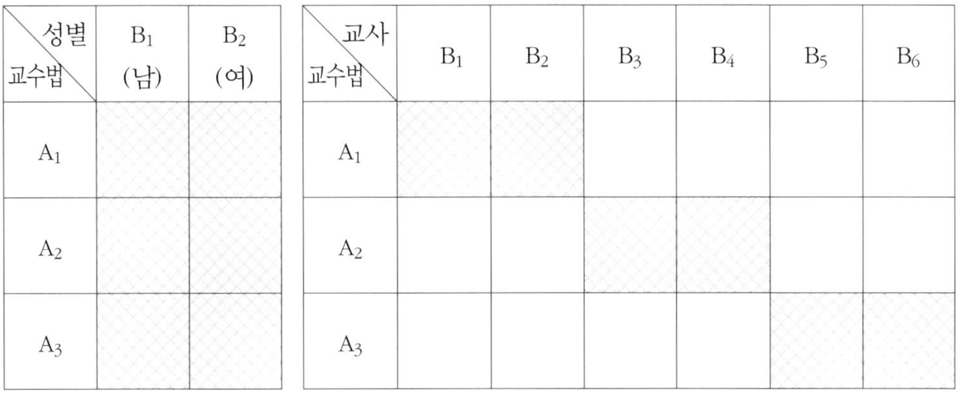

교수법 \ 성별	B_1 (남)	B_2 (여)
A_1		
A_2		
A_3		

(a) 교차설계

교수법 \ 교사	B_1	B_2	B_3	B_4	B_5	B_6
A_1						
A_2						
A_3						

(b) 내재설계

[그림 11.1] 교차설계와 내재설계

내재 요인은 조작할 수 없는 요인으로, 보통 관찰연구에서 많이 볼 수 있다. 이 예시에서 실험 대상이 되는 모든 교사가 세 가지 교수법으로 모두 능숙하게 가르치기는 힘들기 때문에 교사를 무선으로 교수법에 할당할 수 없다. 반면, 각 교수법으로 가르칠 교사들을 뽑을 때는 무선표집이 가능하다. 다시 말해, 이를테면 토론식 교수법으로 가르칠 수 있는 교사들 중 무선표집을 통해 토론식 교수법으로 가르치도록 할 수는 있으나, 교사를 아무 교수법이나 무선으로 할당할 수 없기 때문에 교사는 내재 요인이 된다. 사실 내재 요인은 실제 연구에서 꽤 빈번하다. 학생과 학교를 요인으로 하는 교육학 연구에서 학생이 학교에 소속되며 학생들을 강제로 다른 학교로 전학시킬 수 없기 때문에 학생 요인이 학교 요인에 내재된다고 볼 수 있다. 지역에 대한 연구에서도 마찬가지다. 시는 도에 내재되어 있고 구는 시에 내재되어 있다.

내재설계의 경우 주의할 점으로, 내재관계에 있는 두 요인 간 상호작용 효과를 검정할 수 없다는 점이 있다. 한 요인이 다른 요인의 일부 수준에만 나타나기 때문이다. 내재설계에서 내재 요인에 대한 평균도 교차설계의 요인 평균 계산과 다르다. 교차설계에서는 어떤 요인의 수준 평균(예: A_1의 평균)은 다른 요인의 모든 수준에서 같다. 반면, 내재설계에서 요인의 수준 평균은 다른 요인의 수준에 따라 다르다. [그림 11.1a]에서 A_1의 평균은 B의 모든 수준에 대한 평균인 반면, [그림 11.1b]에서 A_1의 평균은 B_1과 B_2만으로 구한 것이고, B_3, B_4, B_5, B_6는 고려하지 않았다.

정리하면, 한 요인의 수준(예: A_1)에 대해 다른 요인의 모든 수준(예: B_1, B_2)이 모두 있는 설계를 교차설계라고 하고, 한 요인의 수준(예: A_1)에 다른 요인의 일부 수준(예: B_1)만이 있는 설계를 내재설계라고 한다. 내재된 변수 간 상호작용 효과는 검정할 수 없다. 종합하여 판단할 때, 내재설계보다는 교차설계가 더 낫다고 할 수 있다. 그러나 교차설계가 현실적으로 불가능할 때 내재설계를 이용할 수밖에 없다.

2) 무선효과 vs 고정효과

제10장까지의 예시에서는 모두 고정효과를 다루며 통제집단과 실험집단, 남학생과 여학생, 세 가지 다른 교수법 등을 비교하였다. 고정효과 모형에서는 알고자 하는 수준(집단)이 실험에서의 수준과 같다. 이를테면 남학생과 여학생을 비교하고자 하기 때문에 남학생과 여학생이 실험에서의 수준이 되는 것이다. 반면, 무선효과 모형은 고정효과 모형과 다르다. 무선효과 모형에서는 알고자 하는 수준에 대한 모집단이 있고, 이 모집단에서 표집을 한 수준을 실험에서 이용한다. 예를 들어 전국의 학교를 모집단으로 하고 그중 표집된 학교들을 실험에서 이용한다면, 학교 효과는 무선효과로 볼 수 있다. 모든 학교를 실험에서 이용할 수 없고, 표집된 학교로 실험을 한 후 그 결과를 전국의 학교로 일반화하기 때문이다. 즉, 수준들의 모집단으로부터 표집을 하는 경우 무선효과가 되고, 수준이 정해져 있는 변수의 수준을 이용하면 고정효과가 된다. 성별, 인종, 실험/통제 집단과 같은 변수는 고정효과 변수가 된다. 예를 들어 '성별' 모집단에서는 남학생과 여학생 수준 외 다른 수준은 없기 때문에, 성별 변수는 언제나 고정효과 변수로 쓸 수밖에 없다.

다른 예시를 들어 보겠다. 공부시간과 성취도의 관계를 연구할 때, 0시간, 5시간, 10시간을 공부시간의 수준으로 하고 이 세 가지 수준에 대해서 연구한다면 이는 고정효과 모형이라고 할 수 있다. 그런데 공부시간을 상, 중, 하로 하고 각 수준에 해당하는 공부시간을 모집단에서 표집한다고 해 보자. 그렇다면 표집된 공부시간 수준들은 전체 상, 중, 하 공부시간 모집단에서 무선으로 표집되어 각 모집단을 대표하는 것이라고 생각할 수 있다. 이와 관련된 고정효과와 무선효과의 차이점은 다음과 같다. 고정효과를 지닌 변수는 오차 없이 측정되는데, 무선효과 변수는 모집단에서 표집되는 것이므로 오차를 가정하며, 이때 오차는 주로 정규분포를 따른다고 가정한다.

이 장의 rANOVA에서는 참가자가 무선효과가 된다는 점을 인지해야 한다. 참가자야말로 참가자 모집단 중 표집하여 실험에서 이용하는 것이므로 참가자 변수의 효과에 대해 분포를 가정하며, 그 결과를 모집단으로 확장하여 추론하게 된다. 만일 어떤 연구에서 학생 1, 학생 2, 학생 3, …, 학생 100까지 100명의 학생을 표집하였다고 하자. 남학생, 여학생과 같은 성별 효과와 달리, 각 참가자의 효과에 대하여는 관심이 없다. 다시 말해, 연구에서는 참가자 효과의 분산에 대하여 관심이 있을 뿐이지, 각 참가자가 하나하나 어떻게 다른지는 연구 관심사가 아니다. 덧붙이자면, 무선효과 모형에서는 무선효과 변수에 대하여도 추론이 들어가게 된다. 무선효과 변수(random effect variable)를 쓰는 무선효과 모형(random effect model)을 모형 II(model II) 또는 분산성분모형(variance component model)이라고도 부른다. 물론, 이때 모형 I(model I)은 고정효과 모형이다.

3) 구획

실험설계에서 구획(block)은 종속변수에 대하여 비슷한 특징을 지니는 집단이 된다. 사람의 경우 성별, 나이, 교육 정도 등에 따라 구획을 나눌 수 있고, 지역의 경우 인구 수, 평균 소득 등으로 구획을 나눌 수 있다(Kutner et al., 2004). 그런데 반복측정 설계의 경우 구획은 참가자가 된다. 같은 참가자를 여러 번 측정하는 것이 반복측정이기 때문에, 같은 사람이야말로 구획이 되기 최적의 조건인 것이다.

구획을 이용하면 더 정확한 결과를 얻을 수 있다는 장점이 있다. 특히 반복측정 설계에서 참가자를 구획으로 쓰는 경우, 각 참가자가 자신의 통제집단으로 이용된다. 그러나 구획을 이용할 때 각 구획에 대하여 자유도가 하나씩 줄어들게 되며 구획에 대한 가정이 추가된다는 단점도 있다. 이를테면 rANOVA의 경우 구형성 가정이 추가된다. 구형성 가정은 다음 절에서 자세히 설명할 것이다.

심화 11.1 실험설계

rANOVA를 제대로 이해하려면 RBD(Randomized Block Design, 무선구획설계), nested design(내재설계), split-plot design(구획설계) 등을 포함한 실험설계 전반에 대한 이해가 선행될 필요가 있다. RBD, nested design, split-plot design 등은 실험설계(experimental design)에서 다루며, 관련 책으로 Kirk(1995), Quinn & Keough(2003), 박광배(2003) 등이 있다.

2 통계적 모형과 가정

양적연구에서 가장 많이 쓰는 실험설계 중 하나는 두 가지 요인(factor) 중 한 요인에 대해서만 반복해서 측정하는 설계다. 실험집단 · 통제집단(요인 A)에게 사전 · 사후검사(요인 B)를 실시하는 설계를 생각해 볼 수 있다. 이때 한 참가자를 실험집단과 통제집단 모두에 할당하여 실험할 수 없으므로 요인 A는 반복측정될 수 없다. 그러나 사전 · 사후검사는 각각의 참가자에게 모두 시행된다. 즉, 요인 B만 반복해서 측정되는 것이다. 꼭 사전 · 사후검사가 아니더라도 영어 검사와 수학 검사라든지 아니면 성취도 검사와 적성 검사 등을 각 참가자에게 실시할 경우, rANOVA로 분석할 수 있다.

심화 11.2 rANOVA와 무선화

반복측정설계에서는 순서효과(order effect), 이월효과(carry-over effect) 등이 작용할 수 있다. 순서효과 또는 이월효과가 작용한다면 어떤 검사를 먼저 보느냐, 어떤 처치를 먼저 받느냐 등에 따라 결과가 달라질 수 있다. 검사 순서와 처치 순서를 무선화(randomization)하여 그러한 문제를 방지할 수 있다. 단, 사전 · 사후검사와 같이 무선화가 불가능한 경우는 그대로 둔다. 순서효과, 이월효과 등을 통제하기 위하여 Latin Square 설계, cross-over 설계 등을 이용할 수도 있다.

1) 실험설계 특징

집단	참가자	시간 (요인 B; k)	
(요인 A; j)	(구획; i)	B_1	B_2
A_1	1	A_1B_1	A_1B_2
	⋮	⋮	
	n	A_1B_1	A_1B_2
A_2	$n+1$	A_2B_1	A_2B_2
	⋮	⋮	
	$2n$	A_2B_1	A_2B_2

[그림 11.2] 구획이 있는 실험설계 도식 예시

실험 · 통제집단에 사전 · 사후검사를 실시하는 설계에서 rANOVA의 효과는 집단 효과, 시간 효과, 그리고 참가자 효과로 구분된다. [그림 11.2]는 두 집단(A_1, A_2)에 각각 n명의 참가자가 있고 이 참가자들을 두 번 측정(B_1, B_2)하는 실험설계 도식으로, rANOVA로 분석하면 된다. 이 그림에서 직사각형은 구획을 뜻한다. 이러한 설계에서 집단 효과를 '집단 간(between)' 요인, 시간 효과를 '집단 내(within)' 요인이라고 한다. 즉, 집단 내 요인이 반복 측정된다. 앞서 언급한 바와 같이, 굳이 사전 · 사후검사가 아니라도 한 사람을 여러 번 측정하는 경우 집단 내 요인으로 쓸 수 있다.

심화 11.3 split-plot 설계의 WP와 SP

[그림 11.2]의 예시에서 요인 A를 WP(Whole Plot, 주구), 요인 B를 SP(Split Plot, 분할구)라고 한다. 요인 A를 쪼개어(split) SP(Split Plot)를 만들어 측정하기 때문에 이와 같은 설계를 split-plot 설계라고도 부른다.

WP인 요인 A의 수준(집단)을 비교할 때는 A_1과 A_2 차이만이 아니라 참가자 간 차이까지도 포함된다. 반면, SP인 요인 B의 수준(집단)을 비교할 때는 B_1과 B_2 간 차이만을 다룬다. B_1과 B_2를 비교할 때 A 수준이 같은 참가자끼리 비교하기 때문이다. 즉, 요인 B의 수준을 비교할 때 각 참가자가 통제집단으로 작용하는 것과 마찬가지다.

정리하면, split-plot 설계에서 WP인 요인 A의 주효과는 참가자 간 차이까지 포함되어 혼재된 반면, SP인 요인 B의 주효과는 B의 수준 간 차이만을 다룬다. WP의 주효과 검정보다 SP의 주효과 검정이 그 검정력이 더 높으므로 더 중요한 요인을 SP로 할당하는 것이 좋다.

2) 통계적 모형

이 모형에서 집단 효과를 α, 시간 효과를 β, 그리고 참가자 효과를 ρ로 표기한다 (11.1). Y_{ijk}는 요인 A의 j번째, 요인 B의 k번째 집단의 i번째 참가자 관측치 값이다. $\mu_{..}$는 종속변수 Y_{ijk}의 전체 평균으로 상수다. 집단 효과와 시간 효과는 고정효과(fixed effect)인 α와 β로 표기하며, 각 효과를 모두 더하면 0이 되는 구속(constraint) 조건을 가진다. 고정효과 간 상호작용인 $\alpha\beta$ 또한 고정효과로, 각 수준에서 효과를 모두 더했을 때 0이 되는 구속 조건을 가진다.

집단 효과인 α는 ANOVA나 ANCOVA에서와 마찬가지다. 모형 전체의 오차인 ϵ_{ijk}도

평균이 0이고 분산이 σ^2인 정규분포에서 독립적으로 추출된다. ANOVA나 ANCOVA와의 차이점은 다음과 같다. 먼저, 시간 효과인 β는 반복측정되는 요인이다. 다음으로 각각의 참가자는 구획이 되는데(구획은 [그림 11.2]에서 직사각형으로 표현하였음), 구획 요인이 집단(요인 A)에 내재된다. 이를 기호로는 $\rho_{i(j)}$로 표기한다. 구획 효과는 무선효과이며 평균이 0이고 분산이 σ_ρ^2인 정규분포에서 독립적으로 추출된다고 가정한다. 구획 효과와 모형 오차는 서로 독립이라고 가정한다.

$$Y_{ijk} = \mu_{..} + \alpha_j + \rho_{i(j)} + \beta_k + (\alpha\beta)_{jk} + \epsilon_{ijk} \quad \cdots\cdots (11.1)$$

$$\sum \alpha_j = 0, \sum \beta_k = 0$$

$$\sum_j (\alpha\beta)_{jk} = \sum_k (\alpha\beta)_{ik} = 0 \text{ for all } j \text{ and } k$$

$$\rho_{i(j)} \overset{\text{iid}}{\sim} N(0, \sigma_\rho^2)$$

$$\epsilon_{ijk} \overset{\text{iid}}{\sim} N(0, \sigma^2)$$

$$i = 1, \cdots, n;\ j = 1, \cdots, a;\ k = 1, \cdots, b$$

Y_{ijk}: 요인 A의 j번째, 요인 B의 k번째 집단의 i번째 참가자 관측치
$\mu_{..}$: 전체 모평균
α_j: 요인 A의 j번째 집단의 주효과
$\rho_{i(j)}$: 요인 A의 j번째 집단, i번째 참가자 주효과(참가자는 요인 A에 내재됨)
β_k: 요인 B의 k번째 집단의 주효과
$(\alpha\beta)_{jk}$: 요인 A의 j번째, 요인 B의 k번째 집단의 상호작용 효과
ϵ_{ijk}: 요인 A의 j번째, 요인 B의 k번째 집단의 i번째 참가자 관측치의 오차 값

3) 통계적 가정

(1) 합동대칭성 가정

rANOVA에서는 ANOVA의 독립성, 정규성, 등분산성 가정을 모두 충족시켜야 한다. ANOVA에 없는 rANOVA 가정으로 구형성(sphericity) 가정이 있는데, 구형성 가정 전에 합동대칭성 가정을 이해하는 것이 좋다. 합동대칭성(compound symmetry)이란 같은 구

획(예: 참가자)의 반복측정되는 요인 수준 간 모집단 공분산이 같다는 가정이다. 세 번 반복측정하는 설계에서 같은 구획에 대한 합동대칭성 가정을 충족하는 분산-공분산 행렬은 다음과 같다.

$$\sigma^2(Y_{ijk}) = \begin{pmatrix} \sigma_Y^2 & \sigma_\rho^2 & \sigma_\rho^2 \\ \sigma_\rho^2 & \sigma_Y^2 & \sigma_\rho^2 \\ \sigma_\rho^2 & \sigma_\rho^2 & \sigma_Y^2 \end{pmatrix}$$

다시 말해, 같은 참가자에 대하여 이를테면 B_1과 B_2 관측치의 공분산이 어떤 일정한 값을 가지는데, 이 공분산 값이 참가자에 관계없이 같아야 한다는 것이다. 다른 참가자일 경우 관측치 간 공분산은 0, 즉 서로 독립이라고 가정한다. 이를 수식으로 설명하겠다.

먼저, (11.1)의 기대값은 (11.2a)와 같고, 분산은 (11.2b)와 같다. (11.2b)는 모든 관측치의 분산이 같다는 등분산성 가정을 나타낸다. 다음 (11.2c)는 같은 구획(참가자)인 경우 반복측정되는 요인 수준에서의 공분산이 σ_ρ^2로 같다는 것을 뜻하고, (11.2d)는 다른 구획(참가자)인 경우 반복측정되는 요인 수준에서의 공분산이 0이라는 것을 뜻한다.

$$E(Y_{ijk}) = \mu_{...} + \alpha_j + \beta_k + (\alpha\beta)_{jk} \quad \cdots\cdots (11.2a)$$

$$\sigma^2(Y_{ijk}) = \sigma_Y^2 = \sigma_\rho^2 + \sigma^2 \text{ (등분산성 가정)} \quad \cdots\cdots (11.2b)$$

$$\sigma^2(Y_{ijk}, Y_{ijk'}) = \sigma_\rho^2,\ k \neq k' \text{ (같은 구획)} \quad \cdots\cdots (11.2c)$$

$$\sigma^2(Y_{ijk}, Y_{i'j'k'}) = 0,\ i \neq i' \text{ and/or } j \neq j' \text{ (다른 구획)} \quad \cdots\cdots (11.2d)$$

(11.2b), (11.2c), (11.2d)가 합동대칭성 가정을 설명하는 수식이다. 즉, 합동대칭성 가정을 충족하려면 등분산성 가정을 충족해야 하고(11.2b), 같은 구획끼리는 공분산이 같아야 하며(11.2c) 다른 구획끼리의 공분산은 0이 되어야 한다(11.2d).

(2) 구형성 가정

합동대칭성은 충족시키기 매우 힘든 가정으로, 합동대칭성 가정은 F-검정의 충분조건이지만 필요조건은 아니다. 따라서 F-검정을 쓰기 위하여 합동대칭성을 변형하여 단순화시킨 구형성 가정(sphericity assumption)이 제안되었다. 구형성 가정이란 같은 구획의 반복측정되는 요인의 집단 차 분산이 모두 동일하다는 가정이다(11.3).

$$\sigma^2(\overline{Y_{ijk}} - \overline{Y_{ijk'}}) = constant \text{ , } k \neq k' \text{ (같은 구획)} \quad \cdots\cdots (11.3)$$

구형성 가정을 충족시키려면, 합동대칭성에서와 같이 비대각(off-diagonal) 값들이 모두 같을 필요가 없고, 수준 평균 차의 분산이 어떤 일정한 값이면 된다. 참고로, [그림 11.2]의 rANOVA 설계에서는 구형성 가정을 신경쓸 필요가 없다. B_1과 B_2 차의 공분산밖에 없기 때문에 두 집단 간 차의 분산은 언제나 동일하다. 만일 세 번 반복해서 측정한다면 B_1과 B_2 차의 분산, B_1과 B_3 차의 분산, 그리고 B_2와 B_3 차의 분산이 모두 동일해야 구형성 가정을 충족시키게 된다.

구형성 가정은 rANOVA에서 매우 중요한 가정이다. 구형성 가정이 위배된다면 자료의 F–분포가 이론적인 F–분포를 따르지 않고 제1종 오류 확률이 매우 커지게 되는 문제가 생긴다. 다행스럽게도 SPSS, R을 비롯한 통계 프로그램에서 구형성 가정 위배 시 Greenhouse–Geisser 또는 Huynh–Feldt 교정 통계치를 제공한다. 구형성 가정 검정에 대한 상세한 설명은 〈심화 11.4〉를 참고하면 된다.

심화 11.4 구형성 가정 위배 시 교정 방법

구형성 가정 검정 시 Mauchly's test of sphericity를 이용한다. 이 검정의 영가설은 구형성을 충족한다는 것이므로 영가설을 기각하지 않는 것이 편리하다. 이 검정에서 Epsilon(ϵ) 값을 구하여 F–검정의 자유도 교정에 이용하는데, Epsilon 값이 1에 가까울수록 집단 차 분산이 비슷하여 구형성 가정이 충족된다. 반면, Epsilon 값이 하한계(Lower–bound)에 가까울수록 집단 차 분산이 달라져 구형성 가정이 위배된다. 하한계인 Epsilon 값은 집단 내 수준(b)을 활용해 $\hat{\epsilon} = \frac{1}{b-1}$로 구한다. 예를 들어 집단 내 수준이 세 개인 경우 $\hat{\epsilon} = \frac{1}{3-1} = 0.5$가 된다.

SPSS와 R에서는 구형성 가정 위배 시 Greenhouse–Geisser, Huynh–Feldt, Lower–bound의 세 가지 교정 결과를 제시한다. 교정 방법은 단순하다. Greenhouse–Geisser, Huynh–Feldt의 Epsilon 값을 구형성 가정이 충족될 때의 자유도에 곱하면 각 방법의 자유도 값이 산출되고, 이 값을 교정된 자유도로 하여 F–검정을 실시하는 것이다. 예를 들어 구형성 가정이 충족될 때의 자유도가 3이고 Greenhouse–Geisser의 Epsilon 값이 0.533이라면 Greenhouse–Geisser의 자유도는 $3 \times 0.533 = 1.599$가 된다.

3 가설검정, 제곱합 분해, F-검정

$$Y_{ijk} = \mu_{..} + \alpha_j + \rho_{i(j)} + \beta_k + (\alpha\beta)_{jk} + \epsilon_{ijk} \quad \cdots(11.1)$$

$$Y_{ijk} = \overline{Y}_{...} + (\overline{Y}_{.j.} - \overline{Y}_{...}) + (\overline{Y}_{ij.} - \overline{Y}_{.j.}) + (\overline{Y}_{..k} - \overline{Y}_{...}) + (\overline{Y}_{.jk} - \overline{Y}_{.j.} - \overline{Y}_{..k} + \overline{Y}_{...}) + (Y_{ijk} - \overline{Y}_{.jk} - \overline{Y}_{ij.} + \overline{Y}_{.j.}) \cdots(11.4)$$

전체 평균 | A효과 | S(A)효과 | B효과 | A*B상호작용 효과 | 오차 S(A)×B효과

WP (Whole Plot): A효과, S(A)효과

SP (Split-Plot): B효과, A*B상호작용 효과, 오차 S(A)×B효과

rANOVA의 제곱합 분해는 ANOVA의 제곱합 분해에 비해 다소 복잡하다. rANOVA 모형은 전체 평균을 제외하고 총 다섯 개 항으로 구성된다(11.4). 처음 나오는 두 개 항은 WP(Whole Plot)에 대한 것이고, 나머지 세 개 항은 SP(Split Plot)에 대한 것이다(〈심화 11.3〉 참고). (11.4)의 가장 마지막 항은 요인 A에 내재된 참가자 효과와 주효과 B의 상호작용항으로, 전체 식에서의 오차와 같다.

요인 A의 수준 차이가 통계적으로 유의한지 검정하려면, WP에 관련된 처음 두 개 항을 이용한다. 즉, 요인 A의 평균제곱합(MSA)을 요인 A에 내재된 참가자 효과에 대한 평균제곱합(MSS(A))으로 나눈 값을 F-분포의 기각값과 비교하면 된다(11.5). 반면, 요인 B의 검정(11.6) 및 요인 A와 B의 상호작용 효과 검정(11.7) 시 분모에 MSS(A) 대신 잔차 평균제곱합(MSE)이 들어간다. 이는 주요인인 A와 B가 고정효과이고 구획요인인 참가자 요인이 무선효과이기 때문인데, 만일 고정효과/무선효과가 달라지면 F-검정 식 또한 달라진다. 다양한 고정효과/무선효과 요인으로 이루어진 실험설계에서의 F-검정에 대해 더 알고 싶다면 Neter et al. (1996) 등을 참고하기 바란다.

$$\sum_{i=1}^{a}\sum_{j=1}^{b}\sum_{k=1}^{n}(Y_{ijk}-\overline{Y}_{...})^2 = bn\sum_{j=1}^{a}(\overline{Y}_{.j.}-\overline{Y}_{...})^2 + b\sum_{i=1}^{n}\sum_{j=1}^{a}(\overline{Y}_{ij.}-\overline{Y}_{.j.})^2 + an\sum_{k=1}^{b}(\overline{Y}_{..k}-\overline{Y}_{...})^2$$

$$\begin{array}{ccccccc} SST & = & SSA & + & SSSA & + & SSB \\ abn-1 & = & (a-1) & + & a(n-1) & + & (b-1) \\ \dfrac{SST}{abn-1} & & \dfrac{SSA}{a-1} & & \dfrac{SSS(A)}{a(n-1)} & & \dfrac{SSB}{b-1} \\ MST & & MSA & & MSS(A) & & MSB \end{array}$$

$$+\, n\sum_{j=1}^{a}\sum_{k=1}^{b}(\overline{Y}_{.jk}-\overline{Y}_{.j.}-\overline{Y}_{..k}+\overline{Y}_{...})^2 + \sum_{i=1}^{n}\sum_{j=1}^{a}\sum_{k=1}^{b}(Y_{ijk}-\overline{Y}_{.jk.}-\overline{Y}_{ij.}+\overline{Y}_{.j.})^2$$

$$\begin{array}{cccc} + & SSAB & + & SSE \\ + & (a-1)(b-1) & + & a(n-1)(b-1) \\ & \dfrac{SSAB}{(a-1)(b-1)} & & \dfrac{SSE}{a(n-1)(b-1)} \\ & MSAB & & MSE \end{array}$$

$H_0 : all\ \alpha_k = 0$

$H_A : otherwise$

$$F_A = \frac{MSA}{MSS(A)} \sim F_\alpha(\ (a-1),\ a(n-1)\ ) \quad \cdots\cdots (11.5)$$

$H_0 : all\ \beta_k = 0$

$H_A : otherwise$

$$F_B = \frac{MSB}{MSE} \sim F_\alpha(\ (b-1),\ a(n-1)(b-1)\ ) \quad \cdots\cdots (11.6)$$

$H_0 : all\ (\alpha\beta)_{jk} = 0$

$H_A : otherwise$

$$F_{AB} = \frac{MSAB}{MSE} \sim F_\alpha(\ (a-1)(b-1),\ a(n-1)(b-1)\ ) \quad \cdots\cdots (11.7)$$

4 주의 사항

1) ANCOVA vs rANOVA

실험설계 자료분석 시 ANCOVA와 rANOVA 중 어느 방법이 어떤 면에서 더 나은지 알아볼 필요가 있다. 진실험설계와 준실험설계로 나누어 설명하겠다.

(1) 진실험설계의 경우

무선할당을 하는 진실험설계의 경우 가장 중요한 사항은 연구문제가 무엇인가 하는 것이다. 연구자의 관심이 사후검사 점수 평균에 집중되어 있다면, ANCOVA를 쓰는 것이 낫다. ANCOVA는 사전검사 점수를 공변수로 써서 사후검사 점수를 조정한 후, 사후검사 점수가 집단별로 차이가 있는지 알아보는 방법이기 때문이다. 만일 연구자가 사전검사와 사후검사 간 평균 변화에 집단 간 차이가 있는지 알고 싶다면, rANOVA를 써야 한다. rANOVA에서는 사전·사후검사와 집단 간 상호작용의 유의성을 통계적으로 검정하기 때문에 그러한 연구문제에 답할 수 있기 때문이다. 즉, 연구자의 관심이 처치 후 사후검사 점수 차이에 있다면 ANCOVA를, 연구자가 집단 간 사전·사후검사 변화를 알고자 한다면 rANOVA를 쓰는 것이 낫다.

(2) 준실험설계의 경우

무선할당을 하지 않고 집단이 구성된 사전·사후검사 설계에서는 집단이 동질하지 않다. 이 경우 ANCOVA를 쓴다면, 통계적 가정을 충족하지 못했기 때문에 야기되는 여러 문제로 인해 그 추정치(집단 평균)가 편향(biased)될 우려가 있다. 이를테면 ANCOVA 모형의 회귀계수나 사전검사(공변수) 평균이 집단별로 다르지 않아야 하는데, 준실험설계에서는 아무래도 이러한 가정을 위배할 확률이 더 커지게 되는 것이다. 이 경우 단순히 ANOVA로 사후검사 점수 차이만 알아보는 것보다는, 집단 간 사전·사후검사 변화가 있는지 검정하는 것으로부터 더 많은 정보를 얻을 수 있다. 따라서 비동등 집단 사전·사후검사 설계에서는 rANOVA가 ANCOVA보다 더 나은 방법일 수 있다.

2) rANOVA의 장점과 한계

여러 번 언급하였듯이 rANOVA는 비동등 사전·사후검사 설계에서 ANCOVA보다 더 많은 정보를 줄 수 있다. rANOVA에서는 오차원(sources of error)이 세분화되어 연구의 검정력이 높아질 수 있다. 특히 구획으로 설정되는 참가자 개개인의 효과가 통계적으로 통제되기 때문에 사전·사후검사 간 차이 추정의 정확도가 높아진다. 반면, 집단 간 차이는 참가자 개개인의 효과가 더해진 것이므로 상대적으로 덜 정확하다. [그림 11.2]를 보면 그 차이를 더 쉽게 알 수 있다. 모든 검사자가 사전·사후검사를 보는 반면, 실험집단은 1부터 n까지의 참가자가, 그리고 통제집단은 $n+1$부터 $2n$까지의 참가자가 배정되었기 때문에 집단 간 차이 추정에는 참가자 효과가 혼재되는 것이다.

검사를 세 번 이상 실시하는 경우에 ANCOVA로 분석하는 것이 쉽지 않은 반면, rANOVA는 이러한 자료를 쉽게 처리할 수 있다는 것도 rANOVA의 또 다른 장점이다. ANCOVA는 사전·사후검사로 실시되는 경우 사전검사를 공변수로 하여 분석하는 방법이다. 만일 사전·사후·추후 검사가 있는 자료를 ANCOVA로 분석해야 한다면 이 중 어떤 것을 공변수로 설정해야 하는지 결정하기 어렵다. rANOVA는 '시간' 변수의 수준(level)이 두 개(사전·사후검사)에서 세 개(사전·사후·추후 검사)로 늘어난 것뿐이므로 분석에 전혀 문제가 없다.

rANOVA는 독립성, 정규성, 등분산성 가정 외에 구형성(sphericity) 가정을 충족시켜야 한다. ANCOVA에서 공변수 회귀계수의 동일성 가정이 있는 것처럼 rANOVA에는 구형성 가정이 있다. 공변수의 회귀계수가 같지 않다면 ANCOVA를 쓸 수 없는 반면, rANOVA는 구형성 가정이 충족되지 못하는 경우에도 Greenhouse-Geisser, Huynh-Feldt 등의 교정 통계치가 있으므로 더 편리하다. 또한 사전·사후검사 자료를 분석 시에는 구형성 가정을 충족시킬 필요가 없기 때문에, rANOVA가 오히려 ANCOVA보다 통계적 가정이 적다는 장점이 있다.

그러나 기존집단을 그대로 이용하는 경우 rANOVA를 써도 독립성 가정 위배 문제는 여전하다. 실험단위와 처치의 혼재 문제 또한 피할 수 없으며, 이를 해결해 주는 통계적 방법은 알려진 바가 없다. 피치 못하게 이러한 설계로 실험을 하는 경우, 실험단위의 특징이 처치 효과로 잘못 해석되지 않도록 결과 해석에 각별히 주의를 기울여야 한다.

5 R 예시

1) 반복측정 자료와 자료 포맷

자료를 분석하기 전에 자료 포맷(format)에 대하여 이해할 필요가 있다. 반복측정 자료를 넓은 포맷(wide format)과 긴 포맷(long format)의 두 가지로 구분할 수 있다. [그림 11.3]의 왼쪽(mydata)과 오른쪽(mydata2)이 각각 넓은 포맷과 긴 포맷 자료다. 왼쪽의 mydata는 한 사람을 세 번 반복측정한 결과를 t1, t2, t3 변수로 코딩했기 때문에 자료의 가로 부분이 길다. 그림 아래에 '48 entries, 5 total columns'라는 설명이 있다. 총 48명 사람에 대한 5개 변수로 구성된 자료라는 뜻이다.

반면, 오른쪽의 mydata2는 t1, t2, t3 변수 대신 time과 score 변수를 만들어 time 변수에 몇 번째 측정인지를 표시하고, score 변수에 해당 측정의 결과를 입력하였다. 자세히 보면, t1에 대한 측정값을 사람당 한 줄로 입력한 것을 확인할 수 있다. [그림 11.1]에는 나와 있지 않지만 t2와 t3 측정값을 다시 사람당 한 줄씩 입력하였다. 즉, 같은 사람을 반복측정한 결과를 세로로 길게 늘어뜨린 것이므로 이런 식으로 자료를 입력한 경우 긴 포맷이라고 불린다. 48명에 대해 3번 반복측정했기 때문에 총 144(=48*3)개의 행으로 구성된다. 그림 아래에 '144 entries, 4 total columns' 설명과 일치하는 것을 확인할 수 있다. 참고로 [그림 11.1]은 이 장의 두 번째 예시인 사전 · 사후 · 추후검사 예시로, [R 11.5] 결과와 동일하다.

R_chpt11.R | mydata | mydata2 | Filter

	id	t1	t2	t3	group
1	51	37	37	37	1
2	52	22	27	28	1
3	53	28	30	29	1
4	54	30	29	29	1
5	55	26	28	28	1
6	56	29	28	28	1
7	57	26	27	26	1
8	58	25	30	26	1
9	59	23	24	24	1
10	60	25	30	28	1
11	61	23	28	26	1
12	62	26	27	25	1
13	63	33	35	34	1
14	64	22	28	26	1
15	65	31	36	34	1

Showing 1 to 15 of 48 entries, 5 total columns

R_chpt11.R | mydata | mydata2 | Filter

	id	group	time	score
1	51	1	t1	37
2	52	1	t1	22
3	53	1	t1	28
4	54	1	t1	30
5	55	1	t1	26
6	56	1	t1	29
7	57	1	t1	26
8	58	1	t1	25
9	59	1	t1	23
10	60	1	t1	25
11	61	1	t1	23
12	62	1	t1	26
13	63	1	t1	33
14	64	1	t1	22
15	65	1	t1	31

Showing 1 to 15 of 144 entries, 4 total columns

[그림 11.3] 넓은 포맷과 긴 포맷

분석하기 전에 자료 포맷을 설명하는 이유가 있다. R의 rANOVA는 긴 포맷 자료를 분석한다. 따라서 넓은 포맷으로 입력된 자료의 경우 긴 포맷으로 변환해야 한다. [R 11.1]에서 gather() 함수를 활용하여 넓은 포맷 자료를 긴 포맷으로 변환하는 방법을 제시하였다(〈R 심화 11.1〉 참고). 함수 내의 key 인자에 time을 넣어 pretest와 posttest로 구분되어 있던 검사 시점을 time이라는 하나의 변수로 통합하고, value 인자에 score를 넣어 그 측정값을 score 변수에 저장한다. 'factor_key = TRUE'는 key 인자에서 명시한 time 변수를 범주형으로 처리하라는 뜻이다. 마지막으로 group과 id 변수도 범주형 변수로 바꾼 후, 그 결과를 mydata2에 저장하였다. str(mydata2)로 time이 pretest, posttest의 두 개 범주로 구성되는 범주형 변수이며, score는 시점(사전, 사후)별 측정값으로 이루어진 연속형 변수라는 것을 확인할 수 있다.

[R 11.1] rANOVA 자료 변환 1

〈R 코드〉

```
##예시 1##
mydata <- read.csv('ANCOVA_real_example.csv')
library(tidyr)
mydata2 <- gather(mydata, key = 'time', value = 'score', pretest, posttest,
factor_key = TRUE)
mydata2$group <- as.factor(mydata2$group)
mydata2$id <- as.factor(mydata2$id)
str(mydata2)
```

R 심화 11.1 긴 포맷과 넓은 포맷 간 변환 함수

긴 포맷과 넓은 포맷 간 변환에 다양한 패키지의 다양한 함수를 쓸 수 있다. [R 11.1]에서 넓은 포맷을 긴 포맷으로 변환하기 위하여 tidyr 패키지의 gather() 함수를 활용하였는데, reshape2 패키지의 melt() 함수를 쓸 수도 있다. 반대로, 긴 포맷을 넓은 포맷으로 변환할 때 tidyr 패키지의 spread() 함수를, 그리고 reshape2 패키지의 dcast() 함수를 쓸 수 있다.

2) 사전 · 사후검사

제4, 6, 8, 10장과 같은 예시 자료를 rANOVA로 분석한 후 그 결과를 비교하겠다. 실험집단과 통제집단에 사전 · 사후검사를 실시하여 rANOVA 분석을 하는 경우 집단과 측정 시점 간 상호작용 유무가 가장 큰 관심사가 된다. 따라서 영가설은 집단과 측정 시점 간 상호작용 효과가 서로 차이가 없다는 것이다.

〈분석 자료: 실험집단과 통제집단의 사전·사후검사 결과〉

연구자가 48명의 학생들을 무선으로 표집하여 실험을 수행하였다. 연구자는 사전검사 점수로 사후검사 점수를 추정하고자 한다.

변수명	변수 설명
ID	학생 ID
pretest	사전검사 점수
posttest	사후검사 점수
group	집단(0: 통제집단, 1: 실험집단)

[data file: ANCOVA_real_example.csv]

〈영가설과 대립가설〉

$H_0 : all\ (\alpha\beta)_{jk} = 0$

$H_A : otherwise$

[R 11.2] rANOVA 통계적 가정 1

〈R 코드〉

```
library(rstatix)
grouping <- group_by(mydata2, time)
levene_test(grouping, score ~ group, center = mean) #등분산성 검정
anv.mod1 <- aov(pretest ~ group, data = mydata)
anv.mod2 <- aov(posttest ~ group, data = mydata)
shapiro.test(anv.mod1$residuals) #정규성 검정
shapiro.test(anv.mod2$residuals) #정규성 검정
```

〈R 결과〉

```
> library(rstatix)
> grouping <- group_by(mydata2, time)
> levene_test(grouping, score ~ group, center = mean) #등분산성 검정
# A tibble: 2 × 5
  time       df1   df2 statistic      p
  <fct>    <int> <int>     <dbl>  <dbl>
1 pretest      1    46      5.52 0.0231
2 posttest     1    46      1.08 0.304
> anv.mod1 <- aov(pretest ~ group, data = mydata)
> anv.mod2 <- aov(posttest ~ group, data = mydata)
> shapiro.test(anv.mod1$residuals) #정규성 검정
```

```
          Shapiro-Wilk normality test

data:  anv.mod1$residuals
W = 0.99119, p-value = 0.974

> shapiro.test(anv.mod2$residuals) #정규성 검정

          Shapiro-Wilk normality test

data:  anv.mod2$residuals
W = 0.94187, p-value = 0.01917
```

rANOVA는 rstatix 패키지로 분석하기 좋다. [R 11.2]에서 통계적 가정을 확인하였다. 먼저, group_by() 함수를 활용하여 mydata2를 time 변수의 범주별로 나누어 볼 수 있도록 grouping 객체에 저장하였다. 다음으로 levene_test() 함수를 사용하여 등분산성 검정을 실시하였다. 사후검사는 가정을 충족하나, 사전검사는 5% 유의수준에서 통계적으로 유의하였다. 다음으로 잔차(residual)에 대한 정규성 검정을 실시하기 위하여 aov() 함수로 group이 독립변수이며 사전검사와 사후검사가 각각 종속변수인 모형(anv.mod1, anv.mod2)을 적합하였다. shapiro.test()로 검정한 결과, 사전검사는 정규성 가정을 위배하지 않고 사후검사의 경우 정규성 가정을 위배하는 것으로 나타났다. 앞서 언급한 바와 같이 두 번 반복측정한 자료이므로 구형성 가정은 확인할 필요가 없다.

[R 11.3] rANOVA 결과 1

〈R 코드〉

```
ranova <- anova_test(mydata2, dv = score, wid = id, within = time,
                    between = group, type = 3, effect.size = 'pes')
ranova
```

〈R 결과〉

```
> ranova <- anova_test(mydata2, dv = score, wid = id, within = time,
+                     between = group, type = 3, effect.size = 'pes')
> ranova
```

```
ANOVA Table (type III tests)

       Effect DFn DFd      F        p p<.05   pes
1       group   1  46  0.582 0.449000         0.013
2        time   1  46 13.770 0.000556     * 0.230
3  group:time   1  46 15.295 0.000301     * 0.250
```

rANOVA를 적합하기 위하여 rstatix 패키지의 anova_test() 함수를 활용하였다([R 11.3]). 첫 번째 인자는 데이터이므로 mydata2를 넣었다. dv 인자에 종속변수를, wid 인자에는 사례를 구분하기 위한 ID를 넣으면 된다. 반복측정 변수가 들어가는 within 인자와 비교집단 변수가 들어가는 between 인자에 각각 time과 group을 넣었다. type 인자에는 제Ⅲ유형 제곱합 분해를 뜻하는 3을 넣고, effect.size 인자에 'pes'를 입력하여 효과크기 중 부분에타제곱을 보고하도록 한다.

rANOVA 분석 결과, time의 주효과와 time과 group 간 상호작용(group:time) 효과가 5% 수준에서 통계적으로 유의하였으며, 부분에타제곱 값은 각각 .230과 .250이었다. rANOVA의 주된 관심사인 group:time 상호작용이 유의하므로, 사전·사후검사 점수의 변화 양상이 실험·통제집단에 따라 다르다는 것을 알 수 있다. 주효과인 time이 통계적으로 유의하다는 것은 집단에 관계없이 사전검사와 사후검사 간 평균 차가 통계적으로 유의하다는 뜻인데($p < .001$), 상호작용이 유의하므로 주효과는 굳이 해석할 필요가 없다.

[R 11.4] rANOVA 상호작용 도표 1

〈R 코드〉

```
anv.mod <- aov(score ~ group*time + Error(id/time), data = mydata2)
library(emmeans)
emmip(anv.mod, group ~ time)
```

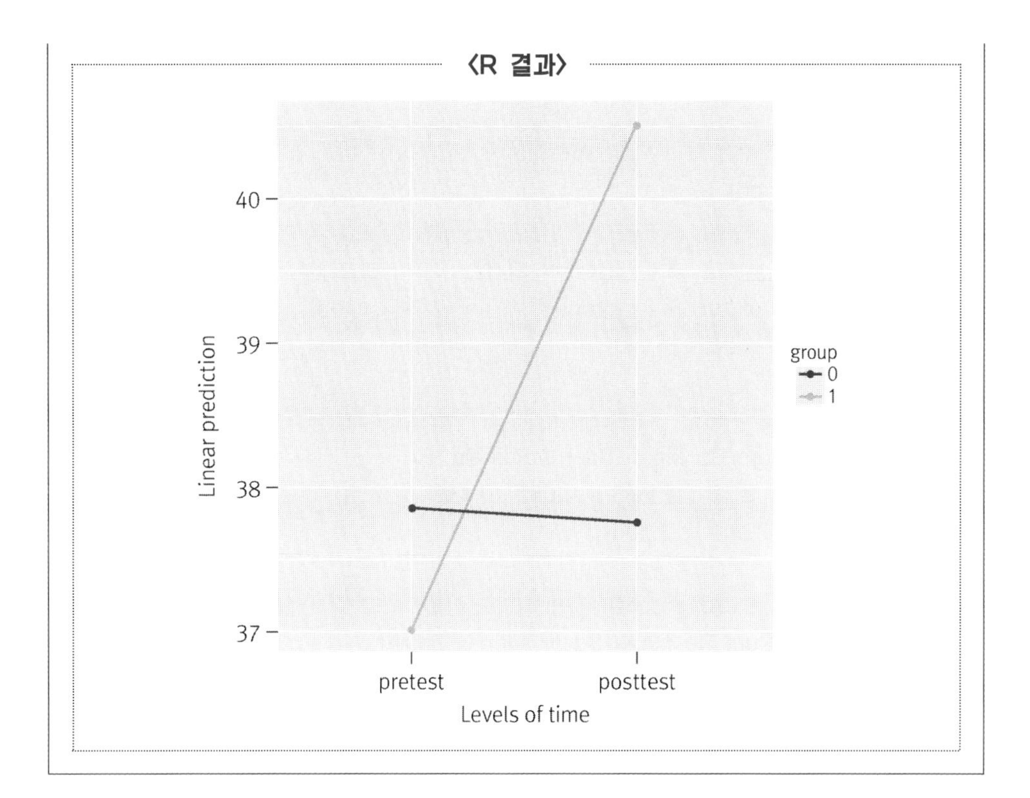

group:time 상호작용이 통계적으로 유의하므로($p < .001$), 상호작용에 대한 도표를 그렸다. 사전검사에서는 통제집단과 실험집단 간 차이가 적었는데, 사후검사에서 집단 간 차이가 크게 벌어진 것을 도표에서 확인할 수 있다([R 11.4]).

R 심화 11.2 aov() 함수로 상호작용 도표 그리기

앞선 rANOVA 분석에서 rstatix의 anova_test() 함수를 사용하였다. 이 함수가 구형성 가정을 확인하며 효과크기를 제공하는 등의 장점이 있기 때문이다. 그런데 상호작용 도표의 경우 emmeans 패키지의 emmip 함수를 활용하는 것이 상대적으로 편리하다. 예를 들어 interaction.plot()과 같은 함수로 상호작용 도표를 그릴 때, 연구자가 설정해야 하는 인자가 크게 늘어난다는 문제가 발생한다. 단, emmip 함수는 anova_test()로 저장한 객체를 인식하지 못하기 때문에 aov() 함수로 rANOVA를 적합한 객체를 활용해야 한다.

[R 11.4]에서 aov() 함수의 수식(formula)에 Error(id/time)를 추가하여 time이 내재요인임을 표시하고 rANOVA를 적합하였다. 그런데 aov() 함수는 제I유형 제곱합을 쓰기 때문에 결과표에서 split-plot의 첫 번째 효과인 time의 통계값이 [R 11.3]의 ranova 결과와 다

르다는 점을 주의할 필요가 있다. 그 외 다른 통계값은 모두 ranova 결과와 동일하다.

〈R 코드〉

```
anv.mod <- aov(score ~ group*time + Error(id/time), data = mydata2)
summary(anv.mod)
```

〈R 결과〉

```
> anv.mod <- aov(score ~ group*time + Error(id/time), data = mydata2)
> summary(anv.mod)

Error: id
          Df Sum Sq Mean Sq F value Pr(>F)
group      1   21.9   21.88   0.582  0.449
Residuals 46 1728.0   37.56

Error: id:time
           Df Sum Sq Mean Sq F value   Pr(>F)
time        1  80.67   80.67   16.41 0.000194 ***
group:time  1  75.19   75.19   15.29 0.000301 ***
Residuals  46 226.14    4.92
---
Signif. codes:  0 '***' 0.001 '**' 0.01 '*' 0.05 '.' 0.1 ' ' 1
```

의도적으로 제4, 8, 10장과 같은 자료를 이용하여 자료를 분석하였다. 실험집단과 통제집단의 사후검사 평균을 비교하는 제4장의 t-검정과 제8장의 ANOVA 통계적 유의성 검정 결과는 동일하였는데, 사후검사 점수만을 이용했기 때문에 모형 설명력이 낮은 편이었다. 제10장의 ANCOVA에서는 사전검사 점수도 모형에 투입하여 사후검사 평균을 통계적으로 조정하였다. t-검정 또는 ANOVA에 비하여 모형 설명력이 향상되었으나, ANCOVA는 집단과 시점(time) 간 상호작용 효과는 검정하지 못한다. 이 장에서는 rANOVA를 이용하여 집단과 시점 간 상호작용을 검정하였다. 제10장의 ANCOVA와 이 장의 rANOVA는 통계적 모형이 다르므로 그 결과 또한 다르다. 연구 관심사가 사후검사 점수 평균에 집중되어 있다면 ANCOVA가 낫고, 집단 간 사전 · 사후검사 변화를 알고자 한다면 rANOVA를 쓰는 것이 낫다는 것을 이 예시를 통하여 확인할 수 있다.

3) 사전 · 사후 · 추후검사

〈분석 자료: 실험집단과 통제집단의 사전·사후·추후검사 결과〉

어떤 프로그램의 효과가 실험이 끝난 후에도 지속되는지 알아보고자 한다. 연구자는 학생들을 무선표집한 후 실험집단 26명, 통제집단 22명에 무선으로 할당하였다. 총 48명의 학생에게 처치 전, 처치 후, 그리고 실험종료 3개월 후 같은 검사를 실시하고 그 결과를 사전 · 사후 · 추후검사 점수(t1, t2, t3)로 입력하였다.

변수명	변수 설명
ID	학생 ID
t1	사전검수
t2	사후검사
t3	추후검사
group	집단(0: 통제집단, 1: 실험집단)

〈영가설과 대립가설〉

$H_0 : all\ (\alpha\beta)_{jk} = 0$

$H_A : otherwise$

[data file: rANOVA_p2_q3_thesis.csv]

[R 11.5] rANOVA 자료 변환 2

〈R 코드〉

```
##예시 2##
mydata <- read.csv('rANOVA_p2_q3_thesis.csv')
library(tidyr)
mydata2 <- gather(mydata, key = 'time', value = 'score', t1, t2, t3,
factor_key = TRUE)
mydata2$group <- as.factor(mydata2$group)
mydata2$id <- as.factor(mydata2$id)
str(mydata2)
```

R의 rANOVA는 긴 포맷 자료를 분석하기 때문에 넓은 포맷으로 입력된 자료를 변환해야 한다. [R 11.5]에서 자료 변환을 설명하였다. gather() 함수의 key 인자에 time을 넣어 t1, t2, t3로 구분되어 있던 검사 시점을 time이라는 하나의 변수로 통합하고, value 인자에 score를 넣어 그 측정값을 score 변수에 저장한다. 'factor_key = TRUE'로 key 인자의 time을 범주형 변수로 처리하였다. 마지막으로 group과 id 변수도 범주형 변수로 바꾼 후, 그 결과를 mydata2에 저장하였다. str(mydata2)로 time이 t1, t2, t3의 세 개 범주로 구성되는 범주형 변수이며, score는 각 측정값에 대한 연속형 변수라는 것을 확인할 수 있다.

[R 11.6] rANOVA 통계적 가정 2

〈R 코드〉

```
library(rstatix)
grouping <- group_by(mydata2, time)
levene_test(grouping, score ~ group, center = mean) #등분산성 검정
anv.mod1 <- aov(t1 ~ group, data = mydata)
anv.mod2 <- aov(t2 ~ group, data = mydata)
anv.mod3 <- aov(t3 ~ group, data = mydata)
shapiro.test(anv.mod1$residuals) #정규성 검정
shapiro.test(anv.mod2$residuals) #정규성 검정
shapiro.test(anv.mod3$residuals) #정규성 검정
```

〈R 결과〉

```
> library(rstatix)
> grouping <- group_by(mydata2, time)
> levene_test(grouping, score ~ group, center = mean) #등분산성 검정
# A tibble: 3 × 5
  time    df1   df2 statistic     p
  <fct> <int> <int>     <dbl> <dbl>
1 t1        1    46    0.0110 0.917
2 t2        1    46    0.130  0.720
3 t3        1    46    0.231  0.633
> anv.mod1 <- aov(t1 ~ group, data = mydata)
> anv.mod2 <- aov(t2 ~ group, data = mydata)
> anv.mod3 <- aov(t3 ~ group, data = mydata)
> shapiro.test(anv.mod1$residuals) #정규성 검정
```

```
          Shapiro-Wilk normality test

data:  anv.mod1$residuals
W = 0.96896, p-value = 0.2307
> shapiro.test(anv.mod2$residuals) #정규성 검정

          Shapiro-Wilk normality test

data:  anv.mod2$residuals
W = 0.95733, p-value = 0.07871
> shapiro.test(anv.mod3$residuals) #정규성 검정

          Shapiro-Wilk normality test

data:  anv.mod3$residuals
W = 0.96288, p-value = 0.132
```

[R 11.6]에서 통계적 가정을 확인하였다. 우선, group_by() 함수를 활용하여 mydata2를 time 변수의 범주별로 나누어 볼 수 있도록 grouping 객체에 저장하였다. 다음으로 levene_test() 함수를 사용하여 등분산성 검정을 실시하였다. 등분산성 검정 결과, 사전·사후·추후 검사의 오차분산은 모두 등분산성 가정을 충족한다. 다음으로 잔차(residual)에 대한 정규성 검정을 실시하기 위하여 aov() 함수로 group이 독립변수이며 사전·사후·추후 검사가 종속변수인 모형(anv.mod1, anv.mod2, anv.mod2)을 각각 적합하였다. shapiro.test()로 검정한 결과, 사전검사, 사후검사, 추후검사 모형의 잔차는 모두 정규성을 충족하였다.

[R 11.7] rANOVA 결과 2

〈R 코드〉

```
ranova <- anova_test(mydata2, dv = score, wid = id, within = time,
                     between = group, type = 3, effect.size = 'pes')
ranova
```

〈R 결과〉

```
> ranova <- anova_test(mydata2, dv = score, wid = id, within = time,
+                      between = group, type = 3, effect.size = 'pes')
> ranova
$ANOVA
      Effect DFn DFd     F     p p<.05   pes
1      group   1  46 3.720 0.060       0.075
2       time   2  92 4.656 0.012     * 0.092
3 group:time   2  92 3.867 0.024     * 0.078

$'Mauchly's Test for Sphericity'
      Effect     W     p p<.05
1       time 0.988 0.763
2 group:time 0.988 0.763

$'Sphericity Corrections'
      Effect   GGe       DF[GG] p[GG] p[GG]<.05
               HFe       DF[HF] p[HF] p[HF]<.05
1       time 0.988 1.98, 90.92 0.012         *
             1.032 2.06, 94.97 0.012         *
2 group:time 0.988 1.98, 90.92 0.025         *
             1.032 2.06, 94.97 0.024         *
```

rANOVA를 적합하기 위하여 rstatix 패키지의 anova_test() 함수를 활용하였다([R 11.7]). 첫 번째 인자는 데이터이므로 mydata2를 넣었다. dv 인자에 종속변수를, wid 인자에는 사례를 구분하기 위한 ID를 넣으면 된다. 반복측정 변수가 들어가는 within 인자와 비교 집단 변수가 들어가는 between 인자에 각각 time과 group을 넣었다. type 인자에는 제III유형 제곱합 분해를 뜻하는 3을 넣고, effect.size 인자에 'pes'를 입력하여 효과크기 중 부분에타제곱을 보고하도록 한다.

anova_test() 함수는 내재요인의 범주가 세 개 이상이면 자동으로 구형성 가정을 검정한다. 이 예시에서 내재요인은 time이며, 사전 · 사후 · 추후검사의 세 개 범주로 구성된다. $'Mauchly's Test for Sphericity'에서 유의확률이 .763으로 구형성 가정이 충족되므로 $ANOVA 부분을 해석하면 된다. 만약 구형성 가정이 위배된다면 $'Sphericity Corrections' 부분을 해석하면 된다. GG와 HF는 각각 Greenhouse-Geisser와 Huynh-Feldt를 뜻한다.

rANOVA 분석 결과, time의 주효과와 time과 group 간 상호작용(group:time) 효과가 5% 유의수준에서 통계적으로 유의하였으며, 부분에타제곱 값은 각각 .092와 .078이었다. rANOVA의 주된 관심사인 group:time 상호작용이 유의하므로, 사전 · 사후 · 추후 검사 점수의 변화 양상이 실험 · 통제집단에 따라 다르다는 것을 알 수 있다. 주효과인 time이 통계적으로 유의하다는 것은 집단에 관계없이 사전 · 사후 · 추후 검사 간 평균 차가 통계적으로 유의하다는 뜻인데(p = .012), 상호작용이 유의하므로 주효과는 굳이 해석할 필요가 없다.

[R 11.8] rANOVA 상호작용 도표 2

〈R 코드〉

```
anv.mod <- aov(score ~ group*time + Error(id/time), data = mydata2)
library(emmeans)
emmip(anv.mod, group ~ time)
```

〈R 결과〉

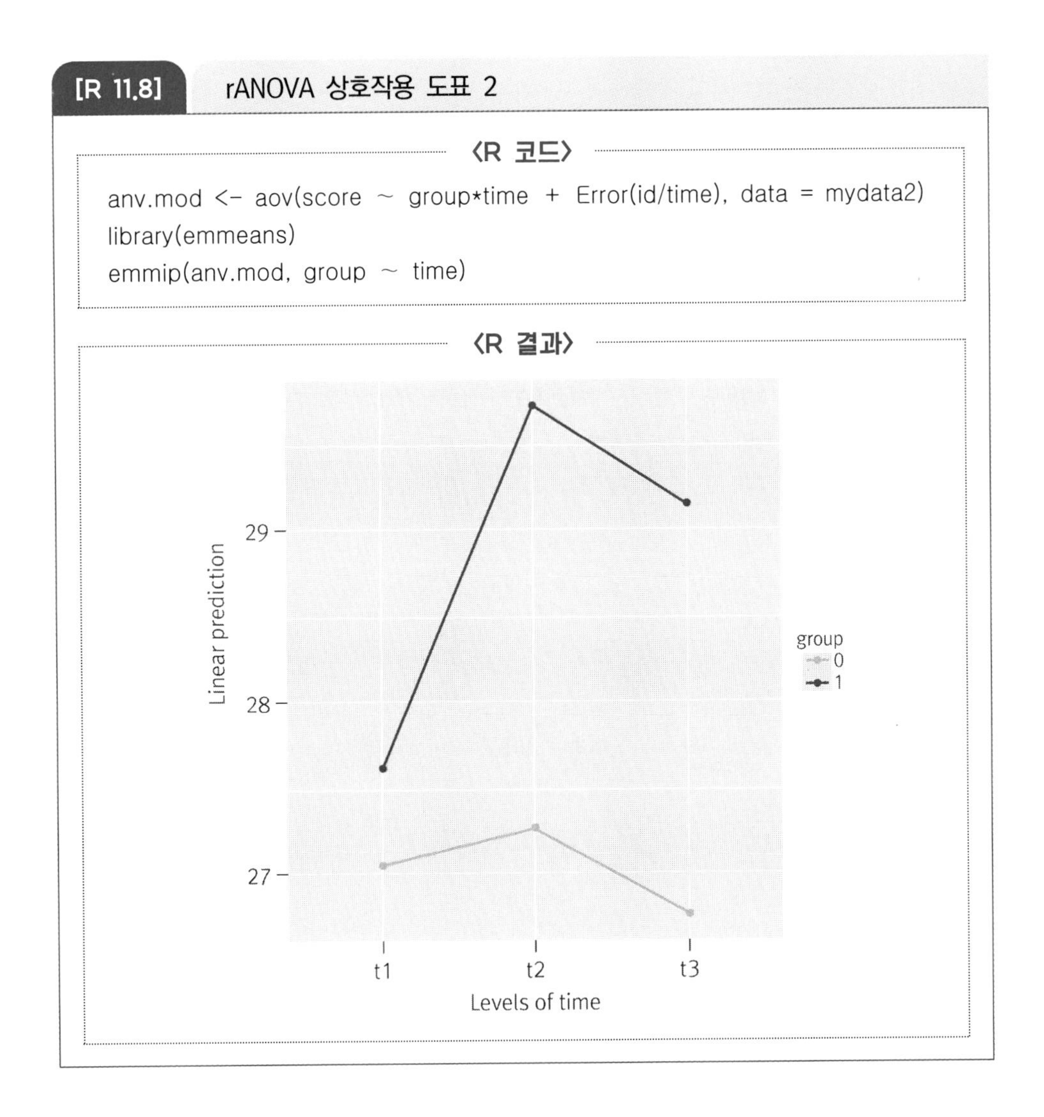

group:time 상호작용이 통계적으로 유의하므로($p = .024$), 상호작용에 대한 도표를 그렸다. 첫 번째 시점인 사전검사에서는 통제집단과 실험집단 간 차이가 적었으나, 두 번째 시점인 사후검사에서 집단 간 차이가 크게 벌어졌다. 즉, 실험 처치로 인한 실험집단과 통제집단의 차이를 도표로도 확인할 수 있다. 또한 이 집단 간 차이는 세 번째 시점인 추후검사에서도 유지되고 있는 것으로 보인다([R 11.8]).

심화 11.5 실험설계 도식

Kirk(1995)의 실험설계 도식으로 이 장의 rANOVA 예시를 표기해 보겠다. 집단 간 변수와 집단 내 변수가 하나씩일 때 Kirk의 도식은 p · q로 쓰는데, 가운뎃점 앞의 p는 집단 간 변수의 수준 수를, q는 집단 내 변수의 수준 수를 뜻한다. 실험 · 통제집단에 대하여 사전 · 사후검사를 실시하는 첫 번째 예시는 2 · 2, 실험 · 통제집단에 대하여 사전 · 사후 · 추후검사를 실시하는 이 예시는 2 · 3이다. 추후검사가 한 번 더 추가되었을 뿐, 집단 간 변수 수와 집단 내 변수 수가 여전히 한 개씩이기 때문이다.

집단 간 또는 집단 내 변수가 여러 개일 경우, 각 변수에 대한 수준 수를 밝혀야 한다. 예를 들어 실험 · 통제집단에 대하여 두 가지 검사(예: 자기효능감 검사와 학습동기 검사)를 실시할 경우, 집단 내 변수 수가 두 개가 되므로 실험설계 도식을 p · qr로 쓴다. 이때 r은 두 번째 집단 내 변수의 수준 수가 된다.

연습문제

1. 다음 반복측정 분산분석 관련 진술을 읽고 옳은 것은 T, 틀린 것은 F로 표시하시오.

(1) 성별은 무선효과(random effect) 변수다. ( )

(2) 실험설계에서 구획(block)을 이용할 때 자유도의 손실이 없다는 장점이 있다. ( )

(3) 같은 사람을 반복하여 측정하는 설계는 내재설계(nested design)의 일종이다. ( )

(4) 구형성 가정(sphericity assumption) 위배 시 Greenhouse-Geisser 또는 Huynh-Feldt 통계치를 이용하면 된다. ( )

(5) 두 집단에 대해 사전 · 사후검사를 하는 설계에서 사전 · 사후검사와 집단 간 상호작용이 있는지 알아보려면 ANCOVA를 이용하면 된다. ( )

2. 다음 결과를 보고 해석하시오.

개체-내 요인

측도: MEASURE_1

time	종속 변수
1	c1
2	c2
3	c3

개체-간 요인

		변수값 설명	N
group	0	통제집단	22
	1	실험집단	26

개체-간 효과 검정

측도: MEASURE_1

변환된 변수: 평균

소스	제 III 유형 제곱합	자유도	평균 제곱	F	유의확률
절편	110897.308	1	110897.308	3495.311	.000
group	118.030	1	118.030	3.720	.060
오차	1459.463	46	31.727		

Mauchly의 구형성 검정[a]

측도: MEASURE_1

개체-내 효과	Mauchly의 W	근사 카이제곱	자유도	유의확률	엡실런[b]		
					Greenhouse-Geisser	Huynh-Feldt	하한값
time	.988	.540	2	.763	.988	1.000	.500

정규화된 변형 종속변수의 오차 공분산행렬이 단위행렬에 비례하는 영가설을 검정합니다.

a. Design: 절편 + group
개체-내 계획: time

b. 유의성 평균검정의 자유도를 조절할 때 사용할 수 있습니다. 수정된 검정은 개체내 효과검정 표에 나타납니다.

개체-내 효과 검정

측도: MEASURE_1

소스		제 III 유형 제곱합	자유도	평균 제곱	F	유의확률
time	구형성 가정	32.770	2	16.385	4.656	.012
	Greenhouse-Geisser	32.770	1.976	16.581	4.656	.012
	Huynh-Feldt	32.770	2.000	16.385	4.656	.012
	하한값	32.770	1.000	32.770	4.656	.036
time * group	구형성 가정	27.215	2	13.607	3.867	.024
	Greenhouse-Geisser	27.215	1.976	13.770	3.867	.025
	Huynh-Feldt	27.215	2.000	13.607	3.867	.024
	하한값	27.215	1.000	27.215	3.867	.055
오차(time)	구형성 가정	323.730	92	3.519		
	Greenhouse-Geisser	323.730	90.916	3.561		
	Huynh-Feldt	323.730	92.000	3.519		
	하한값	323.730	46.000	7.038		

프로파일 도표

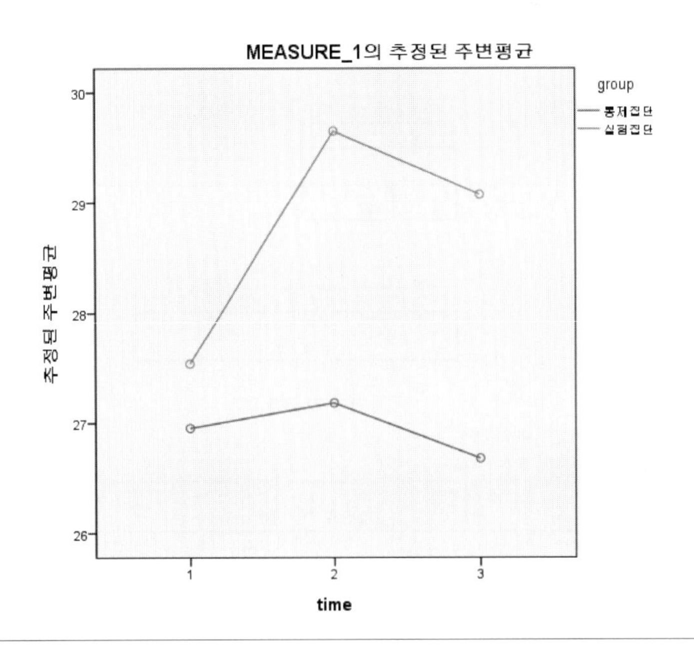

1) 어떤 실험 설계인지 설명하시오(단, time은 측정 시점을 뜻한다).

2) 어떤 통계적 가정을 검정하였는지 설명하고, 검정 결과를 해석하시오.

3) 영가설을 진술하고 5% 유의수준에서 검정하시오.

4) 집단 내 요인과 집단 간 요인을 구분하여 분산분석표를 만드시오.

3. 다음 결과를 보고 해석하시오.

개체-내 요인

측도: MEASURE_1

test	time	종속 변수
1	1	a1
	2	a2
	3	a3
2	1	b1
	2	b2
	3	b3

개체-간 요인

		변수값 설명	N
group	0	통제집단	22
	1	실험집단	26

개체-간 효과 검정

측도: MEASURE_1

변환된 변수: 평균

소스	제 III 유형 제곱합	자유도	평균 제곱	F	유의확률
절편	396507.696	1	396507.696	4739.377	.000
group	77.974	1	77.974	.932	.339
오차	3848.471	46	83.662		

개체-내 효과 검정

측도: MEASURE_1

소스		제 III 유형 제곱합	자유도	평균 제곱	F	유의확률
test	구형성 가정	455.247	1	455.247	28.895	.000
	Greenhouse-Geisser	455.247	1.000	455.247	28.895	.000
	Huynh-Feldt	455.247	1.000	455.247	28.895	.000
	하한값	455.247	1.000	455.247	28.895	.000
test * group	구형성 가정	.914	1	.914	.058	.811
	Greenhouse-Geisser	.914	1.000	.914	.058	.811
	Huynh-Feldt	.914	1.000	.914	.058	.811
	하한값	.914	1.000	.914	.058	.811
오차(test)	구형성 가정	724.739	46	15.755		
	Greenhouse-Geisser	724.739	46.000	15.755		
	Huynh-Feldt	724.739	46.000	15.755		
	하한값	724.739	46.000	15.755		
time	구형성 가정	95.941	2	47.970	10.664	.000
	Greenhouse-Geisser	95.941	1.922	49.914	10.664	.000
	Huynh-Feldt	95.941	2.000	47.970	10.664	.000
	하한값	95.941	1.000	95.941	10.664	.002
time * group	구형성 가정	84.372	2	42.186	9.378	.000
	Greenhouse-Geisser	84.372	1.922	43.895	9.378	.000
	Huynh-Feldt	84.372	2.000	42.186	9.378	.000
	하한값	84.372	1.000	84.372	9.378	.004
오차(time)	구형성 가정	413.830	92	4.498		
	Greenhouse-Geisser	413.830	88.417	4.680		
	Huynh-Feldt	413.830	92.000	4.498		
	하한값	413.830	46.000	8.996		
test * time	구형성 가정	4.928	2	2.464	.743	.478
	Greenhouse-Geisser	4.928	1.991	2.475	.743	.478
	Huynh-Feldt	4.928	2.000	2.464	.743	.478
	하한값	4.928	1.000	4.928	.743	.393
test * time * group	구형성 가정	17.220	2	8.610	2.597	.080
	Greenhouse-Geisser	17.220	1.991	8.647	2.597	.080
	Huynh-Feldt	17.220	2.000	8.610	2.597	.080
	하한값	17.220	1.000	17.220	2.597	.114
오차(test*time)	구형성 가정	305.023	92	3.315		
	Greenhouse-Geisser	305.023	91.604	3.330		
	Huynh-Feldt	305.023	92.000	3.315		
	하한값	305.023	46.000	6.631		

1) 어떤 실험설계인지 설명하시오(단, test는 검사, time은 측정 시점을 뜻한다).

2) 어떤 통계적 가정을 검정하였는지 설명하고, 검정 결과를 해석하시오.

3) 이 실험설계의 세 가지 영가설을 쓰고 5% 유의수준에서 검정하시오.

4) 집단 내 요인과 집단 간 요인을 구분하여 분산분석표를 만드시오.

제 12 장

범주형 자료 분석 (카이제곱 검정)

필수 용어

범주형 자료, 결합확률, 주변확률, 조건부확률, 기대빈도, 오즈비, Pearson 카이제곱 통계치, 로지스틱 회귀모형

학습목표

1. 교차분석의 통계적 가정과 특징을 설명할 수 있다.
2. 로지스틱 회귀모형의 통계적 가정과 특징을 설명할 수 있다.
3. 범주형 자료분석에서 오즈비를 구하고 해석할 수 있다.
4. 실제 자료에서 R을 이용하여 교차분석과 로지스틱 회귀모형을 실행할 수 있다.

양적연구에서 변수를 연속형 변수와 범주형 변수로 나누어 생각할 수 있다. 척도로 설명한다면, 동간 척도 또는 비율 척도로 측정될 때 연속형 변수, 서열 척도 또는 명명 척도일 경우 범주형 변수라고 한다. 지금까지는 종속변수가 정규분포를 따르는 연속형 변수라는 가정하에 t-검정, ANOVA, 회귀분석, ANCOVA, rANOVA와 같은 통계적 방법을 설명하였다. 그러나 종속변수가 찬성/반대, 합격/불합격, 우수/보통/노력요함과 같은 범주형일 경우 더 이상 정규분포 가정을 할 수 없다. 그런데 종속변수가 범주형 변수인 경우를 실제 사례에서 의외로 많이 찾아볼 수 있다. 이를테면 고속도로 교통정보의 경우 시속 몇 킬로미터인지를 숫자로 제시하기보다 정체 상황을 한눈에 보여 주기 위하여 빨강, 주황, 녹색, 파랑 등의 몇 가지 색깔을 이용하기도 한다. 사람들은 급한 상황에서는 상세한 정보를 주는 숫자보다 몇 안 되는 색깔을 더 쉽게 인지하는 것이다. 학생 평가의 경우에도 점수를 성취기준(performance standards)에 따라 우수, 보통, 노력요함 등의 범주형 자료로 바꿀 수 있다. 그런데 시속 몇 킬로미터부터 빨강인지, 주황인지, 몇 점부터 몇 점까지 보통 학력인지 등은 사람이 결정해야 하는 부분이다. 이렇게 연속형인 변수를 필요에 의해 범주형 변수로 바꾸는 경우도 있는가 하면, 성별처럼 처음부터 범주형 변수인 경우도 있다.

종속변수가 범주형일 때 통계치가 카이제곱 분포를 따른다고 가정할 수 있다. 카이제곱 분포는 비모수 검정(nonparametric test)에서 많이 쓰이기 때문에, 카이제곱 분포를 쓰면 비모수 검정이라고 혼동하는 경우를 많이 보았다. 그러나 비모수 검정은 모집단의 분포에 대하여 거의 가정하지 않는 경우를 말하며, 이는 이 장의 범주형 자료 분석에서 카이제곱 분포를 따른다고 가정하는 경우와 다르다. 즉, 카이제곱 분포를 이용하는 검정이 비모수 검정이라고 말하는 것은 옳지 않은 진술이며, 비모수 검정을 범주형 자료분석(categorical data analysis)과 구분할 필요가 있다. 비모수 검정은 다음 장인 제13장에서 설명할 것이다. 이 장에서는 종속변수가 예/아니요, 합격/불합격과 같은 이항(bionomial) 자료에 초점을 맞추어 범주형 자료 분석에 대하여 설명하겠다. 교차분석에서 시작하여 로지스틱 회귀모형까지 아우르며 R 예시를 제시할 것이다.

1 교차분석

사교육 여부에 따라 특목고 합격 여부가 달라지는지 알고 싶다고 하자. 특목고를 준비하는 중학교 3학년 257명을 사교육 여부로 구분하였더니, 사교육을 받은 학생과 받지 않은 학생이 각각 181명과 76명이었다. 이후 특목고 합격 여부로 구분하면 특목고에 합격한 학생은 73명, 합격하지 못한 학생은 184명이었다. 이 자료를 각 변수의 두 개 수준에 따라 〈표 12.1〉과 같이 정리하였다.

〈표 12.1〉 사교육 여부에 따른 특목고 합격 여부

사교육 여부 \ 특목고 합격	Yes	No	합계
Yes	63	118	181
No	10	66	76
합계	73	184	257

사교육 여부와 특목고 합격 여부는 둘 다 예/아니요로만 응답이 가능한 범주형 변수다. 두 개의 범주형 변수를 설명변수(X)와 반응변수(Y)로 구분하면, 시간적으로 선행하는 변수가 설명변수가 되며 보통 행에 넣는다. 이 예시에서는 사교육 여부가 설명변수다. 각 범주형 변수가 I개와 J개의 수준(level)이 있으므로 $I \times J$개의 칸(cell)이 있는 표가 만들어지며, 각 칸에는 해당 수준의 빈도수(frequency)가 들어간다. 이를 $I \times J$ 분할표(contingency table) 또는 교차표(cross-table)라고 한다. 두 변수에 대한 분할표를 이차원 분할표(two-way table), 세 변수에 대한 분할표를 삼차원 분할표(three-way table)라고 부른다. 삼차원 분할표는 $I \times J \times K$ 분할표로 표기한다. 이 예시에서 사교육 여부와 특목고 합격 여부 모두 두 개의 수준으로 구성되므로 2×2 분할표라고 하고, 네 개 칸이 있

는 분할표가 만들어진다. 분할표(교차표)를 분석하는 기법을 교차분석이라고 한다.

통계에서는 변수 간 관계를 파악하여 모형을 만드는 것이 근본 목적이라 할 수 있다. 변수가 연속형이든 범주형이든 관계없다. 상관분석(또는 선형 회귀분석)에서 아버지의 키와 아들의 키가 어떻게 연관이 있는지 분석한 것처럼, 교차분석에서는 사교육과 특목고 합격의 연관성을 분석한다. 상관분석(또는 선형 회귀분석)에서 아버지의 키와 아들의 키가 상관이 없다고 영가설을 세운 것처럼, 교차분석에서도 사교육 여부와 특목고 합격 여부가 독립이라는 영가설을 세운다. 즉, 영가설을 기각하지 못한다면 두 변수 간 관련이 없고, 영가설을 기각한다면 사교육 여부에 따라 특목고 합격 여부가 다르다고 할 수 있다. 선형 회귀 모형의 가설 검정에서 F-분포를 이용했는데, 범주형 변수를 다루는 교차분석에서는 카이제곱 분포를 쓴다. 카이제곱 분포에 대한 설명은 〈심화 12.1〉을 참고하면 된다.

심화 12.1 카이제곱 분포

카이제곱 분포(chi-square distribution)는 자유도(k)에 따라 그 모양이 달라지는 분포다. 서로 독립인 표준정규분포를 따르는 변수 $Z_1, Z_2, Z_3, \cdots Z_k$의 제곱을 더한 값은 자유도 k인 카이제곱 분포를 따른다.

$$Q = \sum_{i=1}^{k} Z_i^2$$

$$Q \sim \chi_k^2$$

따라서 카이제곱 분포는 음수 값을 가질 수 없다. 참고로 카이제곱 분포는 감마 분포(Gamma distribution)의 하위분포로, 분포 자유도가 k일 때 평균이 k, 분산이 $2k$가 되는 특징이 있다. 다음은 자유도에 따른 카이제곱 분포의 확률밀도함수다.

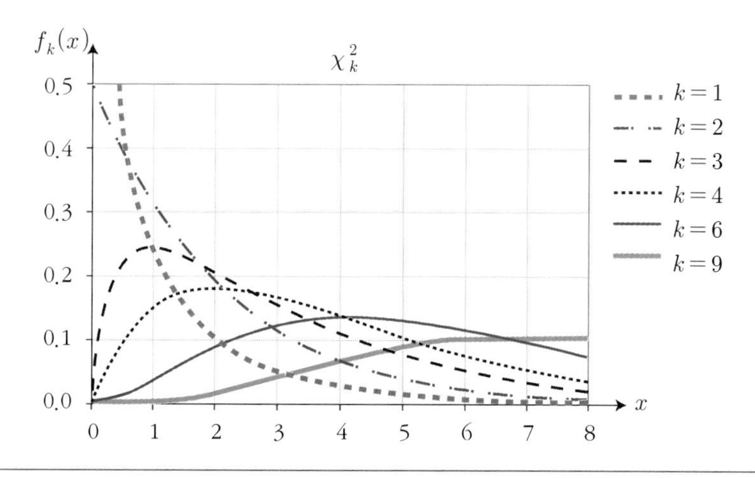

1) 결합확률, 주변확률, 조건부확률

교차분석 및 로지스틱 회귀모형을 이해하려면 결합확률, 주변확률, 조건부확률과 같은 기본적인 개념이 선행되어야 한다. 행(X)과 열(Y)의 각 수준을 i, j라고 할 때, 결합확률(joint probability) π_{ij}는 행의 i번째 수준, 열의 j번째 수준에 속할 확률을 뜻한다(12.1a). 각 행 또는 각 열의 결합확률을 더하면 1이 된다(12.1b).

$$\pi_{ij} = P(X=i, Y=j) \quad \cdots\cdots (12.1a)$$

$$\sum_i \pi_{ij} = \sum_j \pi_{ij} = 1 \quad \cdots\cdots (12.1b)$$

행의 i번째 수준, 열의 j번째 수준인 칸의 빈도가 n_{ij}이고 $n = \sum_{i,j} n_{ij}$라고 하자. 행의 i번째 수준, 열의 j번째 수준의 표본 확률인 p_{ij}[1]는 다음과 같다.

$$p_{ij} = \frac{n_{ij}}{n}$$

이때 n_{ij}를 각 칸의 관찰빈도(observed frequency)라 한다.

주변확률(marginal probability)은 각 행과 열에 대한 확률을 모두 더한 확률이다. 주변확률 π_{i+}는 행의 i번째 확률을 모두 더한 값이고, 주변확률 π_{+j}는 열의 j번째 확률을 모두 더한 값이다. 2×2 분할표를 예로 들면, $\pi_{1+}, \pi_{2+}, \pi_{+1}, \pi_{+2}$의 네 개의 주변확률을 다음과 같이 구할 수 있다.

$$\pi_{1+} = \pi_{11} + \pi_{12}, \quad \pi_{+1} = \pi_{11} + \pi_{21}$$
$$\pi_{2+} = \pi_{21} + \pi_{22}, \quad \pi_{+2} = \pi_{12} + \pi_{22}$$

조건부확률(conditional probability)은 (12.2)와 같다. 예를 들어 $\pi_{i|j}$는 Y의 수준이 j일

---

1) 모집단의 확률을 그리스어 문자인 π로, 표본의 확률은 영어 알파벳 p로 표기한다.

때 X의 수준이 i인 확률을 뜻한다.

$$\pi_{i|j} = P(X=i|Y=j) \quad \cdots\cdots (12.2)$$

2) 독립성 검정

결합확률, 주변확률, 조건부확률을 이해했다면, 분할표에서의 독립성 검정을 시작할 수 있다. 이 검정에서는 모든 결합확률이 해당 주변확률의 곱과 같다는 영가설을 검정한다. 〈표 12.1〉을 예로 들면, 사교육을 받고 특목고에 합격한 칸의 결합확률인 $\frac{63}{257}$이 사교육을 받은 주변확률인 $\frac{181}{257}$과 특목고에 합격한 주변확률인 $\frac{73}{257}$을 곱한 값과 통계적으로 유의한 차이가 있는지를 검정하는 것이다. 첫 번째 칸만 언급했는데, 모든 칸에 대하여 이 차이를 구해야 한다. 결합확률과 주변확률 곱의 차이가 클수록 행과 열이 독립이 아니게 되며 영가설을 기각하게 된다.

〈독립성 검정〉

$H_o : \pi_{ij} = \pi_{i+}\pi_{+j}$ $(i=1, \cdots, I$이고 $j=1, \cdots, J)$ (모든 결합확률이 주변확률의 곱과 같다)

$H_A : otherwise$

분할표의 독립성 검정을 위한 통계치는 관찰빈도와 기대빈도를 이용한다. 관찰빈도(observed frequency)는 n_{ij}로 표기하며, 각 칸의 관측치를 그대로 이용하면 된다. 기대빈도(expected frequency)는 결합확률에 총 사례수를 곱한 값으로 정의되며, $\widehat{\mu_{ij}}$로 표기한다. 기대빈도 $\widehat{\mu_{ij}}$는 (12.3)과 같이 구할 수 있다.

$$\hat{\mu}_{ij} = np_{i+}p_{+j} = n(\frac{n_{i+}}{n})(\frac{n_{+j}}{n}) = \frac{n_{i+}n_{+j}}{n} \quad \cdots\cdots (12.3)$$

〈표 12.1〉 자료로 기대빈도를 구하여 〈표 12.2〉에서 괄호로 처리하였다. 사교육 여부와 특목고 합격 여부 모두 Yes인 칸의 기대빈도는 $\frac{181 \times 73}{257} = 51.4$가 된다.

〈표 12.2〉 사교육 여부에 따른 특목고 합격 여부(기대빈도 추가)

사교육 여부 \ 특목고 합격	Yes	No	합계
Yes	63 (51.4)	118 (129.6)	181
No	10 (21.6)	66 (54.4)	76
합계	73	184	257

범주형 자료분석에서 독립성 검정 외에 적합성과 동질성 검정도 실시할 수 있다. 적합성, 동질성, 독립성 검정이 모두 카이제곱 통계값을 이용한다는 공통점이 있는데, 자료 표집과 자료의 분포 등에 있어 차이점도 있다. 이 세 가지 검정을 구분하려면 다항분포(multinomial distribution)를 이해할 필요가 있는데, 이는 기초통계를 넘어서는 부분이므로 〈심화 12.2〉는 관심 있는 독자만 읽어도 좋다.

심화 12.2 적합성, 동질성, 독립성 검정

세 가지 검정 중 적합성 검정(goodness of fit test)은 Pearson(1900)에 의하여 가장 먼저 이론화된 것으로, 하나의 다항분포를 따르는 자료에 대하여 각 수준(범주)의 확률이 어떤 정해진 확률과 같은지를 검정하는 것이다. 멘델의 완두콩 교배 실험이 적합성 검정의 유명한 예시다. 적합성 검정이 하나의 다항분포에 대하여 검정하는 반면, 동질성 검정(test of homogeneity)과 독립성 검정(test of independence)은 두 개의 다항분포에 대하여 검정한다는 차이점이 있다. 예를 들어 성별과 합격 여부 간 관계에 대하여 검정한다면 이는 동질성 검정 또는 독립성 검정을 이용할 수 있다.

그렇다면 동질성 검정과 독립성 검정은 어떻게 구분되는가? 동질성 검정과 독립성 검정은 자료 표집과 분포에 있어 차이점이 있다. 동질성 검정을 시행하려면 행(또는 열)의 주변합이 각각 고정되도록 표집을 해야 한다. 이 경우 각 행(또는 열)이 다항분포를 따른다. 반대로 독립성 검정을 시행하려면 표집 시 행(또는 열)의 주변합을 고정시키지 않고 전체 자료수만 고정시키면 된다. 이 경우는 전체 자료가 하나의 다항분포를 따르는 것으로 볼 수 있다. 만일 성별과 합격 여부 간 관계를 검정하기 위하여 남자와 여자를 각각 100명씩 표집한 후 이를 성별과 합격 여부로 정리하여 검정한다면 이는 동질성 검정의 예시가 된다. 성별에 관계없이 200명을 표집한 후, 이를 성별과 합격 여부로 정리하여 검정하는 경우는 독립성 검정의 예시가 된다.

정리하면, 적합성 검정은 하나의 다항분포에 대하여, 그리고 독립성 검정과 동질성 검정은 두 개의 다항분포에 대하여 검정한다는 차이점이 있다. 그러나 독립성 검정과 동질성 검정은 자료 표집과 분포가 다소 다를 뿐, 검정통계량, 자유도, 기각역 등은 모두 같다는 점을 주의해야 한다. 적합성, 동질성, 독립성 검정에 대하여 더 자세하게 알고 싶다면 Hogg & Craig(1995) 등을 참고하면 된다.

3) 검정 통계치와 통계적 가정

설명변수와 반응변수가 모두 범주형 변수인 경우 분할표를 만들고 그 행과 열이 서로 독립인지 아닌지 카이제곱 검정을 이용하여 검정한다. 이때 Pearson 카이제곱 통계치(Pearson chi-square statistics) 또는 로그우도비 검정(Log-likelihood Ratio Test: LRT)의 통계치를 이용할 수 있다. 사례 수가 적을 때 Fisher의 정확검정(Fisher's exact test)도 가능하다. 가장 많이 이용되는 Pearson 카이제곱 통계치는 식 (12.4)와 같다.

$$\chi^2 = \sum_{i=1}^{I}\sum_{j=1}^{J}\frac{(n_{ij}-\widehat{\mu_{ij}})^2}{\widehat{\mu_{ij}}} \quad \cdots\cdots (12.4)$$

n_{ij}: 관찰빈도(observed frequency)

$\widehat{\mu_{ij}}$: 기대빈도(expected frequency)

$df = (I-1)(J-1)$

즉, 관찰빈도와 기대빈도 간 차의 제곱을 기대빈도로 나눈 값을 모두 더한 통계치가 Pearson 카이제곱 통계치이며, 이는 자유도 $(I-1)(J-1)$인 카이제곱 분포를 따른다. 관찰빈도와 기대빈도 간 차가 클수록 통계치가 커지며 영가설을 기각할 확률이 높아지는 것을 알 수 있다.

행과 열이 모두 두 개씩인 2×2 분할표는 자유도가 1이 된다. 이 경우 Pearson 카이제곱 통계치를 연속성 교정(Yates 교정) 후 (12.5)와 같은 식으로 쓰기도 한다.

$$\chi^2 = \sum_{i=1}^{I}\sum_{j=1}^{J}\frac{(n_{ij}-\widehat{\mu_{ij}}-\frac{1}{2})^2}{\widehat{\mu_{ij}}} \quad \cdots\cdots (12.5)$$

LRT(로그우도비 검정) 공식은 (12.6)과 같다.

$$G^2 = 2\sum_{i=1}^{I}\sum_{j=1}^{J} n_{ij} \log \left(\frac{n_{ij}}{\widehat{\mu}_{ij}}\right) \quad \cdots\cdots (12.6)$$

심화 12.3 Pearson 카이제곱 통계치와 LRT 통계치

Pearson 카이제곱 통계치는 스코어통계(score statistics), LRT 통계치는 우도비(Likelihood Ratio Test)에 해당되며, 두 통계치 모두 카이제곱 분포를 따른다. Pearson 카이제곱 통계치와 LRT 통계치는 다른 식이지만, 영가설이 참이고 각 칸의 기대빈도(expected frequency)가 큰 경우 거의 비슷한 값을 갖는다고 한다(Agresti, 2002).

카이제곱 통계치와 LRT 통계치는 모두 최대우도추정법(Maximum Likelihood Estimation: MLE)으로 추정된다. 두 통계치가 크게 차이 난다면 다른 추정법을 쓰는 것이 바람직한데, 일반적으로 LRT 통계가 스코어통계보다 더 낫다고 말할 수 있다. LRT 통계가 더 많은 정보를 이용하기 때문이다.

Pearson 카이제곱 검정 가정으로 표본의 독립성과 20% 규칙이 있다. 표본의 독립성 가정은 연속형 변수에서와 마찬가지로 독립 표본인 경우 충족된다. 특목고를 준비하는 중학교 3학년 학생을 무선으로 표집하여 사교육 여부와 특목고 합격 여부를 조사할 경우 독립 표본이라고 할 수 있다. 종속표본의 경우 Pearson 카이제곱 검정을 쓸 수 없고 다른 검정 방법을 써야 하는데, 설계에 따라서 방법이 달라진다. 예를 들어 같은 사람을 두 번 측정하는 경우 McNemar 검정을, 세 번 이상 측정하는 경우 Friedman 검정, Kendall's W, Cochran's Q 검정 등이 가능하다. 제13장에서 자세하게 설명할 것이다.

20% 규칙은 기대빈도(expected frequency)가 5 이하인 칸(cell)이 전체 칸의 20% 이하가 되어야 한다는 것이다. 이를 충족하지 못할 경우 몇 가지 해결책이 가능하다. 먼저, 자료를 더 모아서 기대 빈도가 5보다 크게 나오도록 할 수 있다. 그러나 이 경우 시간과 노력이 추가된다는 단점이 있다. 또는 변수의 범주 유목이 유사한 것끼리 묶을 수도 있다. 특히 Likert 척도를 범주형으로 분석할 경우, '전혀 동의하지 않는다'를 답한 사례 수가 매우 적어서 기대빈도가 5 이하인 경우가 많다. 이때 '전혀 동의하지 않는다'와 '별로 동의하지 않는다'를 '동의하지 않는다' 수준으로 함께 묶어서 분석할 수도 있다. 그러나

그다지 유사하지 않은 유목을 단순히 분석상 편의를 위하여 같이 묶어서는 안 된다. '하루에 스마트폰을 얼마나 사용합니까'에 대한 반응 범주를 '30분 미만'부터 조사하였더니, '30분 미만'을 선택한 사람 수가 극히 적은 경우를 생각해 보자. 만일 '30분 미만'이 너무 적게 나왔다고 하여 '30분 이상 1시간 미만'에 묶는 것은 옳지 않다. 연구자의 판단에 따라 '30분 미만' 집단을 아예 전체 분석에서 삭제하는 것도 고려할 수 있다. 정리하면, 20% 규칙을 충족하지 못할 때의 해결책으로 자료를 더 모으거나, 범주 유목이 유사한 것끼리 묶거나, 아니면 아예 분석에서 제외하는 것 등이 가능하다.

4) 오즈비

교차분석에서 오즈비(odds-ratio)는 매우 중요하다. 교차분석에서의 효과크기는 오즈비로 구하기 때문이다. 먼저 오즈(odds)에 대해 설명한 후 오즈비에 대하여 설명하겠다. 성공할 확률 π에 대한 오즈 Ω를 성공확률 대 실패확률의 비율로 정의한다(12.7). 예를 들어 합격할 확률이 0.8이고 실패할 확률이 0.2인 오즈는 $\Omega = \frac{0.8}{0.2} = 4$다. 즉, 성공할 확률이 실패할 확률보다 4배 더 높다는 뜻이다.

$$\Omega = \frac{\pi_i}{1-\pi_i} \quad \cdots\cdots (12.7)$$

오즈가 둘일 때 그 비율이 바로 오즈비인 θ다(12.8a). 오즈비는 0에서 무한대까지 가능한데, 오즈비가 1보다 큰 경우 π_1이 π_2보다 크고(12.8b), 오즈비가 0과 1 사이인 경우 π_2가 π_1보다 더 크다(12.8c). 오즈가 같을 때, 즉 오즈비가 1, $\Omega_1 = \Omega_2$일 때 행 변수와 열 변수가 서로 독립이라고 한다.

$$\theta = \frac{\Omega_1}{\Omega_2} = \frac{\frac{\pi_1}{1-\pi_1}}{\frac{\pi_2}{1-\pi_2}} \quad \cdots\cdots (12.8a)$$

$$1 < \theta < \infty,\ \pi_1 > \pi_2 \quad \cdots\cdots (12.8b)$$

$$0 < \theta < 1,\ \pi_1 < \pi_2 \quad \cdots\cdots (12.8c)$$

〈표 12.3〉의 2×2 분할표에서 오즈비는 대각선 빈도수의 비율로 구할 수 있다(12.9). 첫 번째 행(row)과 두 번째 행의 오즈를 비교할 때, 첫 번째 칸인 n_{11}이 n_{21}보다 더 클 경우 오즈비는 1보다 크고, 반대로 n_{21}이 n_{11}보다 더 클 경우 오즈비는 0과 1 사이가 된다.

〈표 12.3〉 사교육 여부와 특목고 합격 여부의 분할표

사교육 여부 \ 특목고 합격	Yes	No
Yes	n_{11}	n_{12}
No	n_{21}	n_{22}

$$\hat{\theta} = \frac{\frac{P(\text{특목고} = Yes \mid \text{사교육} = Yes)}{P(\text{특목고} = No \mid \text{사교육} = Yes)}}{\frac{P(\text{특목고} = Yes \mid \text{사교육} = No)}{P(\text{특목고} = No \mid \text{사교육} = No)}} = \frac{\frac{n_{11}}{n_{12}}}{\frac{n_{21}}{n_{22}}} = \frac{n_{11}n_{22}}{n_{12}n_{21}} \quad \cdots\cdots (12.9)$$

5) R 예시

(1) 사교육 여부와 수학 성적

〈분석 자료: 사교육 여부와 수학 성적〉

연구자가 어느 인문계 고등학교 3학년 학생을 대상으로 사교육 여부와 수학 성적 간 관련이 있는지 알아보고자 한다. 9월 모의고사에서 상위권(1, 2 등급)과 중위권(3, 4 등급)인 학생을 모았더니 총 257명이었다. 이 학생들을 대상으로 당해 1월 이후 사교육(학원, 과외 등)을 받은 적이 있는지 조사하였다.

변수명	변수 설명
ID	학생 ID
private	사교육 여부(0: No, 1: Yes)
grade	나중등급: 9월 모의고사 등급(1: 상위권, 2: 중위권)

[data file: crosstab_example.csv]

〈연구 가설〉

사교육 여부와 9월 모의고사 등급 간 관계가 있을 것이다.

〈영가설과 대립가설〉

$H_0 : \pi_{ij} = \pi_{i+}\pi_{+j} \ \ (i=1,2;j=1,2)$

$H_A : otherwise$

[R 12.1] 카이제곱 검정 1

〈R 코드〉

```
##예시 1##
mydata <- read.csv('crosstable_example.csv')
mydata$private <- as.factor(mydata$private)
mydata$grade <- as.factor(mydata$grade)
tab <- table(mydata$private, mydata$grade)
chisq.test(tab, correct = FALSE)
chisq.test(tab, correct = TRUE) #연속성 수정
chisq.test(tab, correct = FALSE)$expected #기대빈도
tab
```

〈R 결과〉

```
> ##예시 1##
> mydata <- read.csv('crosstable_example.csv')
> mydata$private <- as.factor(mydata$private)
> mydata$grade <- as.factor(mydata$grade)
> tab <- table(mydata$private, mydata$grade)
> chisq.test(tab, correct = FALSE)

        Pearson's Chi-squared test

data:  tab
X-squared = 12.335, df = 1, p-value = 0.0004445

> chisq.test(tab, correct = TRUE) #연속성 수정

        Pearson's Chi-squared test with Yates' continuity correction

data:  tab
X-squared = 11.294, df = 1, p-value = 0.0007777
```

```
> chisq.test(tab, correct = FALSE)$expected #기대빈도

         1         2
0 21.58755  54.41245
1 51.41245 129.58755
> tab

    1   2
0  10  66
1  63 118
```

교차분석에 쓰이는 변수는 범주형이어야 한다. [R 12.1]에서 as.factor() 함수로 각 변수를 범주형으로 지정한 다음, table() 함수로 교차표(2×2)를 생성하여 tab이라는 이름의 객체에 저장하였다. 이 객체에 chisq.test() 함수를 적용하여 카이제곱 검정을 실시할 수 있다. chisq.test() 함수는 correct 인자에 논리형(logical) 값(TRUE 또는 FALSE)을 넣어 연속성 수정을 할 것인지 명시한다. 기본값(default)이 연속성 수정이므로, 연속성 수정을 원하지 않는다면 논리형 값에 FALSE를 입력하면 된다. 또한 20% 규칙을 충족하는지 알아보려면 chisq.test() 함수 코드 마지막에 '$expected'를 붙여 기대빈도를 구할 수 있다.

분석 결과, 모든 칸의 기대빈도가 5 이상이므로 20% 규칙을 충족하는 것으로 나타났다. 카이제곱 검정의 자유도가 1이며 Pearson 카이제곱 값이 12.335, 연속성 수정 후 Pearson 카이제곱 값이 11.294로, 연속성 수정 여부에 관계없이 5% 유의수준에서 사교육 여부와 나중등급이 독립이라는 영가설이 기각된다($p < .001$). 즉, 사교육을 받는지 안 받는지에 따라 나중등급이 상위권일지 중위권일지 달라진다는 것을 알 수 있다. 이 결과를 더 자세히 해석하려면 오즈비를 구해야 한다. 교차표를 저장한 tab 객체를 확인하여 오즈비를 계산할 수 있다.

R은 숫자가 작은 수준부터 먼저 표에 제시하기 때문에, 사교육을 받지 않고(0과 1 중 0인 수준) 나중등급이 상위권(1과 2 중 1인 수준)인 칸이 가장 먼저 제시된다. 사교육을 받지 않고 나중등급이 상위권인 학생의 오즈비를 구하면 다음과 같다.

사교육 여부 \ 상위권 여부	Yes	No	합계
No	10	66	76
Yes	63	118	181
합계	73	184	257

$$\frac{10 \times 118}{66 \times 63} \simeq 0.28$$

즉, 사교육을 받지 않고 상위권일 오즈는 사교육을 받고 상위권일 오즈보다 약 0.28배 더 낮다. 오즈비가 1보다 작은 경우 분모의 오즈가 분자의 오즈보다 더 크다. 분자와 분모를 바꾸는 경우, 원래 오즈비의 역수배만큼 더 크다고 하면 된다. 다시 말해, 사교육을 받고 상위권일 오즈(분모의 오즈)가 사교육을 받지 않고 상위권일 오즈(분자의 오즈)보다 약 3.52배($\frac{1}{0.283790283} \simeq 3.52$) 더 높다. 다음과 같이 표를 다시 정리하여 오즈비를 구해도 같은 결과를 얻을 수 있다.

사교육 여부 \ 상위권 여부	Yes	No	합계
Yes	63	118	181
No	10	66	76
합계	73	184	257

$$\frac{63 \times 66}{118 \times 10} \simeq 3.52$$

이 값은 앞서 구한 오즈비의 역수와 같다. 이때 소수점 반올림에 주의해야 한다. 반올림한 오즈비 0.28을 대입할 경우 오즈비의 역수는 약 3.57로 반올림 없이 구한 3.52와 똑같지는 않다.

(2) 학생 성별과 진로정보 필요 여부

〈분석 자료: 학생 성별과 진로정보 필요 여부〉

성별에 따라 진로정보 필요 여부가 다른지 알아보고자 한다. 연구자는 어느 특성화 고등학교 3학년 학생을 대상으로 성별과 진로정보 필요 여부를 조사하고 입력하였다.

변수명	변수 설명
ID	학생 아이디
GENDER	학생 성별(0: 남학생, 1: 여학생)
INFO	진로정보 필요 여부(0: 필요하지 않다, 1: 필요하다)

[data file: infoneeds.csv]

〈연구 가설〉

학생 성별에 따라 진로정보 필요 여부가 다를 것이다.

〈영가설과 대립가설〉

$H_0 : \pi_{ij} = \pi_{i+}\pi_{+j} \quad (i=1,2;\, j=1,2)$

$H_A : otherwise$

[R 12.2] 카이제곱 검정 2

〈R 코드〉

```
##예시 2##
mydata <- read.csv('infoneeds.csv')
mydata$GENDER <- as.factor(mydata$GENDER)
mydata$INFO <- as.factor(mydata$INFO)
tab <- table(mydata$GENDER, mydata$INFO)
chisq.test(tab, correct = FALSE)
chisq.test(tab, correct = TRUE) #연속성 수정
chisq.test(tab, correct = FALSE)$expected #기대빈도
tab
```

〈R 결과〉

```
> ##예시 2##
> mydata <- read.csv('infoneeds.csv')
> mydata$GENDER <- as.factor(mydata$GENDER)
> mydata$INFO <- as.factor(mydata$INFO)
> tab <- table(mydata$GENDER, mydata$INFO)
> chisq.test(tab, correct = FALSE)
```

```
        Pearson's Chi-squared test

data:  tab
X-squared = 5.0204, df = 1, p-value = 0.02505

> chisq.test(tab, correct = TRUE) #연속성 수정

        Pearson's Chi-squared test with Yates' continuity correction

data:  tab
X-squared = 4.1581, df = 1, p-value = 0.04144
> chisq.test(tab, correct = FALSE)$expected #기대빈도

        0     1
  0 27.44 28.56
  1 21.56 22.44
> tab

     0  1
  0 33 23
  1 16 28
```

교차분석에 쓰이는 변수는 범주형이어야 한다. [R 12.2]에서 as.factor() 함수로 각 변수를 범주형으로 지정한 다음, table() 함수로 교차표(2×2)를 생성하여 tab이라는 이름의 객체에 저장하였다. 이 객체에 chisq.test() 함수를 적용하여 카이제곱 검정을 실시할 수 있다. chisq.test() 함수는 correct 인자에 논리형(logical) 값(TRUE 또는 FALSE)을 넣어 연속성 수정을 할 것인지 명시한다. 기본값(default)이 연속성 수정이므로, 연속성 수정을 원하지 않는다면 논리형 값에 FALSE를 입력하면 된다. 또한 20% 규칙을 충족하는지 알아보려면 chisq.test() 함수 코드 마지막에 '$expected'를 붙여 기대빈도를 구할 수 있다.

분석 결과, 모든 칸의 기대빈도가 5 이상이므로 20% 규칙을 충족하는 것으로 나타났다. 카이제곱 검정의 자유도가 1이며 Pearson 카이제곱 값이 5.020, 연속성 수정 후 Pearson 카이제곱 값이 4.158로, 연속성 수정과 관계없이 5% 유의수준에서 성별과 진로정보 필요 여부가 독립이라는 영가설이 기각된다. 즉, 성별에 따라 진로정보의 필요 여

부가 다르다는 것을 알 수 있다. 이 결과를 더 자세히 해석하려면 오즈비를 구해야 한다. 교차표를 저장한 tab 객체를 확인하여 오즈비를 계산할 수 있다.

$$\frac{33 \times 28}{16 \times 23} \simeq 2.51$$

tab 객체에 제시된 대로 오즈비를 구한 값은 약 2.51이었다. 즉, 남학생이며 진로정보가 필요하지 않을 오즈는 여학생이며 진로정보가 필요하지 않을 오즈보다 약 2.51배 더 높다. 오즈비가 1보다 큰 경우 분자의 오즈가 분모의 오즈보다 더 크다. 분자와 분모를 바꾸는 경우, 원래 오즈비의 역수배만큼 더 작다고 하면 된다. 다시 말해, 여학생이며 진로정보가 필요하지 않을 오즈(분모의 오즈)가 남학생이며 진로정보가 필요하지 않을 오즈(분자의 오즈)보다 약 0.398배($\frac{1}{2.51086} \simeq 0.398$) 더 낮다고 할 수 있다.

심화 12.4 사례-대조 연구(후향적 연구)와 오즈비

1. 개관

관찰연구(observational study)는 전향적 연구와 후향적 연구로 나눌 수 있다. 전향적 연구(prospective study)는 관심 있는 결과 변수에 영향을 미치는 요인이 무엇인지를 알아보기 위하여 오랜 기간에 걸쳐 자료를 수집하는 연구다. 교육학 연구의 예시를 들어 보자면, 학생들을 장기간 관찰하고 자료를 수집하여 이 중 어떤 특징을 가진 학생들이 특목고에 합격하는지 밝혀낸다면 전향적 연구가 될 수 있다. 반면, 후향적 연구(retrospective study)는 방향이 거꾸로다. 특목고에 합격한 학생이 특목고에 합격하지 않은 학생에 비하여 어떤 특징이 있는지를 밝혀내는 연구는 후향적 연구가 된다.

의학 · 보건학 연구에서는 어떤 사람에게 노화가 더 빠른지, 어떤 특징을 가진 사람이 암에 걸리는지 등을 주제로 하여 수십 년에 걸쳐 자료를 수집하기도 한다. 그러나 이러한 전향적 연구는 시간과 돈이 많이 든다는 단점이 있으며, 관심이 되는 특정 사례수가 너무 적어서 통계적으로 의미가 없을 수도 있다. 예를 들어 어떤 특징을 가지는 사람이 암에 걸리는지 알기 위하여 수십년을 기다렸는데(!), 암 환자의 수는 전체 사례의 극히 드문 일부에 불과하다면 이 결과로부터 통계적으로 의미를 찾기 힘들 수도 있다는 것이다.

후향적 연구에서는 보통 암 발병자의 사례수와 암 비발병자의 사례수를 맞춰 주기 때문에 통계적 효과 검정이 문제가 되지 않는다. 후향적 연구는 이렇게 드문 사례를 연구할 때 많이 쓰이며, 상대적으로 비용이 덜 든다는 장점이 있다. 후향적 연구의 유명한 예로, 흡연과 폐암의 관계에 대한 연구를 들 수 있다. 불특정 다수의 사람을 수십년간 추적하여 폐암에 걸리는지 안 걸리는지 연구하기보다는, 폐암 발병 여부에 따라 거꾸로 흡연을 했는지 안 했는지 알아보는 것이 훨씬 간단하다. 사교육 여부와 특목고 합격 여부의 예시도 마찬가지다. 사교육 여부에 따라 특목고에 합격하는지 아닌지 알아보기보다는, 반대로 특목고 합격 여부를 기준으로 사교육을 받았는지 안 받았는지 알아보는 것이 더 간단하며 통계적으로도 의미를 찾기 쉽다.

후향적 연구를 사례-대조 연구(case-control study)라고도 부른다. 앞서 사례-대조 연구의 장점만 언급하였는데, 물론 단점도 있다. 사례-대조 연구의 단점으로, 요인 간 관계에 대한 정확한 정보를 얻기 힘들다는 점이 있다. 이를테면 특목고 합격 여부에는 사교육 여부뿐만 아니라 연구에서 통제하지 못한 다른 요인이 작용했을 가능성도 있는 것이다. 따라서 사례-대조 연구에서는 여러 요인이 혼재하여 편향(bias)이 일어날 수 있다는 문제가 발생할 수 있다.

2. 사례-대조 연구의 오즈비

전향적 연구에서는 X를 설명변수, Y를 반응변수로 하여 X에 따라 Y가 어떻게 영향을 받는지 알아본다. 사례-대조 연구에서는 그 방향이 반대이므로, Y가 조건일 때 X의 조건부 분포를 구하여 그 관계를 알아본다. 이때 오즈비를 이용하는 경우가 많다. 오즈비는 방향에 관계없이 같은 조건부확률분포를 가진다는 장점이 있기 때문이다.

사례-대조 연구의 예시로 사교육 여부와 특목고 합격 여부를 들어 보겠다. 이 두 변수에 대하여 다음과 같은 표를 두 개 만들 수 있다. 〈표 12.4〉의 왼쪽은 사교육 여부를 행으로, 특목고 합격 여부를 열로 하는 분할표다. 〈표 12.4〉의 오른쪽은 특목고 합격 여부가 행, 사교육 여부가 열로, 행과 열이 바뀐 표다.

〈표 12.4〉 사례-대조 연구의 오즈비

	특목고 = Yes	특목고 = No
사교육 = Yes	a	b
사교육 = No	c	d

$$\frac{\dfrac{P(\text{특목고}=Yes|\text{사교육}=Yes)}{P(\text{특목고}=No|\text{사교육}=Yes)}}{\dfrac{P(\text{특목고}=Yes|\text{사교육}=No)}{P(\text{특목고}=No|\text{사교육}=No)}}=\frac{\dfrac{a}{b}}{\dfrac{c}{d}}=\frac{ad}{bc}$$

	사교육 = Yes	사교육 = No
특목고 = Yes	a	c
특목고 = No	b	d

$$\frac{\dfrac{P(\text{사교육}=Yes|\text{특목고}=Yes)}{P(\text{사교육}=No|\text{특목고}=Yes)}}{\dfrac{P(\text{사교육}=Yes|\text{특목고}=No)}{P(\text{사교육}=No|\text{특목고}=No)}}=\frac{\dfrac{a}{c}}{\dfrac{b}{d}}=\frac{ad}{bc}$$

〈표 12.4〉의 왼쪽과 오른쪽 모두 오즈비가 같은 것을 확인할 수 있다. 즉, 행과 열이 바뀌어도 오즈비는 같다. 따라서 사례-대조 연구에서 행과 열이 바뀌어도 문제 없는 오즈비를 보고한다.

2 로지스틱 회귀모형

사례-대조 연구에서 행과 열이 바뀌어도 오즈비는 동일하다(〈심화 12.4〉). 로그오즈(log-odds)가 종속변수이며 설명변수가 하나인 로지스틱 회귀모형에서 반응변수와 설명변수를 서로 바꿔도 같은 결과를 얻을 수 있다. 따라서 사례-대조 연구에서 특히 로지스틱 회귀모형으로 많이 활용하며, 로지스틱 회귀모형의 중요성 또한 높아졌다.

1) 통계적 모형

종속변수 y_i가 이항분포(binomial distribution)를 따를 때, 성공확률에 대한 오즈는 식 (12.10)과 같다.

$$y_i \sim Bin(n_i, \pi_i)$$

$$\frac{y_i}{n_i - y_i} = \frac{\frac{y_i}{n_i}}{\frac{n_i - y_i}{n_i}} = \frac{\pi_i}{1-\pi_i} \quad \cdots\cdots\cdots (12.10)$$

로지스틱 회귀모형은 종속변수가 예/아니요, 합격/불합격과 같은 이항분포를 따를 때 쓰며, 로그오즈(log-odds)를 이용한다. 오즈($\frac{\pi_i}{1-\pi_i}$)에 로그를 취한 것이 로그오즈($\log\frac{\pi_i}{1-\pi_i}$)다. 설명변수 X에 대한 관측치가 x_i일 때 성공확률 π_i에 대한 로지스틱 회귀모형은 식 (12.11a)와 같다. 이때 성공확률 $\pi(x_i)$는 1에서 실패할 확률을 뺀 것과 같다 (12.11b).

$$\log\frac{\pi(x_i)}{1-\pi(x_i)} = \alpha + \beta x_i \quad \cdots\cdots\cdots (12.11a)$$

$$\pi(x_i) = P(Y=1|X=x_i) = 1 - P(Y=0|X=x_i) \quad \cdots\cdots\cdots (12.11b)$$

로지스틱 회귀모형도 선형 회귀모형의 일종이다(〈심화 12.5〉 참고). 선형 회귀모형에서와 마찬가지로 자료를 가장 잘 설명해 주는 α와 β 값을 추정하는 것이 로지스틱 회귀모형의 주된 목적이다(12.11a). 해석 또한 선형 회귀모형과 비슷하다. α는 x_i가 0일 때 로그오즈의 값이다. x_i가 한 단위 증가 시 $Y=1$인 로그오즈의 변화량이 β가 된다. 로그오즈를 해석하는 것보다 오즈를 해석하는 것이 의미 전달이 더 쉽기 때문에, 일반적으로 β를 $\exp(\beta)$로 바꿔서 오즈의 변화량으로 해석한다. 다시 말해, x_i가 한 단위 증가 시 $Y=1$인 오즈는 $\exp(\beta)$만큼 변하는데, β가 양수인 경우 $\exp(\beta)$만큼 증가하고, β가 음수인 경우 $\exp(\beta)$만큼 감소한다고 해석한다. 수준이 둘인 변수들을 분석하는 교차분석에서 x_i는 0 또는 1로 코딩하여 더미변수로 이용하면 된다.

OLS 선형 회귀모형에서와 같이 (12.11a)와 같은 로지스틱 회귀모형의 영가설은 회귀계수 β가 0이라는 것이 된다. 즉, 영가설이 기각된다면 설명변수와 종속변수 간 연관이 있다는 뜻이다. 영가설이 기각되지 못한다면 설명변수와 종속변수 간 연관이 없다고 해석하면 된다.

2) 통계적 가정

수준이 둘인 변수들을 분석하는 로지스틱 회귀모형의 통계적 가정은 간단한 편이다. ANOVA, ANCOVA 등에서와 같이 더 이상 정규성, 등분산성 가정 등을 충족시킬 필요가 없다. 로지스틱 회귀모형은 일반화 선형모형(generalized linear model)으로 분류되는데, 일반화 선형모형은 반응변수가 지수족(exponential family)에 속해야 한다는 가정이 있다(〈심화 12.5〉). 로지스틱 회귀모형은 반응변수가 지수족에 속하는 이항분포를 따르며 logit link를 이용하기 때문에 통계적 가정을 충족한다.

심화 12.5 일반화 선형모형의 특징

제4장부터 제11장에서 설명한 통계 기법은 OLS를 추정 알고리즘으로 쓰는 일반선형모형(General Linear Model)이다. 제12장에서 설명한 일반화 선형모형(Generalized Linear Model)은 일반선형모형과 다르다. 일반화 선형모형의 세 가지 구성 요소는 다음과 같다(Agresti, 2002).

- 무선 요소(random component): Y
- 체계적 요소(systematic component): $x_1, x_2, \cdots, x_k$
- 링크 함수(link function): η or $g(\mu)$

즉, 반응변수에 해당되는 무선 요소, 그리고 설명변수에 해당되는 체계적 요소, 그리고 반응변수와 설명변수를 연결하는 링크 함수가 일반화 선형모형을 구성한다. 이때 반응변수의 분포는 지수족(exponential family)에 속하면 된다. 정규분포(normal distribution), 포아송 분포(Poisson distribution), 감마분포(Gamma distribution), 카이제곱 분포(chi-square distribution), 베타분포(beta distribution) 등이 여기에 속한다. 이항분포(binomial distribution), 다항분포(multinomial distribution)의 경우 시행 숫자가 고정되어 있을 때 지수족에 속한다.

일반화 선형모형에서 가장 특징적인 것은 링크 함수라 할 수 있다. 일반화 선형모형의 링크 함수는 항등 링크, 로짓 링크, 로그 링크, 프로빗 링크, 보(여) 로그-로그 등으로 다양한데, 반응변수의 분포에 따라 다르다. 참고로, 일반선형모형은 일반화 선형모형에서 항등 링크를 쓰는 경우로 볼 수 있다. 로지스틱 회귀모형은 반응변수가 이항분포를 따르며 링크 함수로 로짓 링크를 쓴다. 일반화 선형모형 식으로 쓴 로지스틱 회귀모형은 다음과 같다.

$$\eta = \mathrm{logit}(\pi(x_i)) = \log\frac{\pi(x_i)}{1-\pi(x_i)} = \alpha + \beta x_i$$

사례 수가 적고 설명변수가 연속형인 경우 20% 규칙을 충족하기 어렵다. 이때 통계치가 근사 카이제곱 분포(approximate chi-square distribution)를 따른다는 가정이 위배될 수 있다. Hosmer-Lemeshow 통계치 등을 이용하여 통계적 가정 위배 여부를 확인할 수 있다(유진은, 2013; 〈심화 12.6〉). 참고로, 이 장의 예시에서 쓰인 변수가 모두 범주형으로 20% 규칙을 충족하므로 Hosmer-Lemeshow 검정이 불필요하다.

심화 12.6 Hosmer-Lemeshow 검정과 로지스틱 회귀모형

독립변수가 연속형인 경우 각 칸의 기대값이 5 이상이 되기 힘든 경우가 많다. 이때 통계치가 근사 카이제곱 분포(approximate chi-square distribution)를 따른다는 가정이 위배된다는 문제가 발생한다. 이렇게 연속형 독립변수를 로지스틱 회귀모형에서 이용하는 경우에 Hosmer와 Lemeshow(1980)가 제안한 goodness-of-fit 통계치를 이용할 수 있다(Hosmer & Lemeshow, 2000).

이 방법은 자료를 추정치로 정렬하여 똑같은 사례 수를 가지는 집단으로 나눈 후, 그 집단 내에서 관측치와 추정치를 Pearson 통계치를 이용하여 비교한다. Hosmer-Lemeshow 통계치는 SAS나 SPSS와 같은 통계 프로그램에서 쉽게 구할 수 있다.

단, Hosmer-Lemeshow 검정 결과가 만족스러웠다고 해서 모형 검정 절차가 끝난 것은 아니다. 유진은(2013)은 Hosmer-Lemeshow 검정이 잘못된 모형 설정에 대하여 잘 감지하지 못한다는 것을 보여 주었다. 따라서 로지스틱 회귀모형을 이용할 때 모형 검정 절차에는 Hosmer-Lemeshow 검정뿐만 아니라 설명변수 패턴 분석, 잔차 분석 등의 추가적인 분석이 포함되는 것이 좋다(Hosmer, Taber, & Lemeshow, 1991).

3) R 예시

(1) 사교육 여부와 수학 성적

〈분석 자료: 사교육 여부와 수학 성적〉

연구자가 어느 인문계 고등학교 3학년 학생을 대상으로 사교육 여부와 수학 성적 간 관련이 있는지 알아보고자 한다. 9월 모의고사에서 상위권(1, 2 등급)과 중위권(3, 4 등급)인 학생을 모았더니 총 257명이었다. 이 학생들을 대상으로 당해 1월 이후 사교육(학원, 과외 등)을 받은 적이 있는지 조사하였다.

변수명	변수 설명
ID	학생 ID
private	사교육 여부(0: No, 1: Yes)
grade	나중등급: 9월 모의고사 등급(1: 상위권, 2: 중위권)

[data file: crosstab_example.csv]

〈연구 가설〉

사교육 여부와 9월 모의고사 등급 간 관계가 있을 것이다.

〈영가설과 대립가설〉

$H_0 : \beta = 0$

$H_A : otherwise$

변수가 모두 범주형이어야 하는 교차분석과 달리, 로지스틱 회귀분석은 설명변수가 연속변수일 때도 쓸 수 있다는 장점이 있다. 이 장에서는 앞선 교차분석과 비교하고자 의도적으로 같은 분석자료를 이용하여 로지스틱 회귀분석을 실시하였다. 앞선 장에서는 library() 함수로 패키지를 부착하여 함수를 사용하였는데, 이 장부터는 '패키지::함수' 형태로 패키지에 포함된 함수를 바로 사용하겠다(서장 제1절 참고).

[R 12.3] 로지스틱 회귀분석 1

〈R 코드〉

```
##예시 3##
mydata <- read.csv('crosstable_example.csv')
mydata$private <- as.factor(mydata$private)
mydata$grade <- as.factor(mydata$grade)
mydata$private <- relevel(mydata$private, ref = "1")
log.mod <- glm(grade ~ private, family = 'binomial', data = mydata)
car::Anova(log.mod, type = 3)
summary(log.mod)
exp(log.mod$coefficients[2])
exp(confint.default(log.mod))[2,]
```

〈R 결과〉

```
> ##예시 3##
> mydata <- read.csv('crosstable_example.csv')
> mydata$private <- as.factor(mydata$private)
> mydata$grade <- as.factor(mydata$grade)
> mydata$private <- relevel(mydata$private, ref = "1")
> log.mod <- glm(grade ~ private, family = 'binomial', data = mydata)
> car::Anova(log.mod, type = 3)
Analysis of Deviance Table (Type III tests)
```

```
Response: grade
          LR Chisq Df Pr(>Chisq)
private    13.597  1  0.0002266 ***
---
Signif. codes:  0 '***' 0.001 '**' 0.01 '*' 0.05 '.' 0.1 ' ' 1
> summary(log.mod)
Call:
glm(formula = grade ~ private, family = "binomial", data = mydata)

Coefficients:
               Estimate Std. Error z value Pr(>|z|)
(Intercept)    0.6275      0.1560   4.022 5.78e-05 ***
private0        1.2595      0.3735   3.372 0.000746 ***
---
Signif. codes:  0 '***' 0.001 '**' 0.01 '*' 0.05 '.' 0.1 ' ' 1

(Dispersion parameter for binomial family taken to be 1)

    Null deviance: 306.72  on 256  degrees of freedom
Residual deviance: 293.12  on 255  degrees of freedom
AIC: 297.12

Number of Fisher Scoring iterations: 4
> exp(log.mod$coefficients[2])
private0
3.523729
> exp(confint.default(log.mod))[,2]
   2.5 %    97.5 %
1.694660 7.326934
```

앞서 교차분석에서 쓰이는 변수는 범주형이어야 한다고 설명하였다. 로지스틱 회귀모형에서도 종속변수는 범주형이어야 한다. 따라서 as.factor() 함수로 변수를 범주형으로 지정하였다([R 12.3]). 또한 같은 자료를 분석한 [R 12.1] 결과를 감안하여 relevel() 함수를 사용하여 참조 범주가 'private = 1'이 되도록 변경하였다. 이는 해석 시 편의를 고려하여 양수인 회귀계수를 얻기 위함이다. 참조 범주를 변경하지 않는다면 회귀계수가 음수가 될 뿐, 검정 결과는 동일하다.

로지스틱 회귀모형과 같은 일반화 선형모형(generalized linear model)을 적합할 때 glm() 함수를 쓴다. 종속변수가 이항분포를 따를 경우 'family = binomial'을 인자로 지정해야 한다. 로지스틱 회귀모형 결과를 log.mod 객체에 저장한 후, summary() 함수로 확인한 결과는 다음과 같다. Coefficient에서 사교육 참여 변수의 회귀계수가 1.260이며, 5% 유의수준에서 유의하다. 교차분석 결과와 마찬가지로 사교육 여부와 나중등급은 통계적으로 유의한 관계가 있다. 로지스틱 회귀모형의 계수가 로그오즈 단위로 제시되어 해석이 어려우므로 exp() 함수를 활용하여 오즈로 단위를 변환할 필요가 있다. 로그오즈로 1.260은 오즈로는 3.524($=e^{1.260}$)가 된다. 이 값은 소수점 반올림을 고려할 때 앞선 교차분석 예시에서 구한 오즈 값인 3.52와 동일하다. 해당 오즈의 신뢰구간을 살펴보기 위하여 confint.default() 함수를 사용하였다. 이 함수는 exp() 함수를 사용하여 회귀계수의 신뢰구간을 오즈 단위로 바꾸어 준다. 그 결과, 오즈에 대한 95% 신뢰구간이 1.695에서 7.327로 '1'을 포함하지 않는다. 신뢰구간 결과에서도 사교육 여부와 나중등급이 관계가 있다는 것을 확인할 수 있다. R의 결과로 구성한 로지스틱 회귀모형은 다음과 같다.

$$\log\left(\frac{\pi}{1-\pi}\right) = 0.628 + 1.260X$$

정리하면, 설명변수와 반응변수가 하나씩인 자료를 분석할 때 교차분석과 로지스틱 회귀분석은 R에서 어떤 결과 통계치를 제시하느냐 정도의 차이가 있을 뿐 같은 결과를 제시한다. 교차분석과 비교 시 로지스틱 회귀모형은 상수항까지 산출하여 회귀모형식으로 자료를 설명할 수 있다는 것이 장점이 될 수 있다. 또한 설명변수가 여러 개이며 연속형인 설명변수가 포함되는 경우에도 로지스틱 회귀모형은 문제 없이 자료를 분석할 수 있는 것이 큰 장점이다. 단, 로지스틱 회귀모형에서 연속형 설명변수가 추가될 때 Hosmer-Lemeshow 등의 통계치를 참고하여 통계적 가정 위배 문제가 없는지 확인해야 한다(〈심화 12.6〉 참고).

본문에서 설명하지는 않았으나 로지스틱 회귀모형 검정 시 주의 사항을 첨언하겠다. 로지스틱 회귀모형도 회귀모형의 일종이므로, 제6장 회귀분석에서와 같이 설명변수 패턴 분석, 잔차(residual) 분석 등의 추가적인 분석이 포함될 때 모형 검정 절차가 완성된다는 점을 명심해야 한다.

심화 12.7 일반화 선형모형의 이탈도

OLS 회귀모형에서 F-검정으로 모형에 대한 옴니버스 검정을 수행하는데(제6장 참고), 일반화 선형모형에서는 이탈도(deviance)로 모형을 비교하고 검정한다. 이를테면 R의 glm() 함수는 null deviance와 residual deviance를 제시하는데, 그 차이값으로 분석 모형의 통계적 유의성을 검정할 수 있다. 구체적으로 null deviance는 절편 모형에 대한 이탈도로, 절편 모형과 포화모형(saturated model) 간 로그우도(log-likelihood) 차이를 뜻하며, residual deviance는 분석 모형과 포화모형 간 이탈도를 로그우도 차이로 보여 준다. 일반적으로 residual deviance의 값이 작을수록 더 좋은 모형이라고 한다. 즉, 독립변수가 추가된 모형의 이탈도가 이전 모형의 이탈도보다 통계적으로 유의하게 작다면, 해당 독립변수를 모형에 추가하는 것이 좋다.

이렇게 독립변수가 추가된 모형은 절편 모형과 내재(nested) 관계에 있으므로 카이제곱 검정을 활용하여 모형 간 비교를 수행한다. [R 12.3]에서 절편 모형과 분석 모형의 이탈도 차이가 13.6이며, 그때의 자유도는 1이었다. 카이제곱 검정 결과, 5% 유의수준에서 분석 모형의 설명력이 통계적으로 유의하게 높다. 따라서 사교육참여 변수를 모형에 투입할 필요가 있다.

(2) 학생 성별과 진로정보 필요 여부

〈분석 자료: 학생 성별과 진로정보 필요 여부〉

성별에 따라 진로정보 필요 여부가 다른지 알아보고자 한다. 연구자는 어느 특성화 고등학교 3학년 학생을 대상으로 성별과 진로정보 필요 여부를 조사하고 입력하였다.

변수명	변수 설명
ID	학생 아이디
GENDER	학생 성별(0: 남학생, 1: 여학생)
INFO	진로정보 필요 여부(0: 필요하지 않다, 1: 필요하다)

[data file: infoneeds.csv]

〈연구 가설〉

학생 성별에 따라 진로정보 필요 여부가 다를 것이다.

〈영가설과 대립가설〉

$H_0 : \beta = 0$

$H_A : otherwise$

[R 12.4] 로지스틱 회귀분석 2

〈R 코드〉

```
##예시 4##
mydata <- read.csv('infoneeds.csv')
mydata$GENDER <- as.factor(mydata$GENDER)
mydata$INFO <- as.factor(mydata$INFO)
log.mod <- glm(INFO ~ GENDER, family = 'binomial', data = mydata)
car::Anova(log.mod, type = 3)
summary(log.mod)
exp(log.mod$coefficients[2])
exp(confint.default(log.mod))[2,]
```

〈R 결과〉

```
> ##예시 4##
> mydata <- read.csv('infoneeds.csv')
> mydata$GENDER <- as.factor(mydata$GENDER)
> mydata$INFO <- as.factor(mydata$INFO)
> log.mod <- glm(INFO ~ GENDER, family = 'binomial', data = mydata)
> car::Anova(log.mod, type = 3)
Analysis of Deviance Table (Type III tests)

Response: INFO
       LR Chisq Df Pr(>Chisq)
GENDER   5.0699  1    0.02435 *
---
Signif. codes:  0 '***' 0.001 '**' 0.01 '*' 0.05 '.' 0.1 ' ' 1
> summary(log.mod)

Call:
glm(formula = INFO ~ GENDER, family = "binomial", data = mydata)

Coefficients:
            Estimate Std. Error z value Pr(>|z|)
(Intercept)  -0.3610     0.2716  -1.329   0.1838
GENDER1       0.9206     0.4147   2.220   0.0264 *
---
Signif. codes:  0 '***' 0.001 '**' 0.01 '*' 0.05 '.' 0.1 ' ' 1
```

```
(Dispersion parameter for binomial family taken to be 1)

    Null deviance: 138.59  on 99  degrees of freedom
Residual deviance: 133.52  on 98  degrees of freedom
AIC: 137.52

Number of Fisher Scoring iterations: 4

> exp(log.mod$coefficients[2])
GENDER1
2.51087
> exp(confint.default(log.mod))[2,]
   2.5 %   97.5 %
1.113809 5.660274
```

앞서 교차분석에서 쓰이는 변수는 모두 범주형이어야 한다고 설명하였다. 로지스틱 회귀모형에서도 종속변수는 범주형이어야 한다. 따라서 as.factor() 함수로 변수를 범주형으로 지정하였다([R 12.4]). 이는 해석 시 편의를 고려하여 양수인 회귀계수를 얻기 위함이다. 참조 범주를 변경하지 않는다면 회귀계수가 음수가 될 뿐, 검정 결과는 동일하다.

로지스틱 회귀모형과 같은 일반화 선형모형(generalized linear model)을 적합할 때 glm() 함수를 쓴다. 종속변수가 이항분포를 따를 경우 'family = binomial'을 인자로 지정해야 한다. 로지스틱 회귀모형 결과를 log.mod 객체에 저장한 후, summary() 함수로 확인한 결과는 다음과 같다. Coefficient에서 성별 변수의 회귀계수가 0.921이며, 5% 유의수준에서 유의하다. 교차분석 결과와 마찬가지로 성별과 진로정보 필요 여부는 통계적으로 유의한 관계가 있다. 로지스틱 회귀모형의 계수가 로그오즈 단위로 제시되어 해석이 어려우므로 exp() 함수를 활용하여 오즈로 단위를 변환할 필요가 있다. 로그오즈로 0.921은 오즈로는 2.511($= e^{0.921}$)가 된다. 이 값은 소수점 반올림을 고려할 때 앞선 교차분석 예시에서 구한 오즈 값인 2.51과 동일하다. 해당 오즈의 신뢰구간을 살펴보기 위하여 confint.default() 함수를 사용하였다. 이 함수는 exp() 함수를 사용하여 회귀계수의 신뢰구간을 오즈 단위로 바꾸어 준다. 그 결과, 오즈에 대한 95% 신뢰구간이 1.114에서 5.660으로 '1'을 포함하지 않는다. 신뢰구간 결과에서도 성별과 진로정보 필요 여부가 관계가 있다는 것을 확인할 수 있다. [R 12.4]의 결과로 구성한 로지스틱 회귀모형은 다음과 같다.

$$\log(\frac{\pi}{1-\pi}) = -0.361 + 0.921X$$

본문에서 설명하지는 않았으나 로지스틱 회귀모형 검정 시 주의 사항을 첨언하겠다. 로지스틱 회귀모형도 회귀모형의 일종이므로, 제6장 회귀분석에서와 같이 설명변수 패턴 분석, 잔차(residual) 분석 등의 추가적인 분석이 포함될 때 모형 검정 절차가 완성된다는 점을 명심해야 한다.

연습문제

1. 다음 결과를 보고 답하시오.

케이스 처리 요약

	케이스					
	유효		결측		전체	
	N	퍼센트	N	퍼센트	N	퍼센트
사교육유형 * 사교육기간	217	100.0%	0	0.0%	217	100.0%

사교육유형 * 사교육기간 교차표

			사교육기간					
			2개월미만	2개월이상~4개월미만	4개월이상~6개월미만	6개월이상~8개월미만	8개월이상	전체
사교육유형	학원	빈도	5	11	11	13	57	97
		기대빈도	6.3	13.4	14.8	13.0	49.6	97.0
	과외	빈도	3	6	10	4	19	42
		기대빈도	2.7	5.8	6.4	5.6	21.5	42.0
	인터넷강의	빈도	3	7	4	2	9	25
		기대빈도	1.6	3.5	3.8	3.3	12.8	25.0
	학원+인터넷강의	빈도	1	6	5	5	11	28
		기대빈도	1.8	3.9	4.3	3.7	14.3	28.0
	과외+인터넷강의	빈도	1	0	2	0	3	6
		기대빈도	.4	.8	.9	.8	3.1	6.0
	학원+과외	빈도	1	0	1	5	12	19
		기대빈도	1.2	2.6	2.9	2.5	9.7	19.0
전체		빈도	14	30	33	29	111	217
		기대빈도	14.0	30.0	33.0	29.0	111.0	217.0

카이제곱 검정

	값	자유도	점근 유의확률 (양측검정)
Pearson 카이제곱	25.645[a]	20	.178
우도비	28.036	20	.109
선형 대 선형결합	.106	1	.744
유효 케이스 수	217		

a. 18 셀 (60.0%)은(는) 5보다 작은 기대 빈도를 가지는 셀입니다. 최소 기대빈도는 .39입니다.

1) 영가설을 진술하시오.

2) 이 분석을 위한 통계적 가정을 진술하고, 통계적 가정 충족 여부에 대하여 논하시오.

3) 통계적 가정을 충족하지 못하는 경우 그 해결책을 논하시오.

2. 다음 결과를 보고 답하시오.

케이스 처리 요약

	케이스					
	유효		결측		전체	
	N	퍼센트	N	퍼센트	N	퍼센트
계열 * 성별	217	100.0%	0	0.0%	217	100.0%

계열 * 성별 교차표

			성별		
			여자	남자	전체
계열	자연계	빈도	21	53	74
		기대빈도	32.7	41.3	74.0
	인문계	빈도	75	68	143
		기대빈도	63.3	79.7	143.0
전체		빈도	96	121	217
		기대빈도	96.0	121.0	217.0

카이제곱 검정

	값	자유도	점근 유의확률 (양측검정)	정확한 유의확률 (양측검정)	정확한 유의확률 (단측검정)
Pearson 카이제곱	11.452[a]	1	.001		
연속수정[b]	10.497	1	.001		
우도비	11.761	1	.001		
Fisher의 정확한 검정				.001	.001
선형 대 선형결합	11.400	1	.001		
유효 케이스 수	217				

a. 0 셀 (0.0%)은(는) 5보다 작은 기대 빈도를 가지는 셀입니다. 최소 기대빈도는 32.74입니다.

b. 2x2 표에 대해서만 계산됨

1) 영가설을 진술하시오.

2) 이 분석을 위한 통계적 가정을 진술하고, 통계적 가정 충족 여부에 대하여 논하시오.

3) 5% 유의수준에서 검정하시오.

4) 오즈비를 구하고 해석하시오.

제 13 장

비모수 검정

필수 용어

Mann-Whitney U검정, Kruskal-Wallis 검정, Wilcoxon 부호순위검정, McNemar 검정, Friedman 검정, Kendall 검정, Cochran 검정

학습목표

1. 비모수 검정의 특징을 이해할 수 있다.
2. 독립표본 비모수 검정의 종류 및 특징을 설명할 수 있다.
3. 대응표본 비모수 검정의 종류 및 특징을 설명할 수 있다.
4. 실제 자료에서 R을 이용하여 비모수 검정을 실행할 수 있다.

지금까지 다룬 통계기법은 정규분포와 같은 모집단의 분포를 가정하고 표본으로부터 통계값을 구한 후 영가설 기각 여부를 결정한다. 이러한 기법을 모수 기법(parametric methods), 그리고 그때의 검정을 모수 검정(parametric test)이라 한다. 모집단의 분포가 정규분포라고 가정할 수 있다면 비모수 검정보다 모수 검정을 쓰는 것이 낫다. 일반적으로 모수 검정의 검정력이 비모수 검정의 검정력보다 더 높기 때문이다. 그런데 모집단의 분포를 가정하기 힘든 경우가 있다. 예를 들어 이상점이 다수 있거나 분포가 좌우대칭이 아닌 경우, 표본 수가 매우 적은 경우, 또는 서열척도로 측정된 변수의 경우 모집단이 정규분포를 따른다고 가정하기 어렵게 된다. 그렇다면 정규분포를 가정하는 양측검정에서 5% 유의수준에서의 기각값을 적용할 때 유의수준이 5%가 되지 않는다는 문제가 발생한다. 즉, 영가설이 참인데 기각하거나 영가설이 참이 아닌데 기각하지 않는 제1종, 제2종 오류 확률이 증가할 수 있다. 이러한 경우에 모집단 분포에 대한 가정을 최소화하는 비모수 기법(nonparametric methods)을 쓸 필요가 있다.

비모수 기법이 정규분포와 같은 특정 분포를 가정하지 않는데, 비모수 기법이라고 하여 모집단의 분포에 대한 가정을 전혀 하지 않는 것은 아니다. 특히 연속형 변수를 다루는 비모수 검정에서는 '모집단의 분포함수가 연속이며 대칭이다'는 가정을 기반으로 순위(rank)와 순위 변동의 부호(sign)를 활용하는 경우가 많다. 즉, 관측값 자체가 아닌 관측값의 순위 또는 부호로 통계치를 구하는 것이다. 또한 모수검정에서 평균이 중요했다면 비모수 검정에서는 중앙값이 중요하다고 할 수 있다. 특히 중앙값은 이상점(outlier)이 있을 때도 좋은 성능을 보이는 로버스트(robust) 통계치다. 정리하면, 비모수 검정에서는 모집단의 분포에 대한 가정을 최소화한다. 모분포가 좌우대칭이라고 보기 힘들 때, 표본 수가 매우 작을 때, 또는 서열척도로 측정된 변수를 검정할 때 주로 비모수 검정을 실시한다.

이 장에서는 독립표본과 대응표본으로 나누어 비모수 검정 기법을 설명할 것이다. 독립표본 검정 기법으로 독립표본 t-검정에 대응되는 Mann-Whitney U 검정, 그리고 ANOVA에 대응되는 Kruskal-Wallis를 다룰 것이다. 대응표본 검정 기법으로 2개 집단에 대한 Wilcoxon 부호순위 검정과 McNemar 검정, 그리고 2개 집단 이상일 때 활용하는 Friedman, Kendall, Cochran 검정을 R 예시와 함께 설명할 것이다. 대응표본 검정 기법 중 McNemar와 Cochran 검정은 찬성/반대와 같은 이분형 변수 분석에 해당된다. 참고로 Kolmogorov-Smirnov, Shapiro-Wilk와 같은 정규성 검정도 비모수 검정에 해당되나, 앞서 회귀모형에서 다루었기 때문에 이 장에서는 설명을 생략하겠다.

1 독립표본 검정

모수검정의 독립표본 t-검정에 대응되는 비모수 검정 방법이 바로 Mann-Whitney U 검정(이하 U 검정)이다. Wilcoxon 순위합 검정(Wilcoxon Rank Sum test)과 밀접한 관계에 있는 U 검정은 관측값의 순위(rank)가 집단에 관계없이 고르게 섞여 있는지를 검정하는 방법이다. 즉, 한 집단이 다른 집단보다 순위가 높은 관측값들로 구성되었다면 두 집단 간 차이가 있다고 결정하는 것이다.

U 검정은 절차는 다음과 같다. 먼저, 집단에 관계없이 모든 관측값에 대하여 순위를 매긴다. 이때 동률(ties, 같은 순위)인 경우는 순위의 평균값을 순위로 한다. 그다음 집단별로 관측값들의 순위합(rank sum)을 계산하고, 순위합에 대한 통계를 구하여 검정을 실시한다(〈심화 13.1〉).

주의할 점으로, U 검정은 영가설하에서 두 모집단의 분포가 같다고 가정한다. 또한 U 검정을 비롯한 순위 검정에서는 순위가 동률인 관측값 개수가 적어야 하며, 집단별로 순위를 합하여 비교하기 때문에 두 집단의 사례 수가 같아야 한다.

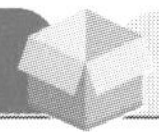

심화 13.1 Mann-Whitney U 통계

Mann−Whitney U 통계는 Wilcoxon 순위합 검정 통계 W와 밀접한 관련이 있다. Wilcoxon 순위합 통계량 $W=\min\{W_1, W_2\}$이다(W_1, W_2는 각 집단의 순위합). 각 집단의 표본 수를 n_1, n_2라 할 때, Mann−Whitney U 통계 식은 다음과 같다.

$$U = W - \frac{n_1(n_1+1)}{2}$$

Mann−Whitney U 통계는 사례 수가 클 때 Z 분포로 근사한다는 특징이 있다. 이때 W의 기대값과 분산은 다음과 같다.

$$E(W) = \frac{n_1(n_1+n_2+1)}{2}, \quad Var(W) = \frac{n_1 n_2(n_1+n_2+1)}{12}$$

Mann−Whitney U 검정이 두 집단을 비교하는 기법이라면 둘 이상의 집단을 비교하는 비모수 기법은 무엇일까? Kruskal−Wallis 검정이다. Mann−Whitney U 검정을 확장한 Kruskal−Wallis 검정은 둘 이상의 집단에서의 순위합 간 차이가 있는지를 검정한다(〈심화 13.2〉). Mann−Whitney U 검정이 모수 검정에서의 t−검정에 대응된다면, 서로 독립인 둘 이상의 집단이 같은 분포로부터 도출되었는지를 검정하는 Kruskal−Wallis 검정은 모수 검정에서의 ANOVA에 대응된다고 할 수 있다. Mann−Whitney U 검정에서와 마찬가지로 동률인 관측값 개수가 적어야 하며, 집단 간 사례 수가 같아야 한다.

심화 13.2 Mann-Whitney U 검정과 Kruskal-Wallis 검정의 관계

Mann−Whitney U 통계량이 사례 수가 클 때 Z 분포로 근사한다고 하였다(〈심화 13.1〉). Kruskal−Wallis 검정은 카이제곱 분포를 따르며, 그때의 자유도는 집단 수에서 1을 뺀 값이다. 예를 들어 두 집단을 비교할 때의 자유도는 1, 세 집단을 비교할 때의 자유도는 2가 된다. 서로 독립인 Z 분포를 제곱하여 더한 분포가 카이제곱 분포를 따른다는 Z 분포와 카이제곱 분포 간 관계를 생각할 때, Kruskal−Wallis 검정은 두 집단을 비교하는 Mann−Whitney U 검정의 확장이라는 것을 알 수 있다.

2 대응표본 검정

1) 두 집단

이제 대응표본 검정에 대해 알아보겠다. 제4장의 대응표본 t-검정에서 설명하였듯이 대응표본은 같은 사람을 반복측정하는 것과 같이 집단 간 서로 독립이 아니고 대응(종속)되는 경우를 뜻한다. 사전-사후검사 설계 또는 쌍둥이나 부부를 비교하는 경우 대응표본 검정을 하게 된다. 모수 검정에서의 대응표본 t-검정에 해당되는 것이 부호 검정(sign test)과 Wilcoxon 부호순위 검정(Wilcoxon signed rank test)이다. 비모수 검정이라는 점만 다를 뿐, 이들 검정에서도 대응되는 두 집단이 서로 차이가 있는지 알아본다.

먼저 부호 검정에 대하여 설명하겠다. 부호 검정은 각 대응표본 쌍에 대해 순위 변동이 있는지 그 부호(sign)를 계산한다. 부호는 +, -, 그리고 동률(ties)로 계산된다. 예를 들어 첫 번째 측정에서의 순위가 3이었는데 두 번째 측정에서는 순위가 2인 관측값의 부호는 +, 반대로 첫 번째 측정에서의 순위가 1이었는데 두 번째 측정에서의 순위가 4인 관측값의 부호는 -가 된다. +와 -의 수가 비슷하다는 것은 첫 번째와 두 번째 측정 간 차이가 크지 않다는 뜻이다. 부호 검정은 영가설하에서 이항분포를 따르므로 이항분포로 유의확률 값을 구하여 유의수준과 비교한다.

부호 검정은 순위 변동의 부호, 즉 방향만 보기 때문에 검정력이 약하다고 알려져 있다. 반면, Wilcoxon 부호순위 검정은 방향뿐만 아니라 크기도 보기 때문에 연속형 변수를 검정할 때에는 부호 검정보다 Wilcoxon 부호순위 검정을 추천한다. Wilcoxon 부호순위 검정의 영가설은 두 집단의 분포가 차이가 있는지, 더 구체적으로는 중앙값에 차이가 있는지를 검정한다. Wilcoxon 부호순위 검정에서는 Wilcoxon 통계량 및 그 통계량의 평균과 분산을 구한 후 Z-값을 구하여 검정한다. 〈심화 13.3〉에 Wilcoxon 부호순위 검정을 식으로 설명하였다. 참고로 Wilcoxon 부호순위 검정은 한 집단에 대해서도 실시할 수 있으며, 그 경우 그 집단의 중앙값이 어떤 특정한 모수값과 같은지를 검정한다.

Wilcoxon 부호순위 검정

Wilcoxon 부호순위 검정 절차는 다음과 같다. 첫째, 대응표본의 차를 계산하고(예: 사전검사 점수–사후검사 점수), 오름차순으로 정리한다. 둘째, 대응표본 차를 d라 할 때, d에 절대값을 씌운 값(|d|)의 순위(rank)를 구한다. 동률(ties)이 있다면 평균값으로 순위를 조정한다. 셋째, d가 양수(+)인 관측치에 대하여 조정된 순위의 합을 구한다. 이 값을 T_+라 할 때, Wilcoxon 부호순위 검정은 T_+에 대하여 검정을 수행한다. 순위 변동이 없다는 영가설하에서 T_+의 평균과 분산 식은 다음과 같다.

$$E(T_+) = \frac{n(n+1)}{4}, \quad Var(T_+) = \frac{n(n+1)(2n+1)}{24}$$

표본 크기가 충분히 클 때, Wilcoxon 부호순위 통계량은 정규분포로 근사하며, 다음과 같은 검정 식을 쓴다.

$$Z = \frac{T_+ - E(T_+)}{\sqrt{Var(T_+)}}$$

이때 연속성 수정도 추가할 수 있다. 참고로 부호 검정(sign test)도 마찬가지로 표본 크기가 충분히 클 때 정규분포로 근사한다. 이 경우 부호 검정 결과는 이항분포의 정규 근사 검정과 동일하다.

지금까지 설명한 Wilcoxon 부호순위 검정과 부호 검정은 종속변수가 연속형인 대응표본에 대해 적용한다. 그렇다면 종속변수가 이분형인 대응표본에 대한 비모수 검정 기법은 무엇일까? 바로 McNemar 검정이다. 이를테면 같은 표본에 대하여 시간 차를 두고 찬성/반대 의견을 수집한 후, 시간이 지남에 따라 찬반 의견이 통계적으로 유의하게 달라지는지를 비모수 검정 기법으로 분석한다고 하자. 이때 McNemar 검정을 활용하면 된다.

McNemar 검정은 동질성 검정(test of homogeneity)으로 분류된다(〈심화 12.2〉 참고). 동질성 검정은 행(또는 열)의 주변합(marginal sum)이 고정되도록 표집할 때 실시 가능하다.[1] 동질성 검정에서는 각 행(또는 열)이 다항분포를 따른다고 보고, 표본에서의 비율

1) 행(또는 열)의 주변합이 고정되어 있지 않고 전체 자료 수만 고정되어 있을 경우 독립성 검정(test of independence)을 실시할 수 있다.

이 모집단의 비율, 즉 모비율과 통계적으로 동일한지 검정하게 된다. 만일 Yes/No, 찬성/반대, 합격/불합격과 같은 이분형 변수를 분석한다면 더 간단한 경우라 하겠다. 이분형 변수는 다항분포의 하위 분포인 이항분포를 따른다고 보고 검정을 진행하면 되기 때문이다.

McNemar 검정은 영가설하에서 이항분포를 따르므로 그때의 유의확률을 구하여 유의수준과 비교하여 검정한다. 또는 이항분포를 정규근사하는 식을 활용하여 표준정규분포 또는 카이제곱 통계량으로 검정할 수도 있다(〈심화 13.4〉). 이해를 돕기 위하여 McNemar 검정을 대응표본에 대한 교차표로 설명하겠다. 〈표 13.1〉은 두 시점(t1과 t2)에 걸쳐 찬반 의견을 물어본 후 그 결과를 정리한 것이다. 이 표에서 a, b, c, d는 해당 칸의 빈도를 나타낸다.

〈표 13.1〉 대응표본의 교차표

t1 \ t2	0	1
0	a	b
1	c	d

이때 McNemar 검정의 정규근사식은 다음과 같다.

$$Z = \frac{(|b-c|)}{\sqrt{b+c}}$$

McNemar 검정에서는 0이었다가 1인 사례(b)와 1이었다가 0인 사례(c)가 중요한 값이라는 것을 알 수 있다. 이 값의 차가 0에 가까울수록 영가설을 기각하지 못한다. 즉, 시점 간 차이가 통계적으로 유의하지 않게 된다.

심화 13.4 McNemar 검정과 카이제곱 통계

McNemar 검정에 적합한 자료는 영가설하에서 이항분포를 따르므로 검정값에 대한 정규근사가 가능하다. McNemar 검정은 영가설하에서 표준정규분포를 따르므로 검정값의 제곱은 자유도가 1인 카이제곱 분포를 따른다.

$$\chi^2 = \frac{(|b-c|)^2}{b+c}$$

연속성 수정(continuity correction) 후 McNemar의 카이제곱 통계 식은 다음과 같다.

$$\chi^2 = \frac{(|b-c|-1)^2}{b+c}$$

2) 두 집단 이상

Friedman 검정과 Kendall 검정은 두 집단 이상인 대응표본을 검정하는 비모수 검정 기법이다. 한 집단을 반복측정하는, 모수 검정에서의 rANOVA에 해당된다고 할 수 있다. 예를 들어 다수의 채점자가 구성형 문항들을 채점할 때 체계적인 차이가 있는지를 검정한다면 Friedman 검정 또는 Kendall 검정을 쓸 수 있다. 자료 코딩 시 행이 채점자, 열이 문항이 되며, 채점에 있어서 채점자 간 체계적인 차이가 없다는 것이 영가설이 된다.

두 검정 모두 카이제곱 분포를 이용하여 검정하는데, Kendall 검정이 Friedman 검정을 정규화(normalization)했다는 점만 다르다(〈심화 13.5〉). Kendall 검정에서는 Kendall의 W라는 정규화 값을 부가적으로 제공한다. Kendall의 W는 Friedman 검정을 정규화한 수치로, 일치도 계수(coefficient of concordance)라고도 불린다. 일치도 계수는 0과 1 사이에서 움직이며, 이 값이 1에 가까울수록 일치도가 높고 0에 가까울수록 일치도가 낮다고 해석한다.

심화 13.5 정규화와 표준화

정규화(normalization)와 표준화(standardization)는 서로 다른 개념이다. 정규화 식(1)과 표준화 식(2)은 다음과 같다.

$$X_{normal} = \frac{X - X_{\min}}{X_{\max} - X_{\min}} \quad \cdots\cdots (1)$$

$$Z = \frac{X - \mu}{\sigma} \quad \cdots\cdots (2)$$

정규화 변수는 0과 1 사이의 값을 가지며, 표준화 변수(표준변수)는 $-\infty$ 부터 ∞ 까지 가능하다.

앞서 두 시점에 대한 이분형(이항형) 대응표본을 검정하는 비모수 기법이 McNemar였는데, 둘 이상의 시점에 대한 이분형 대응표본을 검정하는 비모수 기법이 Cochran 검정이다. 즉, Cochran 검정은 대응표본에 대한 여러 모비율이 같은지 검정하는 기법이라고 생각하면 된다. 또한 이분형으로 입력된 자료라면 Friedman이나 Kendall로 검정해도 Cochran 검정과 같은 결과값을 얻을 수 있다. McNemar 검정의 확장인 Cochran 검정도 카이제곱 통계를 활용하여 검정한다.

[그림 13.1]에서 지금까지 설명한 비모수 검정 기법을 정리하였다. 크게 독립표본과 대응표본으로 나눈 후 다시 두 집단일 경우와 두 집단 이상일 경우로 나누었다. '이분형'이라고 명시하지 않은 검정은 모두 연속형 변수를 검정하는 기법이다. 각 검정 기법의 번호는 R 예시에서의 번호와 동일하다.

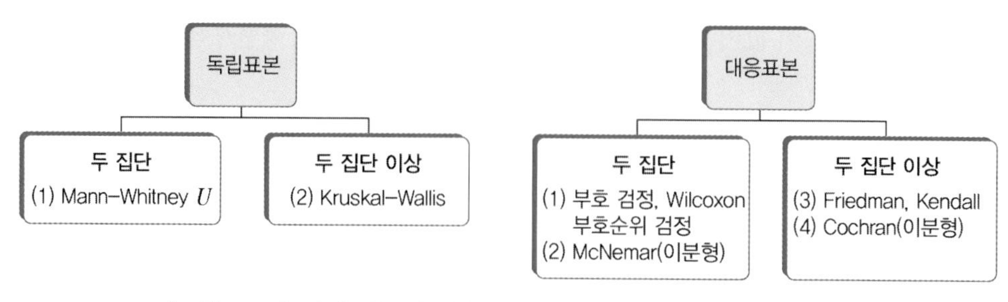

[그림 13.1] 독립표본 및 대응표본에 대한 비모수 검정 기법 정리

3 R 예시

1) 독립표본 검정

(1) Mann-Whitney U 검정: 두 집단

〈분석 자료〉

연구자가 신약에 대해 예비실험을 수행하기 위하여 참가자를 모집하였다. 일정 기준에 부합하는 6명의 자원자를 실험집단으로 선택하고, 실험집단과 성별과 연령이 동일한 6명을 통제집단으로 구성하였다. 그런데 예비실험 중 실험집단과 통제집단의 경제적 수준 차이가 실험에 영향을 미치지 않을지 의심하게 되었다. 연구자는 실험집단과 통제집단의 월평균 소득을 조사하고 집단 간 소득 차가 있는지 알아보려 한다.

변수명	변수 설명
id	참가자 ID
group	집단(0: 통제집단, 1: 실험집단)
income	월평균 소득(단위: 만 원)

[data file: npar_2indep.csv]

〈영가설과 대립가설〉

$H_0 : \theta_1 = \theta_2$

$H_A : \theta_1 \neq \theta_2$

연속형 변수에 대한 모수 검정에서 집단 간 평균(μ)이 같은지 다른지 검정하는데, 비모수 검정에서는 중앙값과 같은 위치 모수(location parameter)에 대해 집단 간 차이가 있는지를 검정한다. 이 책에서는 위치 모수를 θ로 하여 영가설과 대립가설을 표기하였다.

[R 13.1] Mann-Whitney *U* 검정

〈R 코드〉

```
##예시 1##
mydata <- read.csv('npar_2indep.csv')
mydata$group <- as.factor(mydata$group)
mydata$rank <- rank(mydata$income)
tapply(mydata$rank, mydata$group, mean)
tapply(mydata$rank, mydata$group, sum)
coin::wilcox_test(income ~ group, mydata, distribution = 'exact')
coin::wilcox_test(income ~ group, mydata, distribution = 'asymptotic')
```

〈R 결과〉

```
> ##예시 1##
> mydata <- read.csv('npar_2indep.csv')
> mydata$group <- as.factor(mydata$group)
> mydata$rank <- rank(mydata$income)
> tapply(mydata$rank, mydata$group, mean)
       0        1
8.833333 4.166667
> tapply(mydata$rank, mydata$group, sum)
 0  1
53 25
> coin::wilcox_test(income ~ group, mydata, distribution = 'exact')

        Exact Wilcoxon-Mann-Whitney Test

data:  income by group (0, 1)
Z = 2.2418, p-value = 0.02597
alternative hypothesis: true mu is not equal to 0

> coin::wilcox_test(income ~ group, mydata, distribution = 'asymptotic')

        Asymptotic Wilcoxon-Mann-Whitney Test

data:  income by group (0, 1)
Z = 2.2418, p-value = 0.02497
alternative hypothesis: true mu is not equal to 0
```

[R 13.1]에서 두 집단 간 순위가 통계적으로 유의한 차이가 있는지를 검정하였다. 먼저, as.factor() 함수로 독립변수인 group을 범주형 변수로 변환하였다. 다음으로 집단별 소득(income)의 평균순위와 순위합을 확인하였다. rank() 함수로 소득 순위를 rank 변수로 저장한 후 tapply() 함수로 집단별 평균순위와 순위합을 확인한 결과, 통제집단(0)의 평균순위와 순위합이 실험집단(1)보다 상대적으로 더 큰 것으로 보인다.

Mann-Whitney U 검정을 실시하기 위하여 coin 패키지의 wilcox_test() 함수를 활용하였다. 정확검정을 실시하려면 'distribution'에 각각 'exact' 인자를 넣으면 된다. 정확검정의 유의확률이 0.026으로 5% 유의수준에서 영가설을 기각한다. 따라서 실험집단과 통제집단의 월평균 소득은 분포가 서로 다르다고 결론 내릴 수 있다.

Mann-Whitney U 검정은 사례 수가 클 때 Z 분포로 근사한다는 특징이 있다(〈심화 13.1〉). 이를 활용한 것이 바로 근사검정으로, wilcox_test 함수에 'asymptotic' 인자를 넣어 그 결과를 확인할 수 있다. 근사검정의 Z 값과 유의확률이 각각 2.242와 0.026이었다. 이 예시는 사례 수가 적어서 해당되지 않지만, 만약 사례 수가 크다면 근사검정에서도 5% 유의수준에서 영가설을 기각한다는 것을 알 수 있다.

참고로, 소득은 정규분포를 따르지 않는 것으로 알려져 있으며 표본 수도 12명으로 작기 때문에 정규성 검정 없이 바로 비모수 검정을 실시하였다. 제8장에서 설명한 방법으로 확인할 때 이 자료는 정규성 가정을 충족하지 못한다(Shapiro-Wilk 검정의 $p = .009$).

(2) Kruskal-Wallis 검정: 두 집단 이상

〈분석 자료〉

어느 회사에서 경쟁사 A 제품의 대항마를 개발하고자 한다. 자회사 제품 개발 전, 경쟁사 제품인 A 제품에 대한 의견을 조사하기 위하여 주 고객층인 30대, 40대, 50대 여성을 대상으로 전화조사를 실시하려 한다. 연령대별로 A 제품에 대한 선호도를 파악한 후, 그 결과에 따라 자회사 제품 개발에 대한 아이디어를 얻을 계획이다.

전화를 받는 사람이 A 제품을 써 본 적 있는 30대에서 50대 여성인지 확인한 후, A 제품에 대한 선호도를 1점부터 10점까지의 척도에서 답하도록 하였다. 연구자는 연령대별 5명씩 총 15명에게 실시한 전화조사 결과를 정리하였다.

변수명	변수 설명
id	참가자 ID
group	1: 30대, 2: 40대, 3: 50대
rating	A 제품에 대한 선호도

[data file: npar_3indep.csv]

<영가설과 대립가설>

$H_0 : \theta_1 = \theta_2 = \theta_3$

$H_A : otherwise$

[R 13.2] Kruskal-Wallis 검정

<R 코드>

```
##예시 2##
mydata <- read.csv('npar_3indep.csv')
mydata$group <- as.factor(mydata$group)
mydata$rank <- rank(mydata$rating)
tapply(mydata$rank, mydata$group, mean)
tapply(mydata$rank, mydata$group, sum)
coin::kruskal_test(rating ~ group, data = mydata)
```

<R 결과>

```
> ##예시 2##
> mydata <- read.csv('npar_3indep.csv')
> mydata$group <- as.factor(mydata$group)
> mydata$rank <- rank(mydata$rating)
> tapply(mydata$rank, mydata$group, mean)
  1   2   3
7.5 8.5 8.0
> tapply(mydata$rank, mydata$group, sum)
   1    2    3
37.5 42.5 40.0
> coin::kruskal_test(rating ~ group, data = mydata)

         Asymptotic Kruskal-Wallis Test

data:  rating by group (1, 2, 3)
chi-squared = 0.12658, df = 2, p-value = 0.9387
```

[R 13.2]에서 세 집단 간 순위가 통계적으로 유의한 차이가 있는지를 검정하였다. 먼저, as.factor() 함수로 독립변수인 group을 범주형 변수로 변환하였다. 다음으로 집단별 선호도(rating)의 평균순위와 순위합을 확인하였다. rank() 함수로 선호도 순위를 rank 변수로 저장한 후 tapply() 함수로 집단별 평균순위와 순위합을 확인한 결과, 연령대별 차가 크지 않은 것으로 보인다.

Kruskal-Wallis 검정을 실시하기 위하여 coin 패키지의 kruskal_test() 함수를 활용하였다. Kruskal-Wallis 검정은 자유도가 $K-1$인 카이제곱 분포를 따른다. 이 예시에서는 세 집단의 선호도를 비교하였으므로 자유도(df)가 2였으며, 유의확률이 0.939로 영가설을 기각하지 못한다. 즉, A 제품에 대한 선호도에 있어 연령대별로 통계적으로 유의한 차이가 없다.

2) 대응표본 검정

(1) Wilcoxon 부호순위 검정과 부호 검정: 두 집단

〈분석 자료〉

최근 소아 비만에 대한 우려가 커지고 있다. 연구자가 학령 전 남아를 위한 신체활동 프로그램을 만들고 그 효과성을 알아보고자 한다. 총 8명의 만 6세 남아를 실험집단으로 삼아 2개월 동안 신체활동 프로그램에 참여시켰다. 연구자는 프로그램 시작 전후 체중을 측정하고 기록하였다.

변수명	변수 설명
id	아동 ID
t1	프로그램 시작 전 체중
t2	프로그램 종료 직후 체중

[data file: npar_3dep.csv]

〈영가설과 대립가설〉

$H_0 : \theta_1 = \theta_2$

$H_A : \theta_1 \neq \theta_2$

[R 13.3] Wilcoxon 부호순위 검정과 부호 검정

〈R 코드〉

```
##예시 3##
mydata <- read.csv('npar_3dep.csv')
coin::wilcoxsign_test(t1 ~ t2, mydata, paired = TRUE)
coin::sign_test(t1 ~ t2, mydata, paired = TRUE, distribution = 'exact')
```

〈R 결과〉

```
> ##예시 3##
> mydata <- read.csv('npar_3dep.csv')
> coin::wilcoxsign_test(t1 ~ t2, mydata, paired = TRUE)

        Asymptotic Wilcoxon-Pratt Signed-Rank Test

data:  y by x (pos, neg)
         stratified by block
Z = -0.98748, p-value = 0.3234
alternative hypothesis: true mu is not equal to 0

> coin::sign_test(t1 ~ t2, mydata, paired = TRUE, distribution = 'exact')

        Exact Sign Test

data:  y by x (pos, neg)
         stratified by block
Z = -0.70711, p-value = 0.7266
alternative hypothesis: true mu is not equal to 0
```

Wilcoxon 부호순위 검정과 부호 검정은 각각 coin 패키지의 wilcoxsign_test() 함수와 sign_test() 함수를 사용하면 된다([R 13.3]). 독립변수인 t1과 t2가 반복측정 자료인 대응표본이므로, 두 검정 모두 'paired = TRUE' 인자를 명시해야 한다. 추가로 부호 검정에서는 'distribution = exact' 인자를 명시하여 정확검정을 실시하였다. 그 결과, Wilcoxon 부호순위 검정($p = .323$)과 부호 검정($p = .727$) 모두 영가설을 기각하지 않는다. 즉, 사전검사와 사후검사의 차이가 통계적으로 유의하지 않다. 성장기인 만 6세 남아를 대상으로 한 연구라는 점을 고려할 때, 적어도 프로그램 진행 중에는 실험에 참가한 아동의 체중이 통계적으로 유의하게 늘거나 줄지 않았다는 것을 확인할 수 있다.

(2) McNemar 검정: 두 집단, 이분형 변수

〈분석 자료〉

A 초등학교는 50명의 학부모(남녀 각 25명씩)를 표집한 후 학교 강당 개방에 대한 찬반 의견을 조사하고자 한다. 동일한 학부모들을 대상으로 1학기가 시작되는 3월과 학기말인 6월에 찬반 의견을 묻고 그 결과를 정리하였다.

변수명	변수 설명
id	학부모 ID
t1	3월 찬반 여부(0: 반대, 1: 찬성)
t2	6월 찬반 여부(0: 반대, 1: 찬성)

[data file: npar_3dep_dicho.csv]

〈영가설과 대립가설〉

$H_0 : p_1 = p_2$

$H_A : p_1 \neq p_2$

[R 13.4] McNemar 검정

〈R 코드〉

```
##예시 4##
mydata <- read.csv('npar_3dep_dicho.csv')
mctable <- table(M3 = mydata$t1, M6 = mydata$t2)
mctable
coin::mh_test(mctable, distribution = 'exact')
```

〈R 결과〉

```
> ##예시 4##
> mydata <- read.csv('npar_3dep_dicho.csv')
> mctable <- table(M3 = mydata$t1, M6 = mydata$t2)
> mctable
   M6
M3   0  1
  0 14 11
  1  6 19
> coin::mh_test(mctable, distribution = 'exact')
```

```
        Exact Marginal Homogeneity Test

data:  response by conditions (Var1, Var2)
         stratified by block
chi-squared = 1.4706, p-value = 0.3323
```

앞서 설명한 바와 같이, McNemar 검정은 이항형(이분형)으로 코딩되는 대응표본에 대하여 행(또는 열)의 주변 확률이 모비율과 동일한지 검정하는 기법이다. 이를테면 같은 표본에 대하여 시간 차를 두고 찬성/반대 의견을 물어본 후 그 통계적 유의성을 검정할 경우, McNemar 검정을 실시할 수 있다.

[R 13.4]에서 남녀 각 25명을 대상으로 3월과 6월 두 차례에 걸쳐 찬성/반대 의견을 수집한 후, 찬반 의견의 변화가 통계적으로 유의한지 검정하였다. 먼저, 3월(M3)과 6월(M6)의 찬반 의견을 table() 함수를 활용하여 2×2 교차표를 mctable 객체에 저장하였다. 다음으로 coin 패키지의 mh_test() 함수에 정확검정 인자를 지정하여 McNemar 검정을 실시하였다. 교차표만으로는 3월에서 6월로 넘어가면서 찬성(1로 코딩)이 늘고 반대(0으로 코딩)가 준 것처럼 보였는데, McNemar 검정 결과, 찬반 의견에는 통계적으로 유의한 변화가 없었다($p = .332$).

(3) Friedman 검정과 Kendall 검정: 두 집단 이상

〈분석 자료〉

최근 소아 비만에 대한 우려가 커지고 있다. 연구자가 학령 전 남아를 위한 체중감량 프로그램을 만들고 그 효과성을 알아보고자 한다. 총 8명의 만 6세 남아를 실험집단으로 삼아 2개월 동안 체중감량 프로그램에 참여시켰다. 연구자는 프로그램 시작 전, 프로그램 종료 직후, 그리고 프로그램 종료 2개월 후 체중을 측정하고 기록하였다.

변수명	변수 설명
id	아동 ID
t1	프로그램 시작 전 체중
t2	프로그램 종료 직후 체중
t3	프로그램 종료 2개월 후 체중

[data file: npar_3dep.csv]

〈영가설과 대립가설〉

$H_0 : \theta_1 = \theta_2 = \theta_3$

$H_A : otherwise$

[R 13.5] Friedman 검정과 Kendall의 W

〈R 코드〉

```
##예시 5##
mydata <- read.csv('npar_3dep.csv')
mydata2 <- tidyr::gather(mydata, key = 'time', value = 'weight', t1, t2, t3,
factor_key = TRUE)
mydata2$id <- as.factor(mydata2$id)
friedman.test(weight ~ time | id, mydata2)
rstatix::friedman_effsize(mydata2, weight ~ time | id)
```

〈R 결과〉

```
> ##예시 5##
> mydata <- read.csv('npar_3dep.csv')
> mydata2 <- tidyr::gather(mydata, key = 'time', value = 'weight', t1, t2,
t3, factor_key = TRUE)
> mydata2$id <- as.factor(mydata2$id)
> friedman.test(weight ~ time | id, mydata2)

        Friedman rank sum test

data:  weight and time and id
Friedman chi-squared = 11.29, df = 2, p-value = 0.003535

> rstatix::friedman_effsize(mydata2, weight ~ time | id)
# A tibble: 1 × 5
  .y.          n  effsize  method   magnitude
* <chr>  <int>  <dbl>  <chr>      <ord>
1 weight     8   0.706  Kendall    W large
```

세 번 측정한 대응표본에 대하여 비모수 검정을 위하여 Friedman 검정을 실시하고 Kendall의 W를 구하였다([R 13.5]). 먼저, tidyr 패키지의 gather() 함수를 활용하여 넓은 포맷이었던 자료를 긴 포맷으로 변환하였다([R 11.1] 참고). 그 결과, t1, t2, t3의 세 개 변수로 코딩되었던 넓은 포맷 자료를 time 변수(t1, t2, t3이 범주)와 weight 변수로 구성되는 긴 포맷 자료로 통합하여 mydata2에 저장하였다. 다음으로 as.factor() 함수로 id를 변주형 변수로 바꾸었다.

Friedman 검정을 실시하기 위하여 friedman.test() 함수를 사용하였다. 이 함수는 종속변수인 weight와 독립변수인 time 그리고 개체 구분자인 id 변수를 'weight ~ time | id' 형태의 식(formular)과 자료(mydata2)로 구성된다. Kendall의 W는 Friedman 검정을 정규화(normalization)하여 구한 일치도 계수로(〈심화 13.5〉), rstatix 패키지의 friedman_effsize() 함수로 구하면 된다. friedman_effsize() 함수도 friedman.test() 함수와 마찬가지로 자료와 'weight ~ time | id' 형태의 식(formular)으로 구성된다.

Friedman 검정 결과, 카이제곱 값이 11.29($df = 2$)로 5% 유의수준에서 영가설을 기각한다($p = .004$). 즉, 세 시점에서의 체중 간 차이가 통계적으로 유의하다. Kendall의 W 값이 .706으로 1에 가까운 값이다. 같은 아동의 체중을 여러 번 측정한 값의 일치도 계수가 큰 편이라고 해석할 수 있으며, 이는 결과의 magnitude 열에 'large'로도 확인할 수 있다. int 열의 8은 사례 수다.

(4) Cochran 검정: 두 집단 이상, 이분형 변수

〈분석 자료〉

A 초등학교는 50명의 학부모(남녀 각 25명씩)를 표집한 후 학교 강당 개방에 대한 찬반 의견을 조사하고자 한다. 같은 학부모를 대상으로 1학기가 시작되는 3월, 학기말인 6월, 그리고 2학기가 시작되는 9월에 찬반 의견을 묻고 그 결과를 정리하였다.

변수명	변수 설명
id	학부모 ID
t1	3월 찬반 여부(0: 반대, 1: 찬성)
t2	6월 찬반 여부(0: 반대, 1: 찬성)
t3	9월 찬반 여부(0: 반대, 1: 찬성)

[data file: npar_3dep_dicho.csv]

〈영가설과 대립가설〉

$H_0 : p_1 = p_2 = p_3$

$H_A : otherwise$

[R 13.6] Cochran 검정

〈R 코드〉

```
##예시6##
mydata <- read.csv('npar_3dep_dicho.csv')
mydata2 <- tidyr::gather(mydata, key = 'time', value = 'check', t1, t2, t3,
factor_key = TRUE)
mydata2$check <- as.factor(mydata2$check)
mydata2$id <- as.factor(mydata2$id)
table(mydata2$check, mydata2$time)
coin::mh_test(check ~ time | id, data = mydata2)
```

〈R 결과〉

```
> ##예시6##
> mydata <- read.csv('npar_3dep_dicho.csv')
> mydata2 <- tidyr::gather(mydata, key = 'time', value = 'check', t1, t2, t3,
factor_key = TRUE)
> mydata2$check <- as.factor(mydata2$check)
> mydata2$id <- as.factor(mydata2$id)
> table(mydata2$check, mydata2$time)

    t1  t2  t3
  0 25  20  27
  1 25  30  23
> coin::mh_test(check ~ time | id, data = mydata2)

        Asymptotic Marginal Homogeneity Test

data:  check by time (t1, t2, t3)
         stratified by id
chi-squared = 2.6897, df = 2, p-value = 0.2606
```

McNemar 검정이 두 번 측정된 이항형(이분형) 대응표본에 대하여 행(또는 열)의 주변 확률이 모비율과 동일한지 검정하는 비모수 기법이라고 하였다. 두 번 이상 측정된 이항형(이분형) 대응표본한 비모수 검정 기법은 Cochran 검정이다. 즉, Cochran 검정은 McNemar 검정의 확장으로, McNemar 검정과 마찬가지로 이분형(이항형) 변수에 대하여 검정을 실시한다.

[R 13.6]에서 남녀 각 25명을 대상으로 3월, 6월, 9월 세 차례에 걸쳐 찬성/반대 의견을 수집한 후, 찬반 의견의 변화가 통계적으로 유의한지 검정하였다. 먼저, tidyr 패키지의 gather() 함수를 활용하여 넓은 포맷이었던 자료를 긴 포맷으로 변환하였다([R 11.1] 참고). 그 결과, t1, t2, t3의 세 개 변수로 코딩되었던 넓은 포맷 자료를 time 변수(t1, t2, t3이 범주)와 weight 변수로 구성되는 긴 포맷 자료로 통합하여 mydata2에 저장하였다. 다음으로 as.factor() 함수를 활용하여 check와 id를 변주형 변수로 바꾼 후, table() 함수를 활용하여 check와 time의 교차표를 만들었다.

Cochran 검정을 실시하기 위하여 McNemar 검정과 마찬가지로 coin 패키지의 mh_test() 함수를 사용하였다. 이 함수는 종속변수인 check와 독립변수인 time, 그리고 개체 구분자인 id 변수를 'check ~ time | id' 형태의 식(formular)과 자료(mydata2)로 구성된다. 교차표에서는 3월에서 6월로 넘어가면서 찬성 빈도가 늘었다가 9월에 다시 줄어든 것처럼 보였으나, Cochran 검정 결과, 카이제곱 값이 2.690($df = 2$)으로 유의하지 않다($p = .261$). 즉, 세 시점의 찬반 빈도는 다르지 않다.

연습문제

1. 다음 결과는 30대, 40대, 50대 여성을 5명씩 표집하여 A 제품에 대한 선호도를 측정한 결과를 Kruskal-Wallis 검정으로 분석한 것이다.

Kruskal-Wallis 검정

순위

	group	N	평균순위
mean	30s	5	3.90
	40s	5	8.80
	50s	5	11.30
	합계	15	

검정 통계량[a,b]

	mean
카이제곱	7.136
자유도	2
근사 유의확률	.028

a. Kruskal Wallis 검정

b. 집단변수: group

1) 영가설을 진술하시오.

2) Kruskal-Wallis 검정을 위한 통계적 가정을 진술하고, 통계적 가정 충족 여부에 대하여 논하시오.

3) 5% 유의수준에서 검정하고 해석하시오.

2. 다음 결과는 50명을 대상으로 A 제품의 디자인 만족도, 사용 편리성 만족도, 성능 만족도, 고장 및 견고성 만족도를 조사한 결과를 Friedman 검정으로 분석한 것이다.

Friedman 검정

순위

	평균순위
디자인 만족도	2.50
사용 편리성 만족도	2.56
성능 만족도	2.48
고장 및 견고성 만족도	2.46

검정 통계량[a]

N	679
카이제곱	4.357
자유도	3
근사 유의확률	.225

a. Friedman 검정

1) 영가설을 진술하시오.

2) 이 분석을 위한 통계적 가정을 진술하고, 통계적 가정 충족 여부에 대하여 논하시오.

3) 5% 유의수준에서 검정하고 그 결과를 해석하시오.

연습문제 정답 및 풀이

제1장 양적연구의 기본

1. 1) 명명척도, 2) 서열척도, 3) 비율척도, 4) 비율척도

2. ②

3. ①

4. 1) 비확률적 표집. 모집단을 고려하여 표집하지 않았기 때문이다.
2) 비확률적 표집 중 편의표집 또는 우연적 표집이다. 비확률적 표집 중에서도 일반화 가능성이 가장 심각하게 제한되는 방법이다.

제3장 통계분석의 기본

1. 1) $H_0 : \mu = 2,\ H_A : \mu \neq 2$
2) $H_0 : \mu \geq 100$ (또는 $\mu = 100$), $H_A : \mu < 100$
3) $H_0 : \mu \leq 70$ (또는 $\mu = 70$), $H_A : \mu > 70$

2. ㄱ, ㄴ, ㄷ

3. 제1종 오류

4. **정답** 기대값=0, 분산=3.6

풀이 $E(X) = \sum x \times P(X = x) = 0 \times 0.2 + 1 \times 0.6 + 2 \times 0.2 = 1$

$E(3X - 3) = 3E(X) - 3 = 3 - 3 = 0$

$$Var(X) = E(X^2) - (E(X))^2 = (0^2 \times 1 + 1^2 \times 0.6 + 2^2 \times 0.2) - 1^2 = 0.4$$
$$Var(aX \pm b) = a^2\,Var(X)$$
$$Var(3X - 3) = 3^2 \times 0.4 = 3.6$$

5. 정답 ㄱ, ㄹ

풀이 ㄴ: 이항분포는 반복되는 베르누이 시행이 각각 독립적이다.
ㄷ: 각 시행에서 성공확률과 실패확률은 합이 1이다.
ㅁ: 시행 수인 n이 매우 커야 정규분포에 근사한다.

6. 정답 ②

풀이 $\mu \pm 2\sigma$사이에 약 95%가 몰려 있다.

7. 정답 .95

풀이 $$P(172 \leq \overline{X} \leq 178) = P\left(\frac{172-175}{\frac{15}{\sqrt{100}}} \leq \frac{\overline{X}-175}{\frac{15}{\sqrt{100}}} \leq \frac{178-175}{\frac{15}{\sqrt{100}}}\right)$$
$$= P(-2 \leq Z \leq 2) \simeq .95$$

8. 풀이 현장체험학습 만족도 비율을 p라고 하면 영가설과 대립가설은 다음과 같다.
$H_0 : p = .36,\ H_A : p > .36$

기대값: $E(\hat{p}) = .36$

분산: $Var(\hat{p}) = \dfrac{.36 \times .64}{200}$

제4장 Z-검정과 t-검정

1. 정답 1) $H_0 : \mu = 4.0,\ H_A : \mu > 4.0$

2) 영가설을 기각할 수 없다. 즉, B 제약회사 치료약의 평균 약효지속 시간이 4시간보다 길지 않다.

풀이 2) $Z = \dfrac{\overline{X}-\mu_0}{\frac{\sigma}{\sqrt{n}}} = \dfrac{4.075-4.0}{\frac{0.4}{\sqrt{25}}} = 0.9375$, $Z_{0.05} = 1.645$보다 작으므로 영가설을 기각할 수 없다.

2. 정답 1) $H_0 : \mu_1 = \mu_2$, $H_A : \mu_1 \neq \mu_2$

2) ④

3) 유의확률 .715로 영가설을 기각할 수 없다. 즉, 두 집단 간 평균 차이가 없다.

3. 정답 1) $H_0 : \mu_d = 0$, $H_A : \mu_d \neq 0$

2) 5% 수준에서 영가설을 기각한다($p = .023$). 즉, 사전검사와 사후검사 간 통계적으로 유의한 차이가 있다.

제5장 상관분석과 신뢰도

1. 정답 ㄱ, ㄷ, ㅁ

풀이 $-1 \leq \rho \leq 1$ $(-1 \leq r \leq 1)$

Pearson 적률 상관계수는 선형 관계를 가정한다.

상관계수로 인과 관계를 추정할 수 없다.

2. 정답 수학점수와 사이버 가정학습: .411

수학점수와 자기주도적 학습: .778

사이버 가정학습과 자기주도적 학습: .116

3. 정답 집단의 동질성, 검사 시간, 문항 수, 문항변별도, 채점의 객관도, 동기 등(자세히 설명할 것)

제6장 회귀분석 I: 단순회귀분석

1. 정답 1) T, 2) T, 3) T, 4) F

풀이 최소제곱법은 잔차 제곱의 합을 최소화시키는 방법이다. 잔차의 합은 0이다.

오차에 대해 독립성, 정규성, 등분산성 가정을 한다.

2. 정답 ①

3. 정답 ㄱ, ㄴ, ㅁ

풀이 결정계수 R^2은 Y와 $\hat{Y}$의 상관계수의 제곱과 같다.

4. 정답 $\frac{5}{9}$

풀이 결정계수를 구하는 공식: $SSE = \sum_{i=1}^{n}(Y_i - \widehat{Y}_i)^2$, $SSR = \sum_{i=1}^{n}(\widehat{Y}_i - \overline{Y}_i)^2$,

$$R_2 = \frac{SSR}{SST},\ SST = SSR + SSE$$

5. 정답 (A) n−2=370−2=368

(B) n−1=370−1=369

(C) $\frac{1269.816}{1} = 1269.816$

(D) $\frac{108.133}{368} = 0.294$

(E) $\frac{1269.816}{0.294} = 4310.1020$

풀이 〈단순회귀분석의 제곱합 분해와 F 검정〉

$$\sum_{i=1}^{n}(Y_i - \overline{Y})^2 = \sum_{i=1}^{n}(\widehat{Y}_i - \overline{Y})^2 + \sum_{i=1}^{n}(Y_i - \widehat{Y}_i)^2$$

제곱합 : $SST = SSR + SSE$

$n-1 = 1 + n-2$: 자유도

제곱합 평균 : $\frac{SST}{n-1}, \frac{SSR}{1}, \frac{SSE}{n-2}$

6. 정답 회귀모형1(독립변수: 수학과 사이버 가정학습 시간)

$\widehat{Y} = 67.219 + 2.840X$

수학과 사이버 가정학습 시간이 1단위 늘어날 때마다 수학 점수가 2.840점씩 늘어난다. 수정된 R^2은 .105로, 수학과 사이버 가정학습 시간은 수학 점수 분산의 10.5%를 설명한다.

회귀모형2(독립변수: 수학과 자기주도적 학습 시간)

$\widehat{Y} = 59.032 + 4.713X$

수학과 자기주도적 학습 시간이 1단위 늘어날 때마다 수학 점수가 4.713점씩 늘어난다. 수정된 R^2은 .575로 수학과 자기주도적 학습 시간은 수학점수 분산의 57.5%를 설명한다.

제7장 회귀분석 II: 다중회귀분석

1. 정답 ③

풀이 $R^2 = \frac{SSR}{SST} = \frac{3060}{5000} = .612\,(61.2\%)$

2. 정답 ③

풀이 회귀분석에서 표준오차의 자유도는 '표본의 크기−독립변수의 수−1로 계산된다. 따라서 100−5−1=94가 된다.

3. 정답 모형 B

4. 정답 1) (A) $\frac{488739.758}{6} = 81456.626$ (B) $\frac{10523.519}{199} = 52.882$

(C) $\frac{81456.626}{52.882} = 1540.347$

2) R 제곱(R^2, 결정계수)은 종속변수 Y의 분산 중에 모형에 의해 설명되는 부분의 비율이다. 그런데 다중회귀분석에서 독립변수 간의 상관이 매우 높은 경우가 있다. 상관이 매우 높은 두 독립변수를 모형에 포함시키는 것은 모형의 절약성을 고려할 때 부적절하다. 모형 설명력뿐만 아니라 모형 절약성까지 고려한 수치가 바로 수정 결정계수(수정된 R 제곱 값)이다.

수정 결정계수의 특징은 결정계수보다 클 수 없고 보통 더 작은 경우가 일반적이다. 수정 결정계수 공식으로 구한 값은 다음과 같다.

$$Adj\ R^2 = 1 - \frac{SSE/(n-p-1)}{SST/(n-1)} = 1 - \frac{52.882}{289.572} = .817$$

5. 정답 1) 주당 학습시간은 연속변수가 아니기 때문에 더미변수로 분석할 수 있다. 다섯 개 수준에 대하여 네 개 더미변수를 다음과 같이 만들면 된다.

주당 학습시간	D_1	D_2	D_3	D_4
1	1	0	0	0
2	0	1	0	0
3	0	0	1	0
4	0	0	0	1
5	0	0	0	0

2) (A) 8.92 (B) −2.11 (C) 22.71 (D) 23.4 (E) 23.02 (F) 22.91 (G) 3.55

회귀계수의 값을 각각의 표준오차로 나누면 t−값을 구할 수 있다.

$\hat{y} = 6.996 - 0.038X_1 + 1.002X_2 + 1.053D_1 + 1.036D_2 + 1.031D_3 + 0.295D_4$

3) 해당 식에 더미변수 값을 대입하여 식 정리

주당 학습시간	회귀모형
1	$\hat{Y} = 8.049 - 0.038X_1 + 1.002X_2$
2	$\hat{Y} = 8.032 - 0.038X_1 + 1.002X_2$
3	$\hat{Y} = 8.027 - 0.038X_1 + 1.002X_2$
4	$\hat{Y} = 7.291 - 0.038X_1 + 1.002X_2$
5	$\hat{Y} = 6.996 - 0.038X_1 + 1.002X_2$

기울기는 변하지 않고 절편만 변함.

제8장 ANOVA I: 일원분산분석

1. 정답 1) $H_0 : \mu_1 = \mu_2 = \mu_3 = \mu_4$, $H_A : ohterwise$

2) $F_{.05}(3, 20) = 3.10$으로 F-값이 더 크기 때문에 영가설을 기각하게 된다. 즉, 집단 간 차이가 5% 수준에서 통계적으로 유의하다. 또는 5% 수준에서 통계적으로 유의한 집단 차이가 있다.

요인	제곱합	자유도	평균제곱	F_0
처치	107	3	35.67	5.99
오차	119	20	5.95	
총계	226	23		

2. 정답 1) 일원분산분석 모형이므로

$Y_{ij} = \mu_i + \varepsilon_{ij}, i = 1, 2, 3, j = 1, 2, \cdots, n_i, \ \epsilon_{ij} \overset{\text{iid}}{\sim} N(0, \sigma^2)$

2) $H_0 : \mu_1 = \mu_2 = \mu_3$

$H_A : otherwise$

독립성, 정규성, 등분산성 가정

3) 5% 유의수준에서 영가설을 기각한다($p = .027$). 즉, 학년 간 차이가 있다.

4) 옴니버스 검정인 ANOVA 결과만으로는 어떤 집단 간 차이가 있는지 알 수 없으므로 사후검정을 실시하여야 한다. 또한 Hedges' g와 같은 효과크기를 구할 수 있다.

3. **정답** ㄴ, ㄷ, ㄹ, ㅁ

풀이 분산분석표에서는 처치의 자유도가 $n-1=2$이므로, 분산분석에 사용된 집단의 수는 3개다. 유의확률 .0003이 유의수준 .05보다 작으므로 영가설을 기각한다. 따라서 집단 간 평균값의 차이가 있다.

4. **정답** 1) H_0 교수법에 따른 수학점수의 차이가 없다. vs H_A 교수법에 따른 수학점수의 차이가 있다.

2) (A) : 1.3679

3) $1.3679 < F_{.05}(2, 27) = 3.35$. 따라서 영가설을 기각할 수 없으며, 교수법에 따른 수학점수의 차이가 없다.

5. **정답** 1) 등분산성 가정. 이 자료는 등분산성 가정을 충족한다.

2) 5% 유의수준에서 영가설(실험집단과 통제집단 간 차이가 없다)을 기각한다. 실험집단과 통제집단 간 차이가 있다.

3) Hedges' $g = \dfrac{1.769-0.318}{\sqrt{\dfrac{21\times1.585^2+25\times2.566^2}{22+26-2}}} = \dfrac{1.451}{\sqrt{4.725}} = 0.667$

효과크기 0.667은 Cohen(1988)의 기준에 따르면 중간보다 큰 효과크기다.

제9장 ANOVA II: 이원분산분석

1. **정답** 1) $Y_{ijk} = \mu + \alpha_i + \beta_j + \alpha\beta_{ij} + \epsilon_{ijk},\ \ i=1,\cdots,a;\ j=1,\cdots,b;\ k=1,\cdots,n$

$\sum_i \alpha_i = 0,\ \sum_j \beta_j = 0,\ \sum_i (\alpha\beta)_{ij} = 0,\ ,\ \sum_j (\alpha\beta)_{ij} = 0,\ \ \epsilon_{ij} \overset{\text{iid}}{\sim} N(0, \sigma^2)$

2) 성별(독립변수 A)의 주효과 : $H_0 : \alpha_1 = \alpha_2 = \cdots = \alpha_a (=0)$, $H_A : otherwise$

수준(독립변수 B)의 주효과 : $H_0 : \beta_1 = \beta_2 = \cdots = \beta_b (=0)$, $H_A : otherwise$

성별과 수준의 상호작용 효과: $H_0 : (\alpha\beta)_{ij} = 0,\ i = 1, 2, \cdots, a;\ j = 1, 2, \cdots, b,$

$H_A : otherwise$

독립성, 정규성, 등분산성

3) 상호작용에 대하여 $F = 0.142$이 $F_{.05,\,(1,\,152)} = 3.903$보다 작으므로 H_0를 기각할 수 없다. 즉, 성별×수준별 상호작용은 없다.

성별 요인에 대하여 $F = 7.017$이 $F_{.05,\,(1,\,152)} = 3.903$보다 크므로 H_0를 기각한다. 즉, 성별로 토론식 강의의 선호도에 차이가 있다.

수준 요인에 대하여 $F = 1.446$이 $F_{.05,\,(1,\,152)} = 3.903$보다 작으므로 H_0를 기각할 수 없다. 즉, 수준별로 토론식 강의의 선호도에 차이가 없다.

4) 기술통계 결과를 참고하여 남학생과 여학생 중 어느 쪽이 토론식 강의를 선호하였는지 알아보고 Hedges' g와 같은 효과크기를 구할 수 있다.

2. 정답 1) 분산분석 가정 중 등분산성 가정을 검정하였다. 등분산성 가정을 충족한다.

2) 성별의 주효과: $H_0: \alpha_1 = \alpha_2 = 0,\ H_A: otherwise$

계열의 주효과: $H_0: \beta_1 = \beta_2 = 0,\ H_A: otherwise$

성별(p=.136)과 독립변수 간 상호작용(p=.892)은 유의하지 않으나,

계열(p=.011)은 5% 유의수준에서 통계적으로 유의하다.

3) 효과크기(Hedges' g)= $\dfrac{107.80 - 102.26}{\sqrt{\dfrac{67 \times 16.201^2 + 137 \times 15.326^2}{68 + 138 - 2}}} = 0.355$

Hedges' g 값인 0.355는 Cohen(1998)의 효과크기 기준에 따를 때 작은 효과 크기를 가진다고 해석할 수 있다.

제10장 ANCOVA

1. 정답 ④

풀이 $\hat{Y} = b_0 + b_1 G + b_2 X + b_3 GX$ (G: 집단, X: 공변수, GX: 상호작용)에서 b_3이 통계적으로 유의하지 않아야 회귀계수의 동일성 가정을 충족시킨다.

2. 정답 1) 독립성, 정규성, 등분산성

회귀계수의 동일성 가정 검정(H_0: 상호작용항의 회귀계수가 같다.)

공변수에 대한 가정(공변수 집단의 범위가 같아야 한다, 공변수의 효과크기가 0.25보다 작다.)

2) 회귀식 $\hat{Y} = 27.021 - 0.053X - 1.242D_1 + 1.611D_2$

주변평균($X = 23$)

- 육상($D_1 = 1,\ D_2 = 0$) $\hat{Y} = 24.56$
- 축구($D_1 = 0,\ D_2 = 1$) $\hat{Y} = 27.413$
- 배드민턴($D_1 = 0,\ D_2 = 0$) $\hat{Y} = 25.802$

3) 5% 유의수준에서 육상과 축구 종목 학생의 학교생활 만족도 평균에 유의한 차이가

있다. 방과후 체육활동을 축구로 하는 학생의 학교생활 만족도가 육상을 방과후 체육활동으로 하는 학생의 만족도보다 통계적으로 유의하게 더 높다.

4) 효과크기(Hedges' g)= $\dfrac{27.413-24.56}{\sqrt{\dfrac{4\times(1.14)^2+4\times(1.14)^2}{5+5-2}}}=2.502$

Hedges' g 값인 2.502는 Cohen(1998)의 효과크기 기준에 따를 때 매우 큰 효과크기 값이다.

3. 정답 1) 등분산성 가정. 이 자료는 등분산성 가정을 충족한다.

2) 5% 유의수준에서 영가설(실험집단과 통제집단 간 차이가 없다)을 기각한다. 실험집단과 통제집단 간 차이가 있다.

3) $\dfrac{37.130-35.665}{\sqrt{\dfrac{25\times4.195^2+21\times4.25^2}{26+22-2}}}=0.347$

Hedges' g 값인 0.347은 Cohen(1998)의 효과크기 기준에 따를 때 작은 효과 크기를 갖는다고 해석할 수 있다.

제11장 rANOVA

1. 정답 (1) F (2) F (3) T (4) T (5) F

풀이 (1) 성별은 고정효과(fixed effect) 변수다.

(2) 구획 이용 시 자유도를 쓴다.

(5) 이 경우 rANOVA(반복측정 분산분석)를 이용하여야 한다. ANCOVA는 사전·사후검사와 집단 간 상호작용을 검정하지 못한다.

2. 정답 1) 두 집단(실험집단, 통제집단)에 대하여 세 번 측정하는 실험설계다.

2) time에 대한 구형성 가정을 검정하였다. 검정 결과가 통계적으로 유의하지 않았으므로 구형성 가정을 충족시킨다.

3) 다음과 같은 세 가지 영가설을 검정한다.

H_0 : 측정 시점에 따라 점수 평균 차이가 없다.

H_0 : 집단과 측정 시점 간 상호작용이 없다.

H_0 : 집단 간 차이가 없다.

5% 유의수준에서 세 가지 영가설 중 다음 두 가지 영가설을 기각한다.

H_0 : 측정 시점에 따라 점수 평균 차이가 없다.

H_0 : 집단과 측정 시점 간 상호작용이 없다.

즉, 측정 시점에 따라 점수 평균이 달랐고, 집단과 측정 시점 간 상호작용이 있었다.

4) 분산분석표

분산원		*SS*	*df*	*MS*	*F*	*p*
집단 간	group	118.030	1	118.030	31.72	.060
	error	1459.463	46	31.727		
집단 내	time	32.770	2	16.385	4.656	.012
	time*group	27.215	2	13.607	3.867	.024
	error	323.730	92	3.519		

3. 정답 1) 두 집단에 대하여 두 개의 검사(a, b)를 각각 세 번 반복측정하는 실험설계다. 집단 간 요인이 하나 있고(집단), 집단 내 요인이 두 개(검사, 시점) 있는 반복측정 분산분석이다.

2) 구형성 가정을 검정하였다. 검사(test)는 두 종류밖에 없었기 때문에 구형성 가정을 검정할 필요가 없다. 측정 시점(time)은 구형성 가정을 충족한다. 검사*측정 시점 상호작용 또한 구형성 가정을 충족한다.

3) 5% 유의수준에서 통계적으로 유의한 영가설을 쓰고, 해석하시오.

H_0 : 검사 간 평균 차이가 없다.

H_0 : 측정 시점 간 평균 차이가 없다.

H_0 : 집단과 측정 시점 간 상호작용이 없다.

5% 유의수준에서 검사 종류에 따라 점수 평균 차이가 없다는 영가설을 기각한다. 즉, 검사 종류에 따라 통계적으로 유의하게 평균 차이가 있다.

5% 유의수준에서 측정 시점에 따라 점수 평균 차이가 없다는 영가설을 기각한다. 즉, 측정 시점에 따르는 점수 평균은 통계적으로 유의하게 다르다.

5% 유의수준에서 집단과 측정 시점 간 상호작용이 없다는 영가설을 기각한다. 즉, 집단과 측정 시점 간 상호작용이 통계적으로 유의하다.

4) 분산분석표

분산원		*SS*	*df*	*MS*	*F*	*p*
집단 간	group	77.974	1	77.974	0.932	.339
	error	3848.471	46	83.662		
집단 내	test	455.247	1	455.247	28.895	.000
	test *group	0.914	1	0.914	0.058	.811
	error	724.739	46	15.755		

time	95.941	2	47.970	10.664	.000
time*group	84.372	2	42.186	9.378	.000
error	413.830	92	4.498		
test*time	4.928	2	2.464	0.743	.478
test*time*group	17.220	2	8.610	2.597	.080
error	305.023	92	3.315		

제12장 범주형 자료 분석

1. 정답 1) H_0 : 사교육 유형과 사교육 기간은 서로 독립이다.

2) 표본의 독립성과 20% 규칙을 충족시켜야 한다. 30개의 칸(cell) 중 기대빈도가 5 이하인 칸은 20개(약 60%)로 20%보다 크므로 20% 규칙을 충족시키지 못한다.

3) 자료를 더 모으거나, 범주 유목이 유사한 것끼리 묶거나, 몇몇 빈도수가 낮은 범주를 아예 분석에서 제외할 수 있다.

2. 정답 1) H_0 : 성별과 계열은 서로 독립이다.

2) 표본의 독립성과 20% 규칙을 충족시켜야 한다. 기대빈도가 5 이하인 칸(cell)이 하나도 없으므로 통계적 가정을 충족시킨다.

3) 5% 유의수준에서 성별과 계열이 독립이라는 영가설을 기각한다($p = .001$).

4) $\frac{21 \times 68}{53 \times 75} = 0.36$. 오즈비가 1보다 작으므로, 여학생이 자연계일 오즈가 여학생이 인문계일 오즈보다 약 0.36배 더 낮다. 바꿔 설명하면, 여학생이 인문계일 오즈가 여학생이 자연계일 오즈보다 약 2.78($2.78 = \frac{1}{0.36}$)배 더 높다.

제13장 비모수 검정

1. 정답 1) $H_0 : \theta_1 = \theta_2 = \theta_3$ 또는 세 집단은 같은 분포로부터 도출되었다.

2) Kruskal-Wallis 검정은 둘 이상의 독립표본을 비교하는 비모수 기법으로, 종속변수가 연속형이어야 한다. 집단별 순위합을 비교하므로 사례 수가 같아야 한다. 정규성

및 등분산성 가정은 필요 없다.

표본의 독립성 가정을 충족하며, 연속형 변수를 측정하였다. 연령별 사례 수가 모두 같다.

3) Kruskal-Wallis 검정은 자유도가 $K-1$인 카이제곱 분포를 따른다. 모두 세 개 집단이었으므로, 자유도가 2였다. 검정 결과, 유의확률이 .028로 5% 유의수준에서 영가설을 기각한다. 즉, 연령별 A 제품에 대한 선호도가 다르다.

2. 정답 1) $H_0 : \theta_1 = \theta_2 = \theta_3 = \theta_4$ 또는 네 가지 만족도 점수는 같은 분포로부터 도출되었다.

2) Friedman 검정은 둘 이상의 대응표본을 비교하는 비모수 기법으로, 종속변수가 연속형이어야 한다. 정규성 및 등분산성 가정은 필요 없다.

3) 영가설을 기각하지 못한다. 네 가지 만족도 점수는 같은 분포에서 도출되었다고 할 수 있다.

부록

부록 1. 분포표(Z-분포, t-분포, F-분포, 카이제곱 분포)

부록 2. 미국 WWC 논문 분류 기준
(WWC Procedures & Standards Handbook version 3.0)

부록 3. APA 인용 양식 규칙 및 예시

부록 1 분포표(Z-분포, t-분포, F-분포, 카이제곱 분포)

1) Z-분포표

$$P(0 < Z < z) = \int_0^z \frac{1}{\sqrt{2\pi}} e^{-\frac{t^2}{2}} dt$$

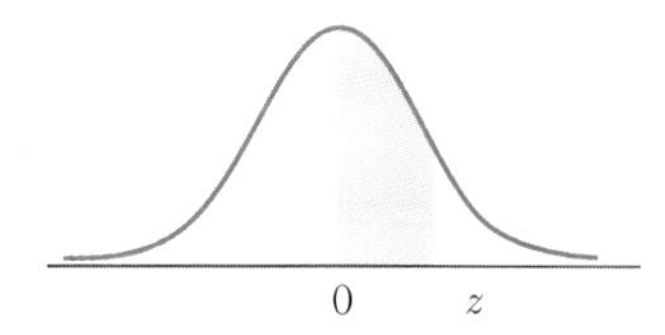

z	0.00	0.01	0.02	0.03	0.04	0.05	0.06	0.07	0.08	0.09
0.0	0.0000	0.0040	0.0080	0.0120	0.0160	0.0199	0.0239	0.0279	0.0319	0.0359
0.1	0.0398	0.0438	0.0478	0.0517	0.0557	0.0596	0.0636	0.0675	0.0714	0.0753
0.2	0.0793	0.0832	0.0871	0.0910	0.0948	0.0987	0.1026	0.1064	0.1103	0.1141
0.3	0.1179	0.1217	0.1255	0.1293	0.1331	0.1368	0.1406	0.1443	0.1480	0.1517
0.4	0.1554	0.1591	0.1628	0.1664	0.1700	0.1736	0.1772	0.1808	0.1844	0.1879
0.5	0.1915	0.1950	0.1985	0.2019	0.2054	0.2088	0.2123	0.2157	0.2190	0.2224
0.6	0.2257	0.2291	0.2324	0.2357	0.2389	0.2422	0.2454	0.2486	0.2517	0.2549
0.7	0.2580	0.2611	0.2642	0.2673	0.2704	0.2734	0.2764	0.2794	0.2823	0.2852
0.8	0.2881	0.2910	0.2939	0.2967	0.2995	0.3023	0.3051	0.3078	0.3106	0.3133
0.9	0.3159	0.3186	0.3212	0.3238	0.3264	0.3289	0.3315	0.3340	0.3365	0.3389
1.0	0.3413	0.3438	0.3461	0.3485	0.3508	0.3531	0.3554	0.3577	0.3599	0.3621
1.1	0.3643	0.3665	0.3686	0.3708	0.3729	0.3749	0.3770	0.3790	0.3810	0.3830
1.2	0.3849	0.3869	0.3888	0.3907	0.3925	0.3944	0.3962	0.3980	0.3997	0.4015
1.3	0.4032	0.4049	0.4066	0.4082	0.4099	0.4115	0.4131	0.4147	0.4162	0.4177
1.4	0.4192	0.4207	0.4222	0.4236	0.4251	0.4265	0.4279	0.4292	0.4306	0.4319
1.5	0.4332	0.4345	0.4357	0.4370	0.4382	0.4394	0.4406	0.4418	0.4429	0.4441
1.6	0.4452	0.4463	0.4474	0.4484	0.4495	0.4505	0.4515	0.4525	0.4535	0.4545
1.7	0.4554	0.4564	0.4573	0.4582	0.4591	0.4599	0.4608	0.4616	0.4625	0.4633
1.8	0.4641	0.4649	0.4656	0.4664	0.4671	0.4678	0.4686	0.4693	0.4699	0.4706
1.9	0.4713	0.4719	0.4726	0.4732	0.4738	0.4744	0.4750	0.4756	0.4761	0.4767
2.0	0.4772	0.4778	0.4783	0.4788	0.4793	0.4798	0.4803	0.4808	0.4812	0.4817
2.1	0.4821	0.4826	0.4830	0.4834	0.4838	0.4842	0.4846	0.4850	0.4854	0.4857
2.2	0.4861	0.4864	0.4868	0.4871	0.4875	0.4878	0.4881	0.4884	0.4887	0.4890
2.3	0.4893	0.4896	0.4898	0.4901	0.4904	0.4906	0.4909	0.4911	0.4913	0.4916
2.4	0.4918	0.4920	0.4922	0.4925	0.4927	0.4929	0.4931	0.4932	0.4934	0.4936
2.5	0.4938	0.4940	0.4941	0.4943	0.4945	0.4946	0.4948	0.4949	0.4951	0.4952
2.6	0.4953	0.4955	0.4956	0.4957	0.4959	0.4960	0.4961	0.4962	0.4963	0.4964
2.7	0.4965	0.4966	0.4967	0.4968	0.4969	0.4970	0.4971	0.4972	0.4973	0.4974
2.8	0.4974	0.4975	0.4976	0.4977	0.4977	0.4978	0.4979	0.4979	0.4980	0.4981
2.9	0.4981	0.4982	0.4982	0.4983	0.4984	0.4984	0.4985	0.4985	0.4986	0.4986
3.0	0.4987	0.4987	0.4987	0.4988	0.4988	0.4989	0.4989	0.4989	0.4990	0.4990
3.1	0.4990	0.4991	0.4991	0.4991	0.4992	0.4992	0.4992	0.4992	0.4993	0.4993
3.2	0.4993	0.4993	0.4994	0.4994	0.4994	0.4994	0.4994	0.4995	0.4995	0.4995
3.3	0.4995	0.4995	0.4995	0.4996	0.4996	0.4996	0.4996	0.4996	0.4996	0.4997

2) t-분포표

$P(t > t_\alpha) = \alpha$

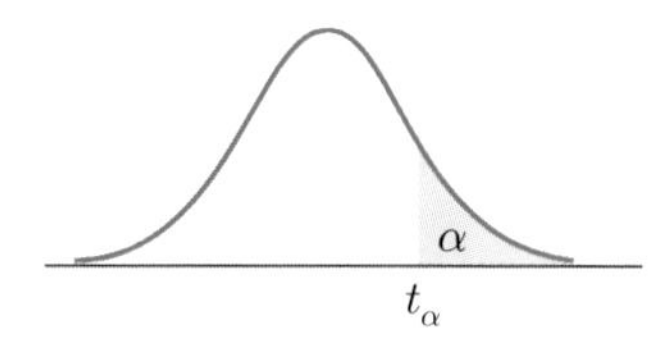

df	$t_{.100}$	$t_{.050}$	$t_{.025}$	$t_{.010}$	$t_{.005}$
1	3.078	6.314	12.706	31.821	63.657
2	1.886	2.920	4.303	6.965	9.925
3	1.638	2.353	3.182	4.541	5.841
4	1.533	2.132	2.776	3.747	4.604
5	1.476	2.015	2.571	3.365	4.032
6	1.440	1.943	2.447	3.143	3.707
7	1.415	1.895	2.365	2.998	3.499
8	1.397	1.860	2.306	2.896	3.355
9	1.383	1.833	2.262	2.821	3.250
10	1.372	1.812	2.228	2.764	3.169
11	1.363	1.796	2.201	2.718	3.106
12	1.356	1.782	2.179	2.681	3.055
13	1.350	1.771	2.160	2.650	3.012
14	1.345	1.761	2.145	2.624	2.977
15	1.341	1.753	2.131	2.602	2.947
16	1.337	1.746	2.120	2.583	2.921
17	1.333	1.740	2.110	2.567	2.898
18	1.330	1.734	2.101	2.552	2.878
19	1.328	1.729	2.093	2.539	2.861
20	1.325	1.725	2.086	2.528	2.845
21	1.323	1.721	2.080	2.518	2.831
22	1.321	1.717	2.074	2.508	2.819
23	1.319	1.714	2.069	2.500	2.807
24	1.318	1.711	2.064	2.492	2.797
25	1.316	1.708	2.060	2.485	2.787
26	1.315	1.706	2.056	2.479	2.779
27	1.314	1.703	2.052	2.473	2.771
28	1.313	1.701	2.048	2.467	2.763
29	1.311	1.699	2.045	2.462	2.756
∞	1.282	1.645	1.960	2.326	2.576

3) F-분포표

$P(F > F_{\alpha}) = \alpha$

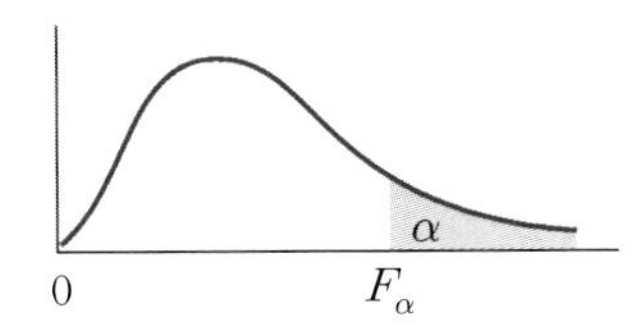

v_2 \ v_1	1	2	3	4	5	6	7	8	9
1	161.4476	199.5000	215.7073	224.5832	230.1619	233.9860	236.7684	238.8827	240.5433
2	18.5128	19.0000	19.1643	19.2468	19.2964	19.3295	19.3532	19.3710	19.3848
3	10.1280	9.5521	9.2766	9.1172	9.0135	8.9406	8.8867	8.8452	8.8123
4	7.7086	6.9443	6.5914	6.3882	6.2561	6.1631	6.0942	6.0410	5.9988
5	6.6079	5.7861	5.4095	5.1922	5.0503	4.9503	4.8759	4.8183	4.7725
6	5.9874	5.1433	4.7571	4.5337	4.3874	4.2839	4.2067	4.1468	4.0990
7	5.5914	4.7374	4.3468	4.1203	3.9715	3.8660	3.7870	3.7257	3.6767
8	5.3177	4.4590	4.0662	3.8379	3.6875	3.5806	3.5005	3.4381	3.3881
9	5.1174	4.2565	3.8625	3.6331	3.4817	3.3738	3.2927	3.2296	3.1789
10	4.9646	4.1028	3.7083	3.4780	3.3258	3.2172	3.1355	3.0717	3.0204
11	4.8443	3.9823	3.5874	3.3567	3.2039	3.0946	3.0123	2.9480	2.8962
12	4.7472	3.8853	3.4903	3.2592	3.1059	2.9961	2.9134	2.8486	2.7964
13	4.6672	3.8056	3.4105	3.1791	3.0254	2.9153	2.8321	2.7669	2.7144
14	4.6001	3.7389	3.3439	3.1122	2.9582	2.8477	2.7642	2.6987	2.6458
15	4.5431	3.6823	3.2874	3.0556	2.9013	2.7905	2.7066	2.6408	2.5876
16	4.4940	3.6337	3.2389	3.0069	2.8524	2.7413	2.6572	2.5911	2.5377
17	4.4513	3.5915	3.1968	2.9647	2.8100	2.6987	2.6143	2.5480	2.4943
18	4.4139	3.5546	3.1599	2.9277	2.7729	2.6613	2.5767	2.5102	2.4563
19	4.3807	3.5219	3.1274	2.8951	2.7401	2.6283	2.5435	2.4768	2.4227
20	4.3512	3.4928	3.0984	2.8661	2.7109	2.5990	2.5140	2.4471	2.3928
21	4.3248	3.4668	3.0725	2.8401	2.6848	2.5727	2.4876	2.4205	2.3660
22	4.3009	3.4434	3.0491	2.8167	2.6613	2.5491	2.4638	2.3965	2.3419
23	4.2793	3.4221	3.0280	2.7955	2.6400	2.5277	2.4422	2.3748	2.3201
24	4.2597	3.4028	3.0088	2.7763	2.6207	2.5082	2.4226	2.3551	2.3002
25	4.2417	3.3852	2.9912	2.7587	2.6030	2.4904	2.4047	2.3371	2.2821
26	4.2252	3.3690	2.9752	2.7426	2.5868	2.4741	2.3883	2.3205	2.2655
27	4.2100	3.3541	2.9604	2.7278	2.5719	2.4591	2.3732	2.3053	2.2501
28	4.1960	3.3404	2.9467	2.7141	2.5581	2.4453	2.3593	2.2913	2.2360
29	4.1830	3.3277	2.9340	2.7014	2.5454	2.4324	2.3463	2.2783	2.2229
30	4.1709	3.3158	2.9223	2.6896	2.5336	2.4205	2.3343	2.2662	2.2107
40	4.0847	3.2317	2.8387	2.6060	2.4495	2.3359	2.2490	2.1802	2.1240
60	4.0012	3.1504	2.7581	2.5252	2.3683	2.2541	2.1665	2.0970	2.0401
120	3.9201	3.0718	2.6802	2.4472	2.2899	2.1750	2.0868	2.0164	1.9588
∞	3.8415	2.9957	2.6049	2.3719	2.2141	2.0986	2.0096	1.9384	1.8799

v_2 \ v_1	10	12	15	20	24	30	40	60	120	∞
1	241.8817	243.9060	245.9499	248.0131	249.0518	250.0951	251.1432	252.1957	253.2529	254.3144
2	19.3959	19.4125	19.4291	19.4458	19.4541	19.4624	19.4707	19.4791	19.4874	19.4957
3	8.7855	8.7446	8.7029	8.6602	8.6385	8.6166	8.5944	8.5720	8.5494	8.5264
4	5.9644	5.9117	5.8578	5.8025	5.7744	5.7459	5.7170	5.6877	5.6581	5.6281
5	4.7351	4.6777	4.6188	4.5581	4.5272	4.4957	4.4638	4.4314	4.3985	4.3650
6	4.0600	3.9999	3.9381	3.8742	3.8415	3.8082	3.7743	3.7398	3.7047	3.6689
7	3.6365	3.5747	3.5107	3.4445	3.4105	3.3758	3.3404	3.3043	3.2674	3.2298
8	3.3472	3.2839	3.2184	3.1503	3.1152	3.0794	3.0428	3.0053	2.9669	2.9276
9	3.1373	3.0729	3.0061	2.9365	2.9005	2.8637	2.8259	2.7872	2.7475	2.7067
10	2.9782	2.9130	2.8450	2.7740	2.7372	2.6996	2.6609	2.6211	2.5801	2.5379
11	2.8536	2.7876	2.7186	2.6464	2.6090	2.5705	2.5309	2.4901	2.4480	2.4045
12	2.7534	2.6866	2.6169	2.5436	2.5055	2.4663	2.4259	2.3842	2.3410	2.2962
13	2.6710	2.6037	2.5331	2.4589	2.4202	2.3803	2.3392	2.2966	2.2524	2.2064
14	2.6022	2.5342	2.4630	2.3879	2.3487	2.3082	2.2664	2.2229	2.1778	2.1307
15	2.5437	2.4753	2.4034	2.3275	2.2878	2.2468	2.2043	2.1601	2.1141	2.0658
16	2.4935	2.4247	2.3522	2.2756	2.2354	2.1938	2.1507	2.1058	2.0589	2.0096
17	2.4499	2.3807	2.3077	2.2304	2.1898	2.1477	2.1040	2.0584	2.0107	1.9604
18	2.4117	2.3421	2.2686	2.1906	2.1497	2.1071	2.0629	2.0166	1.9681	1.9168
19	2.3779	2.3080	2.2341	2.1555	2.1141	2.0712	2.0264	1.9795	1.9302	1.8780
20	2.3479	2.2776	2.2033	2.1242	2.0825	2.0391	1.9938	1.9464	1.8963	1.8432
21	2.3210	2.2504	2.1757	2.0960	2.0540	2.0102	1.9645	1.9165	1.8657	1.8117
22	2.2967	2.2258	2.1508	2.0707	2.0283	1.9842	1.9380	1.8894	1.8380	1.7831
23	2.2747	2.2036	2.1282	2.0476	2.0050	1.9605	1.9139	1.8648	1.8128	1.7570
24	2.2547	2.1834	2.1077	2.0267	1.9838	1.9390	1.8920	1.8424	1.7896	1.7330
25	2.2365	2.1649	2.0889	2.0075	1.9643	1.9192	1.8718	1.8217	1.7684	1.7110
26	2.2197	2.1479	2.0716	1.9898	1.9464	1.9010	1.8533	1.8027	1.7488	1.6906
27	2.2043	2.1323	2.0558	1.9736	1.9299	1.8842	1.8361	1.7851	1.7306	1.6717
28	2.1900	2.1179	2.0411	1.9586	1.9147	1.8687	1.8203	1.7689	1.7138	1.6541
29	2.1768	2.1045	2.0275	1.9446	1.9005	1.8543	1.8055	1.7537	1.6981	1.6376
30	2.1646	2.0921	2.0148	1.9317	1.8874	1.8409	1.7918	1.7396	1.6835	1.6223
40	2.0772	2.0035	1.9245	1.8389	1.7929	1.7444	1.6928	1.6373	1.5766	1.5089
60	1.9926	1.9174	1.8364	1.7480	1.7001	1.6491	1.5943	1.5343	1.4673	1.3893
120	1.9105	1.8337	1.7505	1.6587	1.6084	1.5543	1.4952	1.4290	1.3519	1.2539
∞	1.8307	1.7522	1.6664	1.5705	1.5173	1.4591	1.3940	1.3180	1.2214	1.0000

4) 카이제곱 분포표

$P(\chi^2 > \chi^2_\alpha) = \alpha$

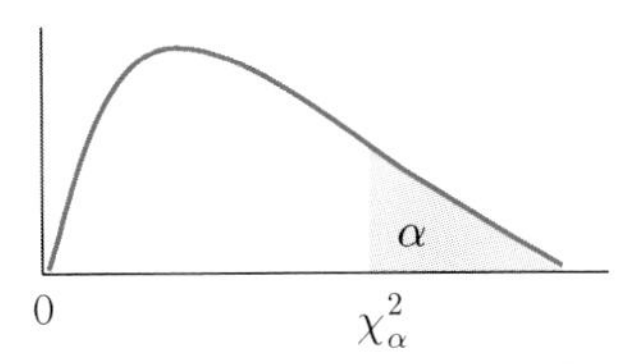

df	$\chi^2_{0.995}$	$\chi^2_{0.990}$	$\chi^2_{0.975}$	$\chi^2_{0.950}$	$\chi^2_{0.900}$
1	0.000	0.000	0.001	0.004	0.016
2	0.010	0.020	0.051	0.103	0.211
3	0.072	0.115	0.216	0.352	0.584
4	0.207	0.297	0.484	0.711	1.064
5	0.412	0.554	0.831	1.145	1.610
6	0.676	0.872	1.237	1.635	2.204
7	0.989	1.239	1.690	2.167	2.833
8	1.344	1.646	2.180	2.733	3.490
9	1.735	2.088	2.700	3.325	4.168
10	2.156	2.558	3.247	3.940	4.865
11	2.603	3.053	3.816	4.575	5.578
12	3.074	3.571	4.404	5.226	6.304
13	3.565	4.107	5.009	5.892	7.042
14	4.075	4.660	5.629	6.571	7.790
15	4.601	5.229	6.262	7.261	8.547
16	5.142	5.812	6.908	7.962	9.312
17	5.697	6.408	7.564	8.672	10.085
18	6.265	7.015	8.231	9.390	10.865
19	6.844	7.633	8.907	10.117	11.651
20	7.434	8.260	9.591	10.851	12.443
21	8.034	8.897	10.283	11.591	13.240
22	8.643	9.542	10.982	12.338	14.041
23	9.260	10.196	11.689	13.091	14.848
24	9.886	10.856	12.401	13.848	15.659
25	10.520	11.524	13.120	14.611	16.473
26	11.160	12.198	13.844	15.379	17.292
27	11.808	12.879	14.573	16.151	18.114
28	12.461	13.565	15.308	16.928	18.939
29	13.121	14.256	16.047	17.708	19.768
30	13.787	14.953	16.791	18.493	20.599
40	20.707	22.164	24.433	26.509	29.051
50	27.991	29.707	32.357	34.764	37.689
60	35.534	37.485	40.482	43.188	46.459
70	43.275	45.442	48.758	51.739	55.329
80	51.172	53.540	57.153	60.391	64.278
90	59.196	61.754	65.647	69.126	73.291
100	67.328	70.065	74.222	77.929	82.358

df	$\chi^2_{0.100}$	$\chi^2_{0.050}$	$\chi^2_{0.025}$	$\chi^2_{0.010}$	$\chi^2_{0.005}$
1	2.706	3.841	5.024	6.635	7.879
2	4.605	5.991	7.378	9.210	10.597
3	6.251	7.815	9.348	11.345	12.838
4	7.779	9.488	11.143	13.277	14.860
5	9.236	11.070	12.833	15.086	16.750
6	10.645	12.592	14.449	16.812	18.548
7	12.017	14.067	16.013	18.475	20.278
8	13.362	15.507	17.535	20.090	21.955
9	14.684	16.919	19.023	21.666	23.589
10	15.987	18.307	20.483	23.209	25.188
11	17.275	19.675	21.920	24.725	26.757
12	18.549	21.026	23.337	26.217	28.300
13	19.812	22.362	24.736	27.688	29.819
14	21.064	23.685	26.119	29.141	31.319
15	22.307	24.996	27.488	30.578	32.801
16	23.542	26.296	28.845	32.000	34.267
17	24.769	27.587	30.191	33.409	35.718
18	25.989	28.869	31.526	34.805	37.156
19	27.204	30.144	32.852	36.191	38.582
20	28.412	31.410	34.170	37.566	39.997
21	29.615	32.671	35.479	38.932	41.401
22	30.813	33.924	36.781	40.289	42.796
23	32.007	35.172	38.076	41.638	44.181
24	33.196	36.415	39.364	42.980	45.559
25	34.382	37.652	40.646	44.314	46.928
26	35.563	38.885	41.923	45.642	48.290
27	36.741	40.113	43.195	46.963	49.645
28	37.916	41.337	44.461	48.278	50.993
29	39.087	42.557	45.722	49.588	52.336
30	40.256	43.773	46.979	50.892	53.672
40	51.805	55.758	59.342	63.691	66.766
50	63.167	67.505	71.420	76.154	79.490
60	74.397	79.082	83.298	88.379	91.952
70	85.527	90.531	95.023	100.425	104.215
80	96.578	101.879	106.629	112.329	116.321
90	107.565	113.145	118.136	124.116	128.299
100	118.498	124.342	129.561	135.807	140.169

부록 2 미국 WWC 논문 분류 기준 (WWC Procedures & Standards Handbook version 3.0)

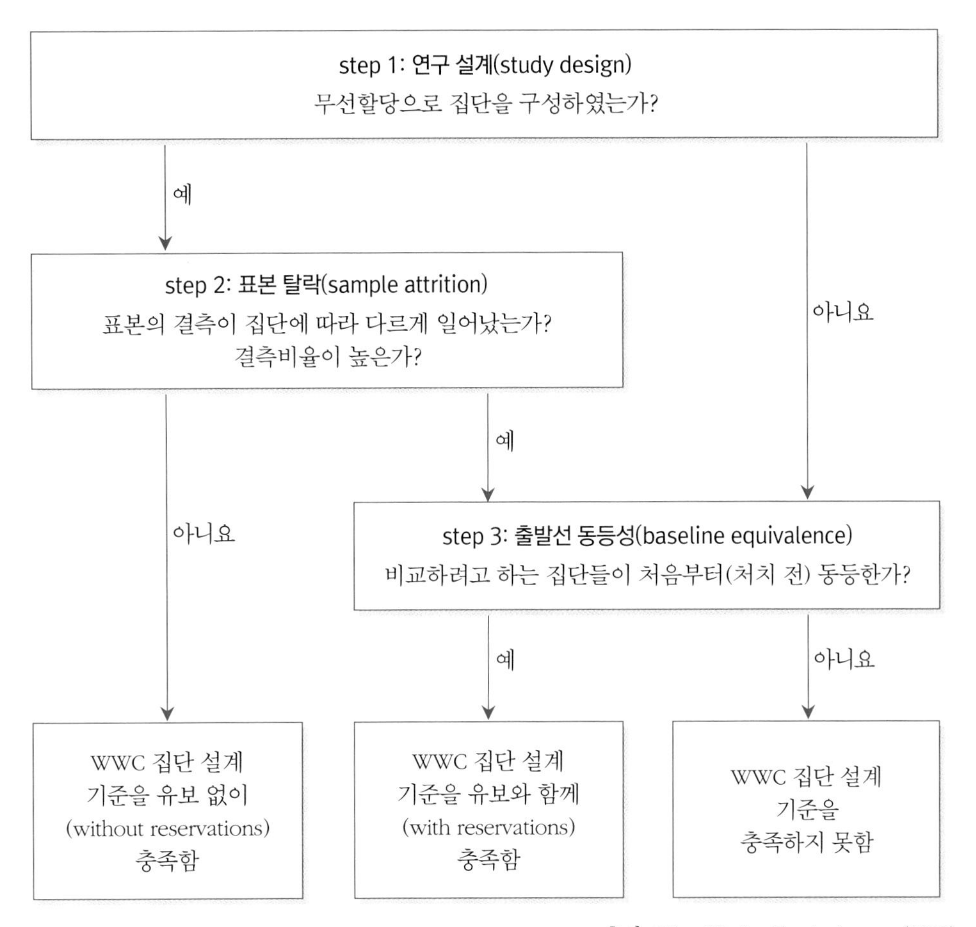

출처: What Works Clearinghouse. (2013).

부록 3 APA 인용 양식 규칙 및 예시

사회과학 연구에서는 논문 작성 시 APA(American Psychological Association: 미국심리학회) 기준을 따른다. APA 인용 방법은 주로 영어로 된 저작물에 초점이 맞춰져 있어 우리말로 된 저작물에 대해서는 APA reference style과 같은 명확한 지침이 없다. 따라서 영어로 된 저작물을 중심으로 설명하며, 필요한 경우 우리말로 된 저작물에 대한 설명을 첨언하겠다.

인용 방법을 참고문헌(reference) 인용과 본문(text) 인용으로 나누어 설명하겠다. 저서와 학술지 인용 방법에 초점을 맞추어 설명하므로, 다양한 참고 자료 인용 방법을 알고 싶다면 *Publication manual of the American Psychological Association* (7th ed.)을 참조하는 것이 좋다.

I. 참고문헌 인용

1 기본 규칙

- 본문에 인용된 모든 문헌은 논문 끝부분에 있는 참고문헌(reference) 리스트에서 인용하여야 한다.
- 저자가 2인 이상인 경우 '&' 기호를 사용한다(단, 우리말로 된 저서와 학술지는 '&' 대신 ',' 또는 '·'를 쓴다).
- 저서명과 학술지명은 이탤릭체로 쓴다(단, 우리말로 된 저서와 학술지는 볼드체 또는 고딕체로 쓰는 것이 일반적이다).
- 학술지명의 경우 권까지 이탤릭체로 쓰고, 호와 쪽수는 이탤릭체로 쓰지 않는다.
- 제목과 부제의 첫 번째 단어의 첫 번째 문자만 대문자로 쓴다(단, 고유명사는 모두 대문자로 쓴다).
- colon(:), dash(–) 이후에 나오는 첫 번째 단어의 첫 번째 문자는 대문자로 쓴다.
- 각 인용에 대하여 둘째 줄부터는 5~7칸 띄운다(더 상세한 규칙은 APA style 지침을 참고하면 된다).
- 인용은 가나다 순으로 정렬 후 알파벳 순으로 정렬한다(우리말로 된 문헌을 먼저 인용한다).

※ APA 7판부터 적용되는 기준: 저서에 출판사 소재 지명을 쓰지 않는다.

※ APA 7판부터 적용되는 기준: 논문 인용 시 doi를 필수적으로 써야 한다. doi가 없는 논문의 경우 URL을 써야 한다.

2 책 인용

1) 저자가 1인인 책

유진은(2021). AI 시대 빅데이터 분석과 기계학습. 학지사.

Agresti, A. (2002). *Categorical data analysis* (2nd ed.). Wiley & Sons.

Cox, D. R. (1958). *Planning of experiments*. Wiley.

2) 저자가 2인인 책

김두섭, 강남준(2008). 회귀분석: 기초와 응용. 나남.

Cizek, G. J., & Bunch, M. B. (2007). *Standard setting: A guide to establishing and evaluating performance standards on tests*. Sage.

Hosmer, D. W., & Lemeshow, S. (2000). *Applied logistic regression* (2nd ed.). Wiley & Sons.

3) 저자가 3~20인인 책

강현철, 한상태, 최호식(2010). SPSS(PASW Statistics) 데이터 분석 입문. 자유아카데미.

Bell, S. H., Orr, L. L., Blomquise, J. D., & Cain, G. G. (1995). *Program applicants as a comparison group in evaluating training programs*. Upjohn Institute for Employment Research.

Shepard, L., Glaser, R., Linn, R., & Bohrnstedt, G. (1993). *Setting performance standards for achievement tests*. National Academy of Education.

4) 저자가 21인 이상인 책 또는 논문

※ 주의: APA 7판부터 적용되는 기준으로, 저자가 21인 이상인 경우 처음 19명만 나열하고 생략부호(...)를 쓴 다음, 가장 마지막 저자를 쓴다. 즉, 저자가 총 20명만 나오도록 인용한다. 이는 논문 인용 시에도 똑같이 적용된다.

(1) 책

Adams, J. J., King, S., Card, O. S., Bacigalupi, P., Rickert, M., Lethem, J., Martin, G. R. R., Buckell, T. S., McDevitt, J., Doctorow. C., Van Pelt, J., Kadrey, R., Wells, C., Oltion, J., Wolfe, G., Kress, N., Bear, E., Butler, O. E., Emshwiller, C., ... Langan, J. (2008). *Wastelands: Stories of the Apocalypse*. Nightshade Book.

(2) 논문

Lander, E. S., Linton, L. M., Birren, B., Nusbaum, C., Zody, M. C., Baldwin, J., Devon, K., Dewar, K., Doyle, M., Fitzhugh, W., Funke, R., Gage, D., Harris, K., Heaford, A., Howland, J., Kann, L., Lehoczky, J., Levine, R., McEwan, P., ... Morgan, M. J. (2001). Initial sequencing and analysis of the human genome. *Nature, 409*, 860–921. https://doi.org/10.1038/35057062

5) 편집된 책

홍두승, 설동훈(편). (2003). Statistica를 이용한 사회과학자료분석. 다산출판사.

Bock, R. D. (Ed.). (1989). *Multilevel analysis of educational data*. Academic Press.

Cizek, G. J. (Ed.). (2012). *Setting performance standards: Foundations, methods, and innovations* (2nd ed.). Routledge.

Shonkoff, J. P., & Phillips, D. A. (Eds.). (2000). *From neurons to neighborhoods: The science of early childhood development*. National Academy Press.

6) 편집된 책의 장(book chapter)

이재열(2003). 비모수통계. 홍두승, 설동훈(편), Statistica를 이용한 사회과학자료분석(pp. 153–188). 다산출판사.

Davey, A. (2001). An analysis of incomplete data. In L. M. Collins & A. G. Sayers (Eds.), *New methods for the analysis of change* (pp. 379-383). American Psychological Association.

Zieky, M. J. (2012). So much has changed: An historical overview of setting cut scores. In G. J. Cizek (Ed.), *Setting performance standards: Foundations, methods, and innovations* (2nd ed., pp. 15-32). Routledge.

3 학술지 인용

노민정, 유진은(2015). 교육 분야 메타분석을 위한 50개 필수 보고 항목. 교육평가연구, 28(3), 853–878. http://uci.or.kr/G704-000051.2015.28.3.003

유진은(2013). 교육학 연구에서 ANCOVA에 대한 오해와 오용. 학습자중심교과교육연구, 13(6), 27–49. http://scholar.dkyobobook.co.kr/searchDetail.laf?barcode=4010026156474

유진은(2014). 반복측정 자료를 다루는 교육 연구 실태 분석. 열린교육연구, 22(4), 119-138. http://uci.or.kr/G704-001282.2014.22.4.013

유진은(2019). 기계학습: 교육 대용량/패널 자료와 학습분석학 자료분석으로의 적용. 교육공학연구, 35(2), 313-338. doi: 10.17232/KSET.35.2.313

Gower, J. C. (1971). A general coefficient of similarity and some of its properties. *Biometrics, 27*(4), 857-871. https://doi.org/10.2307/2528823

Perie, M. (2008). A guide to understanding and developing performance-level descriptors. *Educational Measurement: Issues and Practice, 27*(4), 15-29. https://doi.org/10.1111/j.1745-3992.2008.00135.x

Shmueli, G. (2010). To explain or to predict? *Statistical Science, 25*(3), 289-310. https://doi.org/10.1214/10-STS330

Yoo, J. E., & Rho, M. (2020). Exploration of predictors for Korean teacher job satisfaction via a machine learning technique, group mnet. *Frontiers in Psychology, 11*, 441. doi: 10.3389/fpsyg.2020.00441

Zou, H., & Hastie, T. (2005). Regularization and variable selection via the elastic net. *Journal of the Royal Statistical Society: Series B (Statistical Methodology), 67*(2), 301-320. https://doi.org/10.1111/j.1467-9868.2005.00503.x

4 인터넷 자료 인용

Allison, P. (2014, June 13). *Listwise deletion: It's NOT evil.* Statistical Horizons. http://statisticalhorizons.com/listwise-deletion-its-not-evil

CCSS Initiative. (n.d.). *Mathematics standards.* Common Core. http://www.corestandards.org/Math/

What Works Clearinghouse. (2020, January). *Handbooks and other resources: Procedures and standards handbooks.* Institute of Education Science. https://ies.ed.gov/ncee/wwc/Handbooks#procedures

5 학술대회 자료 인용

Buskirk, T. D., Bear, T., & Bareham, J. (2018, October 25-27). *Machine made sampling designs: Applying machine learning methods for generating stratified sampling designs*. [Conference presentation]. Big Data Meets Survey Science Conference, Barcelona, Spain.

Fabian, J. J. (2020, May 14). UX in free educational content. In J. S. Doe (Chair), *The case of the Purdue OWL: Accessibility and online content development* [Panel presentation]. Computers and Writing 2020, Greenville, NC, United States.

Yoo, J. E. (2017, April 27–May 1). *TIMSS student and teacher variables through machine learning: Focusing on Korean 4th graders' mathematics achievement* [Paper Session]. AERA Annual Meeting, San Antonio, TX, United States.

Zhou, Q., Chen, W., Song, S., Gardner, J. R., Weinberger, K. Q., & Chen, Y. (2015, February 25–30). *A reduction of the elastic net to support vector machines with an application to GPU computing* [Conference presentation]. Twenty-Ninth AAAI Conference on Artificial Intelligence (pp. 3210-3216), Austin, TX, United States.

Ⅱ. 본문에서의 APA 양식

1 저자명

- 저자가 세 명 이상일 때에는 첫 번째 저자만 밝히고 et al.[2] (연도)로 쓴다.

  예: This is the same as the shuffled k-fold CV (cross-validation) in the deep learning literature (Herent et al., 2019; Inoue et al., 2019).

- 단, 여러 편의 논문에서 첫 번째 저자가 동일한 경우는 예외로 하며, 이때는 논문을 구별할 수 있을 만큼 저자를 써 준다.

  예: Fannon, Chan, Ramirez, Johnson, & Grimsdottir(2019)와 Fannon, Chan, Montego, Daniels, & Miller(2019)를 함께 인용할 경우, Fannon, Chan, Ramirez, et al. (2019)와 Fannon, Chan, Montego, et al. (2019)로 쓴다.

---

2) 'and others'를 뜻한다.

2 목차(영어 논문의 경우)

level	format
1	**Centered, Boldface, Title Case Heading** Text starts a new paragraph.
2	**Flush left, Boldface, Title Case Heading** Text starts a new paragraph.
3	***Flush Left, Boldface Italic, Title Case Heading*** Text starts a new paragraph.
4	**Indented, Boldface Title Case Heading Ending With a Period.** Paragraph text continues on the same line as the same paragraph.

〈예시〉

level	format
1	**Method** Text starts a new paragraph.
2	**Monte Carlo Simulation** This study used a total of 18 Monte Carlo simulation combinations.
3	***Evaluation Criteria*** Text starts a new paragraph.
4	**Missing Data Imputation.** The performance of two missing data techniques, k−NN and EM, were evaluated using two types of agreement rates.

분석자료, R, R 심화, 표, 그림, 심화 목록

분석자료

제 9 장

제 10 장

제 11 장

제 12 장

제 13 장

R

서 장

제 1 장

제 4 장

제 5 장

제 6 장

제 7 장

제 8 장

제 9 장

제 10 장

제 1 1 장

제 1 2 장

제 1 3 장

R 심화

제 1 장

제 4 장

제 5 장

제 6 장

제 8 장

제 9 장

제 10 장

제 11 장

표

서 장

제 1 장

제 2 장

제 5 장

제 8 장

제 9 장

제 10 장

제 12 장

제 13 장

그림

서 장

제 1 장

제 2 장

제 3 장

제 4 장

제 5 장

제 6 장

심화

제 2 장

제 4 장

제 5 장

제 6 장

제 7 장

제 8 장

제 10 장

제 11 장

제 12 장

제 13 장

참고문헌

강현철, 한상태, 최호식(2010). SPSS(PASW Statistics) 데이터 분석 입문. 자유아카데미.

김해경, 박경옥(2009). 실용이야기와 함께 하는 확률과 통계. 경문사.

박광배(2003). 변량분석과 회귀분석. 학지사.

배성만 외(2015). 청소년 또래관계 질 척도의 타당화 연구. 청소년학연구, 22(5), 325-344.

유진은(2013). 연속형 변수가 모형화될 때 Hosmer-Lemeshow 검정을 이용한 로지스틱 회귀모형의 모형적합도. 교육평가연구, 26, 579-596.

유진은(2019). 교육평가: 연구하는 교사를 위한 학생평가. 학지사.

유진은(2021). AI 시대 빅데이터 분석과 기계학습. 학지사.

유진은, 노민정(2023). 초보 연구자를 위한 연구방법의 모든 것: 양적, 질적, 혼합방법 연구. 학지사.

유진희, 유진은(2012). 교사중심·학생중심 토의수업이 개념·원리 학습과제 관련 성취도에 미치는 영향. 열린교육연구, 20, 115-135.

이혜자, 이승해(2012). 미래문제해결프로그램(FPSP)을 적용한 친환경 의생활 수업이 창의·인성 함양에 미치는 영향. 한국가정과교육학회지, 24, 143-173.

임시혁(2002). 공분산분석의 이해와 적용. 교육과학사.

정문성(2013). 토의·토론 수업 방법(제3판). 교육과학사.

최제호(2007). 통계의 미학. 동아시아.

Agresti, A. (2002). *Categorical data analysis* (2nd ed,). John Wiley & Sons.

Bollen, K. A. (1989). *Structural equations with latent variables*. Wiley.

Benjamini, Y., & Hochberg, Y. (1995). Controlling the false discovery rate: A practical and powerful approach to multiple testing. *Journal of the Royal Statistical Society: Series B (Methodological), 57*, 289-300.

Campbell, D. T., & Fiske, D. W. (1959). Convergent and discriminant validation by the multitrait-multimethod matrix. Psychological Bulletin, 56(2), 81-105. https://doi.org/10.1037/h0046016

Campbell, D. T., & Stanley, J. C. (1963). *Experimental and quasi-experimental designs for research*. RandMcNally.

Cohen, J. (1988). *Statistical power analysis for the behavioral sciences* (2nd ed.). Lawrence Erlbaum Associates.

Cohen, J., Cohen, P., West, S. G., & Aiken, L. S. (2003). *Applied multiple regression/correlation analysis for the behavioral sciences* (3rd ed.). Lawrence Erlbaum Associates.

Cook, T. D., & Campbell, D. T. (1979). *Quasi−experimentation: Design and analysis issues for field settings*. RandMcNally.

Crocker, L., & Algina, J. (1986). *Introduction to classical and modern test theory*. Holt, Rinehart and Winston.

Cronbach, L. J. (1982). *Designing evaluations of educational and social programs*. Jossey−Bass.

Edwards, L. K. (1993). *Applied analysis of variance in behavioral science*. Marcel Dekker.

Elashoff, J. D. (1969). Analysis of covariance: A delicate instrument. *American Educational Research Journal, 6*, 383-401.

Embretson, S. E., & Reise, S. P. (2000). *Item response theory for psychologists*. Lawrence Erlbaum Associates.

Field, A. (2009). *Discovering statistics using SPSS* (3rd ed.). Sage Publications.

Guo, H. Y., & Fraser, M. W. (2014). *Propensity score analysis: Statistical methods and applications* (2nd ed.). Sage.

Hedges, L. V. (1981). Distribution theory for Glass's estimator of effect size and related estimators. *Journal of Educational and Behavioral Statistics, 6*, 107-128.

Heppner, P. P., Wampold, B. E., & Kivlinghan, D. M. (2007). *Research design in counseling* (3rd ed.). Cendage Learning.

Hogg, R. V., & Craig, A. T. (1995). *Introduction to mathematical statistics* (5th ed.). Prentice Hall.

Hosmer, D. W., & Lemeshow, S. (1980). A goodness−of−fit test for multiple logistic regression model. *Communications in Statistics-Theory and Methods, A9*, 1043-1069.

Hosmer, D. W., & Lemeshow, S. (2000). *Applied logistic regression* (2nd ed.). John Wiley & Sons.

Hosmer, D. W., Taber, S., & Lemeshow, S. (1991). The importance of assessing the fit of logistic regression models: A case study. *American Journal of Public Health, 81*, 1630-1635.

Kirk, R. E. (1995). *Experimental design: Procedures for the behavioral sciences*. Brooks/Cole

Publishing.

Kutner, M., Nachtsheim, C., Neter, J., & Li, W. (2004). *Applied linear statistical models* (5th ed.). McGraw-Hill/Irwin.

Morgan, S. L., & Winship, C. (2007). *Counterfactuals and causal inference*. Cambridge University Press.

Murithi, J., & Yoo, J. E. (2021). Teachers' use of ICT in implementing the competency-based curriculum in Kenyan public primary schools. *Innovation and Education, 3*(5). https://innovationeducation.biomedcentral.com/articles/10.1186/s42862-021-00012-0

Murray, D. M. (1998). *Design and analysis of group-randomized trials*. Oxford University Press.

Neter, J., Kutner, M. H., Nachtsheim, C. J., & Wasserman, W. (1996). *Applied linear statistical models* (4th ed.). McGraw-Hill/Irwin.

Patton, M. (1990). *Qualitative evaluation and research methods*. Sage.

Pearson, K. (1900). On the criterion that a given system of deviations from the probable in the case of a correlated system of variables is such that it can be reasonably supposed to have arisen from random sampling. *Philosophical Magazine 5, 50*(302), 157-175. doi:10.1080/14786440009463897

Pitman, J. (1993). *Probability*. Springer-Verlag.

Pocock, S. J. (1983). *Clinical trials: A practical approach*. Wiley.

Quinn, G. P., & Keough, M. J. (2003). *Experimental design and data analysis for biologists*. Cambridge University Press.

Revelle, W. (2023). *Package 'psych'* (version 2.3.12). Retrieved from https://cran.r-project.org/web/packages/psych/psych.pdf

Rosenthal, R. (1966). *Experimenter effects in behavioral research*. Meredith.

Schafer, J. L. (1997). *Analysis of incomplete multivariate data*. Chapman & Hall/CRC.

Shadish, W. R., Cook, T. D., & Campbell, D. T. (2002). *Experimental and quasi-experimental designs for generalized causal inference*. Wadsworth.

Spearman, C. (1904). 'General intelligence,' objectively determined and measured. *The American Journal of Psychology, 15*(2), 201-293. https://doi.org/10.2307/1412107

Traub, R. E. (1994). *Reliability for the social sciences: Theory and applications*. Sage Publications.

What Works Clearinghouse. (2013). *What works clearinghouse: Procedures and standards handbook* (version 3.0). Retrieved from http://whatworks.ed.gov/

Wickham, H., & Grolemund, G. (2019). R을 활용한 데이터 과학. 인사이트.

Wilcox, R. R. (1987). Pairwise comparisons of J independent regression lines over a finite intervals, simultaneous pairwise comparisons of their parameter, and the Johnson–Neyman procedure. *British Journal of Mathematical and Statistical Psychology, 40*, 80–93.

Wilkinson, L., & Task Force on Statistical Inference. (1999). Statistical methods in psychology journals: Guidelines and explanations. *American Psychologist, 54*, 594–604.

Yoo, J. E. (2006). *Inclusive strategy with structural equation modeling, multiple imputation, and all incomplete variables*. Unpublished doctoral dissertation, Purdue University.

Yoo, J. E. (2013). *Multiple imputation with structural equation modeling*. VDM.

찾아보기

인명

내용

저자 소개

유진은(Yoo, Jin Eun)

<학력>

미국 Purdue University 측정평가연구방법론 박사 (Ph. D.)
미국 Purdue University 응용통계 석사 (M. S.)
미국 Purdue University 교육심리(영재교육) 석사 (M. S.)
서울대학교 사범대학 교육학과 졸업

<전 직함>

미국 San Francisco 주립대학교 Computer Science학과 Research Scholar
미국 Pearson, Inc. Psychometrician
한국교육과정평가원 부연구위원

<현 직함>

한국교원대학교 제1대학 교육학과 교수
Frontiers in Psychology (SSCI) Associate Editor
Innovation and Education Associate Editor
열린교육연구 부회장 및 편집위원

<대표 저서>

초보 연구자를 위한 연구방법의 모든 것: 양적, 질적, 혼합방법 연구(2023)
한 학기에 끝내는 양적연구방법과 통계분석(2022, 2판)
AI 시대 빅데이터 분석과 기계학습(2021)
교육평가: 연구하는 교사를 위한 학생평가(2019)
Multiple imputation with structural equation modeling(2013)

R을 활용한
양적연구방법과 통계분석

Quantitative Research Methods and
Statistical Analysis Using R

2024년 2월 28일 1판 1쇄 인쇄
2024년 3월 3일 1판 1쇄 발행

지은이 • 유진은
펴낸이 • 김진환
펴낸곳 • (주) 학지사
04031 서울특별시 마포구 양화로 15길 20 마인드월드빌딩
대표전화 • 02)330-5114 팩스 • 02)324-2345
등록번호 • 제313-2006-000265호

홈페이지 • http://www.hakjisa.co.kr
인스타그램 • https://www.instagram.com/hakjisabook/

ISBN 978-89-997-3059-7 93310

정가 29,000원